内 容 简 介

　　本书是根据教育部《工科高等数学课程教学基本要求》编写的工科类本科高等数学教材,编者全部是具有丰富教学经验的教学一线教师.全书共十二章,分上、下两册出版.上册内容包括:极限,导数与微分,微分中值定理与导数的应用,不定积分,定积分及其应用,常微分方程等;下册内容包括:空间解析几何与向量代数,多元函数微分法及其应用,重积分,曲面积分与曲线积分,无穷级数及傅里叶级数等.本书按节配置习题,每章有总练习题,书末附有答案与提示,便于读者参考.

　　本书根据工科学生的实际要求及相关课程的设置次序,对传统的教学内容在结构和内容上作了合理调整,使之更适合新世纪高等数学教学理念和教学内容的改革趋势.其主要特点是:选材取舍精当,行文简约严密,讲解重点突出,服务后续课程,衔接考研思路,注重基础训练和学生综合能力的培养.

　　本书可作为高等院校工科类各专业本科生高等数学课程的教材,也可作为相关专业的大学生、自学考试学生的教材或教学参考书.

21 世纪
高等院校工科类数学教材

高 等 数 学

（下册）

陈兆斗　褚宝增　主编

图书在版编目(CIP)数据

高等数学·下册/陈兆斗,褚宝增主编.—北京:北京大学出版社,2008.8
(21世纪高等院校工科类数学教材)
ISBN 978-7-301-13536-5

Ⅰ.高… Ⅱ.①陈…②褚… Ⅲ.高等数学-高等学校-教材 Ⅳ.O13

中国版本图书馆 CIP 数据核字(2008)第 039296 号

书　　名：高等数学(下册)
著作责任者：陈兆斗　褚宝增　主编
责 任 编 辑：曾琬婷
封 面 设 计：林胜利
标 准 书 号：ISBN 978-7-301-13536-5/O·0748
出 版 发 行：北京大学出版社
地　　　址：北京市海淀区成府路 205 号　100871
网　　　址：http://www.pup.cn　电子邮箱：zpup@pup.pku.edu.cn
电　　　话：邮购部 62752015　发行部 62750672　理科编辑部 62752021　出版部 62754962
印　刷　者：北京大学印刷厂
经　销　者：新华书店
　　　　　　787mm×960mm　16 开本　17 印张　361 千字
　　　　　　2008 年 8 月第 1 版　2016 年 7 月第 6 次印刷
印　　　数：24001—25000 册
定　　　价：26.00 元

未经许可,不得以任何方式复制或抄袭本书之部分或全部内容。
版权所有,侵权必究
举报电话：010-62752024　电子邮箱：fd@pup.pku.edu.cn

目 录

第七章 空间解析几何与向量代数 …………………………………………… (1)

§7.1 空间直角坐标系与向量 ………………………………………… (1)
一、空间直角坐标系 ………………………………………………… (1)
二、向量及其运算 …………………………………………………… (3)
习题7.1 …………………………………………………………………… (12)

§7.2 曲面及其方程 …………………………………………………… (13)
一、曲面方程的概念 ………………………………………………… (13)
二、旋转曲面 ………………………………………………………… (13)
三、柱面 ……………………………………………………………… (15)
习题7.2 …………………………………………………………………… (16)

§7.3 空间曲线及其方程 ……………………………………………… (17)
一、空间曲线的一般方程 …………………………………………… (17)
二、空间曲线的参数方程 …………………………………………… (17)
三、空间曲线在坐标平面上的投影 ………………………………… (18)
习题7.3 …………………………………………………………………… (19)

§7.4 平面及其方程 …………………………………………………… (20)
一、平面的点法式方程 ……………………………………………… (20)
二、平面的一般方程 ………………………………………………… (21)
三、两平面的夹角 …………………………………………………… (22)
四、点到平面距离 …………………………………………………… (23)
习题7.4 …………………………………………………………………… (24)

§7.5 空间直线及其方程 ……………………………………………… (25)
一、空间直线的一般方程 …………………………………………… (25)
二、空间直线的对称式方程和参数方程 …………………………… (25)
三、两空间直线的夹角 ……………………………………………… (28)
四、空间直线和平面的夹角 ………………………………………… (28)
五、平面束 …………………………………………………………… (29)
习题7.5 …………………………………………………………………… (30)

§7.6 二次曲面 ………………………………………………………… (31)

目 录

  一、椭球面 …………………………………………………………………… (31)
  二、双曲面 …………………………………………………………………… (32)
  三、抛物面 …………………………………………………………………… (33)
  四、二次锥面 ………………………………………………………………… (35)
  习题 7.6 ……………………………………………………………………… (35)
 总练习题七 ……………………………………………………………………… (36)

第八章　多元函数微分法及其应用 ……………………………………………… (38)
 §8.1　多元函数的基本概念及性质 …………………………………………… (38)
  一、平面点集 ………………………………………………………………… (38)
  二、n 维空间 ………………………………………………………………… (41)
  三、多元函数的概念 ………………………………………………………… (41)
  四、多元函数的极限 ………………………………………………………… (42)
  五、多元函数的连续性 ……………………………………………………… (43)
  习题 8.1 ……………………………………………………………………… (45)
 §8.2　偏导数 …………………………………………………………………… (46)
  一、偏导数的概念 …………………………………………………………… (46)
  二、高阶偏导数 ……………………………………………………………… (49)
  习题 8.2 ……………………………………………………………………… (50)
 §8.3　全微分 …………………………………………………………………… (51)
  一、全微分的定义 …………………………………………………………… (51)
  *二、全微分在近似计算中的应用 …………………………………………… (54)
  习题 8.3 ……………………………………………………………………… (54)
 §8.4　多元复合函数的求导法则 ……………………………………………… (55)
  一、多元复合函数求导的链式法则 ………………………………………… (55)
  二、多元复合函数的高阶导数 ……………………………………………… (57)
  三、一阶微分的形式不变性 ………………………………………………… (58)
  习题 8.4 ……………………………………………………………………… (59)
 §8.5　隐函数的求导公式 ……………………………………………………… (60)
  一、一个方程的情形 ………………………………………………………… (60)
  二、方程组的情形 …………………………………………………………… (62)
  习题 8.5 ……………………………………………………………………… (65)
 §8.6　微分法在几何上的应用 ………………………………………………… (66)
  一、空间曲线的切线与法平面 ……………………………………………… (66)
  二、曲面的切平面与法线 …………………………………………………… (69)

习题 8.6 ··· (71)

§ 8.7　方向导数与梯度 ·· (72)

　　一、方向导数 ·· (72)

　　二、梯度 ··· (74)

　　习题 8.7 ··· (76)

§ 8.8　多元函数的极值及其求法 ··· (77)

　　一、多元函数的极值及最大值、最小值 ··· (77)

　　二、条件极值 ·· (81)

　　习题 8.8 ··· (85)

*§ 8.9　最小二乘法 ·· (85)

　　习题 8.9 ··· (87)

总练习题八 ··· (88)

第九章　重积分 ··· (90)

§ 9.1　二重积分的概念与性质 ··· (90)

　　一、二重积分的概念 ·· (90)

　　二、二重积分的性质 ·· (92)

　　习题 9.1 ··· (93)

§ 9.2　二重积分的计算 ·· (94)

　　一、在直角坐标系下计算二重积分 ·· (94)

　　二、在极坐标系下计算二重积分 ·· (99)

　　*三、二重积分的一般换元法 ·· (102)

　　习题 9.2 ··· (104)

§ 9.3　三重积分的概念与计算 ··· (106)

　　一、三重积分的概念 ·· (106)

　　二、三重积分的计算 ·· (107)

　　习题 9.3 ··· (115)

§ 9.4　重积分的应用 ·· (116)

　　一、立体体积 ·· (116)

　　二、空间曲面面积 ·· (117)

　　三、质心 ··· (118)

　　四、转动惯量 ·· (120)

　　五、引力 ··· (122)

　　习题 9.4 ··· (123)

总练习题九 ··· (124)

目 录

第十章　曲线积分与曲面积分 ……………………………………………… (127)

§10.1　对弧长的曲线积分 ……………………………………………… (127)
　　一、对弧长的曲线积分的概念与性质 ………………………………… (127)
　　二、对弧长的曲线积分的计算 ………………………………………… (129)
　　习题 10.1 ……………………………………………………………… (132)

§10.2　对坐标的曲线积分 ……………………………………………… (132)
　　一、对坐标的曲线积分的概念与性质 ………………………………… (132)
　　二、对坐标的曲线积分的计算 ………………………………………… (135)
　*　三、两类曲线积分之间的联系 ………………………………………… (138)
　　习题 10.2 ……………………………………………………………… (140)

§10.3　格林公式及其应用 ……………………………………………… (140)
　　一、格林公式 …………………………………………………………… (140)
　　二、平面上对坐标的曲线积分与路径无关的条件 …………………… (145)
　　三、求解全微分方程 …………………………………………………… (151)
　　习题 10.3 ……………………………………………………………… (152)

§10.4　对面积的曲面积分 ……………………………………………… (153)
　　一、对面积的曲面积分的概念与性质 ………………………………… (153)
　　二、对面积的曲面积分的计算 ………………………………………… (155)
　　习题 10.4 ……………………………………………………………… (156)

§10.5　对坐标的曲面积分 ……………………………………………… (157)
　　一、有向曲面及有向曲面面积元素的投影 …………………………… (157)
　　二、对坐标的曲面积分的概念与性质 ………………………………… (158)
　　三、对坐标的曲面积分的计算 ………………………………………… (161)
　　四、两类曲面积分的联系 ……………………………………………… (163)
　　习题 10.5 ……………………………………………………………… (165)

§10.6　高斯公式与斯托克斯公式 ……………………………………… (166)
　　一、高斯公式 …………………………………………………………… (166)
　*　二、通量与散度 ………………………………………………………… (168)
　　三、斯托克斯公式 ……………………………………………………… (169)
　*　四、环流量与旋度 ……………………………………………………… (172)
　　习题 10.6 ……………………………………………………………… (172)

　总练习题十 ……………………………………………………………… (174)

第十一章　无穷级数 ……………………………………………………… (176)

§11.1　数项级数的概念和性质 ………………………………………… (176)

　　　　一、数项级数的基本概念 …………………………………………………… (176)

　　　　二、级数的基本性质 ……………………………………………………………… (178)

　　　习题 11.1 ……………………………………………………………………………… (183)

§11.2　数项级数收敛性的判定 …………………………………………………………… (183)

　　　　一、正项级数及其审敛法 ………………………………………………………… (184)

　　　　二、交错级数及其审敛法 ………………………………………………………… (190)

　　　　三、绝对收敛和条件收敛 ………………………………………………………… (191)

　　　习题 11.2 ……………………………………………………………………………… (192)

§11.3　幂级数 ………………………………………………………………………………… (193)

　　　　一、函数项级数 …………………………………………………………………… (193)

　　　　二、幂级数 ………………………………………………………………………… (194)

　　　　三、幂级数的性质 ………………………………………………………………… (199)

　　　　四、幂级数的加法、减法和乘法运算 …………………………………………… (201)

　　　习题 11.3 ……………………………………………………………………………… (202)

§11.4　函数的幂级数展开式 ……………………………………………………………… (203)

　　　　一、函数的幂级数展开式及其唯一性 …………………………………………… (203)

　　　　二、泰勒级数及泰勒展开式 ……………………………………………………… (204)

　　　　三、将函数展开成幂级数 ………………………………………………………… (205)

　　　习题 11.4 ……………………………………………………………………………… (210)

§11.5　幂级数的应用及欧拉公式 ………………………………………………………… (211)

　　　　一、幂级数的和函数 ……………………………………………………………… (211)

　　　　二、利用幂级数作近似计算 ……………………………………………………… (213)

　　　　三、欧拉公式的形式推导 ………………………………………………………… (214)

　　　习题 11.5 ……………………………………………………………………………… (215)

　总练习题十一 ………………………………………………………………………………… (216)

第十二章　傅里叶级数 …………………………………………………………………… (218)

§12.1　周期函数的傅里叶级数 …………………………………………………………… (218)

　　　　一、三角级数 ……………………………………………………………………… (219)

　　　　二、三角函数系的正交性 ………………………………………………………… (219)

　　　　三、周期函数的傅里叶级数及其收敛性 ………………………………………… (220)

　　　习题 12.1 ……………………………………………………………………………… (223)

§12.2　正弦级数与余弦级数 ……………………………………………………………… (223)

　　　习题 12.2 ……………………………………………………………………………… (227)

§12.3　一般周期函数的傅里叶级数展开 ………………………………………………… (228)

目 录

  习题 12.3 ·· (230)
 §12.4 傅里叶级数的复数形式 ······································· (231)
  习题 12.4 ·· (233)
 *§12.5 傅里叶变换 ·· (233)
  一、傅里叶变换的引入 ··· (233)
  二、δ 函数与卷积 ··· (237)
  三、傅里叶变换的性质 ··· (241)
  习题 12.5 ·· (243)
 总练习题十二 ··· (244)
附录 傅氏变换简表 ··· (245)
习题答案与提示 ··· (246)

第七章 空间解析几何与向量代数

> 解析几何是用代数的方法来研究几何图形. 将平面解析几何推广到空间解析几何,使得我们可以用代数的方法来研究空间中的曲面、曲线的性质. 向量是人们在对力学的研究中引入的数学概念,它既有图形又有坐标,与空间中的点可互相表示或转化. 因此,向量也成为研究几何图形的重要工具.

§7.1 空间直角坐标系与向量

一、空间直角坐标系

在空间选定一点 O 作为**原点**,过点 O 作三条相互垂直的数轴,分别标为 x **轴**、y **轴**和 z **轴**,统称**坐标轴**. 按通常习惯,规定坐标轴的方向满足右手法则:以右手握住 z 轴,当右手四指从 x 轴正向转动 $\frac{\pi}{2}$ 的角度转向 y 轴正向时,大拇指的指向就是 z 轴的正向(图1).

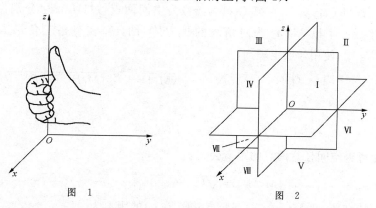

图 1   图 2

三条坐标轴中的任意两条可以确定一个平面,称为**坐标平面**. 由 x 轴和 y 轴所确定的平面称为 Oxy **平面**,类似有 Oyz **平面**、Ozx **平面**. 这三个相互垂直的坐标平面把空间分成八个部分,每一部分叫做一个**卦限**. 位于 x,y,z 轴的正半轴的卦限称为第一卦限,从第一卦限开始,在

Oxy 平面上方的卦限,按逆时针方向依次称为第二、三、四卦限;第一、二、三、四卦限下方的卦限依次称为第五、六、七、八卦限. 这八个卦限分别用字母 I,II,III,IV,V,VI,VII,VIII 表示(图 2).

过空间任意一点 M 作三个平面分别垂直于 x,y,z 轴,并设依次交这三条坐标轴于 P,Q,R 三点. 设 P,Q,R 在坐标轴上的坐标分别是 x,y 和 z,那么空间一点 M 就唯一地确定了一个三元有序实数组 (x,y,z). 反之,任给一个三元有序实数组 (x,y,z),可依次在 x,y,z 轴上取坐标为 x,y,z 的点 P,Q,R,过 P,Q,R 三点各作一个平面,使其分别垂直于 x,y,z 轴,这三个平面的交点就是有序三元实数组 (x,y,z) 所确定的唯一的一点(图 3). 于是,空间中的点便与三元有序实数组建立了一一对应关系, (x,y,z) 被称为点 M 的**坐标**,其中 x,y,z 分别称为横坐标、纵坐标和竖坐标. 这样确定的坐标系称为**空间直角坐标系**.

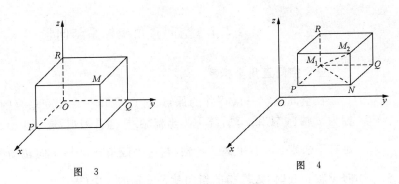

图 3 图 4

设 $M_1(x_1,y_1,z_1),M_2(x_2,y_2,z_2)$ 为空间两点,过 M_1,M_2 分别作平行于坐标平面的平面,形成一个以 M_1M_2 为对角线的长方体(图 4). 在直角三角形 M_1NM_2 及直角三角形 M_1PN 中,使用勾股定理知

$$|M_1M_2| = \sqrt{|M_1N|^2+|NM_2|^2} = \sqrt{|M_1P|^2+|PN|^2+|NM_2|^2},$$

而

$$|M_1P| = |x_2-x_1|, \quad |PN| = |y_2-y_1|, \quad |NM_2| = |z_2-z_1|,$$

由此可得空间任意两点的距离公式:

$$|M_1M_2| = \sqrt{(x_2-x_1)^2+(y_2-y_1)^2+(z_2-z_1)^2}.$$

特别地,点 $M(x,y,z)$ 到原点 $O(0,0,0)$ 的距离为

$$d = \sqrt{x^2+y^2+z^2}.$$

例 1 在 y 轴上求一点 M,使点 M 到 $A(1,0,2),B(3,1,1)$ 两点的距离相等.

解 可设点 M 的坐标为 $(0,y,0)$. 根据题意,有 $|MA|=|MB|$,即

§7.1 空间直角坐标系与向量

$$\sqrt{(1-0)^2+(0-y)^2+(2-0)^2}=\sqrt{(3-0)^2+(1-y)^2+(1-0)^2}.$$

两边去根号，解得 $y=3$. 故所求的点为 $M(0,3,0)$.

二、向量及其运算

向量（**矢量**）是既有大小又有方向的量，例如：位移、速度、加速度、力、力矩等. 可以用一条有向线段表示向量，其中线段的长度表示向量的大小，线段的方向表示向量的方向. 若有向线段的起点为 $A(x_0,y_0,z_0)$，终点为 $B(x_0+x,y_0+y,z_0+z)$，则向量就被唯一确定了，用符号 $\boldsymbol{a}$，$\vec{a}$ 或 $\overrightarrow{AB}$ 表示（图5）.

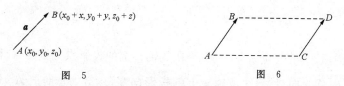

图 5　　　　　　　　图 6

我们规定长度相等且方向相同的有向线段表示同一向量，并把这种向量称为**自由向量**. 例如：若向量 $\overrightarrow{AB}$ 经过平移得到向量 $\overrightarrow{CD}$，则 $\overrightarrow{AB}=\overrightarrow{CD}$（图6）. 显然，将向量平移后，向量的起点和终点的坐标虽然改变了，但两点的坐标之差不变. 一般地，向量可以用终点与起点坐标之差表示，从而将向量 $\overrightarrow{AB}$ 的起点 A 移到原点，则可以用坐标 (x,y,z) 来表示向量 $\boldsymbol{a}$ 或 $\overrightarrow{AB}$.

向量的大小也称为向量的**模**. 向量 $\boldsymbol{a}=(x,y,z)$ 的模记做 $|\boldsymbol{a}|$，$|\vec{a}|$，即

$$|\boldsymbol{a}|=\sqrt{x^2+y^2+z^2}.$$

它的方向由

$$\cos\alpha=\frac{x}{|\boldsymbol{a}|},\quad \cos\beta=\frac{y}{|\boldsymbol{a}|},\quad \cos\gamma=\frac{z}{|\boldsymbol{a}|}$$

确定，其中 α,β,γ 分别为向量 $\boldsymbol{a}$ 与 x,y,z 轴正半轴的夹角. 称 $(\cos\alpha,\cos\beta,\cos\gamma)$ 为向量 $\boldsymbol{a}$ 的**方向余弦**. 显然有

$$\cos^2\alpha+\cos^2\beta+\cos^2\gamma=1.$$

模为零的向量称为**零向量**，记做 $\boldsymbol{0}$. 零向量的方向可以看做是任意的.

模为1的向量称为**单位向量**. 与 $\boldsymbol{a}$ 同向的单位向量记做 $\boldsymbol{a}^0$.

与向量 $\boldsymbol{a}$ 长度相等且方向相反的向量称为 $\boldsymbol{a}$ 的**反向量**，记做 $-\boldsymbol{a}$.

对于两个非零向量 $\boldsymbol{a},\boldsymbol{b}$，如果它们的方向相同或者相反，就称这两个向量**平行**，也称两向量**共线**，记做 $\boldsymbol{a}/\!/\boldsymbol{b}$. 规定零向量与任何向量都平行.

下面我们讨论向量在数轴上的投影.

设有空间一点 M 及一数轴 u, 过点 M 作与数轴 u 垂直的平面, 平面与数轴 u 的交点 M' 称为点 M 在数轴 u 上的**投影点**(图 7).

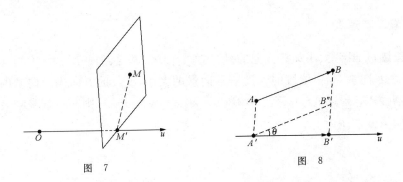

图 7　　　　　　　　　　图 8

定义 1 设向量 $\overrightarrow{AB}$ 的起点 A 和终点 B 在数轴 u 上的投影点分别为 A' 和 B', 那么数轴 u 上的有向线段 $\overrightarrow{A'B'}$ 称为向量 $\overrightarrow{AB}$ 在数轴 u 上的**投影向量**(图 8). 分别记 A', B' 在数轴 u 上的坐标为 u_A, u_B, 称 $u_B - u_A$ 为向量 $\overrightarrow{AB}$ 在数轴 u 上的**投影**, 记做 $\text{Prj}_u \overrightarrow{AB}$ 或 $(\overrightarrow{AB})_u$, 其中数轴 u 称为**投影轴**.

值得注意的是, 投影是数量而不是向量, 当 $\overrightarrow{A'B'}$ 的方向和数轴 u 的正向一致时, 投影为正; 当 $\overrightarrow{A'B'}$ 的方向和数轴 u 的正向相反时, 投影为负. 设 $\overrightarrow{AB} // \overrightarrow{A'B''}$, 记 $\angle B''A'B' = \theta$, 如图 8 所示, 易得

$$\text{Prj}_u \overrightarrow{AB} = |\overrightarrow{AB}| \cos\theta.$$

按定义 1, 向量 $\boldsymbol{a}$ 在空间直角坐标系中的坐标 x, y, z 就是 $\boldsymbol{a}$ 在三条坐标轴上的投影, 即

$$x = \text{Prj}_x \boldsymbol{a}, \quad y = \text{Prj}_y \boldsymbol{a}, \quad z = \text{Prj}_z \boldsymbol{a}.$$

给定非零向量 $\boldsymbol{b}$, 作与 $\boldsymbol{b}$ 同向的数轴 u. 称向量 $\boldsymbol{a}$ 在数轴 u 上的投影为 $\boldsymbol{a}$ 在向量 $\boldsymbol{b}$ 上的投影, 记做 $\text{Prj}_b \boldsymbol{a}$.

(一) 向量的加减法

定义 2 设两向量 $\boldsymbol{a} = (x_1, y_1, z_1), \boldsymbol{b} = (x_2, y_2, z_2)$, 称向量 $(x_1 + x_2, y_1 + y_2, z_1 + z_2)$ 为 $\boldsymbol{a}$ 与 $\boldsymbol{b}$ 的和, 记做 $\boldsymbol{a} + \boldsymbol{b}$, 即

$$\boldsymbol{a} + \boldsymbol{b} = (x_1 + x_2, y_1 + y_2, z_1 + z_2).$$

当向量 $\boldsymbol{a}, \boldsymbol{b}$ 不共线时, 作有向线段 $\overrightarrow{OA}$ 和 $\overrightarrow{OB}$ 分别表示向量 $\boldsymbol{a}, \boldsymbol{b}$, 再以 OA, OB 为边作平行四边形 $OACB$, 则对角线 $\overrightarrow{OC}$ 就表示 $\boldsymbol{a} + \boldsymbol{b}$. 这一确定向量之和的法则称为**平行四边形法则**(图 9). 物理学中力的合成、速度的合成都是利用这种加法. 也可以作有向线段 $\overrightarrow{AB}$ 表示向量 $\boldsymbol{a}$, 作 $\overrightarrow{BC}$ 表示 $\boldsymbol{b}$, 此时 $\boldsymbol{a}$ 的终点与 $\boldsymbol{b}$ 的起点相接, 则有向线段 $\overrightarrow{AC}$ 就表示 $\boldsymbol{a} + \boldsymbol{b}$(图 10). 这一确定向量之和的法则称为**三角形法则**.

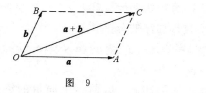
图 9
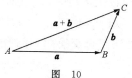
图 10

我们规定两向量 b 与 a 的**差**为
$$b - a = b + (-a),$$
即看做是向量 b 与 $-a$ 的和(图11).从图形上看,a 的终点到 b 的终点的向量就是 $b-a$.

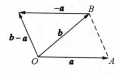
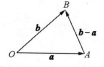
图 11

显然,任给向量 $\overrightarrow{AB}$ 及点 O,有
$$\overrightarrow{AB} = \overrightarrow{AO} + \overrightarrow{OB} = \overrightarrow{OB} - \overrightarrow{OA}.$$
由此可得到三角形的两边之和大于等于第三边的向量表示形式:
$$|a+b| \leqslant |a|+|b| \quad 及 \quad |a-b| \leqslant |a|+|b|.$$

(二) 向量与数的乘法

定义 3 设向量 $a = (x,y,z)$,λ 为任一实数,向量 $(\lambda x, \lambda y, \lambda z)$ 称为**向量 a 与数 λ 的乘积**,简称**数乘**,记做 λa,即
$$\lambda a = (\lambda x, \lambda y, \lambda z).$$

显然,当 $\lambda > 0$ 时,λa 与 a 同向;当 $\lambda < 0$ 时,λa 与 a 反向;当 $\lambda = 0$ 时,λa 为零向量,且均有 $|\lambda a| = |\lambda| |a|$ (图12).如果 $a \neq 0$,可验证 $a^0 = \dfrac{1}{|a|} a$.

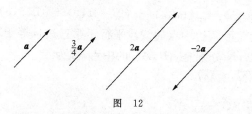
图 12

以上讨论的向量的加减运算和数乘运算统称为向量的**线性运算**.对任意的向量 a, b, c 及实数 λ, μ,向量的线性运算满足如下运算法则:

(1) $a + b = b + a$; (交换律)
(2) $a + (b + c) = (a + b) + c$; (结合律)
(3) $\lambda(\mu a) = (\lambda \mu)a = \mu(\lambda a)$; (数乘结合律)

(4) $\lambda(a+b) = \lambda a + \lambda b$；　　　（对于向量加法的分配律）

(5) $(\lambda+\mu)a = \lambda a + \mu a$.　　　（对于数量加法的分配律）

由于向量的加法符合交换律和结合律，所以 n 个向量 $a_1, a_2, \cdots, a_n (n \geq 3)$ 相加可写成

$$a_1 + a_2 + \cdots + a_n.$$

按向量相加的三角形法则，可得 n 个向量相加的法则：以前一个向量的终点作为后一个向量的起点，依次作向量 $a_1, a_2, \cdots, a_n$，则以第一个向量的起点为起点，最后一个向量的终点为终点的向量即为所求的和向量. 例如，图 13 所示的以点 A 为起点，点 B 为终点的向量 $\overrightarrow{AB}$ 即为和向量 $a_1 + a_2 + a_3 + a_4 + a_5$.

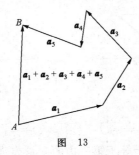

图 13

另外，由向量数乘的定义，可得到如下的性质：

性质 1　设向量 $a \neq 0$，那么向量 b 与 a 平行的充分必要条件是：存在唯一的实数 λ，使得 $b = \lambda a$.

性质 2　取方向与三个坐标轴正向相同的单位向量 $i = (1, 0, 0), j = (0, 1, 0), k = (0, 0, 1)$（称为**基本单位向量**），则任意向量 $a = (x, y, z)$ 可分解为

$$a = xi + yj + zk.$$

例 2　已知 $a = (1, 2, 3), b = (2, -1, 0)$，求 $2a - b$.

解　由向量的线性运算性质可得

$$2a - b = 2(1, 2, 3) - (2, -1, 0) = (0, 5, 6).$$

例 3　证明：连接三角形两边中点的线段平行于第三边且等于第三边的一半.

证　如图 14 所示，M, N 分别是 AB, AC 的中点. 因为

$$\overrightarrow{MN} = \overrightarrow{AN} - \overrightarrow{AM}$$
$$= \frac{1}{2}\overrightarrow{AC} - \frac{1}{2}\overrightarrow{AB}$$
$$= \frac{1}{2}(\overrightarrow{AC} - \overrightarrow{AB}) = \frac{1}{2}\overrightarrow{BC},$$

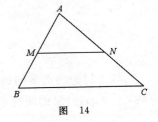

图 14

所以

$$\overrightarrow{MN} // \overrightarrow{BC}, \quad 且 \quad |\overrightarrow{MN}| = \frac{1}{2}|\overrightarrow{BC}|,$$

即命题得证.

例 4 已知两点 $M_1(x_1,y_1,z_1)$ 和 $M_2(x_2,y_2,z_2)$ 以及实数 $\lambda \neq -1$，在直线 M_1M_2 上求点 M，使 $\overrightarrow{M_1M} = \lambda \overrightarrow{MM_2}$.

解 如图 15 所示，由于
$$\overrightarrow{M_1M} = \overrightarrow{OM} - \overrightarrow{OM_1}, \quad \overrightarrow{MM_2} = \overrightarrow{OM_2} - \overrightarrow{OM},$$
所以需要 M 点满足
$$\overrightarrow{OM} - \overrightarrow{OM_1} = \lambda(\overrightarrow{OM_2} - \overrightarrow{OM}),$$
即
$$\overrightarrow{OM} = \frac{1}{1+\lambda}(\overrightarrow{OM_1} + \lambda \overrightarrow{OM_2}).$$

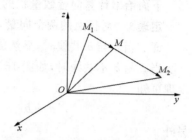

图 15

将点 M_1, M_2 的坐标代入，即得
$$\overrightarrow{OM} = \left(\frac{x_1+\lambda x_2}{1+\lambda}, \frac{y_1+\lambda y_2}{1+\lambda}, \frac{z_1+\lambda z_2}{1+\lambda}\right).$$

这就是点 M 的坐标. 与平面解析几何中类似，这样的点 M 称为有向线段 $\overrightarrow{M_1M_2}$ 的 λ **分点**. 特别地，当 $\lambda = 1$ 时，得到线段 M_1M_2 的中点坐标为
$$\left(\frac{x_1+x_2}{2}, \frac{y_1+y_2}{2}, \frac{z_1+z_2}{2}\right).$$

（三）向量的数量积

定义 4 两向量 $\boldsymbol{a}=(x_1,y_1,z_1), \boldsymbol{b}=(x_2,y_2,z_2)$ 的**数量积**记做 $\boldsymbol{a} \cdot \boldsymbol{b}$ 或 $\boldsymbol{a}\boldsymbol{b}$，规定为一个实数：
$$\boldsymbol{a} \cdot \boldsymbol{b} = x_1x_2 + y_1y_2 + z_1z_2.$$

显然由定义 4 有 $\boldsymbol{a} \cdot \boldsymbol{a} = |\boldsymbol{a}|^2$.

对任意的向量 $\boldsymbol{a},\boldsymbol{b}$ 及实数 λ，向量的数量积满足如下运算法则：

(1) $\boldsymbol{a} \cdot \boldsymbol{b} = \boldsymbol{b} \cdot \boldsymbol{a}$;   （交换律）

(2) $\boldsymbol{a} \cdot (\boldsymbol{b}+\boldsymbol{c}) = \boldsymbol{a} \cdot \boldsymbol{b} + \boldsymbol{a} \cdot \boldsymbol{c}$;   （分配律）

(3) $(\lambda \boldsymbol{a}) \cdot \boldsymbol{b} = \lambda(\boldsymbol{a} \cdot \boldsymbol{b}) = \boldsymbol{a} \cdot (\lambda \boldsymbol{b})$. （结合律）

给定两非零向量 $\boldsymbol{a},\boldsymbol{b}$，作 $\overrightarrow{OA}=\boldsymbol{a}, \overrightarrow{OB}=\boldsymbol{b}$，规定 OA 与 OB 所夹的不超过 π 的角 $\theta(0 \leqslant \theta \leqslant \pi)$ 为向量 $\boldsymbol{a}$ 和 $\boldsymbol{b}$ 的**夹角**，记做 $\angle(\boldsymbol{a},\boldsymbol{b})$（图 16）.

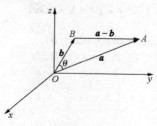

图 16

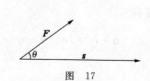

图 17

若向量 a 与 b 的夹角 $\angle(a,b) = \dfrac{\pi}{2}$，则称 a 与 b **垂直**. 可以认为零向量与任何向量均垂直.

下面给出计算向量数量积的另一种方法.

定理 1　对任意的两个向量 a, b，有 $a \cdot b = |a||b|\cos\angle(a,b)$.

证　当 a 与 b 共线时，显然成立.

当 a 与 b 不共线时，如图 16 所示，将 a 和 b 的起点均移到 O 点，则 $\overrightarrow{BA} = a - b$，且由余弦定理可知

$$|a - b|^2 = |a|^2 + |b|^2 - 2|a||b|\cos\angle(a,b).$$

另外

$$|a - b|^2 = (a - b) \cdot (a - b) = a \cdot a + b \cdot b - 2(a \cdot b)$$
$$= |a|^2 + |b|^2 - 2(a \cdot b).$$

比较上两式可得

$$a \cdot b = |a||b|\cos\angle(a,b).$$

事实上，我们在物理学上已经研究过两向量的数量积. 设物体在力 F 的作用下，产生位移 s（图 17），则力 F 所做的功为

$$W = |F||s|\cos\theta,$$

其中 θ 为 F 与 s 的夹角. 现在我们可以用数量积把这个结果表达成

$$W = F \cdot s.$$

由定理 1 我们可以得到以下两个推论：

推论 1　若 $a = (x_1, y_1, z_1), b = (x_2, y_2, z_2)$ 为两个非零向量，则有

$$\cos\angle(a,b) = \frac{a \cdot b}{|a||b|} = \frac{x_1 x_2 + y_1 y_2 + z_1 z_2}{\sqrt{x_1^2 + y_1^2 + z_1^2} \cdot \sqrt{x_2^2 + y_2^2 + z_2^2}}.$$

推论 2　向量 a, b 相互垂直的充要条件是 $a \cdot b = 0$.

事实上，若 a, b 均为非零向量，则由定理 1 直接可得. 若 a, b 中有一个零向量，零向量可以认为与任何向量都垂直.

显然，对于三个基本单位向量 $i = (1,0,0), j = (0,1,0), k = (0,0,1)$，有

$$i \cdot i = j \cdot j = k \cdot k = 1, \quad i \cdot j = j \cdot k = k \cdot i = 0.$$

例 5　已知 $|a| = 2, |b| = 1, \angle(a,b) = \dfrac{\pi}{3}$，求 $(3a + 2b) \cdot (2a - b)$.

解　由已知有

$$a \cdot b = |a||b|\cos\angle(a,b) = 2 \times 1 \times \cos\frac{\pi}{3} = 1,$$

从而

$$(3a + 2b) \cdot (2a - b) = 6(a \cdot a) - 3(a \cdot b) + 4(b \cdot a) - 2(b \cdot b)$$

$$= 6|\boldsymbol{a}|^2 + \boldsymbol{a} \cdot \boldsymbol{b} - 2|\boldsymbol{b}|^2$$
$$= 6 \cdot 2^2 + 1 - 2 \cdot 1^2 = 23.$$

(四) 向量的向量积

定义 5 两向量 $\boldsymbol{a}=(x_1,y_1,z_1), \boldsymbol{b}=(x_2,y_2,z_2)$ 的**向量积**记做 $\boldsymbol{a} \times \boldsymbol{b}$，规定仍是一个向量：
$$\boldsymbol{a} \times \boldsymbol{b} = (y_1 z_2 - z_1 y_2, z_1 x_2 - x_1 z_2, x_1 y_2 - y_1 x_2),$$

或可写成
$$\boldsymbol{a} \times \boldsymbol{b} = \begin{vmatrix} \boldsymbol{i} & \boldsymbol{j} & \boldsymbol{k} \\ x_1 & y_1 & z_1 \\ x_2 & y_2 & z_2 \end{vmatrix}.$$

对任意的向量 $\boldsymbol{a},\boldsymbol{b},\boldsymbol{c}$ 及实数 λ，向量的向量积满足如下运算法则：

(1) $\boldsymbol{a} \times \boldsymbol{b} = -\boldsymbol{b} \times \boldsymbol{a}$；　　　　　　(反交换律)

(2) $\boldsymbol{a} \times (\boldsymbol{b}+\boldsymbol{c}) = \boldsymbol{a} \times \boldsymbol{b} + \boldsymbol{a} \times \boldsymbol{c}$；　　(分配律)

(3) $(\lambda \boldsymbol{a}) \times \boldsymbol{b} = \lambda(\boldsymbol{a} \times \boldsymbol{b}) = \boldsymbol{a} \times (\lambda \boldsymbol{b})$．(数乘结合律)

下面我们来研究向量积的方向和大小.

定理 2 向量 $\boldsymbol{a} \times \boldsymbol{b}$ 垂直于 $\boldsymbol{a}$ 与 $\boldsymbol{b}$，即垂直于 $\boldsymbol{a},\boldsymbol{b}$ 所在的平面，并按向量 $\boldsymbol{a},\boldsymbol{b},\boldsymbol{a} \times \boldsymbol{b}$ 构成右手系(伸平右手，当右手的四指从 $\boldsymbol{a}$ 的方向以不超过 π 的角度转到 $\boldsymbol{b}$ 的方向时，大拇指所指的方向就是 $\boldsymbol{a} \times \boldsymbol{b}$ 的方向).

证 把 $\boldsymbol{a},\boldsymbol{b}$ 移到共同的起点 O，取 $\boldsymbol{a}$ 和 $\boldsymbol{b}$ 所决定的平面作为 Oxy 平面，$\boldsymbol{a}$ 的方向作为 x 轴的正向(图 18)，则可设 $\boldsymbol{a}=(x_1,0,0)(x_1>0), \boldsymbol{b}=(x_2,y_2,0)$，于是
$$\boldsymbol{a} \times \boldsymbol{b} = (y_1 z_2 - z_1 y_2, z_1 x_2 - x_1 z_2, x_1 y_2 - y_1 x_2) = (0,0,x_1 y_2) = x_1 y_2 \boldsymbol{k}.$$
所以，向量 $\boldsymbol{a} \times \boldsymbol{b}$ 垂直于 $\boldsymbol{a},\boldsymbol{b}$ 所在的平面，且其方向按右手系从 $\boldsymbol{a}$ 到 $\boldsymbol{b}$ 确定.

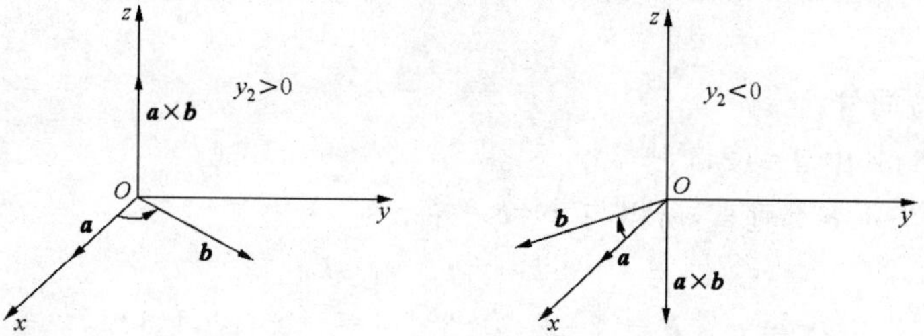

图 18

定理 3 向量 $\boldsymbol{a} \times \boldsymbol{b}$ 的模等于以 $\boldsymbol{a},\boldsymbol{b}$ 为边的平行四边形的面积，即
$$|\boldsymbol{a} \times \boldsymbol{b}| = |\boldsymbol{a}||\boldsymbol{b}| \sin \angle(\boldsymbol{a},\boldsymbol{b}).$$

证 设向量 $\boldsymbol{a}=(x_1,y_1,z_1), \boldsymbol{b}=(x_2,y_2,z_2)$，记 $\theta = \angle(\boldsymbol{a},\boldsymbol{b})$，则
$$|\boldsymbol{a} \times \boldsymbol{b}|^2 = (\boldsymbol{a} \times \boldsymbol{b}) \cdot (\boldsymbol{a} \times \boldsymbol{b})$$
$$= (y_1 z_2 - z_1 y_2)^2 + (z_1 x_2 - x_1 z_2)^2 + (x_1 y_2 - y_1 x_2)^2$$

$$= (x_1^2 + y_1^2 + z_1^2)(x_2^2 + y_2^2 + z_2^2) - (x_1x_2 + y_1y_2 + z_1z_2)^2$$
$$= |a|^2|b|^2 - (a \cdot b)^2 = |a|^2|b|^2(1-\cos^2\theta)$$
$$= |a|^2|b|^2\sin^2\theta.$$

因为 $0 \leqslant \theta \leqslant \pi$,所以可得 $|a \times b| = |a||b|\sin\theta$.

由向量积的模可直接得到下面一个常用的结论.

推论 两个向量 a, b 平行的充要条件是 $a \times b = 0$.

特别地,对于基本单位向量有
$$i \times i = 0, \quad j \times j = 0, \quad k \times k = 0;$$
$$i \times j = k, \quad j \times k = i, \quad k \times i = j.$$

物理学上力矩是一个向量,它是两个向量的向量积的实例.如图 19 所示,设点 O 为杠杆的支点,如果力 F 的作用点是杠杆上的点 A, $\overrightarrow{OA} = r$,那么力 F 对于点 O 的力矩可用一个向量 m 来表示,其方向垂直于 r, F 所确定的平面,与 r, F 构成右手系,其大小 $|m| = |F|p$,其中 p 是力臂,也就是点 O 到力 F 作用线的垂直距离.设 r 与 F 的夹角为 θ,则 $p = |r|\sin\theta$,由此有 $|m| = |F||r|\sin\theta$.因此力矩 $m = r \times F$.

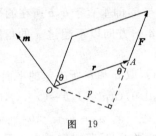

图 19

例 6 已知向量 $a = (-2, 3, -1), b = (1, -2, 1)$,求与 a, b 都垂直且满足如下之一条件的向量 c:

(1) c 为单位向量;

(2) $c \cdot d = 8$,其中 $d = (2, 1, -7)$.

解 因为 c 与 a, b 都垂直,所以与 $a \times b$ 平行.令
$$n = a \times b = \begin{vmatrix} i & j & k \\ -2 & 3 & -1 \\ 1 & -2 & 1 \end{vmatrix} = (1, 1, 1).$$

(1) $c = \pm \dfrac{n}{|n|} = \pm \left(\dfrac{1}{\sqrt{3}}, \dfrac{1}{\sqrt{3}}, \dfrac{1}{\sqrt{3}}\right)$.

(2) 设 $c = \lambda n$,则
$$c \cdot d = (\lambda, \lambda, \lambda) \cdot (2, 1, -7) = -4\lambda,$$

又 $c \cdot d = 8$,得 $\lambda = -2$.所以 $c = (-2, -2, -2)$.

(五) 三向量的混合积

已知三向量 a, b 和 c，如果先作两向量 a 和 b 的向量积 $a \times b$，把所得的向量与第三个向量 c 再作数量积 $(a \times b) \cdot c$，这样得到的数量称为三向量 a, b, c 的**混合积**，记做 (abc)。下面来推导混合积的计算表达式。

设三向量分别为 $a = (x_1, y_1, z_1), b = (x_2, y_2, z_2), c = (x_3, y_3, z_3)$，则
$$(a \times b) \cdot c = (y_1 z_2 - z_1 y_2, z_1 x_2 - x_1 z_2, x_1 y_2 - y_1 x_2) \cdot (x_3, y_3, z_3)$$
$$= x_3(y_1 z_2 - z_1 y_2) + y_3(z_1 x_2 - x_1 z_2) + z_3(x_1 y_2 - y_1 x_2)$$
$$= \begin{vmatrix} x_1 & y_1 & z_1 \\ x_2 & y_2 & z_2 \\ x_3 & y_3 & z_3 \end{vmatrix}.$$

三向量的混合积有下述几何意义：(abc) 的绝对值等于以向量 a, b, c 为棱的平行六面体的体积；如果向量 a, b, c 组成右手系（即 c 的指向按右手系从 a 转向 b 来确定），则混合积的符号为正，如果向量 a, b, c 组成左手系（即 c 的指向按左手系从 a 转向 b 来确定），则混合积的符号为负（图 20）。

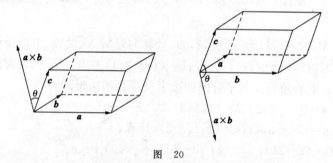

图 20

事实上，设六面体的高为 h，底面积为 S，$a \times b$ 与 c 的夹角为 θ，则
$$(a \times b) \cdot c = |a \times b| |c| \cos\theta = S |c| \cos\theta.$$

当 a, b, c 组成右手系时，$0 \leq \theta < \dfrac{\pi}{2}, h = |c|\cos\theta$；当 a, b, c 组成左手系时，$\dfrac{\pi}{2} \leq \theta < \pi, h = |c|\cos(\pi - \theta) = |c|(-\cos\theta)$。总之，$h = |c||\cos\theta|$。所以
$$|(a \times b) \cdot c| = |a \times b| |c| |\cos\theta| = Sh.$$

例 7 已知四面体 $ABCD$ 的顶点坐标 $A(0,0,0), B(6,0,6), C(4,3,0), D(2,-1,3)$，求它的体积。

解 由初等几何知道，四面体 $ABCD$ 的体积 V 等于以 AB, AC 和 AD 为棱的平行六面体的体积的六分之一，因此
$$V = \frac{1}{6} |(\overrightarrow{AB} \times \overrightarrow{AC}) \cdot \overrightarrow{AD}|.$$

因为
$$\overrightarrow{AB}=(6,0,6),\quad \overrightarrow{AC}=(4,3,0),\quad \overrightarrow{AD}=(2,-1,3),$$
所以
$$(\overrightarrow{AB}\times\overrightarrow{AC})\cdot\overrightarrow{AD}=\begin{vmatrix}6 & 0 & 6\\ 4 & 3 & 0\\ 2 & -1 & 3\end{vmatrix}=-6,$$

$$V=\frac{1}{6}|(\overrightarrow{AB}\times\overrightarrow{AC})\cdot\overrightarrow{AD}|=1.$$

习 题 7.1

1. 落在三坐标平面和三坐标轴上的点各有什么特征？指出下列各点位置的特殊性：
$A(2,0,0)$；$B(0,-3,0)$；$C(0,0,5)$；$D(-1,2,0)$；$E(3,0,1)$；$F(0,2,1)$.

2. 求点(x,y,z)关于各坐标平面、各坐标轴和坐标原点的对称点的坐标.

3. 在 z 轴上求与两点 $A(-4,1,7)$ 和 $B(3,2,-1)$ 等距离的点.

4. 已知线段 AB 被点 $C(2,0,2)$ 和 $D(5,-2,0)$ 三等分，试求这条线段的端点 A 与 B 的坐标.

5. 已知两点 $M_1(2,3,\sqrt{2})$ 和 $M_2(1,2,0)$，计算向量 $\overrightarrow{M_1M_2}$ 的模、方向余弦和方向角.

6. 已知平行四边形以 $a=(2,1,-1), b=(1,-2,1)$ 为边，求它的两对角线的长和夹角.

7. 试用向量证明对角线互相平分的四边形是平行四边形.

8. 已知向量 $a=(0,-1,2), b=(2,1,3)$，求 $2a-3b$.

9. 已知向量 $a=(2,-3,1), b=(1,1,-3)$，计算：
(1) $(2a+3b)\cdot(a-2b)$；　　(2) $|a-b|^2$；　　(3) $\text{Prj}_b a$.

10. 已知向量 a,b,c 两两垂直，且 $|a|=1, |b|=2, |c|=3$，求 $r=a+b+c$ 的模.

11. 设 $|a|=2, |b|=5, \angle(a,b)=\frac{2}{3}\pi, p=3a-b, q=\lambda a+17b$，问系数 λ 为何值时 p 与 q 垂直？

12. 已知空间三点 $A(1,2,3), B(2,-1,5), C(3,2,-5)$，求 $\triangle ABC$ 的面积.

13. 设向量 $a=2i-j+k, b=i+2j-k$，求同时垂直于 a,b 的单位向量.

14. 设点 $A(2,4,1), B(3,7,5), C(4,10,9)$，证明 A,B,C 在同一直线上.

15. 已知 $a=(1,-2,3), b=(3,0,1), c=(-1,2,0)$，求：
(1) $(a\times b)\cdot c$；　　　　(2) $(a\cdot b)c-(a\cdot c)b$；
(3) $(a\cdot a)b-(a\cdot b)a$；　　(4) $(a\times b)\times c$.

§7.2 曲面及其方程

一、曲面方程的概念

与平面上的曲线类似,空间中的曲面可看成是具有某种几何性质的点的轨迹.如果一个曲面 S 上任一点的坐标都满足方程 $F(x,y,z)=0$,并且不在曲面 S 上的点的坐标都不满足方程 $F(x,y,z)=0$,那么就称曲面 S 为**方程 $F(x,y,z)=0$ 的图形**,而称方程 $F(x,y,z)=0$ 为**曲面 S 的方程**.

建立了空间曲面与其方程的联系之后,我们就可以通过方程的解析性质来研究曲面的几何性质.

空间解析几何研究的基本问题是:

(1) 已知曲面 S 上的点所满足的几何条件,求曲面的方程.

(2) 已知曲面的方程,研究曲面的几何性质.

例 1 求连接两点 $A(1,2,4)$ 和 $B(3,-1,1)$ 的线段的垂直平分面方程.

解 设 $M(x,y,z)$ 为所求垂直平分面上的任一点,则有点 M 到 A,B 两点的距离相等,即 $|AM|=|BM|$,从而得

$$\sqrt{(x-1)^2+(y-2)^2+(z-4)^2}=\sqrt{(x-3)^2+(y+1)^2+(z-1)^2},$$

化简得

$$2x-3y-3z+5=0.$$

这就是垂直平分面上点的坐标满足的方程,而不在此垂直平分面上的点的坐标都不满足这个方程,所以此方程即为所求垂直平分面的方程.

例 2 求以点 $M_0(x_0,y_0,z_0)$ 为球心,R 为半径的球面方程.

解 设 $M(x,y,z)$ 为所求球面上的任意一点,则有 M 到球心 M_0 的距离为 R,即 $|M_0M|=R$,所以

$$\sqrt{(x-x_0)^2+(y-y_0)^2+(z-z_0)^2}=R \quad \text{或} \quad (x-x_0)^2+(y-y_0)^2+(z-z_0)^2=R^2.$$

这就是球面上点的坐标满足的方程,而不在球面上的点的坐标都不满足此方程,所以此方程是以 $M_0(x_0,y_0,z_0)$ 为球心,R 为半径的球面方程.

如果球心在原点,那么 $x_0=y_0=z_0=0$,此时球面方程为

$$x^2+y^2+z^2=R^2.$$

二、旋转曲面

平面上的一条曲线绕同一平面上的一条定直线旋转一周所生成的曲面称为**旋转曲面**.旋转曲线和定直线分别称为旋转曲面的**母线**和**轴**.

设曲线 C 是 Oyz 平面上的一条曲线,其方程为 $f(y,z)=0$. 把这条曲线绕 z 轴旋转一周,就得到一个以 z 轴为旋转轴的旋转曲面(图 1). 下面我们来推导它的方程.

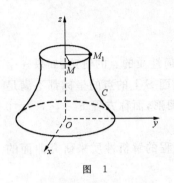

图 1

设 $M_1(0,y_1,z_1)$ 为曲线 C 上的任一点,则有 $f(y_1,z_1)=0$. 若当曲线 C 绕 z 轴旋转时,点 M_1 旋转至点 $M(x,y,z)$,则

$$z=z_1, \quad \sqrt{x^2+y^2}=|y_1|,$$

或

$$y_1=\pm\sqrt{x^2+y^2}, \quad z_1=z.$$

所以旋转曲面的方程为

$$f(\pm\sqrt{x^2+y^2},z)=0.$$

同理可得曲线 C 绕 y 轴旋转一周所得旋转曲面的方程为

$$f(y,\pm\sqrt{x^2+z^2})=0.$$

Oxy 平面上的曲线绕 x 轴或 y 轴旋转,Ozx 平面上的曲线绕 x 轴或 z 轴旋转,都可以用类似的方法讨论所得旋转曲面的方程,且可得到类似的结果.

例 3 将 Ozx 平面上的椭圆

$$\frac{x^2}{a^2}+\frac{z^2}{b^2}=1$$

分别绕 x 轴和 z 轴旋转一周,求所生成的旋转曲面的方程.

解 绕 x 轴旋转一周所生成的旋转曲面的方程为

$$\frac{x^2}{a^2}+\frac{(\pm\sqrt{y^2+z^2})^2}{b^2}=1, \quad 即 \quad \frac{x^2}{a^2}+\frac{y^2+z^2}{b^2}=1.$$

绕 z 轴旋转一周所生成的旋转曲面的方程为

$$\frac{(\pm\sqrt{x^2+y^2})^2}{a^2}+\frac{z^2}{b^2}=1, \quad 即 \quad \frac{x^2+y^2}{a^2}+\frac{z^2}{b^2}=1.$$

这两种曲面都称为**旋转椭球面**.

例 4 直线 L 绕另一条与 L 相交的定直线旋转一周,所得的旋转曲面叫做**圆锥面**,其中两直线的交点称为圆锥面的**顶点**,两直线的夹角 $\alpha\left(0<\alpha<\frac{\pi}{2}\right)$ 称为圆锥面的**半顶角**. 试建立顶点在坐标原点 O,旋转轴为 z 轴,半顶角为 α 的圆锥面(图 2)的方程.

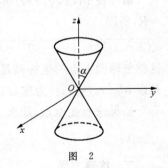

图 2

解 在 Oyz 平面上,取直线 L:

$$z=y\cot\alpha,$$

L 绕 z 轴旋转一周所生成的圆锥面即为所求圆锥面,其方程是

$$z=\pm\sqrt{x^2+y^2}\cot\alpha$$

或
$$z^2 = k^2(x^2 + y^2), \quad 其中 \quad k = \cot\alpha.$$

以上我们研究的问题是从已知曲面特点出发建立曲面的方程,都是属于基本问题(1). 下面我们讨论基本问题(2).

三、柱面

先来看一个不含变量 z 的方程 $x^2 + y^2 = R^2$. 在 Oxy 平面上它表示圆心在原点,半径为 R 的圆. 在空间中,它表示怎样的图形呢? 注意到方程不含竖坐标 z,因此给定一点 (x,y,z),不论其竖坐标 z 如何,只要它的横坐标 x 和纵坐标 y 能满足方程,这点就一定落在曲面上. 这就是说,凡是通过在 Oxy 平面的圆 $x^2 + y^2 = R^2$ 上一点 $M(x,y,0)$,且平行于 z 轴的直线 l 都在这曲面上. 因此,方程 $x^2 + y^2 = R^2$ 对应的图形可以看做是由平行于 z 轴的直线 l 沿 Oxy 平面上的圆 $x^2 + y^2 = R^2$ 移动而形成的,称为**圆柱面**(图3). Oxy 平面上的圆 $x^2 + y^2 = R^2$ 叫做它的准线,直线 l 叫做它的母线.

定义 平行于定直线并沿定曲线 C 移动的直线 L 所形成的曲面称为**柱面**,定曲线 C 叫做柱面的**准线**,动直线 L 叫做柱面的**母线**.

与上面讨论的圆柱面类似,不含变量 z 的方程 $y^2 = 2px\,(p>0)$ 也表示母线平行于 z 轴的柱面,它的准线是 Oxy 平面上的抛物线 $y^2 = 2px$,我们把它叫做**抛物柱面**(图4).

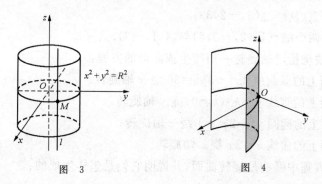

图 3 图 4

一般地,不含 z 而只含 x,y 的方程 $F(x,y) = 0$ 在空间直角坐标系中表示母线平行于 z 轴的柱面,Oxy 平面上的曲线 $F(x,y) = 0$ 则是这个柱面的一条准线.

类似地,不含 x 而只含 y,z 的方程表示母线平行于 x 轴的柱面;不含 y 而只含 x,z 的方程表示母线平行于 y 轴的柱面.

例如:$x - y = 1$ 表示母线平行于 z 轴的柱面,其准线是 Oxy 平面上的直线 $x - y = 1$,所以它是平行于 z 轴的平面.

除了前面研究过的圆柱面、抛物柱面之外,常见的柱面还有:

椭圆柱面:$\dfrac{x^2}{a^2} + \dfrac{y^2}{b^2} = 1$(图5);

双曲柱面：$\dfrac{x^2}{a^2}-\dfrac{y^2}{b^2}=1$（图 6）．

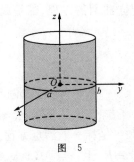

图 5

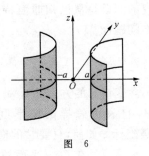

图 6

这些柱面的方程都是二次的，统称为**二次柱面**．

习 题 7.2

1. 一动点与两定点 $A(2,3,1)$ 和 $B(4,0,5)$ 等距离，求此动点的轨迹方程．
2. 一动点与 $A(4,0,0)$ 及 Oxy 平面等距离，求该动点的轨迹方程．
3. 求下列各球面的方程：
 (1) 球心在 $(2,-1,3)$，半径为 $R=6$；
 (2) 球心在原点，且经过 $(6,-2,3)$；
 (3) 一直径的两个端点是 $(2,-3,5)$ 与 $(4,1,-3)$．
4. 求下列曲线绕指定轴旋转一周所生成曲面的方程：
 (1) Oxy 平面上的双曲线 $4x^2-9y^2=36$ 绕 x 轴旋转；
 (2) Oxy 平面上的直线 $y=kx(k\neq 0)$ 绕 y 轴旋转；
 (3) Oyz 平面上的椭圆 $y^2+2z^2=1$ 绕 z 轴旋转；
 (4) Ozx 平面上的曲线 $z=2x$ 绕 z 轴旋转．
5. 指出下列方程中哪些是旋转曲面，并说明它们是怎样生成的：
 (1) $x^2+y^2=\dfrac{1}{z}$；　　　(2) $4x^2+y^2+5z^2=20$；
 (3) $y^2-z=0$；　　　(4) $\dfrac{x^2}{2}-\dfrac{y^2}{3}-\dfrac{z^2}{3}=1$．
6. 指出下列方程在平面和空间中分别表示什么图形：
 (1) $(x-1)^2+y^2=1$；　　(2) $y^2-x=0$；
 (3) $y=x+1$；　　　(4) $x^2-y^2=1$．

§7.3 空间曲线及其方程

一、空间曲线的一般方程

空间中的曲线可以看做两个曲面的交线,如空间中的直线可看做某两个平面的交线,而圆可看做某个球面与某个平面的交线. 设两曲面 S_1 和 S_2 的方程分别为

$$S_1: F(x,y,z) = 0 \quad \text{和} \quad S_2: G(x,y,z) = 0,$$

它们的交线为 Γ(图 1),则曲线 Γ 上任意点 $P(x,y,z)$ 既在曲面 S_1 上又在曲面 S_2 上,从而 P 点的坐标应同时满足这两个曲面的方程,所以应满足方程组

$$\begin{cases} F(x,y,z) = 0, \\ G(x,y,z) = 0. \end{cases} \qquad ①$$

反过来,方程组①的任何一个解所表示的点都同时在曲面 S_1 和 S_2 上,从而在它们的交线 Γ 上. 因此,曲线 Γ 可以用方程组①来表示. 方程组①称为**空间曲线的一般方程**.

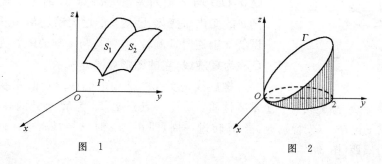

图 1　　　　　　　　图 2

例 1 方程组

$$\begin{cases} x^2 + y^2 = 2y, \\ y = z \end{cases} \qquad ②$$

表示怎样的曲线?

解 方程组②中的第一个方程表示一个母线平行于 z 轴的圆柱面,其准线是 Oxy 面上的圆心在$(0,1)$,半径为 1 的圆;第二个方程表示一个母线平行于 x 轴的柱面,其准线是 Oyz 面上的直线,即它是一个平面. 因此方程组②表示的是上述圆柱面与平面的交线 Γ(图 2),在空间中是一个椭圆.

二、空间曲线的参数方程

空间曲线也可以用参数方程表示. 设空间曲线 Γ 上动点 M 的坐标 x,y,z 可表示为参数

t 的函数:

$$\begin{cases} x = x(t), \\ y = y(t), \quad t \in I. \\ z = z(t), \end{cases} \quad ③$$

反之,给定某范围 I 内的一个 t 值,由③式就得到曲线 Γ 上的一个点,当 t 在这一范围内变化时,动点 M 就描出空间一条曲线 Γ. 称方程组③为**空间曲线 Γ 的参数方程**.

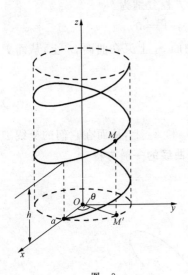

图 3

例 2 讨论参数方程 $\begin{cases} x = a\cos\theta, \\ y = a\sin\theta, \\ z = k\theta \end{cases}$ 表示的曲线 C.

其中 a, k 是正的常数,参数 $\theta \in (-\infty, +\infty)$.

解 我们先看坐标 $z = k\theta$ 的变化,它表明曲线上的动点 $M(x, y, z)$ 随着参数 θ 的增大而升高,升高的幅度与 θ 成正比,比例系数为 k. 设点 $M'(x, y, 0)$ 是点 M 在 Oxy 平面上的投影,由参数方程可知 $x^2 + y^2 = a^2\cos^2\theta + a^2\sin^2\theta = a^2$. 这说明 OM' 的长度总是 a,也表明点 M 到 z 轴距离总是 a,OM' 与 x 轴的夹角为 θ. 点 M 的三个坐标 x, y, z 都随 θ 的变化而变化,随着 θ 的增大动点 M 在升高的同时还围绕 z 轴逆时针旋转,并保持与 z 轴的距离为 a. 这条曲线 C 称为**螺旋线**,它的图形如图 3 所示.

螺旋线是实践中常用的曲线. 例如,平头螺丝钉的外缘曲线就是螺旋线. 螺旋线有一个重要性质:从任一点开始,动点 M 上升的高度 h 与 M 转过的角度 θ 成正比,$h = k\theta$. 特别地,当 M 转过一周,即 $\theta = 2\pi$ 时,$h = 2k\pi$,这一固定高度在工程技术上称为**螺距**(图 3).

三、空间曲线在坐标平面上的投影

设空间曲线 Γ 的一般方程为

$$\begin{cases} F(x, y, z) = 0, \\ G(x, y, z) = 0. \end{cases} \quad ④$$

如果从方程组④中消去 z 后得到的方程为

$$H(x, y) = 0, \quad ⑤$$

那么当点 $M(x, y, z)$ 的坐标满足方程组④时,也一定满足方程⑤. 这说明曲线 Γ 完全落在方程⑤表示的曲面上. 方程⑤中没有变量 z,因此表示的是母线平行于 z 轴的柱面. 我们把这个柱面称为曲线 Γ 对 Oxy 平面的**投影柱面**. 这个投影柱面与 Oxy 平面的交线

$$\begin{cases} H(x, y) = 0, \\ z = 0 \end{cases} \quad ⑥$$

称为曲线 Γ 在 Oxy 平面上的**投影曲线**,或简称**投影**.

同理,从方程组④中消去 x 或 y,再分别与 $x=0$ 或 $y=0$ 联立,我们就可得到曲线 Γ 在 Oyz 平面或 Ozx 平面上的投影曲线方程

$$\begin{cases} R(y,z)=0, \\ x=0. \end{cases} \quad \text{或} \quad \begin{cases} T(x,z)=0, \\ y=0. \end{cases}$$

例 3 求球面 $x^2+y^2+z^2=9$ 与平面 $x+z=1$ 的交线在 Oxy 平面上的投影方程.

解 球面 $x^2+y^2+z^2=9$ 与平面 $x+z=1$ 的交线方程为

$$\begin{cases} x^2+y^2+z^2=9, \\ x+z=1. \end{cases} \quad ⑦$$

从方程组⑦中消去 z 并化简,得交线对 Oxy 平面的投影柱面方程

$$2x^2-2x+y^2=8,$$

因此交线在 Oxy 平面上的投影方程为

$$\begin{cases} 2x^2-2x+y^2=8, \\ z=0. \end{cases}$$

例 4 讨论曲线 $\begin{cases} 2x^2+4y+z^2=4z, \\ x^2-8y+3z^2=12z \end{cases}$ 的图形.

解 方程组分别消去变量 y 和 z,得 $x^2+z^2=4z$,$x^2+4y=0$,因而方程组等价于

$$\begin{cases} x^2+4y=0, \\ x^2+z^2=4z. \end{cases}$$

此方程组的第一个方程表示一个抛物柱面,第二个方程表示一个圆柱面,因此曲线为此两柱面的交线,其形状如图 4 所示.由此可以看出,空间曲线的投影柱面有利于我们认识空间曲线的图形.

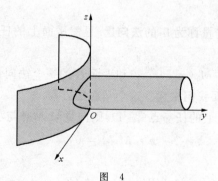

图 4

习 题 7.3

1. 画出下列曲线在第一卦限内的图形:

(1) $\begin{cases} x=1, \\ y=2; \end{cases}$ (2) $\begin{cases} z=\sqrt{4-x^2-y^2}, \\ x-y=0; \end{cases}$ (3) $\begin{cases} x^2+y^2=a^2, \\ x^2+z^2=a^2. \end{cases}$

2. 讨论曲线 $\begin{cases} x^2+y^2+z^2=1, \\ x^2+y^2=1 \end{cases}$ 的图形.

3. 求曲线 $\begin{cases} x^2+y^2-z=0, \\ z=x+1 \end{cases}$ 对三个坐标平面的投影柱面方程.

4. 求两球面 $x^2+y^2+z^2=1$ 与 $x^2+(y-1)^2+(z-1)^2=1$ 的交线在 Oxy 平面上的投影方程.

5. 求下列空间曲线的参数方程：

(1) $\begin{cases} y^2-4z=0, \\ x^2+z^2=4; \end{cases}$ (2) $\begin{cases} 5x-3y=0, \\ \dfrac{x^2}{9}+\dfrac{z^2}{16}=1. \end{cases}$

6. 把曲线的参数方程 $\begin{cases} x=6t+1, \\ y=(t+1)^2, \\ z=2t \end{cases}$ $(-\infty<t<+\infty)$ 化为一般方程.

§7.4 平面及其方程

平面与直线是最常见也是最简单的曲面与曲线. 在本节和 §7.5 中, 我们将以向量为工具, 在空间直角坐标系中分别对它们进行讨论.

一、平面的点法式方程

垂直于平面 Π 的非零向量称为 Π 的**法向量**. 显然平面上的任一向量均与该平面的法向量垂直.

如果已知平面上的一点 $M_0(x_0, y_0, z_0)$ 和平面 Π 的一个法向量 $\boldsymbol{n}=(A, B, C)$, 那么平面 Π 的位置就完全确定了. 下面我们来建立这个平面的方程.

设 $M(x, y, z)$ 是平面 Π 上的任一点(图1), 则向量 $\overrightarrow{M_0 M}$ 必与法向量 $\boldsymbol{n}$ 垂直, 于是
$$\boldsymbol{n} \cdot \overrightarrow{M_0 M} = 0,$$
即
$$A(x-x_0) + B(y-y_0) + C(z-z_0) = 0. \qquad ①$$

这就是平面 Π 上的任一点 $M(x, y, z)$ 的坐标所满足的方程. 反过来, 如果点 $M(x, y, z)$ 满足方程①, 则说明向量 $\overrightarrow{M_0 M}$ 垂直于 $\boldsymbol{n}$, 从而点 $M(x, y, z)$ 在平面 Π 上. 因此方程①即为平面 Π 的方程, 称为**平面的点法式方程**.

§7.4 平面及其方程

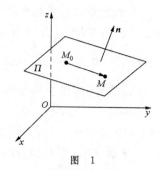

图 1

例 1 求过点 $(-1,3,0)$ 且以 $\boldsymbol{n}=(2,-3,3)$ 为法向量的平面的方程.

解 由平面的点法式方程①,得所求平面的方程为
$$2(x+1)-3(y-3)+3z=0, \quad 即 \quad 2x-3y+3z+11=0.$$

例 2 求过三点 $M_1(0,2,-1), M_2(-1,3,-2)$ 和 $M_3(1,2,4)$ 的平面方程.

解 先求此平面的一个法向量 $\boldsymbol{n}$. 由于 $\boldsymbol{n}$ 与 $\overrightarrow{M_1M_2}, \overrightarrow{M_1M_3}$ 都垂直,所以可以取向量积 $\overrightarrow{M_1M_2} \times \overrightarrow{M_1M_3}$ 作为法向量 $\boldsymbol{n}$:

$$\overrightarrow{M_1M_2}=(-1,1,-1), \quad \overrightarrow{M_1M_3}=(1,0,5),$$

$$\boldsymbol{n}=\overrightarrow{M_1M_2}\times\overrightarrow{M_1M_3}=\begin{vmatrix} \boldsymbol{i} & \boldsymbol{j} & \boldsymbol{k} \\ -1 & 1 & -1 \\ 1 & 0 & 5 \end{vmatrix}=5\boldsymbol{i}+4\boldsymbol{j}-\boldsymbol{k}.$$

故由平面的点法式方程①得所求平面方程为
$$5x+4(y-2)-(z+1)=0, \quad 即 \quad 5x+4y-z-9=0.$$

二、平面的一般方程

容易看出平面的点法式方程①是关于 x,y,z 的三元一次方程,而任一平面都可以由它上面的一点及它的法向量来确定,所以任一平面都可以用三元一次方程来表示.反过来,我们也可证明,任何一个关于 x,y,z 的三元一次方程
$$Ax+By+Cz+D=0 \qquad ②$$
的图形都是一个平面,其中 A,B,C 不全为零. 我们把方程②称为**平面的一般方程**,其中 x,y,z 的系数是该平面的一个法向量 $\boldsymbol{n}$ 的坐标,即 $\boldsymbol{n}=(A,B,C)$.

例如,方程 $x+5y-3z-7=0$ 表示一个平面,$\boldsymbol{n}=(1,5,-3)$ 是这个平面的一个法向量.

在平面的一般方程 $Ax+By+Cz+D=0$ 中,当各项系数取特殊值时,可得一些常用特殊平面,具体如下:

(1) 若 $D=0$,方程②成为 $Ax+By+Cz=0$,它表示一个通过原点的平面.

(2) 若 $A=0$,方程②成为 $By+Cz+D=0$,法向量 $\boldsymbol{n}=(0,B,C)$ 垂直于 x 轴,故它表示一

个平行于 x 轴的平面(这里将直线在平面上看做直线与平面平行的一种特殊情况).

同理,方程 $Ax+Cz+D=0$ 和 $Ax+By+D=0$ 分别表示平行于 y 轴和 z 轴的平面.

(3) 若 $A=B=0$,方程②成为 $Cz+D=0$ 或 $z=-\dfrac{D}{C}$,法向量 $\boldsymbol{n}=(0,0,C)$ 同时垂直于 x 轴和 y 轴,故它表示一个平行于 Oxy 面的平面(这里将平面与平面重合看做平面与平面平行的一种特殊情况).

同理,方程 $Ax+D=0$ 和 $By+D=0$ 分别表示平行于 Oyz 平面和 Ozx 平面的平面.特别地,$x=0$,$y=0$,$z=0$ 分别表示 Oyz 平面、Ozx 平面和 Oxy 平面.

例 3 求通过 x 轴和点 $M(3,2,-1)$ 的平面方程.

解 由于平面通过 x 轴,因此它平行于 x 轴且过原点,从而可设平面方程为
$$By+Cz=0.$$
又因为平面过点 $M(3,2,-1)$,代入方程有
$$2B-C=0, \quad 即 \quad C=2B.$$
代入所设方程并除以 $B(B\neq 0)$,便得所求平面方程为
$$y+2z=0.$$

例 4 设平面 Π 的一般方程为 $Ax+By+Cz+D=0$. 如果 Π 不过原点,并且不与任何坐标轴平行,则 A,B,C,D 都不为零,且 Π 必与三个坐标轴各有一个交点,Π 的方程可化为
$$\dfrac{A}{-D}x+\dfrac{B}{-D}y+\dfrac{C}{-D}z=1.$$
令 $a=\dfrac{-D}{A},b=\dfrac{-D}{B},c=\dfrac{-D}{C}$,则 Π 的方程又化为
$$\dfrac{x}{a}+\dfrac{y}{b}+\dfrac{z}{c}=1. \qquad ③$$
称方程③为**平面 Π 的截距式方程**.显然,点 $(a,0,0)$,$(0,b,0)$,$(0,0,c)$ 都在平面 Π 上.称 a,b,c 是平面 Π 分别在 x 轴、y 轴、z 轴上的**截距**(图 2).

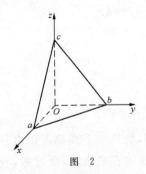

图 2

三、两平面的夹角

通常我们规定两平面的法向量的夹角(取锐角)为**两平面的夹角**.

设两平面 Π_1,Π_2 的法向量分别为 $\boldsymbol{n}_1=(A_1,B_1,C_1)$ 和 $\boldsymbol{n}_2=(A_2,B_2,C_2)$,$\Pi_1$ 和 Π_2 的夹角为 $\theta\left(0\leqslant\theta\leqslant\dfrac{\pi}{2}\right)$,则 $\theta=\angle(\boldsymbol{n}_1,\boldsymbol{n}_2)$ 或 $\theta=\pi-\angle(\boldsymbol{n}_1,\boldsymbol{n}_2)$(图 3).按两向量夹角的余弦公式,有
$$\cos\theta=|\cos\angle(\boldsymbol{n}_1,\boldsymbol{n}_2)|$$
$$=\dfrac{|A_1A_2+B_1B_2+C_1C_2|}{\sqrt{A_1^2+B_1^2+C_1^2}\sqrt{A_2^2+B_2^2+C_2^2}}. \qquad ④$$

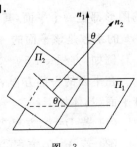

图 3

另外，从两向量垂直和平行的条件易知：

(1) 两平面 Π_1, Π_2 平行的充分必要条件是
$$\frac{A_1}{A_2} = \frac{B_1}{B_2} = \frac{C_1}{C_2}.$$

(2) 两平面 Π_1, Π_2 垂直的充分必要条件是
$$A_1 A_2 + B_1 B_2 + C_1 C_2 = 0.$$

例 5 求通过点 $M_1(4,2,-1), M_2(5,1,3)$ 且垂直于平面 $3x+y-z-2=0$ 的平面方程.

解 设所求平面的一个法向量为
$$\boldsymbol{n} = (A, B, C).$$
所求平面与平面 $3x+y-z-2=0$ 垂直，所以两平面的法向量相互垂直，从而有
$$(A,B,C) \cdot (3,1,-1) = 3A + B - C = 0. \quad \text{⑤}$$
同时，$\overrightarrow{M_1 M_2} = (1,-1,4)$ 在所求平面上，它必与 $\boldsymbol{n}$ 垂直，于是有
$$(A,B,C) \cdot (1,-1,4) = A - B + 4C = 0. \quad \text{⑥}$$
由方程⑤，⑥可得 $A = -\frac{3}{4}C, B = \frac{13}{4}C$，再由平面的点法式方程可得所求平面方程为
$$-\frac{3}{4}C(x-4) + \frac{13}{4}C(y-2) + C(z+1) = 0,$$
化简为
$$3x - 13y - 4z + 10 = 0.$$

四、点到平面的距离

设 $P_0(x_0, y_0, z_0)$ 是平面 $\Pi: Ax+By+Cz+D=0$ 以外的一点，我们来讨论点 P_0 到平面 Π 的距离公式.

在平面 Π 上任取一点 $P_1(x_1, y_1, z_1)$，作向量 $\overrightarrow{P_1 P_0}$ 和法向量 $\boldsymbol{n}$（见图4），设这两向量的夹角为 θ，则点 P_0 到平面 Π 的距离

$$d = |\overrightarrow{P_1 P_0}||\cos\theta| = |\overrightarrow{P_1 P_0}| \frac{|\overrightarrow{P_1 P_0} \cdot \boldsymbol{n}|}{|\overrightarrow{P_1 P_0}||\boldsymbol{n}|}$$

$$= \frac{|A(x_0 - x_1) + B(y_0 - y_1) + C(z_0 - z_1)|}{\sqrt{A^2 + B^2 + C^2}}$$

$$= \frac{|Ax_0 + By_0 + Cz_0 - (Ax_1 + By_1 + Cz_1)|}{\sqrt{A^2 + B^2 + C^2}}.$$

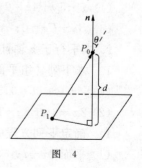

图 4

因为 $P_1(x_1, y_1, z_1)$ 是平面 Π 上一点，所以 $Ax_1 + By_1 + Cz_1 = -D$，于是得到点到平面的距离公式：

$$d = \frac{|Ax_0 + By_0 + Cz_0 + D|}{\sqrt{A^2 + B^2 + C^2}}.$$

例 6 求平行于平面 $x+2y-2z=1$ 且与其距离为 2 的平面方程.

解 所求平面与平面 $x+2y-2z=1$ 平行,由两平面平行的充分必要条件,可设所求平面的方程为
$$x+2y-2z+D=0.$$
在平面 $x+2y-2z=1$ 上取一点 $P(1,0,0)$,则点 P 到所求平面的距离即为两平行平面间的距离,因而有
$$d=\frac{|1+D|}{\sqrt{1+2^2+2^2}}=2,$$
解得 $D=5$ 或 -7. 故所求的平面方程为
$$x+2y-2z+5=0 \quad \text{或} \quad x+2y-2z-7=0.$$

习 题 7.4

1. 已知空间两点 $M_1(1,2,-1), M_2(3,-1,2)$,求过点 M_1 且与直线 M_1M_2 垂直的平面方程.

2. 求过三点 $M_1(0,2,3), M_2(-1,3,-2)$ 和 $M_3(2,-1,4)$ 的平面方程.

3. 求过点 $(1,0,-2)$ 且与平面 $2x+y-z-2=0$ 和 $x-y-z-3=0$ 均垂直的平面方程.

4. 已知从原点引某平面的垂线,垂足为 $(3,-1,7)$,求此平面的方程.

5. 求过点 $M(3,2,-4)$ 且在 x 轴和 y 轴上的截距分别为 -2 和 -3 的平面方程.

6. 已知连接两点 $A(3,10,-5)$ 和 $B(0,12,k)$ 的线段平行于平面 $7x+4y-z-1=0$,求 k.

7. 证明三元一次方程 $Ax+By+Cz+D=0(A,B,C$ 不全为零$)$ 是一个平面方程.

8. 指出以下各平面的特殊位置:

   (1) $x+5y+4z=0$; (2) $2x+3y-6=0$;

   (3) $By+Cz=0$; (4) $2z+5=0$.

9. 求平行于 z 轴且过点 $M_1(1,0,1), M_2(2,-1,1)$ 的平面方程.

10. 求下列各组平面的夹角:

    (1) $x+y-11=0, 3x+8=0$;

    (2) $2x-3y+6z-12=0, x+2y+2z-7=0$.

11. 确定下列方程中的 l 和 m:

    (1) 平面 $2x+ly+3z-5=0$ 与平面 $mx-6y-z+2=0$ 平行;

    (2) 平面 $3x-5y+lz-3=0$ 与平面 $x+3y+2z+5=0$ 垂直.

12. 求与原点的距离为 6 且在三坐标轴 x,y,z 轴上的截距之比为 $a:b:c=-1:3:2$ 的平面方程.

§7.5 空间直线及其方程

一、空间直线的一般方程

设有空间中两个平面

$$\Pi_1: A_1x+B_1y+C_1z+D_1=0, \quad \Pi_2: A_2x+B_2y+C_2z+D_2=0,$$

且 Π_1 与 Π_2 不平行,即它们的法向量 (A_1,B_1,C_1) 与 (A_2,B_2,C_2) 对应坐标不成比例,则它们必相交,且交线是空间中的一条直线.记它们的交线为 L(图1),那么直线 L 上任一点的坐标应同时满足两个平面的方程,即应满足方程组

$$\begin{cases} A_1x+B_1y+C_1z+D_1=0, \\ A_2x+B_2y+C_2z+D_2=0. \end{cases} \quad ①$$

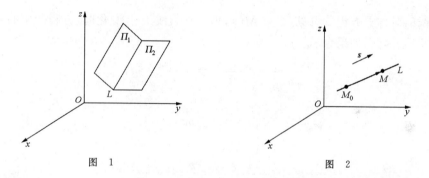

图 1　　　　　　　图 2

反过来,如果点 $M(x,y,z)$ 的坐标满足方程组①,则说明点 $M(x,y,z)$ 同时在平面 Π_1,Π_2 上,从而点 $M(x,y,z)$ 在 Π_1,Π_2 的交线 L 上.因此,直线 L 可以用方程组①来表示,方程组①叫做**空间直线的一般方程**.

由于通过空间一直线 L 的平面有无限多个,只要在这无限多个平面中任意选取两个,把它们的方程联立起来,都可作为 L 的方程.

二、空间直线的对称式方程和参数方程

若空间一条直线通过点 $M_0(x_0,y_0,z_0)$ 且平行于非零向量 $\boldsymbol{s}=(m,n,p)$,则这条直线的位置就完全确定了.下面我们建立这条直线的方程.

设 $M(x,y,z)$ 是直线 L 上的任一异于 M_0 的点.因为直线 L 平行于非零向量 $\boldsymbol{s}$,所以 $\overrightarrow{M_0M} /\!/ \boldsymbol{s}$(图2).根据向量平行的条件,得

$$\frac{x-x_0}{m} = \frac{y-y_0}{n} = \frac{z-z_0}{p}. \quad ②$$

反之，如果点 $M(x,y,z)$ 的坐标满足方程②，则说明 $\overrightarrow{M_0M}$ 平行于 s，从而点 $M(x,y,z)$ 在直线 L 上. 所以方程②是直线 L 的方程，我们称它为**直线的对称式方程**.

由于非零向量 s 确定了直线的方向，所以称它为直线 L 的**方向向量**，其中 s 的分量 m, n, p 称为直线 L 的一组**方向数**. 因为方程②是由直线上的一点和方向向量确定的，所以它又称为**直线的点向式方程**.

注 当方程②中分母为零时，约定分子也为零. 例如，当 $m=0$，而 $n,p\neq 0$ 时，方程②应理解为

$$\begin{cases} x-x_0 = 0, \\ \dfrac{y-y_0}{n} = \dfrac{z-z_0}{p}; \end{cases}$$

当 $m=n=0$，而 $p\neq 0$ 时，方程②应理解为

$$\begin{cases} x-x_0 = 0, \\ y-y_0 = 0. \end{cases}$$

由直线的对称式方程②可见，当点 $M(x,y,z)$ 在直线 L 上变化时，方程②中的三个比例式总保持相等. 因此，如果令

$$\frac{x-x_0}{m} = \frac{y-y_0}{n} = \frac{z-z_0}{p} = t,$$

则有

$$\begin{cases} x = x_0 + mt, \\ y = y_0 + nt, \\ z = z_0 + pt. \end{cases} \qquad ③$$

我们把方程组③称为**直线的参数方程**.

迄今为止，我们已经研究了直线方程的三种不同形式，这三种形式在不同的场合，各有便利之处，应注意灵活运用.

例 1 求过点 $M_0(2,-1,3)$ 且平行于直线 $\dfrac{x-3}{2} = \dfrac{y}{1} = \dfrac{z-1}{5}$ 的直线方程.

解 因为所求直线平行于直线 $\dfrac{x-3}{2} = \dfrac{y}{1} = \dfrac{z-1}{5}$，所以两直线有相同的方向向量，即

$$s = (2,1,5).$$

又所求直线过点 $M_0(2,-1,3)$，从而由直线的对称式方程②可得所求直线方程为

$$\frac{x-2}{2} = \frac{y+1}{1} = \frac{z-3}{5}.$$

例 2 求过 $M_1(x_1,y_1,z_1)$, $M_2(x_2,y_2,z_2)$ 两点的直线方程.

解 可取向量 $\overrightarrow{M_1M_2} = (x_2-x_1, y_2-y_1, z_2-z_1)$ 作为所求直线的方向向量，取 M_1 作为已知定点，由直线的对称式方程②可得所求直线方程为

$$\frac{x-x_1}{x_2-x_1}=\frac{y-y_1}{y_2-y_1}=\frac{z-z_1}{z_2-z_1}.$$

例 3 化直线 L 的一般式方程

$$L:\begin{cases}x-2y+z+1=0,\\ x+y-z+3=0\end{cases} \qquad ④$$

为对称式方程和参数方程.

解 先找出直线 L 上的一点 $M_0(x_0,y_0,z_0)$,如可以取 $y_0=0$,,代入方程组④,得

$$\begin{cases}x_0+z_0+1=0,\\ x_0-z_0+3=0,\end{cases}$$

解得 $x_0=-2,z_0=1$,即 $(-2,0,1)$ 为这直线上的一点.

下面求直线 L 的方向向量 s. 由于两平面的交线与这两平面的法向量 $n_1=(1,-2,1)$, $n_2=(1,1,-1)$ 都垂直,所以 $s/\!/n_1\times n_2$. 而

$$n_1\times n_2=\begin{vmatrix}i & j & k\\ 1 & -2 & 1\\ 1 & 1 & -1\end{vmatrix}=i+2j+3k,$$

故可取 $s=(1,2,3)$,得直线 L 的对称式方程为

$$\frac{x+2}{1}=\frac{y}{2}=\frac{z-1}{3}.$$

令

$$\frac{x+2}{1}=\frac{y}{2}=\frac{z-1}{3}=t,$$

得直线 L 的参数方程为

$$\begin{cases}x=-2+t,\\ y=2t,\\ z=1+3t.\end{cases}$$

例 4 求直线 $L:\dfrac{x-4}{5}=\dfrac{y+3}{2}=\dfrac{z}{1}$ 在平面 $\Pi:4x-y+z=1$ 上的投影直线方程.

解 先求过直线 L 且垂直于平面 Π 的平面方程. 设它的法向量为 n,则

$$n=\begin{vmatrix}i & j & k\\ 5 & 2 & 1\\ 4 & -1 & 1\end{vmatrix}=3i-j-13k.$$

所以过直线 L 且垂直于平面 Π 的平面方程为

$$3(x-4)-(y+3)-13(z-0)=0, \quad 即 \quad 3x-y-13z-15=0.$$

因此,所求投影直线方程为

$$\begin{cases} 4x - y + z = 1, \\ 3x - y - 13z - 15 = 0. \end{cases}$$

三、两空间直线的夹角

给定两空间直线 L_1 和 L_2，它们方向向量分别为 $s_1 = (m_1, n_1, p_1)$ 和 $s_2 = (m_2, n_2, p_2)$. 我们规定**直线 L_1 与 L_2 的夹角**为它们方向向量的夹角，取锐角. 于是 L_1 与 L_2 的夹角 $\varphi = \min\{\angle(s_1, s_2), \pi - \angle(s_1, s_2)\}$，因此 $\cos\varphi = |\cos\angle(s_1, s_2)|$. 与前面讨论过的平面的夹角类似，我们可以得到以下结论：

(1) $\cos\varphi = \dfrac{|s_1 \cdot s_2|}{|s_1||s_2|} = \dfrac{|m_1 m_2 + n_1 n_2 + p_1 p_2|}{\sqrt{m_1^2 + n_1^2 + p_1^2}\sqrt{m_2^2 + n_2^2 + p_2^2}}$；

(2) 两直线 L_1 和 L_2 平行的充分必要条件是

$$\frac{m_1}{m_2} = \frac{n_1}{n_2} = \frac{p_1}{p_2}$$

(这里我们将两直线重合看做平行的特殊情况)；

(3) 两直线 L_1 和 L_2 垂直的充分必要条件是

$$m_1 m_2 + n_1 n_2 + p_1 p_2 = 0.$$

例 5 求直线 $L_1: \dfrac{x-4}{2} = \dfrac{y+1}{4} = \dfrac{z-3}{-3}$ 和 $L_2: \dfrac{x-1}{3} = \dfrac{y+2}{1} = \dfrac{z-3}{2}$ 的夹角.

解 易知直线 L_1 和 L_2 的方向向量分别为 $(2, 4, -3)$ 和 $(3, 1, 2)$. 设直线 L_1 和 L_2 的夹角为 φ，则有

$$\cos\varphi = \frac{|2 \times 3 + 4 \times 1 + (-3) \times 2|}{\sqrt{2^2 + 4^2 + (-3)^2}\sqrt{3^2 + 1^2 + 2^2}} = \frac{4}{\sqrt{406}},$$

即

$$\varphi = \arccos\frac{4}{\sqrt{406}}.$$

四、空间直线和平面的夹角

空间直线和它在平面上的投影直线的夹角规定为**直线与平面的夹角**. 当直线和平面垂直时，规定直线与平面的夹角为 $\dfrac{\pi}{2}$.

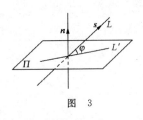

图 3

如图 3 所示，设直线 L 的方向向量为 $s = (m, n, p)$，平面 Π 的法向量为 $n = (A, B, C)$. 当 L 与 Π 不垂直时，L 与 Π 的夹角为直线 L 与它在 Π 上的投影直线 L' 的夹角 φ；而当 L 与 Π 垂直时，它们的夹角 $\varphi = \dfrac{\pi}{2}$. 显然有 $\varphi = \left|\dfrac{\pi}{2} - \angle(s, n)\right|$，所以有

§7.5 空间直线及其方程

$$\sin\varphi = \left|\sin\left(\frac{\pi}{2}-\angle(\boldsymbol{s},\boldsymbol{n})\right)\right| = |\cos\angle(\boldsymbol{s},\boldsymbol{n})| = \frac{|Am+Bn+Cp|}{\sqrt{A^2+B^2+C^2}\sqrt{m^2+n^2+p^2}}.$$

例 6 求直线 $L: \dfrac{x}{-1}=\dfrac{y-1}{1}=\dfrac{z-1}{2}$ 与平面 $\Pi: 2x+y-z-3=0$ 的交点与夹角.

解 (1) 易得直线 L 的参数方程为

$$\begin{cases} x=-t, \\ y=1+t, \\ z=1+2t. \end{cases}$$

代入平面方程可得

$$-2t+(1+t)-(1+2t)-3=0,$$

解得 $t=-1$, 所以直线 L 与平面 Π 的交点为 $(1,0,-1)$.

(2) 易知直线 L 的方向向量为 $\boldsymbol{s}=(-1,1,2)$, 平面 Π 的法向量为 $\boldsymbol{n}=(2,1,-1)$. 记直线 L 与平面 Π 的夹角为 φ, 则

$$\sin\varphi = \left|\sin\left(\frac{\pi}{2}-\angle(\boldsymbol{s},\boldsymbol{n})\right)\right| = \frac{|-1\times 2+1\times 1+2\times(-1)|}{\sqrt{(-1)^2+1^2+2^2}\sqrt{2^2+1^2+(-1)^2}} = \frac{1}{2},$$

所以直线 L 和平面 Π 的夹角为 $\dfrac{\pi}{6}$.

五、平面束

通过空间直线 L 可以作无穷多个平面, 所有这些平面的集合称为过直线 L 的**平面束**.

设直线 L 是两平面 Π_1, Π_2 的交线, 其方程为

$$\begin{cases} \Pi_1: A_1x+B_1y+C_1z+D_1=0, \\ \Pi_2: A_2x+B_2y+C_2z+D_2=0. \end{cases}$$

构造一个新的三元一次方程

$$(A_1x+B_1y+C_1z+D_1)+\lambda(A_2x+B_2y+C_2z+D_2)=0 \qquad ⑤$$

或

$$(A_1+\lambda A_2)x+(B_1+\lambda B_2)y+(C_1+\lambda C_2)z+D_1+\lambda D_2=0, \qquad ⑥$$

其中 λ 为任意实数. 因为 Π_1, Π_2 相交, 则 (A_1,B_1,C_1) 与 (A_2,B_2,C_2) 对应坐标不成比例, 所以方程⑤或⑥的系数 $A_1+\lambda A_2, B_1+\lambda B_2, C_1+\lambda C_2$ 不全为零. 因此⑤或⑥表示一个平面. 容易知道, 若一点在直线 L 上, 则此点的坐标也必满足方程⑤或⑥. 这说明方程⑤或⑥表示通过直线 L 的平面. 当 λ 取遍全体实数时, 方程⑤或⑥就给出了过 L 的平面束方程 (Π_2 除外).

例 7 求通过直线 $\begin{cases} 2x+y-2z+3=0, \\ x+2y-z-2=0 \end{cases}$ 且与平面 $x-2y+z-1=0$ 垂直的平面方程.

解 设所求平面方程为

$$(2x+y-2z+3)+\lambda(x+2y-z-2)=0,$$

则由两平面垂直的条件有
$$(2+\lambda)-2\times(1+2\lambda)+(-2-\lambda)=0,$$
即
$$-4\lambda-2=0, \quad \lambda=-\frac{1}{2}.$$
故所求平面方程为
$$(2x+y-2z+3)-\frac{1}{2}(x+2y-z-2)=0, \quad 即 \quad 3x-3z+8=0.$$

习 题 7.5

1. 求过点 $(1,2,-4)$ 且与平面 $x-2y+z-4=0$ 垂直的直线方程.

2. 求通过下列两已知点的直线方程：

(1) $(1,-2,1),(3,1,-1)$；　　(2) $(3,-1,0),(1,0,3)$.

3. 求下列直线的对称式方程和参数方程：

(1) $\begin{cases} x-y+z+5=0, \\ 5x-8y+4z+36=0; \end{cases}$　　(2) $\begin{cases} x=3z-5, \\ y=2z-8. \end{cases}$

4. 求以下各点的坐标：

(1) 在直线 $\dfrac{x-1}{2}=\dfrac{y-8}{1}=\dfrac{z-8}{3}$ 上与原点相距 25 的点；

(2) 点 $P(2,0,-1)$ 关于直线 $\begin{cases} x-y-4z+12=0, \\ 2x+y-2z+3=0 \end{cases}$ 的对称点.

5. 求直线 $\dfrac{x-1}{1}=\dfrac{y+1}{-2}=\dfrac{z}{3}$ 与平面 $2x+3y+z-1=0$ 的夹角与交点.

6. 求过点 $(0,2,4)$ 且与两平面 $x+2z=1$ 和 $x+y-3z=2$ 平行的直线方程.

7. 判别下列各对直线的相互位置，如果是相交或平行的两直线，求出它们所在的平面：

(1) $\begin{cases} x-2y+2z=0, \\ 3x+2y-6=0 \end{cases}$ 与 $\begin{cases} x+2y-z-11=0, \\ 2x+z-14=0; \end{cases}$

(2) $\dfrac{x-3}{3}=\dfrac{y-8}{-1}=\dfrac{z-3}{1}$ 与 $\dfrac{x+3}{-3}=\dfrac{y+7}{2}=\dfrac{z-6}{4}$；

(3) $\begin{cases} x=t, \\ y=2t+1, \\ z=-t-2 \end{cases}$ 与 $\dfrac{x-1}{4}=\dfrac{y-4}{7}=\dfrac{z+2}{-5}$.

8. 求直线 $\dfrac{x+1}{-1}=\dfrac{y-3}{1}=\dfrac{z+4}{2}$ 与 $\dfrac{x-1}{-2}=\dfrac{y}{4}=\dfrac{z-1}{-3}$ 的夹角.

9. 求通过点 $(2,0,-1)$ 和直线 $\dfrac{x+1}{2}=\dfrac{y}{-1}=\dfrac{z-2}{3}$ 的平面方程.

10. 求过点 $P(1,5,-1)$ 且与直线 $L: \dfrac{x-5}{1}=\dfrac{y+1}{-1}=\dfrac{z}{2}$ 垂直相交的直线方程.

11. 求直线 $L: \dfrac{x+2}{3}=\dfrac{y-2}{-1}=\dfrac{z+1}{2}$ 在平面 $\Pi: 2x+3y+3z-8=0$ 上的投影直线方程.

12. 求过点 $(-1,0,4)$，平行于平面 $3x-4y+z=10$ 且与直线 $x+1=y-3=\dfrac{z}{2}$ 相交的直线方程.

13. 求过直线 $\dfrac{x-1}{2}=\dfrac{y+2}{-3}=\dfrac{z-2}{2}$ 且与平面 $3x+2y-z-5=0$ 垂直的平面方程.

14. 求通过直线 $\begin{cases} x+5y+z=0, \\ x-z+4=0 \end{cases}$ 且与平面 $x-4y-8z+12=0$ 成 $\dfrac{\pi}{4}$ 角的平面方程.

15. 设 M_0 是直线 L 外一点，M 是直线 L 上任意一点，且直线 L 的方向向量为 s，试证：点 M_0 到直线 L 的距离 $d=\dfrac{|\overrightarrow{M_0M}\times s|}{|s|}$.

16. 求下列点 M 到直线 L 的距离：

(1) $M(1,2,3)$, $L: \dfrac{x-2}{1}=\dfrac{y-2}{-3}=\dfrac{z}{5}$；

(2) $M(2,3,-1)$, $L: \begin{cases} 2x-2y+z+3=0, \\ 3x-2y+2z+17=0. \end{cases}$

§7.6 二次曲面

三元二次方程所表示的曲面称为**二次曲面**. 在 §7.2 中我们已经研究过的球面和圆柱面都属于二次曲面. 下面我们用截痕法讨论几种简单的二次曲面. 所谓**截痕法**就是取一系列的平面与曲面相交，考查这些交线（即截痕）的形状，然后加以综合，进而了解曲面全貌的一种方法.

一、椭球面

由方程

$$\dfrac{x^2}{a^2}+\dfrac{y^2}{b^2}+\dfrac{z^2}{c^2}=1 \quad (a>0, b>0, c>0) \qquad ①$$

所表示的曲面称为**椭球面**，其中 a,b,c 称为椭球面的**半轴**.

方程①中仅含有坐标的平方项，可见当点 (x,y,z) 满足方程①时，点 $(\pm x,\pm y,\pm z)$ 也一定满足方程①，其中正负号可任意选取，所以椭球面关于三坐标平面、三坐标轴及坐标原

点都对称.从方程①还可以看出,$|x|\leqslant a,|y|\leqslant b,|z|\leqslant c$,因此椭球面完全被封闭在由平面 $x=\pm a,y=\pm b,z=\pm c$ 所围成的长方体内部.为了进一步了解椭球面的形状,我们下面用平行于坐标平面的平面截椭球面.

首先用平面 $z=h(h\leqslant c)$ 去截椭球面①,得到的截痕为

$$\begin{cases} \dfrac{x^2}{a^2}+\dfrac{y^2}{b^2}=1-\dfrac{h^2}{c^2}, \\ z=h. \end{cases}$$

此截痕是平面 $z=h$ 上的椭圆,当 $|h|$ 由零增大到 c 时,椭圆由大变小,最后缩成一点 $(0,0,\pm c)$.

同理,用平面 $x=h(|h|\leqslant a)$ 和 $y=h(|h|\leqslant b)$ 去截椭球面①,可以得到类似的结果.

综合上述结果,可得到椭球面①的形状如图 1 所示.

如果有两个半轴相等,例如 $a=b\neq c$,方程①成为

$$\dfrac{x^2}{a^2}+\dfrac{y^2}{a^2}+\dfrac{z^2}{c^2}=1,$$

它可以看做 Ozx 平面上的椭圆 $\dfrac{x^2}{a^2}+\dfrac{z^2}{c^2}=1$ 绕 z 轴旋转一周而形成的旋转曲面,称为**旋转椭球面**.如果 $a=b=c$,椭球面即为球面.

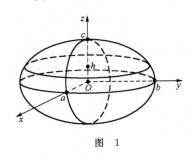

图 1

二、双曲面

(一) 单叶双曲面

由方程

$$\dfrac{x^2}{a^2}+\dfrac{y^2}{b^2}-\dfrac{z^2}{c^2}=1 \quad (a>0,b>0,c>0) \qquad ②$$

所表示的曲面称为**单叶双曲面**.

显然,单叶双曲面与椭球面一样,它关于三坐标平面、三坐标轴及坐标原点都对称.下面同样用截痕法讨论单叶双曲面的形状.

首先用平面 $z=h$ 去截单叶双曲面②,得到的截痕为

$$\begin{cases} \dfrac{x^2}{a^2}+\dfrac{y^2}{b^2}=1+\dfrac{h^2}{c^2}, \\ z=h. \end{cases}$$

此截痕是平面 $z=h$ 上的椭圆,当 $h=0$ 时截得的椭圆最小,随 $|h|$ 的增大,椭圆也在增大.

其次用平面 $y=h$ 去截单叶双曲面②,得到的截痕为

$$\begin{cases} \dfrac{x^2}{a^2}-\dfrac{z^2}{c^2}=1-\dfrac{h^2}{b^2}, \\ y=h. \end{cases}$$

当 $|h|<b$ 时,它是平面 $y=h$ 上的双曲线,其实轴平行于 x 轴,虚轴平行于 z 轴. 当 $|h|>b$ 时,它仍是平面 $y=h$ 上的双曲线,但此时实轴平行于 z 轴,而虚轴平行于 x 轴. 当 $h=\pm b$ 时,它是一对相交直线

$$\begin{cases}\dfrac{x}{a}-\dfrac{z}{c}=0,\\ y=h,\end{cases} \quad 和 \quad \begin{cases}\dfrac{x}{a}+\dfrac{z}{c}=0,\\ y=h.\end{cases}$$

用平面 $x=h$ 去截单叶双曲面②与用平面 $y=h$ 去截可得到相似的结论.

综合以上的结果,可得单叶双曲面②的图形如图 2 所示.

(二) 双叶双曲面

由方程

$$\dfrac{x^2}{a^2}+\dfrac{y^2}{b^2}-\dfrac{z^2}{c^2}=-1 \quad (a>0,b>0,c>0) \qquad ③$$

所表示的曲面称为**双叶双曲面**. 用截痕法讨论可知其形状如图 3 所示.

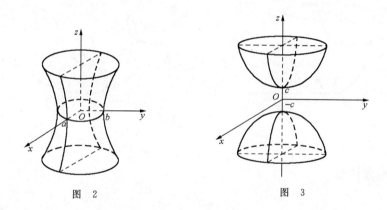

图 2   图 3

三、抛物面

(一) 椭圆抛物面

由方程

$$\dfrac{x^2}{p}+\dfrac{y^2}{q}=2z \quad (p,q \text{ 同号}) \qquad ④$$

所表示的曲面称为**椭圆抛物面**.

显然,椭圆抛物面关于 Ozx 平面与 Oyz 平面对称,也对称于 z 轴,它与对称轴的交点 $(0,0,0)$ 称为椭圆抛物面的**顶点**.

为了用截痕法讨论椭圆抛物面的形状,不妨设 $p,q>0$.

用平面 $z=h(h\geqslant 0)$ 去截椭圆抛物面④,得到的截痕为

$$\begin{cases} \dfrac{x^2}{p}+\dfrac{y^2}{q}=2h, \\ z=h. \end{cases}$$

当 $h=0$ 时,截痕为原点即椭圆抛物面的**顶点**. 当 $h>0$ 时,截痕是平面 $z=h$ 上的椭圆.

用平面 $y=h$ 去截椭圆抛物面④,得到的截痕为

$$\begin{cases} x^2=2p\left(z-\dfrac{h^2}{2q}\right), \\ y=h. \end{cases}$$

此截痕为平面 $y=h$ 上的抛物线,顶点为 $\left(0,h,\dfrac{h^2}{2q}\right)$.

用平面 $x=h$ 去截椭圆抛物面④,截痕也是抛物线.

综合以上的结果,可得椭圆抛物面④的图形如图 4 所示.

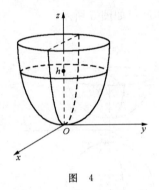

图 4

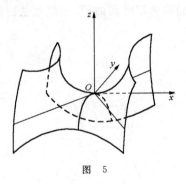

图 5

(二)双曲抛物面

由方程

$$\dfrac{x^2}{p}-\dfrac{y^2}{q}=2z \quad (p,q \text{ 同号}) \qquad ⑤$$

所表示的曲面称为**双曲抛物面**(或马鞍面).

同样,在下面用截痕法讨论双曲抛物面的形状中,设 $p,q>0$.

用平面 $z=h(h\geqslant 0)$ 去截双曲抛物面⑤,得到的截痕为

$$\begin{cases} \dfrac{x^2}{p}-\dfrac{y^2}{q}=2h, \\ z=h. \end{cases}$$

当 $h>0$ 时,截痕是平面 $z=h$ 上的双曲线,其实轴与 x 轴平行,虚轴与 y 轴平行;当 $h<0$ 时,截线也是平面 $z=h$ 上的双曲线,其实轴与 y 轴平行,虚轴与 x 轴平行;当 $h=0$ 时,截痕为两条相交直线.

用平面 $y=h$ 去截双曲抛物面⑤,截痕为

$$\begin{cases} x^2 = 2p\left(z + \dfrac{h^2}{2q}\right), \\ y = h, \end{cases}$$

它是平面 $y=h$ 上的一条抛物线.

类似地,用平面 $x=h$ 去截双曲抛物面⑤得到的截痕也是抛物线.

综合以上的结果,可得双曲抛物面⑤的图形如图 5 所示.

四、二次锥面

由方程

$$\dfrac{x^2}{a^2} + \dfrac{y^2}{b^2} = z^2 \quad (a>0, b>0) \qquad ⑥$$

所表示的曲面称为**椭圆锥面**.

用平面 $z=h$ 去截椭圆锥面⑥,得到的截痕为

$$\begin{cases} \dfrac{x^2}{a^2} + \dfrac{y^2}{b^2} = h^2, \\ z = h. \end{cases}$$

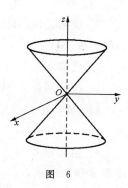

图 6

当 $h=0$ 时,此截痕是原点;当 $h \neq 0$ 时,此截痕是一椭圆. 类似地,也可以用平面 $x=h$ 和 $y=h$ 去截椭圆锥面⑥. 综合可得椭圆锥面⑥的图形如图 6 所示.

习 题 7.6

1. 用截痕法讨论下列方程表示的曲面形状,并描绘出它们的图形:

(1) $x^2 + y^2 - \dfrac{z^2}{9} = 0$; (2) $\dfrac{x^2}{9} - y^2 - \dfrac{z^2}{9} = 1$;

(3) $z = 2 - x^2 - y^2$; (4) $4x^2 + y^2 + 9z^2 = 36$;

(5) $2x^2 + z^2 = 4$; (6) $x^2 - y^2 = 4z$.

2. 画出下列各组曲面所围成的立体图形:

(1) $x + \dfrac{y}{2} + \dfrac{z}{3} = 1$ 与三坐标平面;

(2) $x=0, y=0, z=0, 3x+2y=6$ 及 $z = 3 - \dfrac{1}{2}x^2$(在第一卦限内);

(3) $x^2 + y^2 = 1, x+z=1$ 及 $z=0$; (4) $z = \sqrt{x^2+y^2}$ 与 $x^2+y^2+z^2=4$;

(5) $z = 4 - \sqrt{x^2+y^2}, z = x^2+y^2$ 及 $x^2+y^2=1$(含 z 轴的部分).

总练习题七

1. 求点 $M(1,-3,4)$ 到原点及到各坐标轴的距离.

2. 判断下列命题是否正确：
   (1) 若 $a \cdot c = b \cdot c (c \neq 0)$，则 $a = b$；
   (2) 若 $a \times c = b \times c (c \neq 0)$，则 $a = b$；
   (3) 若 $a \cdot b = 0$，则 $a = 0$ 或 $b = 0$；
   (4) 若 $a \times b = 0$，则 $a = 0$ 或 $b = 0$.

3. 设某三角形的三个顶点为 $A(x_1,y_1,z_1)$，$B(x_2,y_2,z_2)$，$C(x_3,y_3,z_3)$，求此三角形重心的坐标.

4. 已知 $a+3b$ 与 $7a-5b$ 垂直，且 $a-4b$ 与 $7a-2b$ 垂直，求 $\angle(a,b)$.

5. 已知向量 $a=(2,0,-1)$，$b=(3,1,4)$，$c=(-1,2,1)$，求：
   (1) $3a+b-2c$；　　(2) $(3a-2b) \cdot (a+5b)$；　　(3) $\text{Prj}_a(b \times c)$；
   (4) $2b \times 7a$；　　(5) $(a \times c) \cdot b$；　　(6) $(2a \times b)$ 与 $3c$ 的夹角.

6. 设向量 $a=(-1,3,2)$，$b=(2,-3,-4)$，$c=(-3,12,6)$，证明向量 a,b,c 共面，并用向量 a 和 b 表示 c.

7. 已知向量 $a=(1,5,3)$，$b=(6,-4,-2)$，$c=(0,-5,7)$，$d=(-20,27,-35)$，求数 λ，μ，ν 使向量 λa，μb，νc 及 d 可构成封闭折线.

8. 求下列球面的球心与半径：
   (1) $x^2+y^2+z^2+2x-4y-4=0$；
   (2) $x^2+y^2+z^2+6x-8y+2z-10=0$.

9. 已知三角形的三个顶点为 $A(0,-7,0)$，$B(2,-1,1)$，$C(2,2,2)$，求平行于 $\triangle ABC$ 所在的平面且与它相距为 2 的平面方程.

10. 设一平面过原点及点 $(6,-3,2)$，且与平面 $4x-y+2z=9$ 垂直，求此平面的方程.

11. 求两平面 $x-2y+2z+5=0$，$2x-6y-3z+4=0$ 间的角平分面的方程.

12. 求与平面 $x+2y+2z+3=0$ 相切于点 $M(1,1,-3)$ 且半径 $r=3$ 的球面方程.

13. 求直线 $\dfrac{x-2}{-1}=\dfrac{y-1}{3}=\dfrac{z}{4}$ 与平面 $2x-y+z=2$ 的交点.

14. 判别直线 $\dfrac{x-1}{2}=\dfrac{y-2}{3}=\dfrac{z-3}{4}$ 与 $\dfrac{x+1}{6}=\dfrac{y-3}{-1}=\dfrac{z+5}{2}$ 是否平行、相交或异面.

15. 已知直线过点 $A(-3,5,-9)$ 且与两直线
$$L_1: x+1=\frac{y-2}{3}=\frac{z+5}{2}, \quad L_2: \begin{cases} y=4x-7, \\ z=5x+10 \end{cases}$$

相交,求此直线方程.

16. 求两曲面 $x^2+y^2+z^2=2$ 和 $z=x^2+y^2$ 的交线在各坐标平面上的投影曲线.

17. 用截痕法讨论曲面 $z=xy$ 与各坐标平面的交线,并画出曲面图形.

18. 画出下列各曲面所围的立体的图形:

(1) $\dfrac{x}{4}+\dfrac{y}{2}+\dfrac{z}{2}=1, 2y^2=x$ 与 $z=0$;

(2) $x^2+y^2+z^2=1$ 与 $x^2+y^2+(z-1)^2=1$;

(3) $x^2+y^2=1, x-\sqrt{3}y=0, x-y=0, z=0, z=3$(第一卦限内).

第八章 多元函数微分法及其应用

> 从这一章开始我们讨论多元函数的微积分. 在现实生活中, 有时一个量的变化只和另外一个量有关, 这种相互的依赖关系往往可以表示为我们熟悉的一元函数, 但有时一个量的变化受多个量的影响, 这时它们的变化关系往往可以表示为我们将要介绍的多元函数. 一元函数的定义域是实数 $\mathbf{R}$ 或 $\mathbf{R}$ 中的子集, 多元函数的定义域是 n 维空间 $\mathbf{R}^n$ 或 $\mathbf{R}^n$ 中的子集. 为了便于理解, 我们从讨论 $\mathbf{R}^2$(平面) 及其性质开始, 类似的结论可以推广到 $\mathbf{R}^n$ 中.

§8.1 多元函数的基本概念及性质

一、平面点集

在讨论一元函数时, 我们把实数集 $\mathbf{R}$ 中的数和数轴上的点建立了一一对应关系; 同样, 在讨论二元函数时, 我们也把集合 $\mathbf{R}^2 = \{(x,y) \mid x,y \in \mathbf{R}\}$ 中的有序实数组和 Oxy 平面上的点建立一一对应关系. 也就是说, 集合 $\mathbf{R}^2$ 可理解为整个 Oxy 平面上的点构成的集合. $\mathbf{R}^2$ 的子集称为平面点集, 通常表示为如下形式:

$$D = \{(x,y) \mid (x,y) \text{ 具有性质 } P\}.$$

例如, 平面上单位圆内的所有点构成的集合可表示为(图 1)

$$D = \{(x,y) \mid x^2 + y^2 < 1\}.$$

为了方便, 我们也经常将这个点集简记为 D: $x^2 + y^2 < 1$.

如果我们用 P 表示点 (x,y), O 表示坐标原点 $(0,0)$, $|OP|$ 表示点 O 和点 P 的距离, 则上述的集合 D 也可表示为

$$D = \{P \mid |OP| < 1\}.$$

设 $P_0(x_0, y_0)$ 是 Oxy 平面上的一点, δ 是某一正数. 与点 $P_0(x_0, y_0)$

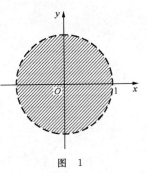

图 1

距离小于 δ 的点 $P(x,y)$ 的全体，称为点 P_0 的 δ **邻域**，记为 $U(P_0,\delta)$，即
$$U(P_0,\delta) = \{P \mid |PP_0| < \delta\},$$
亦即
$$U(P_0,\delta) = \{(x,y) \mid \sqrt{(x-x_0)^2 + (y-y_0)^2} < \delta\}.$$

在几何上，邻域 $U(P_0,\delta)$ 就是 Oxy 平面上以点 $P_0(x_0,y_0)$ 为中心，δ 为半径的圆的内部（图 2(a)）。

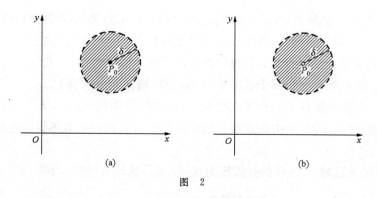

图 2

点集 $\{P \mid 0 < |PP_0| < \delta\}$ 称为点 P_0 的**去心 δ 邻域**，记为 $\mathring{U}(P_0,\delta)$。它即 $U(P_0,\delta)$ 去掉中心点 P_0（图 2(b)）。

在大多数情况下我们对邻域或去心邻域的半径 δ 的大小不感兴趣，这时可把邻域简记为 $U(P)$，而去心邻域简记为 $\mathring{U}(P)$。

下面我们用邻域来描述点与点集之间的关系。

对于给定的点 P 以及非空点集 D，它们之间必有且仅有以下三种关系中的一种（图 3）：

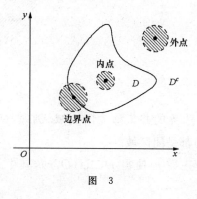

图 3

(1) **内点**：如果存在某 $U(P)$，使得 $U(P) \subset D$，则称 P 为 D 的内点；

(2) **外点**：如果存在某 $U(P)$，使得 $U(P) \subset D^c$（D^c 为 D 的余集），则称 P 为 D 的外点；

(3) **边界点**：如果 P 的任一邻域内既含 D 中的点，又含 D^c 中的点，则称 P 为 D 的边界点。

D 的所有内点构成的集合称为 D 的**内部**,记为 $\text{int}D$;D 的所有外点构成的集合称为 D 的**外部**;D 的所有边界点构成的集合称为 D 的**边界**,记做 ∂D.

此外,还可以按点 P 的附近是否密集着 D 中无穷多点来区分点 P 与点集 D 的关系:

(1) **聚点**:如果 P 的任一去心邻域 $\mathring{U}(P)$ 内总含有 D 中的点,则称 P 是 D 的聚点;

(2) **孤立点**:如果 $P\in D$,且存在 P 的去心邻域 $\mathring{U}(P)$,而 $\mathring{U}(P)$ 中不含 D 中点,则称 P 为 D 的孤立点.

点集 D 的聚点可能属于 D,也可能不属于 D;内点一定是聚点,边界点可能是聚点,也可能不是聚点,外点一定不是聚点;孤立点一定是边界点.

我们还可以根据点集是否具有某种特性给出下面一些定义:

(1) **开集**:如果点集 D 中每个点都是 D 的内点,则称 D 为开集;

(2) **闭集**:如果点集 D 的所有聚点都属于 D,则称 D 为闭集;

(3) **连通集**:如果点集 D 中任意两点都可用含于 D 中的一条有限折线连接,则称 D 为连通集;

(4) **区域(或开区域)**:连通的开集称为区域(或开区域).例如,$\{(x,y)\mid y-x>0\}$(图 4)及 $\left\{(x,y)\,\Big|\,\dfrac{1}{4}<x^2+y^2<1\right\}$(图 5)都是区域.

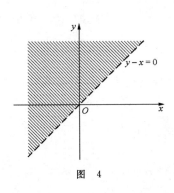

图 4

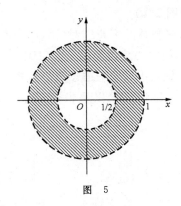

图 5

(5) **闭区域**:开区域与其边界的并集称为闭区域.例如,$\{(x,y)\mid x^2+y^2\leqslant 1\}$(图 6)及 $\{(x,y)\mid 1\leqslant x^2+y^2\leqslant 9\}$(图 7)都是闭区域.

(6) **有界集**:若存在某一正数 r,使得 $D\subset U(O,r)$,其中 O 是坐标原点,则称 D 为有界集.

(7) **无界集**:若 D 不是有界集,则称 D 为无界集.

例如,$\{(x,y)\mid 1\leqslant x^2+y^2\leqslant 4\}$ 是有界闭区域,$\{(x,y)\mid x+y<1\}$ 是无界开区域.

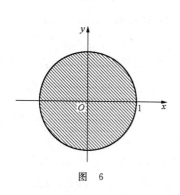

图 6

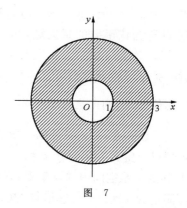

图 7

二、n 维空间

n 元有序实数组 $(x_1, x_2, \cdots, x_n)$ 的全体构成的集合
$$\{(x_1, x_2, \cdots, x_n) \mid x_i \in \mathbf{R}, i = 1, 2, \cdots, n\}$$
称为 n 维空间,记为 $\mathbf{R}^n$. 它的元素 $(x_1, x_2, \cdots, x_n)$ 也称为空间中的一点,常用单个字母 P 表示,其中 x_i 称为 P 的第 i 个**坐标**.

定义 n 维空间 $\mathbf{R}^n$ 中两点 $P(x_1, x_2, \cdots, x_n)$ 与 $Q(y_1, y_2, \cdots, y_n)$ 间的距离为
$$|PQ| = \sqrt{(x_1 - y_1)^2 + (x_2 - y_2)^2 + \cdots + (x_n - y_n)^2}.$$
在 $\mathbf{R}^n$ 中有了距离的概念,我们就可以把 $\mathbf{R}^2$ 中的邻域概念以及由邻域概念定义的一系列概念引入到 $\mathbf{R}^n$ 空间中来,这里不再赘述.

三、多元函数的概念

在很多自然现象以及实际问题中,某个量往往受到多个变量因素的影响. 举例如下:

例 1 矩形的面积 S 和相邻两边的长度 a, b 之间具有关系 $S = ab$, 当给定一组 a, b 的值时, S 唯一确定; 长方体的体积 V 和它的长 a、宽 b、高 h 之间具有关系 $V = abh$, 当给定一组 a, b, h 的值时, V 唯一确定.

例 2 一定量的理想气体的压强 p、体积 V 和绝对温度 T 之间具有关系
$$p = \frac{RT}{V},$$
其中 R 为常数. 这里,当 V, T 在集合 $\{(V, T) \mid V > 0, T > T_0\}$ 内取定一对值 (V, T) 时, p 的对应值就随之唯一确定.

例 3 将一笔本金 R 存入银行,所获得的利息 L 与本金 R、年利率 r 以及存款年限 t 有关系 $L = R(1 + r)^t - R$(按复利计算). 当 R, r, t 给定时, L 亦唯一确定.

定义 1 设 D 是平面上的一个点集. 称映射 $f: D \to \mathbf{R}$ 为定义在 D 上的**二元函数**,记为

$$z = f(x,y), (x,y) \in D \quad \text{或} \quad z = f(P), P \in D,$$

其中点集 D 称为该函数的**定义域**，x,y 称为**自变量**，z 称为**因变量**．这时也称 z 是 x,y 的函数．

通常 z 是 x,y 的函数也可记为 $z=z(x,y)$．对于某个固定取值 $x=x_0, y=y_0$，若对应的因变量 z 的值为 z_0，则记之为 $z_0=f(x_0,y_0), z_0=z(x_0,y_0), z_0=f(x,y)\Big|_{\substack{x=x_0\\y=y_0}}$ 等．z_0 称为二元函数 $z=f(x,y)$ 在 (x_0,y_0) 处的**函数值**．所有函数值所构成的集合称为该函数的**值域**．

类似地可以定义三元函数 $u=f(x,y,z)$ 以及三元以上的函数．一般地，把定义 1 中的平面点集 D 换成 n 维空间内的点集 D，则类似地可以定义 n 元函数 $u=f(x_1,x_2,\cdots,x_n)$．n 元函数也可简记为 $u=f(P)$，这里点 $P(x_1,x_2,\cdots,x_n) \in D$．当 $n=1$ 时，n 元函数就是一元函数；当 $n \geq 2$ 时，n 元函数就统称为**多元函数**．

与一元函数类似，我们有时默认多元函数 $u=f(x_1,x_2,\cdots,x_n)$ 的定义域为使得该多元函数有意义的点 $(x_1,x_2,\cdots,x_n)$ 的集合．例如，函数 $z=\sqrt{x+y}$ 的定义域为
$$\{(x,y) \mid x+y \geq 0\}.$$
又如，函数 $z=\arccos(x^2+y^2)$ 的定义域为
$$\{(x,y) \mid x^2+y^2 \leq 1\}.$$

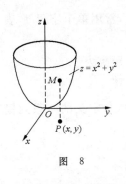

图 8

设函数 $z=f(x,y)$ 的定义域为 D．对于任意取定的点 $P(x,y) \in D$，对应的函数值为 $z=f(x,y)$．这样，以 x 为横坐标、y 为纵坐标、$z=f(x,y)$ 为竖坐标在空间就确定一点 $M(x,y,z)$．当 (x,y) 在 D 上变化时，点 M 在空间中变化的轨迹通常是空间中的一个曲面 Σ，它亦即二元函数 $z=f(x,y)$ 的图形．例如，函数 $z=x^2+y^2$ 的图形为旋转抛物面（图 8）．

四、多元函数的极限

定义 2 设二元函数 $f(x,y)$ 的定义域为 D，$P_0(x_0,y_0)$ 是 D 的聚点．若存在常数 A，对于任意给定的正数 ε，总存在正数 δ，使得当点 $P(x,y) \in D \cap \mathring{U}(P_0,\delta)$ 时，都有 $|f(x,y)-A|<\varepsilon$ 成立，则称常数 A 为函数 $f(x,y)$ 当 $(x,y) \to (x_0,y_0)$ 时的**极限**，或称常数 A 为函数 $f(x,y)$ 在点 (x_0,y_0) 处的极限，记做
$$\lim_{(x,y) \to (x_0,y_0)} f(x,y) = A, \quad \lim_{\substack{x \to x_0 \\ y \to y_0}} f(x,y) = A \quad \text{或} \quad f(x,y) \to A \; ((x,y) \to (x_0,y_0)).$$

二元函数的极限也叫做**二重极限**．它反映了当点 $P(x,y)$ 以任意方式无限靠近点 $P_0(x_0,y_0)$ 时函数值无限接近固定值 A．因此，如果 $P(x,y)$ 以某一种特殊方式，如沿着一条直线或定曲线趋于 $P_0(x_0,y_0)$ 时，即使函数值无限接近于某一固定值，我们还不能由此断定函数在此点处的极限存在．但是反过来，如果 $P(x,y)$ 以不同方式趋于 $P_0(x_0,y_0)$ 时，函数值

趋于不同的值,那么就可以断定这函数在点 $P_0(x_0,y_0)$ 处的极限不存在.

例 4 证明函数 $f(x,y)=\dfrac{xy}{x^2+y^2}$ 在点 $(0,0)$ 处极限不存在.

证 只需证明存在不同方式趋于点 $(0,0)$ 时,函数 $f(x,y)$ 的极限不相等.为此考虑特殊方式如沿直线趋于点 $(0,0)$.显然,当点 (x,y) 沿 x 轴趋于点 $(0,0)$ 时,

$$\lim_{\substack{(x,y)\to(0,0)\\ y=0}} f(x,y)=\lim_{x\to 0} f(x,0)=0;$$

又当点 (x,y) 沿 y 轴趋于点 $(0,0)$ 时,

$$\lim_{\substack{(x,y)\to(0,0)\\ x=0}} f(x,y)=\lim_{y\to 0} f(0,y)=0.$$

虽然点 (x,y) 以上述两种特殊方式(沿 x 轴和沿 y 轴)趋于原点时函数的极限存在且相等,但是 $\lim\limits_{(x,y)\to(0,0)} f(x,y)$ 并不存在.这是因为当点 (x,y) 沿着直线 $y=kx$ 趋于点 $(0,0)$ 时,有

$$\lim_{\substack{(x,y)\to(0,0)\\ y=kx}} \frac{xy}{x^2+y^2}=\lim_{x\to 0}\frac{kx^2}{x^2+k^2x^2}=\frac{k}{1+k^2},$$

显然它是随着 k 值的不同而改变的(图 9),从而 $f(x,y)$ 当点 (x,y) 趋于点 $(0,0)$ 时极限不存在.

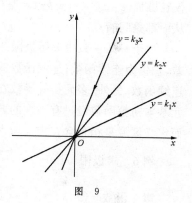

图 9

关于二元函数的极限概念可以类推到一般多元函数.多元函数极限的运算性质和法则和一元函数极限的运算性质和法则相似.

例 5 求极限 $\lim\limits_{(x,y)\to(0,2)}\dfrac{\mathrm{e}^{xy}-1}{x}$.

解 这里 $f(x,y)=\dfrac{\mathrm{e}^{xy}-1}{x}$ 的定义域为 $D=\{(x,y)\,|\,x\neq 0,y\in\mathbf{R}\}$,$P_0(0,2)$ 为 D 的聚点.由极限运算法则得

$$\lim_{(x,y)\to(0,2)}\frac{\mathrm{e}^{xy}-1}{x}=\lim_{(x,y)\to(0,2)}\frac{\mathrm{e}^{xy}-1}{xy}\cdot y=\lim_{(x,y)\to(0,2)}\frac{\mathrm{e}^{xy}-1}{xy}\cdot\lim_{(x,y)\to(0,2)} y=1\cdot 2=2.$$

五、多元函数的连续性

定义 3 设函数 $f(x,y)$ 在点集 D 上有定义,$P_0(x_0,y_0)$ 是 D 的聚点,且 $P_0\in D$.如果

$$\lim_{(x,y)\to(x_0,y_0)} f(x,y)=f(x_0,y_0),$$

则称函数 $f(x,y)$ 在点 $P_0(x_0,y_0)$ 处**连续**.

如果函数 $f(x,y)$ 在点集 D 上的每一点连续,那么就称函数 $f(x,y)$ **在 D 上连续**,或者

称 $f(x,y)$ 是 D 上的**连续函数**.

若函数 $f(x,y)$ 在其定义域的聚点 $P_0(x_0,y_0)$ 处不连续,则称 P_0 为函数 $f(x,y)$ 的**间断点**.

前面已经证明过的函数

$$f(x,y) = \frac{xy}{x^2+y^2}$$

当 $(x,y) \to (0,0)$ 时的极限不存在,所以点 $(0,0)$ 是该函数的一个间断点.又如函数

$$z = \frac{1}{\sin(x^2+y^2-1)}$$

仅在圆周 $x^2+y^2 = 1+k\pi$ (k 为非负整数) 上没有定义,这些圆周上各点都是定义域的聚点,从而都是间断点.

由于一元函数中关于极限的运算法则对于多元函数仍然适用,所以多元连续函数的和、差、积仍为连续函数;连续函数的商在分母不为零处仍连续;多元连续函数的复合函数也是连续函数. 另外,多元初等函数在其定义区域上都是连续的(由常数及若干不同自变量的一元基本初等函数经过有限次的四则运算和复合运算而得到的多元函数称为**多元初等函数**. 而定义区域是指包含在定义域内的区域).

例6 求极限 $\lim\limits_{(x,y)\to(1,2)} \dfrac{x^2+y}{xy}$.

解 函数 $f(x,y) = \dfrac{x^2+y}{xy}$ 是初等函数,其定义域为 $D = \{(x,y) \mid x \neq 0, y \neq 0\}$.

显然 $(1,2) \in D$. 但 D 不是区域,因 D 不是连通的. 不过因 $(1,2)$ 是定义域 D 的内点,故必存在 $P_0(1,2)$ 的某一邻域 $U(P_0) \subset D$. 而任何邻域都是区域,所以 $U(P_0)$ 是 $f(x,y)$ 的一个定义区域,因此 $f(x,y)$ 在 $U(P_0)$ 上连续,从而在点 $P_0(1,2)$ 处连续. 故

$$\lim_{(x,y)\to(1,2)} \frac{x^2+y}{xy} = f(1,2) = \frac{3}{2}.$$

一般地,如果 $f(P)$ 是初等函数,P_0 是 $f(P)$ 的定义域 D 的聚点且 $P_0 \in D$,则 $f(P)$ 在点 P_0 处连续,于是 $\lim\limits_{P \to P_0} f(P) = f(P_0)$.

例7 求极限 $\lim\limits_{(x,y)\to(0,0)} \dfrac{\sqrt{xy+1}-1}{\sin xy}$.

解 由于 $(x,y) \to (0,0)$ 时 $xy \to 0$,所以 $\sin xy \sim xy \, (xy \to 0)$,从而

$$\lim_{(x,y)\to(0,0)} \frac{\sqrt{xy+1}-1}{\sin xy} = \lim_{(x,y)\to(0,0)} \frac{\sqrt{xy+1}-1}{xy} = \lim_{(x,y)\to(0,0)} \frac{xy+1-1}{xy(\sqrt{xy+1}+1)}$$

$$= \lim_{(x,y)\to(0,0)} \frac{1}{\sqrt{xy+1}+1} \xlongequal{\text{连续性}} \frac{1}{2}.$$

在闭区间上连续的一元函数有很好的性质,如存在最值,能取到介于最值间的任意值,

相应地,在有界闭区域上连续的多元函数也有类似的性质.

性质 1(最大值和最小值定理) 在有界闭区域 D 上的多元连续函数 f,在 D 上一定有最大值和最小值. 这就是说,在 D 上至少有一点 P_1 及一点 P_2,使得 $f(P_1)$ 为最大值,而 $f(P_2)$ 为最小值,即对于一切 $P \in D$,有
$$f(P_2) \leqslant f(P) \leqslant f(P_1).$$

性质 2(介值定理) 在有界闭区域上的多元连续函数,必取得介于最大值和最小值之间的任何值.

习 题 8.1

1. 判断下列点集哪些是区域、有界集、无界集,并指出它们的内部和边界:
   (1) $D = \{(x, y) \mid 0 < x^2 + y^2 \leqslant 1\}$;
   (2) $D = \{(x, y) \mid x^2 + y^2 \leqslant 1\} \cup \{(x, y) \mid x + y = 1\}$;
   (3) $D = \{(x, y) \mid x^2 + y^2 \leqslant 1$ 且 x, y 为有理数$\}$;
   (4) $D = \{(x, y) \mid y > x^2\}$.

2. 设 $f(x, y, z) = x^2 + y^2 + \arcsin \dfrac{x}{y^z}$,求 $f(y, 2x, z)$.

3. 求下列函数的定义域:
   (1) $z = \ln(y - x) + \dfrac{\sqrt{x}}{\sqrt{1 - x^2 - y^2}}$; (2) $u = \arccos \dfrac{z}{\sqrt{x^2 + y^2}}$;
   (3) $z = \dfrac{2 - \sqrt{xy + 4}}{xy}$; (4) $z = \dfrac{y^2 + 2x}{\ln(y^2 - 2x)}$.

4. 求下列各极限:
   (1) $\lim\limits_{(x,y) \to (0,0)} \dfrac{1 - xy}{x^2 + y^2 + 1}$; (2) $\lim\limits_{(x,y) \to (0,0)} \dfrac{xy}{\sqrt{xy+1} - 1}$;
   (3) $\lim\limits_{(x,y) \to (0,0)} \dfrac{1 - \cos(x^2 + y^2)}{(x^2 + y^2) e^{x^2 y^2}}$.

5. 证明下列极限不存在:
   (1) $\lim\limits_{(x,y) \to (0,0)} \dfrac{x + 2y}{x^2 - y}$; (2) $\lim\limits_{(x,y) \to (0,0)} \dfrac{x^2 y^2}{x^2 y^2 + (x - y)^2}$.

6. 函数 $z = \dfrac{y^2 + 2x}{(y^2 - 2x)y}$ 在何处间断?

7. 证明函数 $f(x, y) = \begin{cases} \dfrac{x^2 y}{x^2 + y^2}, & (x, y) \neq (0, 0), \\ 0, & (x, y) = (0, 0) \end{cases}$ 在原点$(0,0)$处连续.

§8.2 偏 导 数

在研究一元函数时我们通过考查自变量变化而引起因变量变化的变化率引入了导数的概念,但对于多元函数来说,自变量是多维空间 $\mathbf{R}^n$ 中的点,它们已经不再有大小关系了,所以从本质上来讲,多元函数也不再有所谓的变化率. 不过有时候我们也需要考虑多个因素中某一个因素对总体结果的影响,从而引入了偏导数的概念. 我们以二元函数为例来讨论,类似的定义和结论可推广到 n 元函数.

一、偏导数的概念

定义 设函数 $z=f(x,y)$ 在点 (x_0,y_0) 的某一邻域内有定义,当 y 固定在 y_0 而 x 在 x_0 处有增量 Δx 时,相应地函数有增量 $f(x_0+\Delta x,y_0)-f(x_0,y_0)$. 如果

$$\lim_{\Delta x \to 0} \frac{f(x_0+\Delta x,y_0)-f(x_0,y_0)}{\Delta x} \qquad ①$$

存在,则称此极限值为函数 $z=f(x,y)$ 在点 (x_0,y_0) 处对 x 的偏导数,记做

$$\left.\frac{\partial z}{\partial x}\right|_{\substack{x=x_0 \\ y=y_0}}, \quad \left.\frac{\partial f}{\partial x}\right|_{\substack{x=x_0 \\ y=y_0}}, \quad \left.z_x\right|_{\substack{x=x_0 \\ y=y_0}} \quad 或 \quad f_x(x_0,y_0).$$

类似地,函数 $z=f(x,y)$ 在点 (x_0,y_0) 处对 y 的偏导数定义为

$$\lim_{\Delta y \to 0} \frac{f(x_0,y_0+\Delta y)-f(x_0,y_0)}{\Delta y}, \qquad ②$$

记做

$$\left.\frac{\partial z}{\partial y}\right|_{\substack{x=x_0 \\ y=y_0}}, \quad \left.\frac{\partial f}{\partial y}\right|_{\substack{x=x_0 \\ y=y_0}}, \quad \left.z_y\right|_{\substack{x=x_0 \\ y=y_0}} \quad 或 \quad f_y(x_0,y_0).$$

偏导数定义中的增量 $f(x_0+\Delta x,y_0)-f(x_0,y_0)$ 称为函数 $z=f(x,y)$ 在 (x_0,y_0) 处**关于 x 的偏增量**,记为 $\Delta_x z$;而增量 $f(x_0,y_0+\Delta y)-f(x_0,y_0)$ 则称为**关于 y 的偏增量**,记为 $\Delta_y z$. 相应地,称 $\Delta z=f(x_0+\Delta x,y_0+\Delta y)-f(x_0,y_0)$ 为函数 $f(x,y)$ 在 (x_0,y_0) 处的**全增量**.

我们把函数 $z=f(x,y)$ 在区域 D 内每一点 (x,y) 对应到函数在该点处对 x 的偏导数(如果存在的话),就得到一个定义在 D(或其子集)上的一个二元函数,称为 $z=f(x,y)$ 对 x 的**偏导函数**(简称对 x 的**偏导数**),记做

$$\frac{\partial z}{\partial x}, \quad \frac{\partial f}{\partial x}, \quad z_x \quad 或 \quad f_x(x,y).$$

类似地,可以定义函数 $z=f(x,y)$ 对自变量 y 的**偏导函数**,记做

$$\frac{\partial z}{\partial y}, \quad \frac{\partial f}{\partial y}, \quad z_y \quad 或 \quad f_y(x,y).$$

偏导数的概念还可以推广到三元及三元以上的函数. 例如,三元函数 $u=f(x,y,z)$ 在

点 (x,y,z) 处对 x 的偏导数定义为

$$f_x(x,y,z) = \lim_{\Delta x \to 0} \frac{f(x+\Delta x, y, z) - f(x,y,z)}{\Delta x},$$

其中 (x,y,z) 是函数 $u=f(x,y,z)$ 的定义域的内点.

一般说来函数 f 的偏导(函)数是定义在 f 的定义域某子集上的函数. 从本质上来说它们是把多元函数视为一元函数时的导数,所以其求法也完全是一元函数的求导法.

例1 求 $z = x^3 + 2xy^2 + \cos y + 1$ 在点 $(1,2)$ 处的偏导数.

解 把 x 视为变量,y 视为常数,得

$$\frac{\partial z}{\partial x} = 3x^2 + 2y^2;$$

把 y 视为变量,x 视为常数,得

$$\frac{\partial z}{\partial y} = 4xy - \sin y.$$

两个偏导函数 $\frac{\partial z}{\partial x}, \frac{\partial z}{\partial y}$ 在点 $(1,2)$ 处的偏导数值分别是

$$\left.\frac{\partial z}{\partial x}\right|_{\substack{x=1\\y=2}} = 3 \cdot 1^2 + 2 \cdot 2^2 = 11,$$

$$\left.\frac{\partial z}{\partial y}\right|_{\substack{x=1\\y=2}} = 4 \cdot 1 \cdot 2 - \sin 2 = 8 - \sin 2.$$

例2 已知理想气体的状态方程 $pV = RT$(R 为常量),求证:

$$\frac{\partial p}{\partial V} \cdot \frac{\partial V}{\partial T} \cdot \frac{\partial T}{\partial p} = -1.$$

证 因为 $p = \frac{RT}{V}, V = \frac{RT}{p}, T = \frac{pV}{R}$,所以

$$\frac{\partial V}{\partial T} = \frac{R}{p}, \quad \frac{\partial p}{\partial V} = -\frac{RT}{V^2}, \quad \frac{\partial T}{\partial p} = \frac{V}{R},$$

从而

$$\frac{\partial p}{\partial V} \cdot \frac{\partial V}{\partial T} \cdot \frac{\partial T}{\partial p} = -\frac{RT}{V^2} \cdot \frac{R}{p} \cdot \frac{V}{R} = -\frac{RT}{pV} = -1.$$

注 对一元函数来说,$\frac{dy}{dx}$ 可看做函数的微分 dy 与自变量的微分 dx 之商. 而本例表明,偏导数的记号是一个整体记号,不能看做分子与分母之商.

例3 求 $u = x^{y+z}$ 的偏导数.

解 将 x 视为变量,y,z 视为常数,则 u 为关于 x 的幂函数. 所以

$$u_x = (y+z)x^{y+z-1}.$$

将 y 视为变量,x,z 视为常数,则 u 为关于 y 的指数函数. 所以

$$u_y = x^{y+z}\ln x.$$

类似可得 $u_z = x^{y+z}\ln x.$

例 4 设函数 $f(x,y) = \begin{cases} \dfrac{xy}{x^2+y^2}, & x^2+y^2 \neq 0 \\ 0, & x^2+y^2 = 0 \end{cases}$,求 $f(x,y)$ 在点 $(0,0)$ 处的偏导数.

解 在点 $(0,0)$ 处对 x 的偏导数为

$$f_x(0,0) = \lim_{\Delta x \to 0} \frac{f(0+\Delta x, 0) - f(0,0)}{\Delta x} = \lim_{\Delta x \to 0} \frac{\frac{\Delta x \cdot 0}{(\Delta x)^2 + 0^2} - 0}{\Delta x} = 0,$$

同理对 y 的偏导数为 $f_y(0,0) = 0$.

注 本题的函数 $f(x,y)$ 在原点 $(0,0)$ 的函数值是单独定义的,所以它在整个定义域上不是初等函数,从而在点 $(0,0)$ 处不能用例 1 的方法直接求偏导数,只能用定义去求.

另外,从偏导数的定义还可看出,$f(x,y)$ 在 (x_0, y_0) 处关于 x 的偏导数实际上就是一元函数 $f(x, y_0)$ 在 x_0 处的导数. 比如例 1 中,$f(x,2) = x^3 + 8x + \cos 2 + 1$,$f'(x,2) = 3x^2 + 8$,将 $x=1$ 代入也可得到 $\left.\dfrac{\partial z}{\partial x}\right|_{\substack{x=1 \\ y=2}} = 3 \cdot 1^2 + 8 = 11$;类似也可计算 $\left.\dfrac{\partial z}{\partial y}\right|_{\substack{x=1 \\ y=2}} = 8 - \sin 2$. 这种计算的过程还有下述很明显的几何意义.

设 $M_0(x_0, y_0, f(x_0, y_0))$ 为曲面 $z = f(x,y)$ 上的一点,过 M_0 作平面 $y = y_0$,截此曲面得一曲线,此曲线在平面 $y = y_0$ 上的方程为 $z = f(x, y_0)$,则导数 $\left.\dfrac{d}{dx} f(x, y_0)\right|_{x=x_0}$,即偏导数 $f_x(x_0, y_0)$,就是这曲线在点 M_0 处的切线 $M_0 T_x$ 对 x 轴的斜率,即切线 $M_0 T_x$ 与 x 轴所成的倾角 α 的正切 $\tan\alpha$,也就是 $f_x(x_0, y_0) = \tan\alpha$. 同样,偏导数 $f_y(x_0, y_0)$ 是曲面被平面 $x = x_0$ 所截得的曲线在点 M_0 处的切线 $M_0 T_y$ 对 y 轴的斜率,即 $f_y(x_0, y_0) = \tan\beta$(图 1).

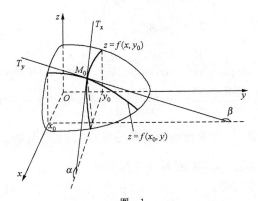

图 1

从上面的几何意义可以看出,偏导数就是函数沿平行于坐标轴的直线的变化率. 我们知道,如果一元函数在某点具有导数,则它在该点必定连续. 但对于多元函数来说,即使各偏导数在某点都存在,也不能保证函数在该点连续. 这是因为在点 $P_0(x_0, y_0)$ 处各偏导数存在只能保证点 $P(x,y)$ 沿着平行于坐标轴的方向趋于 $P_0(x_0, y_0)$ 时,函数值 $f(P)$ 趋于 $f(P_0)$,或

者说,偏导数只是用到函数在过 P_0 点且平行于相应坐标轴的点上的信息,与其余的点对应的函数值无关,当然不能保证点 P 按任何方式趋于 P_0 时,函数值 $f(P)$ 都趋于 $f(P_0)$. 例如,由例 4 知函数

$$z = f(x,y) = \begin{cases} \dfrac{xy}{x^2+y^2}, & x^2+y^2 \neq 0, \\ 0, & x^2+y^2 = 0 \end{cases}$$

在点 $(0,0)$ 处对 x 的偏导数和对 y 的偏导数都存在,但在 §8.1 中的例 4 已经证明极限 $\lim\limits_{(x,y)\to(0,0)} \dfrac{xy}{x^2+y^2}$ 不存在,故知函数 $f(x,y)$ 在点 $(0,0)$ 处不连续.

二、高阶偏导数

注意到如果一个函数在一点处的偏导数存在,则是唯一的一个实数,所以我们可以和定义一元函数的导函数一样定义偏导函数. 偏导函数仍然是 x,y 的二元函数,其定义域一般是原来函数的一个子集(当然,如果原来函数在定义域内每一点的偏导数都存在,则原来函数和其偏导函数定义域相同),所以我们可以继续讨论偏导数的偏导数,称为二阶偏导数. 依次类推,如有可能,还可以考虑更高阶的偏导数. 比如,设函数 $z=f(x,y)$ 在区域 D 内具有偏导数 $\dfrac{\partial z}{\partial x}=f_x(x,y)$, $\dfrac{\partial z}{\partial y}=f_y(x,y)$,那么在 D 内 $f_x(x,y)$, $f_y(x,y)$ 都是 x,y 的二元函数,它们分别关于 x,y 的偏导数记为

$$\frac{\partial}{\partial x}\left(\frac{\partial z}{\partial x}\right)=\frac{\partial^2 z}{\partial x^2}=f_{xx}(x,y), \quad \frac{\partial}{\partial y}\left(\frac{\partial z}{\partial x}\right)=\frac{\partial^2 z}{\partial x \partial y}=f_{xy}(x,y),$$

$$\frac{\partial}{\partial x}\left(\frac{\partial z}{\partial y}\right)=\frac{\partial^2 z}{\partial y \partial x}=f_{yx}(x,y), \quad \frac{\partial}{\partial y}\left(\frac{\partial z}{\partial y}\right)=\frac{\partial^2 z}{\partial y^2}=f_{yy}(x,y),$$

即按照对变量求导次序的不同,函数 $z=f(x,y)$ 有上述四个**二阶偏导数**,其中像 $\dfrac{\partial^2 z}{\partial x \partial y}$, $\dfrac{\partial^2 z}{\partial y \partial x}$ 这种包含对不同变量次序求偏导的高阶偏导数称为**混合偏导数**.

例 5 设函数 $z = x^3 y^2 - 2xy^3 - x^2 y + 5$,求 $\dfrac{\partial^2 z}{\partial x^2}, \dfrac{\partial^2 z}{\partial x \partial y}, \dfrac{\partial^2 z}{\partial y \partial x}, \dfrac{\partial^2 z}{\partial y^2}$ 及 $\dfrac{\partial^3 z}{\partial x^3}$.

解 $\dfrac{\partial z}{\partial x} = 3x^2 y^2 - 2y^3 - 2xy, \qquad \dfrac{\partial z}{\partial y} = 2x^3 y - 6xy^2 - x^2,$

$\dfrac{\partial^2 z}{\partial x^2} = 6xy^2 - 2y, \qquad \dfrac{\partial^2 z}{\partial y \partial x} = 6x^2 y - 6y^2 - 2x;$

$\dfrac{\partial^2 z}{\partial x \partial y} = 6x^2 y - 6y^2 - 2x, \qquad \dfrac{\partial^2 z}{\partial y^2} = 2x^3 - 12xy;$

$\dfrac{\partial^3 z}{\partial x^3} = 6y^2.$

第八章 多元函数微分法及其应用

定理 如果函数 $z=f(x,y)$ 的两个二阶混合偏导数 $\dfrac{\partial^2 z}{\partial x \partial y}, \dfrac{\partial^2 z}{\partial y \partial x}$ 在区域 D 内连续,那么这两个二阶混合偏导数在区域 D 内必相等,即 $\dfrac{\partial^2 z}{\partial x \partial y} = \dfrac{\partial^2 z}{\partial y \partial x}$.

定理的证明从略. 类似的结论对高阶偏导数也适用. 此定理说明, 在二阶混合偏导数连续的条件下, 关于 x, y 的求导次序可以交换.

例6 验证函数 $z = \ln(x^2 + y^2)$ 满足方程
$$\frac{\partial^2 z}{\partial x^2} + \frac{\partial^2 z}{\partial y^2} = 0.$$

证 因为 $\dfrac{\partial z}{\partial x} = \dfrac{2x}{x^2 + y^2}, \dfrac{\partial z}{\partial y} = \dfrac{2y}{x^2 + y^2}$, 所以
$$\frac{\partial^2 z}{\partial x^2} = 2 \cdot \frac{(x^2 + y^2) - x \cdot 2x}{(x^2 + y^2)^2} = \frac{2(y^2 - x^2)}{(x^2 + y^2)^2},$$
$$\frac{\partial^2 z}{\partial y^2} = 2 \cdot \frac{(x^2 + y^2) - y \cdot 2y}{(x^2 + y^2)^2} = \frac{2(x^2 - y^2)}{(x^2 + y^2)^2}.$$

因此
$$\frac{\partial^2 z}{\partial x^2} + \frac{\partial^2 z}{\partial y^2} = \frac{2(y^2 - x^2)}{(x^2 + y^2)^2} + \frac{2(x^2 - y^2)}{(x^2 + y^2)^2} = 0.$$

习 题 8.2

1. 求下列函数的偏导数:

(1) $z = 2x^2 - 3y^3 x$; (2) $s = \dfrac{\sin u^2}{uv}$;

(3) $z = \sqrt[3]{\ln(xy)}$; (4) $z = (\sin x)^y + \cos^2(xy)$;

(5) $z = \ln \cot \dfrac{x}{y}$; (6) $z = (1 + xy)^{x+y}$;

(7) $u = (xy)^{\frac{y}{z}}$; (8) $u = \arctan x^{y+z}$.

2. 设函数 $z = y e^{x^2 - y^2}$, 求证 $y^2 \dfrac{\partial z}{\partial x} + xy \dfrac{\partial z}{\partial y} = xz$.

3. 设函数 $f(x, y) = x + (y-1) \arcsin \sqrt{\dfrac{x}{y}}$, 求 $f_x(x, 1)$.

4. 曲线 $\begin{cases} z = e^{xy} \\ y = 4 \end{cases}$, 在点 $(0, 4, 1)$ 处的切线对于 x 轴的倾角是多少?

5. 求下列函数的 $\dfrac{\partial^2 z}{\partial x^2}, \dfrac{\partial^2 z}{\partial y^2}, \dfrac{\partial^2 z}{\partial x \partial y}$:

(1) $z = x^3 + y^4 - x^2 y^2$; (2) $z = \arctan \dfrac{y}{x}$; (3) $z = x^y$.

6. 设函数 $f(x, y, z) = xy^2 + yz^2 + zx^2$, 求 $f_{xx}(0, 0, 1), f_{xz}(1, 0, 2), f_{yz}(0, -1, 0)$,

$f_{zzx}(2,0,1)$.

7. 证明函数 $u = \dfrac{1}{2a\sqrt{\pi t}} e^{-\dfrac{(x-b)^2}{4a^2 t}}$ (a,b 为常数)满足热传导方程 $\dfrac{\partial u}{\partial t} = a^2 \dfrac{\partial u^2}{\partial x^2}$.

8. 证明函数 $u = \dfrac{1}{r}$(其中 $r = \sqrt{(x-a)^2 + (y-b)^2 + (z-c)^2}$)当 $r \neq 0$ 时满足拉普拉斯方程

$$\frac{\partial^2 u}{\partial x^2} + \frac{\partial^2 u}{\partial y^2} + \frac{\partial^2 u}{\partial z^2} = 0.$$

9. 设函数 $f(x,y) = \begin{cases} \dfrac{2xy}{x^2 + y^2}, & x^2 + y^2 \neq 0, \\ 0, & x^2 + y^2 = 0, \end{cases}$ 求 $f_x(0,0), f_y(0,0)$.

§8.3 全 微 分

一、全微分的定义

回忆一元函数在一点 x_0 处微分的概念,它实际上是 Δx 的线性函数: $\mathrm{d}y = A\Delta x$,而 $\Delta y = f(x_0 + \Delta x) - f(x_0) = \mathrm{d}y + o(\Delta x)$. 当 Δx 很小时,可用 $\mathrm{d}y$ 近似代替 Δy,达到"以直代曲"的目的. 我们把这一概念推广到二元函数(这里以二元函数为例讨论,相应结论可类推到多元函数)就得到下面的定义.

定义 如果函数 $z = f(x,y)$ 在点 $P(x,y)$ 的全增量

$$\Delta z = f(x + \Delta x, y + \Delta y) - f(x,y) \qquad ①$$

可表示为

$$\Delta z = A\Delta x + B\Delta y + o(\rho) \quad (\rho \to 0), \qquad ②$$

其中 A, B 不依赖于 $\Delta x, \Delta y$,而仅与 x, y 有关,

$$\rho = \sqrt{(\Delta x)^2 + (\Delta y)^2},$$

则称函数 $f(x,y)$ 在点 $P(x,y)$ 处**可微分**(简称**可微**),而 $A\Delta x + B\Delta y$ 称为函数 $f(x,y)$ 在点 $P(x,y)$ 处的**全微分**,记做 $\mathrm{d}z$,即 $\mathrm{d}z = A\Delta x + B\Delta y$.

注 定义中的②式等价于

$$\lim_{\rho \to 0} \frac{\Delta z - A\Delta x - B\Delta y}{\rho} = \lim_{(\Delta x, \Delta y) \to (0,0)} \frac{f(x+\Delta x, y+\Delta y) - f(x,y) - A\Delta x - B\Delta y}{\sqrt{\Delta x^2 + \Delta y^2}} = 0. \quad ③$$

定理 1 如果函数 $z = f(x,y)$ 在一点可微,则在该点连续.

证 设 $z = f(x,y)$ 在点 (x_0, y_0) 处可微,由定义,存在不依赖于 $\Delta x, \Delta y$ 的常数 A, B,使②式成立,则

$$\lim_{(\Delta x, \Delta y) \to (0,0)} \Delta z = \lim_{(\Delta x, \Delta y) \to (0,0)} [f(x_0 + \Delta x, y_0 + \Delta y) - f(x_0, y_0)] = 0,$$

所以 $z=f(x,y)$ 在点 (x_0,y_0) 处连续.

当函数在一个区域 D 上每一点都可微时,称函数在区域 D 上可微.

下面讨论函数 $z=f(x,y)$ 在一点可微的条件.

定理 2(可微的必要条件) 如果函数 $z=f(x,y)$ 在点 (x,y) 处可微,则该函数在点 (x,y) 处的偏导数 $\dfrac{\partial z}{\partial x},\dfrac{\partial z}{\partial y}$ 必定存在,且函数 $z=f(x,y)$ 在点 (x,y) 处的全微分为

$$\mathrm{d}z = \dfrac{\partial z}{\partial x}\Delta x + \dfrac{\partial z}{\partial y}\Delta y. \qquad ④$$

证 由函数 $z=f(x,y)$ 在点 (x,y) 处可微知③式成立,故

$$\lim_{\substack{(\Delta x,\Delta y)\to(0,0)\\ \Delta y=0}} \dfrac{f(x+\Delta x, y+\Delta y)-f(x,y)-A\Delta x-B\Delta y}{\sqrt{\Delta x^2+\Delta y^2}}$$

$$= \lim_{\Delta x\to 0} \dfrac{f(x+\Delta x,y)-f(x,y)-A\Delta x}{\sqrt{\Delta x^2}}$$

$$= \lim_{\Delta x\to 0} \dfrac{f(x+\Delta x,y)-f(x,y)-A\Delta x}{|\Delta x|} = 0,$$

从而 $\lim\limits_{\Delta x\to 0}\dfrac{f(x+\Delta x,y)-f(x,y)}{\Delta x}=A$,即 $\dfrac{\partial z}{\partial x}=A$ 存在.同理 $\dfrac{\partial z}{\partial y}=B$ 存在,结论成立.

注 定理 2 说明,如果函数可微,则偏导数一定存在,并可用偏导数表示出它的全微分.但反之不一定成立.

例 1 证明函数 $f(x,y)=\begin{cases}\dfrac{xy}{\sqrt{x^2+y^2}}, & x^2+y^2\neq 0,\\ 0, & x^2+y^2=0\end{cases}$ 在点 $(0,0)$ 处的两个偏导数均存在,但在该点不可微.

证 $f_x(0,0)=\lim\limits_{\Delta x\to 0}\dfrac{f(0+\Delta x,0)-f(0,0)}{\Delta x}=0$ 存在,同理 $f_y(0,0)=0$ 存在.

下面用反证法证明不可微.假如在点 $(0,0)$ 处可微,由定义,存在 A,B 使③成立.由定理 2,知 $A=0,B=0$,即有

$$\lim_{(\Delta x,\Delta y)\to(0,0)} \dfrac{f(0+\Delta x,0+\Delta y)-f(0,0)-0\Delta x-0\Delta y}{\sqrt{\Delta x^2+\Delta y^2}}$$

$$= \lim_{(\Delta x,\Delta y)\to(0,0)} \dfrac{f(\Delta x,\Delta y)-f(0,0)}{\sqrt{\Delta x^2+\Delta y^2}} = \lim_{(\Delta x,\Delta y)\to(0,0)} \dfrac{\Delta x\Delta y}{\Delta x^2+\Delta y^2}=0.$$

但在 §8.1 中的例 4 已经证明此极限不存在,更不会为 0,从而函数 $f(x,y)$ 在点 $(0,0)$ 处不可微.

定理 3(可微的充分条件) 如果函数 $z=f(x,y)$ 在点 (x,y) 处的偏导数 $\dfrac{\partial z}{\partial x},\dfrac{\partial z}{\partial y}$ 连续,则函数 $z=f(x,y)$ 在点 (x,y) 处可微.

证 由 $z=f(x,y)$ 在点 (x,y) 处的偏导数 $\dfrac{\partial z}{\partial x}, \dfrac{\partial z}{\partial y}$ 连续，故在 (x,y) 的某个邻域内偏导数存在．在此邻域内任取一点 $(x+\Delta x, y+\Delta y)$，有

$$\Delta z = f(x+\Delta x, y+\Delta y) - f(x,y)$$
$$= [f(x+\Delta x, y+\Delta y) - f(x, y+\Delta y)] + [f(x, y+\Delta y) - f(x,y)].$$

上式中第一个方括号内，由于第二个变量没有变，故可把它理解为关于 x 的一元函数 $f(x, y+\Delta y)$ 的增量，由一元函数的拉格朗日中值定理可得

$$f(x+\Delta x, y+\Delta y) - f(x, y+\Delta y) = f_x(x+\theta_1 \Delta x, y+\Delta y)\Delta x \quad (0<\theta_1<1).$$

同理

$$f(x, y+\Delta y) - f(x,y) = f_y(x, y+\theta_2 \Delta y)\Delta y \quad (0<\theta_2<1).$$

所以

$$\left| \frac{\Delta z - f_x(x,y)\Delta x - f_y(x,y)\Delta y}{\sqrt{\Delta x^2 + \Delta y^2}} \right|$$

$$= \left| \frac{[f_x(x+\theta_1\Delta x, y+\Delta y) - f_x(x,y)]\Delta x + [f_y(x, y+\theta_2\Delta y) - f_y(x,y)]\Delta y}{\sqrt{\Delta x^2 + \Delta y^2}} \right|$$

$$\leqslant |f_x(x+\theta_1\Delta x, y+\Delta y) - f_x(x,y)| + |f_y(x, y+\theta_2\Delta y) - f_y(x,y)|.$$

由于偏导数均连续，故当 $(\Delta x, \Delta y) \to (0,0)$ 时，上式极限为 0，从而 $z=f(x,y)$ 在点 (x,y) 处可微．证毕．

虽然我们只就二元函数证明了可微的充分条件，实际上对一般多元函数结论也成立．

与一元函数一样，习惯上也分别记 $\Delta x, \Delta y$ 为 dx, dy，从而由④式全微分记为

$$\mathrm{d}z = \frac{\partial z}{\partial x}\mathrm{d}x + \frac{\partial z}{\partial y}\mathrm{d}y. \qquad ⑤$$

对于三元函数 $u=f(x,y,z)$，则有

$$\mathrm{d}u = \frac{\partial u}{\partial x}\mathrm{d}x + \frac{\partial u}{\partial y}\mathrm{d}y + \frac{\partial u}{\partial z}\mathrm{d}z. \qquad ⑥$$

例 2 求函数 $z = x^2 y + \sin y$ 的全微分．

解 因为 $\dfrac{\partial z}{\partial x} = 2xy, \dfrac{\partial z}{\partial y} = x^2 + \cos y$，所以

$$\mathrm{d}z = 2xy\,\mathrm{d}x + (x^2 + \cos y)\mathrm{d}y.$$

例 3 计算函数 $z = \mathrm{e}^{\frac{x}{y}}$ 在点 $(2,1)$ 处的全微分．

解 因为 $\dfrac{\partial z}{\partial x} = \dfrac{1}{y}\mathrm{e}^{\frac{x}{y}}, \dfrac{\partial z}{\partial y} = -\dfrac{x}{y^2}\mathrm{e}^{\frac{x}{y}}$，从而

$$\left.\frac{\partial z}{\partial x}\right|_{(2,1)} = \mathrm{e}^2, \quad \left.\frac{\partial z}{\partial y}\right|_{(2,1)} = -2\mathrm{e}^2,$$

所以 $\mathrm{d}z = \mathrm{e}^2 \mathrm{d}x - 2\mathrm{e}^2 \mathrm{d}y.$

*二、全微分在近似计算中的应用

设二元函数 $z=f(x,y)$ 在点 $P(x,y)$ 处的两个偏导数 $f_x(x,y), f_y(x,y)$ 都连续,则该函数在点 $P(x,y)$ 处的全增量 Δz 与全微分 $\mathrm{d}z$ 的差 $\Delta z - \mathrm{d}z$ 是一个比 ρ 高阶的无穷小量. 这样当 $|\Delta x|, |\Delta y|$ 都比较小时,就可以用全微分 $\mathrm{d}z$ 来近似代替全增量 Δz,即 $\Delta z \approx \mathrm{d}z$,亦即

$$f(x+\Delta x, y+\Delta y) - f(x,y) \approx f_x(x,y)\mathrm{d}x + f_y(x,y)\mathrm{d}y, \qquad ⑦$$

故

$$f(x+\Delta x, y+\Delta y) \approx f(x,y) + f_x(x,y)\mathrm{d}x + f_y(x,y)\mathrm{d}y. \qquad ⑧$$

我们可以利用上述两式对二元函数 $z=f(x,y)$ 作近似计算.

例 4 设有一个圆柱体,受压后发生形变,其半径由 10 cm 增大到 10.04 cm,并且高度由 50 cm 减少到 49.5 cm. 求该圆柱体体积变化的近似值.

解 设圆柱体的半径、高、体积依次为 r, h, V,则相应的体积函数为 $V = \pi r^2 h$. 记 r, h, V 的改变量(或增量)分别为 $\Delta r, \Delta h, \Delta V$,则有

$$\Delta V \approx \mathrm{d}V = V_r \Delta r + V_h \Delta h = 2\pi r h \Delta r + \pi r^2 \Delta h.$$

将 $r=10, h=50, \Delta r=0.04, \Delta h=-0.5$ 代入上式,可以得到

$$\Delta V \approx 2\pi \times 10 \times 50 \times 0.04 + \pi \times 10^2 \times (-0.5) = -10\pi,$$

即该圆柱体的体积减少了约 10π cm^3.

例 5 求 $(1.02)^{2.01}$ 的近似值.

解 设二元函数 $f(x,y) = x^y$,则所要计算的值就是该函数当 $x=1.02, y=2.01$ 时的函数值 $f(1.02, 2.01)$.

因 $f(1.02, 2.01) = f(1+0.02, 2+0.01)$,故取 $x=1, y=2, \Delta x=0.02, \Delta y=0.01$.

由于 $f_x(x,y) = yx^{y-1}, f_y(x,y) = x^y \ln x$,于是得 $f_x(1,2) = 2, f_y(1,2) = 0$.

应用近似计算公式⑦,可以得到

$$\begin{aligned}(1.02)^{2.01} &= f(1.02, 2.01) = f(1+0.02, 2+0.01) \\ &\approx f(1,2) + f_x(1,2)\Delta x + f_y(1,2)\Delta y \\ &= 1 + 2 \times 0.02 + 0 \times 0.01 = 1.04.\end{aligned}$$

习 题 8.3

1. 求下列函数的全微分:

   (1) $z = xy + \sin(xy)$; (2) $z = \mathrm{e}^{\frac{y^2}{x}}$; (3) $z = \dfrac{x}{\sqrt{x^2+y^2}}$; (4) $u = x^{yz}$.

2. 求函数 $z = \ln(1+x^2+y^2)$ 在点 $(1,2)$ 处的全微分

*3. 计算 $\sin 29° \times \tan 46°$ 的近似值.

§8.4 多元复合函数的求导法则

设函数 $u=\varphi(x,y), v=\psi(x,y)$ 都是定义在 Oxy 平面的区域 D 上的函数,$z=f(u,v)$ 是定义在 Ouv 平面的区域 D_1 上的函数,且 $\{(\varphi(x,y),\psi(x,y))|(x,y)\in D\}\subset D_1$,则称函数 $z=F(x,y)=f(\varphi(x,y),\psi(x,y))$ 为以 φ,ψ 为中间变量,x,y 为自变量的**二元复合函数**. 此时称 f 为**外函数**. 类似地可以定义其他类型的二元及二元以上的复合函数(统称为**多元复合函数**).

一、多元复合函数求导的链式法则

关于多元复合函数的求导,有以下定理:

定理 如果函数 $u=\varphi(x,y), v=\psi(x,y)$ 在点 (x,y) 处的两个偏导数都存在,函数 $z=f(u,v)$ 在对应点 (u,v) 处可微,则复合函数 $z=F(x,y)=f(\varphi(x,y),\psi(x,y))$ 在点 (x,y) 处的两个偏导数存在,且有

$$\frac{\partial z}{\partial x}=\frac{\partial z}{\partial u}\cdot\frac{\partial u}{\partial x}+\frac{\partial z}{\partial v}\cdot\frac{\partial v}{\partial x},$$
$$\frac{\partial z}{\partial y}=\frac{\partial z}{\partial u}\cdot\frac{\partial u}{\partial y}+\frac{\partial z}{\partial v}\cdot\frac{\partial v}{\partial y}.$$ ①

公式①称为复合函数求导的**链式法则**. 关于它的证明较难,这里从略.

这一公式还可推广到中间变量及外函数都是一般多元函数(包括一元函数)的情形. 例如,设 $z=f(u), u=\varphi(x,y)$,则

$$\frac{\partial z}{\partial x}=\frac{\mathrm{d}z}{\mathrm{d}u}\cdot\frac{\partial u}{\partial x}, \quad \frac{\partial z}{\partial y}=\frac{\mathrm{d}z}{\mathrm{d}u}\cdot\frac{\partial u}{\partial y}.$$ ②

又如,设 $z=f(u,v,w), u=\varphi(x,y), v=\psi(x,y), w=\tau(x,y)$,则

$$\frac{\partial z}{\partial x}=\frac{\partial z}{\partial u}\cdot\frac{\partial u}{\partial x}+\frac{\partial z}{\partial v}\cdot\frac{\partial v}{\partial x}+\frac{\partial z}{\partial w}\cdot\frac{\partial w}{\partial x},$$
$$\frac{\partial z}{\partial y}=\frac{\partial z}{\partial u}\cdot\frac{\partial u}{\partial y}+\frac{\partial z}{\partial v}\cdot\frac{\partial v}{\partial y}+\frac{\partial z}{\partial w}\cdot\frac{\partial w}{\partial y}.$$ ③

再如,设 $z=f(u,v,w), u=\varphi(x), v=\psi(x), w=\tau(x)$,则

$$\frac{\mathrm{d}z}{\mathrm{d}x}=\frac{\partial z}{\partial u}\cdot\frac{\mathrm{d}u}{\mathrm{d}x}+\frac{\partial z}{\partial v}\cdot\frac{\mathrm{d}v}{\mathrm{d}x}+\frac{\partial z}{\partial w}\cdot\frac{\mathrm{d}w}{\mathrm{d}x}.$$ ④

例 1 设 $z=\sin u\cos v$,而 $u=xy, v=x^y$,求 $\frac{\partial z}{\partial x}$ 和 $\frac{\partial z}{\partial y}$.

解 因为

$$\frac{\partial z}{\partial u}=\cos u\cos v, \quad \frac{\partial z}{\partial v}=-\sin u\sin v,$$

$$\frac{\partial u}{\partial x}=y, \quad \frac{\partial v}{\partial x}=yx^{y-1}, \quad \frac{\partial u}{\partial y}=x, \quad \frac{\partial v}{\partial y}=x^y\ln x,$$

所以

$$\frac{\partial z}{\partial x}=\frac{\partial z}{\partial u}\cdot\frac{\partial u}{\partial x}+\frac{\partial z}{\partial v}\cdot\frac{\partial v}{\partial x}=\cos u\cos v\cdot y-\sin u\sin v\cdot yx^{y-1}$$
$$=y\cos(xy)\cos x^y-yx^{y-1}\sin(xy)\sin x^y,$$
$$\frac{\partial z}{\partial y}=\frac{\partial z}{\partial u}\cdot\frac{\partial u}{\partial y}+\frac{\partial z}{\partial v}\cdot\frac{\partial v}{\partial y}=\cos u\cos v\cdot x-\sin u\sin v\cdot x^y\ln x$$
$$=x\cos(xy)\cos x^y-x^y\ln x\sin(xy)\sin x^y.$$

例 2 设 $u=f(x,y,z)=\mathrm{e}^{xy+z^2}$，而 $z=x^2\sin y$，求 $\dfrac{\partial u}{\partial x}$ 和 $\dfrac{\partial u}{\partial y}$.

解 由链式法则有

$$\frac{\partial u}{\partial x}=\frac{\partial f}{\partial x}\cdot\frac{\partial x}{\partial x}+\frac{\partial f}{\partial y}\cdot\frac{\partial y}{\partial x}+\frac{\partial f}{\partial z}\cdot\frac{\partial z}{\partial x}.$$

注意到 x,y 都是自变量，而 z 是中间变量，所以

$$\frac{\partial x}{\partial x}=1, \quad \frac{\partial y}{\partial x}=0, \quad \frac{\partial z}{\partial x}=2x\sin y.$$

于是

$$\frac{\partial u}{\partial x}=\frac{\partial f}{\partial x}+\frac{\partial f}{\partial z}\cdot\frac{\partial z}{\partial x}=y\mathrm{e}^{xy+z^2}+2z\mathrm{e}^{xy+z^2}\cdot 2x\sin y$$
$$=(y+4xz\sin y)\mathrm{e}^{xy+z^2}.$$

同理

$$\frac{\partial u}{\partial y}=\frac{\partial f}{\partial y}+\frac{\partial f}{\partial z}\cdot\frac{\partial z}{\partial y}=x\mathrm{e}^{xy+z^2}+2z\mathrm{e}^{xy+z^2}\cdot x^2\cos y$$
$$=(x+2zx^2\cos y)\mathrm{e}^{xy+z^2}.$$

注 本例中的记号 $\dfrac{\partial u}{\partial x}$ 与 $\dfrac{\partial f}{\partial x}$ 的意义是不同的，$\dfrac{\partial u}{\partial x}$ 表示复合后的函数对自变量 x 求偏导数，而 $\dfrac{\partial f}{\partial x}$ 表示函数 $f(x,y,z)$ 对第一个变量 x 求偏导数，此时 y,z 看成与 x 无关，按常量对待. 记号 $\dfrac{\partial u}{\partial y}$ 与 $\dfrac{\partial f}{\partial y}$ 的区别类似.

例 3 设 $z=uv+\mathrm{e}^t$，而 $u=\sin t, v=\cos t$，求导数 $\dfrac{\mathrm{d}z}{\mathrm{d}t}$.

解 $\dfrac{\mathrm{d}z}{\mathrm{d}t}=\dfrac{\partial z}{\partial u}\cdot\dfrac{\mathrm{d}u}{\mathrm{d}t}+\dfrac{\partial z}{\partial v}\cdot\dfrac{\mathrm{d}v}{\mathrm{d}t}+\dfrac{\partial z}{\partial t}\cdot\dfrac{\mathrm{d}t}{\mathrm{d}t}=v\cos t-u\sin t+\mathrm{e}^t$
$=\cos^2 t-\sin^2 t+\mathrm{e}^t=\cos 2t+\mathrm{e}^t.$

从上面几个例子可以看出，复合函数求导的关键是弄清楚变量之间的关系，分清哪些是

自变量,哪些是中间变量,哪些既是自变量又是中间变量,只有这样,才能正确使用求导的链式法则.

二、多元复合函数的高阶导数

在本节的定理中,当所有函数都有连续的二阶偏导数时,我们也可以求 z 对 x 或 y 的二阶偏导数. 由一阶偏导数 $\frac{\partial z}{\partial x} = \frac{\partial z}{\partial u} \cdot \frac{\partial u}{\partial x} + \frac{\partial z}{\partial v} \cdot \frac{\partial v}{\partial x}, \frac{\partial z}{\partial y} = \frac{\partial z}{\partial u} \cdot \frac{\partial u}{\partial y} + \frac{\partial z}{\partial v} \cdot \frac{\partial v}{\partial y}$,在求二阶偏导数时,特别要注意 $\frac{\partial z}{\partial u}$ 和 $\frac{\partial z}{\partial v}$ 都还是关于中间变量 u, v 的函数.

例 4 设 $w = f(x - y + z, xyz)$,f 具有二阶连续偏导数,求 $\frac{\partial w}{\partial x}$ 及 $\frac{\partial^2 w}{\partial x \partial z}$.

解 令 $u = x - y + z, v = xyz$,则 $w = f(u, v)$.

为表达简便起见,引入以下记号:

$$f_1 = \frac{\partial f(u,v)}{\partial u}, \quad f_{12} = \frac{\partial^2 f(u,v)}{\partial u \partial v},$$

这里下标 1 表示对第一个变量 u 求偏导数,下标 2 表示对第二个变量 v 求偏导数. 同理有 f_2, f_{11}, f_{22},等等.

因所给函数由 $w = f(u, v)$ 及 $u = x - y + z, v = xyz$ 复合而成,根据复合函数求导法则,有

$$\frac{\partial w}{\partial x} = \frac{\partial f}{\partial u} \cdot \frac{\partial u}{\partial x} + \frac{\partial f}{\partial v} \cdot \frac{\partial v}{\partial x} = f_1 + yz f_2,$$

$$\frac{\partial^2 w}{\partial x \partial z} = \frac{\partial}{\partial z}(f_1 + yz f_2) = \frac{\partial f_1}{\partial z} + y f_2 + yz \frac{\partial f_2}{\partial z}.$$

求 $\frac{\partial f_1}{\partial z}$ 及 $\frac{\partial f_2}{\partial z}$ 时,应注意 f_1 及 f_2 仍然是复合函数,根据复合函数求导法则,有

$$\frac{\partial f_1}{\partial z} = \frac{\partial f_1}{\partial u} \cdot \frac{\partial u}{\partial z} + \frac{\partial f_1}{\partial v} \cdot \frac{\partial v}{\partial z} = f_{11} + xy f_{12},$$

$$\frac{\partial f_2}{\partial z} = \frac{\partial f_2}{\partial u} \cdot \frac{\partial u}{\partial z} + \frac{\partial f_2}{\partial v} \cdot \frac{\partial v}{\partial z} = f_{21} + xy f_{22}.$$

于是

$$\frac{\partial^2 w}{\partial x \partial z} = f_{11} + xy f_{12} + y f_2 + yz f_{21} + xy^2 z f_{22}$$

$$= f_{11} + y(x + z) f_{12} + xy^2 z f_{22} + y f_2,$$

其中用到 $f_{12} = f_{21}$.

例 5 设 $u = f(r)$,其中 $r = \sqrt{x^2 + y^2 + z^2}$,$f$ 具有二阶连续偏导数,证明:

$$\frac{\partial^2 u}{\partial x^2} + \frac{\partial^2 u}{\partial y^2} + \frac{\partial^2 u}{\partial z^2} = F(r),$$

其中 $F(r) = f''(r) + \dfrac{2f'(r)}{r}$.

证 由题设有
$$\frac{\partial u}{\partial x} = \frac{\mathrm{d}u}{\mathrm{d}r} \cdot \frac{\partial r}{\partial x} = f'(r)\frac{x}{\sqrt{x^2+y^2+z^2}} = f'(r)\frac{x}{r},$$

于是
$$\frac{\partial^2 u}{\partial x^2} = f''(r)\frac{x^2}{r^2} + f'(r)\frac{r - x\dfrac{x}{r}}{r^2} = \frac{f'}{r} + \left(f'' - \frac{f'}{r}\right)\frac{x^2}{r^2},$$

同理
$$\frac{\partial^2 u}{\partial y^2} = \frac{f'}{r} + \left(f'' - \frac{f'}{r}\right)\frac{y^2}{r^2}, \quad \frac{\partial^2 u}{\partial z^2} = \frac{f'}{r} + \left(f'' - \frac{f'}{r}\right)\frac{z^2}{r^2}.$$

注意到 $r^2 = x^2 + y^2 + z^2$，上三式相加可得
$$\frac{\partial^2 u}{\partial x^2} + \frac{\partial^2 u}{\partial y^2} + \frac{\partial^2 u}{\partial z^2} = \frac{3f'}{r} + f'' - \frac{f'}{r} = f''(r) + \frac{2f'(r)}{r} = F(r).$$

三、一阶微分的形式不变性

设函数 $z = f(u,v)$ 具有连续偏导数，则有全微分
$$\mathrm{d}z = \frac{\partial z}{\partial u}\mathrm{d}u + \frac{\partial z}{\partial v}\mathrm{d}v.$$

如果 u,v 又是 x,y 的二元函数 $u = \varphi(x,y), v = \psi(x,y)$，且这两个函数也具有连续偏导数，则复合函数
$$z = f(\varphi(x,y), \psi(x,y))$$

的全微分为
$$\mathrm{d}z = \frac{\partial z}{\partial x}\mathrm{d}x + \frac{\partial z}{\partial y}\mathrm{d}y,$$

其中 $\dfrac{\partial z}{\partial x}$ 及 $\dfrac{\partial z}{\partial y}$ 由①式给出，把①式中的 $\dfrac{\partial z}{\partial x}$ 及 $\dfrac{\partial z}{\partial y}$ 代入上式，得
$$\mathrm{d}z = \left(\frac{\partial z}{\partial u} \cdot \frac{\partial u}{\partial x} + \frac{\partial z}{\partial v} \cdot \frac{\partial v}{\partial x}\right)\mathrm{d}x + \left(\frac{\partial z}{\partial u} \cdot \frac{\partial u}{\partial y} + \frac{\partial z}{\partial v} \cdot \frac{\partial v}{\partial y}\right)\mathrm{d}y$$
$$= \frac{\partial z}{\partial u}\left(\frac{\partial u}{\partial x}\mathrm{d}x + \frac{\partial u}{\partial y}\mathrm{d}y\right) + \frac{\partial z}{\partial v}\left(\frac{\partial v}{\partial x}\mathrm{d}x + \frac{\partial v}{\partial y}\mathrm{d}y\right)$$
$$= \frac{\partial z}{\partial u}\mathrm{d}u + \frac{\partial z}{\partial v}\mathrm{d}v.$$

由此可见，无论 z 是自变量 u,v 的函数，还是中间变量 u,v 的函数，它的全微分形式都是一样的. 这个性质叫做**一阶微分形式不变性**. 根据这个性质可以得到下列微分公式：

(1) $\mathrm{d}(u \pm v) = \mathrm{d}u \pm \mathrm{d}v$；　　(2) $\mathrm{d}(uv) = u\mathrm{d}v + v\mathrm{d}u$；

(3) $d\left(\dfrac{u}{v}\right) = \dfrac{v du - u dv}{v^2}$；　(4) $df(u) = f'(u) du$.

其中 u, v 是多元可微函数，f 是一元可导函数.

例 6　利用一阶微分形式不变性解本节的例 1.

解　因为
$$dz = d(\sin u \cos v) = \sin u \cdot d\cos v + \cos v \cdot d\sin u = \sin u(-\sin v) dv + \cos v \cdot \cos u\, du$$
$$= \sin u(-\sin v)(yx^{y-1} dx + x^y \ln x\, dy) + \cos v \cdot \cos u(y\, dx + x\, dy)$$
$$= [y\cos(xy)\cos x^y - yx^{y-1}\sin(xy)\sin x^y] dx$$
$$+ [x\cos(xy)\cos x^y - x^y \ln x \sin(xy)\sin x^y] dy,$$

所以
$$\dfrac{\partial z}{\partial x} = y\cos(xy)\cos x^y - yx^{y-1}\sin(xy)\sin x^y,$$
$$\dfrac{\partial z}{\partial y} = x\cos(xy)\cos x^y - x^y \ln x \sin(xy)\sin x^y.$$

它们同例 1 的结果一样.

习　题　8.4

1. 设 $z = u^2 \ln v$，而 $u = \dfrac{x}{y}$，$v = 3x - 2y$，求 $\dfrac{\partial z}{\partial x}, \dfrac{\partial z}{\partial y}$.

2. 设 $z = x^2 + xy + y^2$，而 $x = \sin t, y = t^2$，求 $\dfrac{dz}{dt}$.

3. 设 $z = \arctan(x+y)$，而 $y = e^x$，求 $\dfrac{dz}{dx}$.

4. 设 $u = \dfrac{e^{ax}(y-z)}{a^2+1}$，而 $y = a\sin x, z = \cos x$，求 $\dfrac{du}{dx}$.

5. 设 $z = \ln(x^{\frac{1}{3}} + y^{\frac{1}{3}})$，证明：$x\dfrac{\partial z}{\partial x} + y\dfrac{\partial z}{\partial y} = \dfrac{1}{3}$.

6. 设 $z = \dfrac{y}{f(x^2 - y^2)}$，其中 $f(u)$ 为可导函数，验证
$$\dfrac{1}{x} \cdot \dfrac{\partial z}{\partial x} + \dfrac{1}{y} \cdot \dfrac{\partial z}{\partial y} = \dfrac{z}{y^2}.$$

7. 求下列函数的一阶偏导数（其中 f 具有一阶连续偏导数）：

(1) $u = f(\sin x, e^{xy})$；　(2) $u = f\left(\dfrac{x}{y}, \dfrac{y}{z}\right)$；　(3) $u = f\left(x, xy, \dfrac{y}{z}\right)$.

8. 设 $z = f(xe^y)$，其中 f 具有二阶连续偏导数，求 $\dfrac{\partial^2 z}{\partial x^2}, \dfrac{\partial^2 z}{\partial x \partial y}, \dfrac{\partial^2 z}{\partial y^2}$.

9. 设 f 具有二阶连续偏导数，求函数 $z = f\left(x, \dfrac{x}{y}\right)$ 的二阶偏导数 $\dfrac{\partial^2 z}{\partial x^2}, \dfrac{\partial^2 z}{\partial x \partial y}, \dfrac{\partial^2 z}{\partial y^2}$.

§8.5 隐函数的求导公式

一、一个方程的情形

回忆我们在讨论一元函数时介绍的隐函数的概念,它是由一个二元方程
$$F(x,y) = 0 \qquad ①$$
在满足某些条件时所确定的函数 $y=y(x)$ 或 $x=x(y)$. 现在有了二元函数的知识以后,我们就可以给隐函数一个更为严格的定义.

定义 如果①式中的函数 $F(x,y)$ 在矩形区域 $D=\{(x,y)|a<x<b,c<y<d\}$(此区域也记为 $(a,b)\times(c,d)$)内满足:对任意的 $x\in(a,b)$,都存在唯一的 $y\in(c,d)$,使 (x,y) 是方程①的解,则称在 D 内方程①确定了一个隐函数 $y=f(x)$, $x\in(a,b)$, $y\in(c,d)$.

注意到 x,y 的对称性,我们也可类似定义隐函数 $x=g(y)$.

关于隐函数的存在唯一性和它的导数的求法,我们有以下的定理:

定理1(隐函数存在定理) 设函数 $F(x,y)$ 在点 $P(x_0,y_0)$ 的某一邻域内具有连续的偏导数,且 $F(x_0,y_0)=0$, $F_y(x_0,y_0)\neq 0$,则方程 $F(x,y)=0$ 在点 (x_0,y_0) 的某一邻域内能唯一确定一个具有连续导数的隐函数 $y=f(x)$,使得 $y_0=f(x_0)$,并有
$$\frac{dy}{dx}=-\frac{F_x}{F_y}. \qquad ②$$

这个定理中关于隐函数的存在唯一性我们不证. 现仅对公式②作如下推导:

将由方程①所确定的函数 $y=f(x)$ 代入方程①,得恒等式
$$F(x,f(x))\equiv 0,$$
其左端可以看做是 x 的一个复合函数,求这个函数的导数,由于恒等式两端求导后仍然恒等,即得
$$F_x+F_y\frac{dy}{dx}=0.$$
因为 F_y 连续,且 $F_y(x_0,y_0)\neq 0$,所以存在 (x_0,y_0) 的某一邻域,在此邻域内 $F_y\neq 0$,于是得
$$\frac{dy}{dx}=-\frac{F_x}{F_y}.$$

例1 验证方程 $x^2+y^2-1=0$ 在点 $(0,1)$ 的某一邻域内能唯一确定一个具有连续导数的隐函数 $y=f(x)$,使得 $f(0)=1$,并求这函数的一阶和二阶导数在 $x=0$ 处的值.

解 设 $F(x,y)=x^2+y^2-1$,则 $F_x=2x, F_y=2y, F(0,1)=0, F_y(0,1)=2\neq 0$. 因此由定理1可知,方程 $x^2+y^2-1=0$ 在点 $(0,1)$ 的某一邻域内能唯一确定一个具有连续导数的隐函数 $y=f(x)$,它满足当 $x=0$ 时,$y=1$,且有
$$\frac{dy}{dx}=-\frac{F_x}{F_y}=-\frac{x}{y}, \quad \frac{dy}{dx}\bigg|_{\substack{x=0\\y=1}}=0.$$

§8.5 隐函数的求导公式

于是

$$\frac{d^2 y}{dx^2} = -\frac{y-xy'}{y^2} = -\frac{y-x\left(-\dfrac{x}{y}\right)}{y^2} = -\frac{y^2+x^2}{y^3} = -\frac{1}{y^3},$$

$$\left.\frac{d^2 y}{dx^2}\right|_{\substack{x=0\\y=1}} = -1.$$

注 从上例还可看出 $F_y = 2y$ 只在 x 轴上等于零,所以单位圆上除点 $(-1,0),(1,0)$ 外,在其余的点的邻域内都能确定隐函数 $y = f(x)$. 这有明显的几何意义:当在上半单位圆时确定函数 $y = \sqrt{1-x^2}$,在下半单位圆时确定函数 $y = -\sqrt{1-x^2}$.

由定理 1 知,一个二元方程①在满足一定条件下可以确定一个一元隐函数. 自然地会想到,一个三元方程

$$F(x,y,z) = 0 \qquad\qquad ③$$

在满足一定条件下能确定一个二元隐函数. 这就是下面的定理.

定理 2 (隐函数存在定理) 设函数 $F(x,y,z)$ 在点 $P(x_0,y_0,z_0)$ 的某一邻域内具有连续的偏导数,且 $F(x_0,y_0,z_0)=0, F_z(x_0,y_0,z_0) \neq 0$,则方程 $F(x,y,z)=0$ 在点 (x_0,y_0,z_0) 的某一邻域内能唯一确定一个具有连续偏导数的隐函数 $z = f(x,y)$,使得 $z_0 = f(x_0,y_0)$,并有

$$\frac{\partial z}{\partial x} = -\frac{F_x}{F_z}, \quad \frac{\partial z}{\partial y} = -\frac{F_y}{F_z}. \qquad\qquad ④$$

与定理 1 一样,定理 2 的证明从略,这里仅对公式④作如下推导:

将 $z = f(x,y)$ 代入方程 $F(x,y,z) = 0$ 得

$$F(x,y,f(x,y)) \equiv 0.$$

上式两端分别对 x 和 y 求偏导数,应用复合函数求导法则得

$$F_x + F_z \frac{\partial z}{\partial x} = 0, \quad F_y + F_z \frac{\partial z}{\partial y} = 0.$$

因为 F_z 连续,且 $F_z(x_0,y_0,z_0) \neq 0$,所以存在点 (x_0,y_0,z_0) 的某一邻域,在此邻域内 $F_z \neq 0$,于是得

$$\frac{\partial z}{\partial x} = -\frac{F_x}{F_z}, \quad \frac{\partial z}{\partial y} = -\frac{F_y}{F_z}.$$

例 2 设 $x^2 + y^2 + xyz - e^z = 0$,求 $\dfrac{\partial^2 z}{\partial x^2}$.

解 设 $F(x,y,z) = x^2 + y^2 + xyz - e^z$,则 $F_x = 2x + yz, F_z = xy - e^z$. 利用公式④,得

$$\frac{\partial z}{\partial x} = -\frac{F_x}{F_z} = \frac{2x + yz}{e^z - xy}.$$

再一次对 x 求偏导数,得

$$\frac{\partial^2 z}{\partial x^2} = \frac{\left(2 + y\frac{\partial z}{\partial x}\right)(e^z - xy) - (2x + yz)\left(e^z \frac{\partial z}{\partial x} - y\right)}{(e^z - xy)^2}$$

$$= \frac{2(e^z - xy) + 2y(2x + yz)}{(e^z - xy)^2} - \frac{(2x + yz)^2 e^z}{(e^z - xy)^3}.$$

注 当然,对于本例,我们也可以直接在方程 $x^2 + y^2 + xyz - e^z = 0$ 两边对 x 求两次偏导数来计算,只是要注意这时 z 应理解为中间变量.

二、方程组的情形

下面我们将隐函数存在定理作进一步的推广,即考虑由方程组

$$\begin{cases} F(x,y,u,v) = 0, \\ G(x,y,u,v) = 0 \end{cases} \quad ⑤$$

来确定隐函数. 不难想象,在某些条件下,当给定一组 x,y 时,我们可以通过方程组⑤"解"出唯一的一组 u,v,因此方程组⑤就有可能确定两个二元函数. 这两个二元函数也称为一个隐函数组. 对此我们有下面的定理.

定理 3(隐函数存在定理) 设函数 $F(x,y,u,v), G(x,y,u,v)$ 在点 $P_0(x_0, y_0, u_0, v_0)$ 的某一邻域内具有对各个变量的连续偏导数,又 $F(x_0, y_0, u_0, v_0) = 0, G(x_0, y_0, u_0, v_0) = 0$,且偏导数所组成的函数行列式(称为**雅可比(Jacobi)行列式**)

$$J = \frac{\partial(F,G)}{\partial(u,v)} = \begin{vmatrix} F_u & F_v \\ G_u & G_v \end{vmatrix}$$

在点 $P_0(x_0, y_0, u_0, v_0)$ 处不等于零,则方程组 $F(x,y,u,v) = 0, G(x,y,u,v) = 0$ 在点 (x_0, y_0, u_0, v_0) 的某一邻域内能唯一确定一组具有连续偏导数的隐函数 $u = u(x,y), v = v(x,y)$,使得 $u_0 = u(x_0, y_0), v_0 = v(x_0, y_0)$,并有

$$\frac{\partial u}{\partial x} = -\frac{1}{J} \cdot \frac{\partial(F,G)}{\partial(x,v)} = -\frac{\begin{vmatrix} F_x & F_v \\ G_x & G_v \end{vmatrix}}{\begin{vmatrix} F_u & F_v \\ G_u & G_v \end{vmatrix}}, \quad \frac{\partial v}{\partial x} = -\frac{1}{J} \cdot \frac{\partial(F,G)}{\partial(u,x)} = -\frac{\begin{vmatrix} F_u & F_x \\ G_u & G_x \end{vmatrix}}{\begin{vmatrix} F_u & F_v \\ G_u & G_v \end{vmatrix}},$$

$$\frac{\partial u}{\partial y} = -\frac{1}{J} \cdot \frac{\partial(F,G)}{\partial(y,v)} = -\frac{\begin{vmatrix} F_y & F_v \\ G_y & G_v \end{vmatrix}}{\begin{vmatrix} F_u & F_v \\ G_u & G_v \end{vmatrix}}, \quad \frac{\partial v}{\partial y} = -\frac{1}{J} \cdot \frac{\partial(F,G)}{\partial(u,y)} = -\frac{\begin{vmatrix} F_u & F_y \\ G_u & G_y \end{vmatrix}}{\begin{vmatrix} F_u & F_v \\ G_u & G_v \end{vmatrix}}. \quad ⑥$$

同样,定理 3 的证明从略,仅对公式⑥作如下推导:

将 $u(x,y)$ 和 $v(x,y)$ 代入方程组⑤得

§ 8.5 隐函数的求导公式

$$\begin{cases} F(x,y,u(x,y),v(x,y)) \equiv 0, \\ G(x,y,u(x,y),v(x,y)) \equiv 0. \end{cases}$$

两恒等式两边分别对 x 求偏导数,应用复合函数求导法则得

$$\begin{cases} F_x + F_u \dfrac{\partial u}{\partial x} + F_v \dfrac{\partial v}{\partial x} = 0, \\ G_x + G_u \dfrac{\partial u}{\partial x} + G_v \dfrac{\partial v}{\partial x} = 0. \end{cases}$$

这是关于 $\dfrac{\partial u}{\partial x}, \dfrac{\partial v}{\partial x}$ 的线性方程组,由假设可知在点 $P_0(x_0,y_0,u_0,v_0)$ 的某一邻域内,系数行列式

$$J = \begin{vmatrix} F_u & F_v \\ G_u & G_v \end{vmatrix} \neq 0,$$

从而可解出 $\dfrac{\partial u}{\partial x}, \dfrac{\partial v}{\partial x}$,得

$$\dfrac{\partial u}{\partial x} = -\dfrac{1}{J} \cdot \dfrac{\partial(F,G)}{\partial(x,v)}, \qquad \dfrac{\partial v}{\partial x} = -\dfrac{1}{J} \cdot \dfrac{\partial(F,G)}{\partial(u,x)}.$$

同理,可得

$$\dfrac{\partial u}{\partial y} = -\dfrac{1}{J} \cdot \dfrac{\partial(F,G)}{\partial(y,v)}, \qquad \dfrac{\partial v}{\partial y} = -\dfrac{1}{J} \cdot \dfrac{\partial(F,G)}{\partial(u,y)}.$$

例 3 设 $x^2 u - yv^2 = 2, y^2 u^2 + x^2 v = 1$,求 $\dfrac{\partial u}{\partial x}, \dfrac{\partial u}{\partial y}, \dfrac{\partial v}{\partial x}$ 和 $\dfrac{\partial v}{\partial y}$.

解 此题可直接利用公式⑥求,也可依照推导公式⑥的方法来求. 这里我们按后一种方法来做.

将所给方程的两边对 x 求偏导数并移项,得

$$\begin{cases} x^2 \dfrac{\partial u}{\partial x} - 2vy \dfrac{\partial v}{\partial x} = -2xu, \\ 2uy^2 \dfrac{\partial u}{\partial x} + x^2 \dfrac{\partial v}{\partial x} = -2xv. \end{cases}$$

这是关于 $\dfrac{\partial u}{\partial x}, \dfrac{\partial v}{\partial x}$ 的线性方程组,在系数行列式 $J = \begin{vmatrix} x^2 & -2vy \\ 2uy^2 & x^2 \end{vmatrix} = x^4 + 4uvy^3 \neq 0$ 的条件下,有

$$\dfrac{\partial u}{\partial x} = \dfrac{\begin{vmatrix} -2xu & -2vy \\ -2xv & x^2 \end{vmatrix}}{\begin{vmatrix} x^2 & -2vy \\ 2uy^2 & x^2 \end{vmatrix}} = -\dfrac{2x^3 u + 4xyv^2}{x^4 + 4uvy^3},$$

第八章　多元函数微分法及其应用

$$\frac{\partial v}{\partial x} = \frac{\begin{vmatrix} x^2 & -2xu \\ 2uy^2 & -2xv \end{vmatrix}}{\begin{vmatrix} x^2 & -2vy \\ 2uy^2 & x^2 \end{vmatrix}} = -\frac{2x^3v - 4xy^2u^2}{x^4 + 4uvy^3}.$$

同样将所给方程的两边对 y 求偏导数，可得关于 $\frac{\partial u}{\partial y}, \frac{\partial v}{\partial y}$ 的线性方程组，其系数行列式也是 $J = \begin{vmatrix} x^2 & -2vy \\ 2uy^2 & x^2 \end{vmatrix} = x^4 + 4uvy^3$. 当 $J \neq 0$ 时，可求得

$$\frac{\partial u}{\partial y} = \frac{x^2v^2 - 4y^2u^2v}{x^4 + 4uvy^3}, \quad \frac{\partial v}{\partial y} = -\frac{2x^2yu^2 + 2uy^2v^2}{x^4 + 4uvy^3}.$$

例 4 设函数 $x = x(u,v), y = y(u,v)$ 在点 (u,v) 的某一邻域内具有连续偏导数，又

$$\frac{\partial(x,y)}{\partial(u,v)} \neq 0.$$

(1) 证明方程组

$$\begin{cases} x = x(u,v), \\ y = y(u,v) \end{cases} \qquad \text{⑦}$$

在点 (x,y,u,v) 的某一邻域内唯一确定一组具有连续偏导数的反函数组 $u = u(x,y), v = v(x,y)$；

(2) 求反函数 $u = u(x,y), v = v(x,y)$ 对 x,y 的偏导数.

解 (1) 证　令 $F(x,y,u,v) = x - x(u,v), G(x,y,u,v) = y - y(u,v)$，则方程组⑦变成下面的形式：

$$\begin{cases} F(x,y,u,v) = 0, \\ G(x,y,u,v) = 0. \end{cases}$$

由题设有

$$J = \frac{\partial(F,G)}{\partial(u,v)} = \frac{\partial(x,y)}{\partial(u,v)} \neq 0,$$

所以根据隐函数存在定理 3，即得所要证的结论.

(2) 将方程组⑦所确定的反函数 $u = u(x,y), v = v(x,y)$ 代入方程组⑦，即得

$$\begin{cases} x \equiv x(u(x,y), v(x,y)), \\ y \equiv y(u(x,y), v(x,y)). \end{cases}$$

上两恒等式两边分别对 x 求偏导数，得

$$\begin{cases} 1 = \dfrac{\partial x}{\partial u} \cdot \dfrac{\partial u}{\partial x} + \dfrac{\partial x}{\partial v} \cdot \dfrac{\partial v}{\partial x}, \\ 0 = \dfrac{\partial y}{\partial u} \cdot \dfrac{\partial u}{\partial x} + \dfrac{\partial y}{\partial v} \cdot \dfrac{\partial v}{\partial x}. \end{cases}$$

这是关于 $\dfrac{\partial u}{\partial x}, \dfrac{\partial v}{\partial x}$ 的线性方程组，由于 $J\neq 0$，故可解得

$$\frac{\partial u}{\partial x}=\frac{1}{J}\cdot\frac{\partial y}{\partial v}, \quad \frac{\partial v}{\partial x}=-\frac{1}{J}\cdot\frac{\partial y}{\partial u}.$$

同理，可得

$$\frac{\partial u}{\partial y}=-\frac{1}{J}\cdot\frac{\partial x}{\partial v}, \quad \frac{\partial v}{\partial y}=\frac{1}{J}\cdot\frac{\partial x}{\partial u}.$$

注 由例 4 的结果可得 $\dfrac{\partial(u,v)}{\partial(x,y)}=\dfrac{1}{\dfrac{\partial(x,y)}{\partial(u,v)}}$，这与一元函数反函数求导公式相似.

习 题 8.5

1. 设 $y-x-\dfrac{1}{2}\sin y=0$，求 $\dfrac{\mathrm{d}y}{\mathrm{d}x}$.

2. 设 $y=2\arctan\dfrac{y}{x}$，求 $\dfrac{\mathrm{d}y}{\mathrm{d}x}, \dfrac{\mathrm{d}^2 y}{\mathrm{d}x^2}$.

3. 设 $\mathrm{e}^{-xy}-2z+\mathrm{e}^z=0$，求 $\dfrac{\partial z}{\partial x}$ 及 $\dfrac{\partial z}{\partial y}$.

4. 设 $F(x,x+y,x+y+z)=0$，求 $\dfrac{\partial z}{\partial x}$ 及 $\dfrac{\partial z}{\partial y}$.

5. 设函数 $z=z(x,y)$ 由方程 $F\left(x+\dfrac{z}{y},y+\dfrac{z}{x}\right)=0$ 确定，证明：$x\dfrac{\partial z}{\partial x}+y\dfrac{\partial z}{\partial y}=z-xy$.

6. 设 $x=x(y,z),y=y(x,z),z=z(x,y)$ 都是由方程 $F(x,y,z)=0$ 所确定的具有连续偏导数的函数，证明：$\dfrac{\partial x}{\partial y}\cdot\dfrac{\partial y}{\partial z}\cdot\dfrac{\partial z}{\partial x}=-1$.

7. 设 $\varphi(u,v)$ 具有连续偏导数，证明：由方程 $\varphi(x-az,y-bz)=0$ 所确定的函数 $z=f(x,y)$ 满足 $a\dfrac{\partial z}{\partial x}+b\dfrac{\partial z}{\partial y}=1$.

8. 设 $\mathrm{e}^z-xyz=0$，求 $\dfrac{\partial^2 z}{\partial x^2}, \dfrac{\partial^2 z}{\partial x \partial y}$.

9. 求由下列方程组所确定函数的导数或偏导数：

(1) 设 $\begin{cases} z=x^2+y^2, \\ x^2+2y^2+3z^2=1, \end{cases}$ 求 $\dfrac{\mathrm{d}y}{\mathrm{d}x},\dfrac{\mathrm{d}z}{\mathrm{d}x}$；

(2) 设 $\begin{cases} x+y+z=0, \\ x^2+y^2+z^2=1, \end{cases}$ 求 $\dfrac{\mathrm{d}x}{\mathrm{d}z},\dfrac{\mathrm{d}y}{\mathrm{d}z}$；

(3) 设 $\begin{cases} u=f(ux,v+y), \\ v=g(u-x,v^2 y), \end{cases}$ 其中 f,g 具有一阶连续偏导数，求 $\dfrac{\partial u}{\partial x},\dfrac{\partial v}{\partial x}$；

(4) 设 $\begin{cases} x = e^u + u\sin v, \\ y = e^u - u\cos v, \end{cases}$ 求 $\dfrac{\partial u}{\partial x}, \dfrac{\partial u}{\partial y}, \dfrac{\partial v}{\partial x}, \dfrac{\partial v}{\partial y}.$

§8.6 微分法在几何上的应用

一、空间曲线的切线与法平面

设空间曲线 Γ 由参数方程 $x = \varphi(t), y = \psi(t), z = \omega(t) (\alpha \leqslant t \leqslant \beta)$ 给出,其中三个函数都可导且导数不全为零.

我们在曲线 Γ 上取对应于参数 $t = t_0$ 的一点 $M(x_0, y_0, z_0)$ 及对应于 $t = t_0 + \Delta t$ 的一点 $M'(x_0 + \Delta x, y_0 + \Delta y, z_0 + \Delta z)$,则割线 MM' 的方向向量为 $(\Delta x, \Delta y, \Delta z)$,其方程是

$$\frac{x - x_0}{\Delta x} = \frac{y - y_0}{\Delta y} = \frac{z - z_0}{\Delta z}. \qquad ①$$

当点 M' 沿着曲线 Γ 趋于点 M 时,即 $\Delta t \to 0$ 时,割线 MM' 的极限位置 MT 就是曲线 Γ 在点 M 处的**切线**(图1).这种极限过程利用①式描述就是:用 Δt 除①式的各分母,得

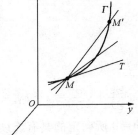

图 1

$$\frac{x - x_0}{\dfrac{\Delta x}{\Delta t}} = \frac{y - y_0}{\dfrac{\Delta y}{\Delta t}} = \frac{z - z_0}{\dfrac{\Delta z}{\Delta t}},$$

沿曲线 Γ 令 $M' \to M$,这时 $\Delta t \to 0$,通过对上式取极限,即得曲线在点 M 处的**切线方程**为

$$\frac{x - x_0}{\varphi'(t_0)} = \frac{y - y_0}{\psi'(t_0)} = \frac{z - z_0}{\omega'(t_0)}. \qquad ②$$

由假定这里 $\varphi'(t_0), \psi'(t_0), \omega'(t_0)$ 不全为零,如果个别为零,则相应的分子也取为零.切线的方向向量称为曲线的**切向量**.切线②的方向向量可取为

$$\boldsymbol{T} = (\varphi'(t_0), \psi'(t_0), \omega'(t_0)),$$

所以 $\boldsymbol{T}$ 就是曲线 Γ 在点 M 处的一个切向量.

通过点 M 并且与切线垂直的平面称为曲线 Γ 在点 M 处的**法平面**.此法平面过点 $M(x_0, y_0, z_0)$ 且以 $\boldsymbol{T} = (\varphi'(t_0), \psi'(t_0), \omega'(t_0))$ 为法向量,因此法平面方程为

$$\varphi'(t_0)(x - x_0) + \psi'(t_0)(y - y_0) + \omega'(t_0)(z - z_0) = 0. \qquad ③$$

例1 求曲线 $x = t, y = e^t, z = \sin t$ 在点 $(0, 1, 0)$ 处的切线及法平面方程.

解 因为 $x'_t = 1, y'_t = e^t, z'_t = \cos t$,又点 $(0, 1, 0)$ 所对应的参数 $t = 0$,所以在该点切向量

$$\boldsymbol{T} = (1, 1, 1).$$

于是,曲线在点 $(0, 1, 0)$ 处的切线方程为

$$\frac{x - 0}{1} = \frac{y - 1}{1} = \frac{z - 0}{1}, \quad \text{即} \quad x = y - 1 = z.$$

法平面方程为
$$(x-0)+(y-1)+(z-0)=0, \quad 即 \quad x+y+z=1.$$

如果空间曲线 Γ 的方程为 $\begin{cases} y=\varphi(x), \\ z=\psi(x), \end{cases}$ 则只要取 x 为参数,方程就可以表为参数方程的形式:
$$\begin{cases} x=x, \\ y=\varphi(x), \\ z=\psi(x). \end{cases}$$

当 $\varphi(x),\psi(x)$ 都在 $x=x_0$ 处可导时,根据上面的讨论可知 $\boldsymbol{T}=(1,\varphi'(x_0),\psi'(x_0))$ 为曲线在点 $M(x_0,y_0,z_0)$ 处的切向量,因此该点处的**切线方程**为
$$\frac{x-x_0}{1}=\frac{y-y_0}{\varphi'(x_0)}=\frac{z-z_0}{\psi'(x_0)}, \qquad ④$$

法平面方程为
$$(x-x_0)+\varphi'(x_0)(y-y_0)+\psi'(x_0)(z-z_0)=0. \qquad ⑤$$

如果空间曲线 Γ 由方程组
$$\begin{cases} F(x,y,z)=0, \\ G(x,y,z)=0 \end{cases} \qquad ⑥$$
给出,设 $M(x_0,y_0,z_0)$ 是曲线 Γ 上的一点,又设 F,G 对各个变量具有连续偏导数,且
$$\left.\frac{\partial(F,G)}{\partial(y,z)}\right|_{(x_0,y_0,z_0)} \neq 0,$$
则方程组⑥在点 $M(x_0,y_0,z_0)$ 的某一邻域内确定了一组具有连续导数的函数 $y=\varphi(x),z=\psi(x)$. 显然,向量 $(1,\varphi'(x_0),\psi'(x_0))$ 即为曲线 Γ 在点 M 处的一个切向量,因此要求曲线 Γ 在点 M 处的切线方程和法平面方程,只要求出 $\varphi'(x_0),\psi'(x_0)$,然后代入④,⑤两式即得. 为此,先求 $\varphi'(x)$ 和 $\psi'(x)$. 把 $y=\varphi(x),z=\psi(x)$ 代入方程组⑥得
$$\begin{cases} F(x,\varphi(x),\psi(x))\equiv 0, \\ G(x,\varphi(x),\psi(x))\equiv 0, \end{cases}$$
各式两边再分别对 x 求导数,得
$$\begin{cases} F_x+F_y\dfrac{\mathrm{d}y}{\mathrm{d}x}+F_z\dfrac{\mathrm{d}z}{\mathrm{d}x}=0, \\ G_x+G_y\dfrac{\mathrm{d}y}{\mathrm{d}x}+G_z\dfrac{\mathrm{d}z}{\mathrm{d}x}=0. \end{cases}$$

这是关于 $\dfrac{\mathrm{d}y}{\mathrm{d}x},\dfrac{\mathrm{d}z}{\mathrm{d}x}$ 的线性方程组,而由假设可知,在点 M 的某个邻域内,其系数行列式
$$J=\begin{vmatrix} F_y & F_z \\ G_y & G_z \end{vmatrix}=\frac{\partial(F,G)}{\partial(y,z)}\neq 0,$$

故可解得

$$\frac{\mathrm{d}y}{\mathrm{d}x} = \varphi'(x) = \frac{\begin{vmatrix} F_z & F_x \\ G_z & G_x \end{vmatrix}}{\begin{vmatrix} F_y & F_z \\ G_y & G_z \end{vmatrix}}, \quad \frac{\mathrm{d}z}{\mathrm{d}x} = \psi'(x) = \frac{\begin{vmatrix} F_x & F_y \\ G_x & G_y \end{vmatrix}}{\begin{vmatrix} F_y & F_z \\ G_y & G_z \end{vmatrix}}.$$

于是

$$\varphi'(x_0) = \frac{\begin{vmatrix} F_z & F_x \\ G_z & G_x \end{vmatrix}_M}{\begin{vmatrix} F_y & F_z \\ G_y & G_z \end{vmatrix}_M}, \quad \psi'(x_0) = \frac{\begin{vmatrix} F_x & F_y \\ G_x & G_y \end{vmatrix}_M}{\begin{vmatrix} F_y & F_z \\ G_y & G_z \end{vmatrix}_M},$$

这里分子、分母中带下标 M 的行列式表示行列式在点 $M(x_0,y_0,z_0)$ 的值. $\varphi'(x_0)$ 与 $\psi'(x_0)$ 的形式较复杂,为了得到形式简单的切向量,把切向量 $(1,\varphi'(x_0),\psi'(x_0))$ 乘以 $\begin{vmatrix} F_y & F_z \\ G_y & G_z \end{vmatrix}_M$,得

$$\boldsymbol{T} = \left(\begin{vmatrix} F_y & F_z \\ G_y & G_z \end{vmatrix}_M, \begin{vmatrix} F_z & F_x \\ G_z & G_x \end{vmatrix}_M, \begin{vmatrix} F_x & F_y \\ G_x & G_y \end{vmatrix}_M \right),$$

为曲线 Γ 在点 M 处的另一个切向量. 由此可得曲线 Γ 在点 $M(x_0,y_0,z_0)$ 处的切线方程为

$$\frac{x-x_0}{\begin{vmatrix} F_y & F_z \\ G_y & G_z \end{vmatrix}_M} = \frac{y-y_0}{\begin{vmatrix} F_z & F_x \\ G_z & G_x \end{vmatrix}_M} = \frac{z-z_0}{\begin{vmatrix} F_x & F_y \\ G_x & G_y \end{vmatrix}_M}, \qquad ⑦$$

法平面方程为

$$\begin{vmatrix} F_y & F_z \\ G_y & G_z \end{vmatrix}_M (x-x_0) + \begin{vmatrix} F_z & F_x \\ G_z & G_x \end{vmatrix}_M (y-y_0) + \begin{vmatrix} F_x & F_y \\ G_x & G_y \end{vmatrix}_M (z-z_0) = 0. \qquad ⑧$$

如果 $\dfrac{\partial(F,G)}{\partial(y,z)}\bigg|_M = 0$,而 $\dfrac{\partial(F,G)}{\partial(z,x)}\bigg|_M, \dfrac{\partial(F,G)}{\partial(x,y)}\bigg|_M$ 中至少有一个不等于零,通过类似的推导可得同样的结果.

例 2 求曲线 $x^2+y^2+z^2=14, x+y+z=0$ 在点 $(1,2,-3)$ 处的切线及法平面方程.

解 将所给方程的两边对 x 求导数并移项,得

$$\begin{cases} y\dfrac{\mathrm{d}y}{\mathrm{d}x} + z\dfrac{\mathrm{d}z}{\mathrm{d}x} = -x, \\ \dfrac{\mathrm{d}y}{\mathrm{d}x} + \dfrac{\mathrm{d}z}{\mathrm{d}x} = -1. \end{cases}$$

当 $\begin{vmatrix} y & z \\ 1 & 1 \end{vmatrix} = y-z \neq 0$ 时,解得

$$\frac{dy}{dx}=\frac{\begin{vmatrix}-x & z \\ -1 & 1\end{vmatrix}}{\begin{vmatrix}y & z \\ 1 & 1\end{vmatrix}}=\frac{z-x}{y-z}, \quad \frac{dz}{dx}=\frac{\begin{vmatrix}y & -x \\ 1 & -1\end{vmatrix}}{\begin{vmatrix}y & z \\ 1 & 1\end{vmatrix}}=\frac{x-y}{y-z},$$

于是

$$\left.\frac{dy}{dx}\right|_{(1,2,-3)}=-\frac{4}{5}, \quad \left.\frac{dz}{dy}\right|_{(1,2,-3)}=-\frac{1}{5},$$

从而曲线在点 $(1,2,-3)$ 处的切向量为

$$\boldsymbol{T}=\left(1,-\frac{4}{5},-\frac{1}{5}\right).$$

故所求切线方程为

$$\frac{x-1}{1}=\frac{y-2}{-\dfrac{4}{5}}=\frac{z+3}{-\dfrac{1}{5}},$$

法平面方程为

$$(x-1)-\frac{4}{5}(y-2)-\frac{1}{5}(z+3)=0, \quad 即 \quad 5x-4y-z=0.$$

二、曲面的切平面与法线

设曲面 Σ 由方程

$$F(x,y,z)=0 \qquad\qquad ⑨$$

给出,$M(x_0,y_0,z_0)$ 是曲面 Σ 上的一点,函数 $F(x,y,z)$ 的偏导数在该点连续且不同时为零. 在曲面 Σ 上,通过点 M 任意引一条曲线 Γ,假定曲线 Γ 的参数方程为

$$x=\varphi(t), \quad y=\psi(t), \quad z=\omega(t), \qquad\qquad ⑩$$

$t=t_0$ 对应于点 $M(x_0,y_0,z_0)$ 且 $\varphi'(t_0),\psi'(t_0),\omega'(t_0)$ 不全为零,则曲线 Γ 在点 M 处的切线方程为

$$\frac{x-x_0}{\varphi'(t_0)}=\frac{y-y_0}{\psi'(t_0)}=\frac{z-z_0}{\omega'(t_0)}.$$

因为曲线 Γ 在曲面 Σ 上,所以有恒等式 $F[\varphi(t),\psi(t),\omega(t)]\equiv 0$,两边对 t 求导数得

$$\left.\frac{d}{dt}F[\varphi(t),\psi(t),\omega(t)]\right|_{t=t_0}=0,$$

即有

$$F_x(x_0,y_0,z_0)\varphi'(t_0)+F_y(x_0,y_0,z_0)\psi'(t_0)+F_z(x_0,y_0,z_0)\omega'(t_0)=0. \qquad ⑪$$

记向量

$$\boldsymbol{n}=(F_x(x_0,y_0,z_0),F_y(x_0,y_0,z_0),F_z(x_0,y_0,z_0)),$$

则⑪式说明曲线 Γ 在点 M 处的切向量 $\boldsymbol{T}=(\varphi'(t_0),\psi'(t_0),\omega'(t_0))$ 与向量 $\boldsymbol{n}$ 垂直. 由于曲线

Γ 是曲面 Σ 上通过点 M 的任意一条曲线,所以曲面 Σ 上通过点 M 的一切曲线在点 M 的切线都与同一个向量 $\boldsymbol{n}$ 垂直,从而这些切线都在同一个平面 Π 上. 称这个平面为曲面 Σ 在点 M 的**切平面**(图 2). 显然 $\boldsymbol{n}$ 为切平面的法向量,故**切平面方程**是

$$F_x(x_0,y_0,z_0)(x-x_0)+F_y(x_0,y_0,z_0)(y-y_0)+F_z(x_0,y_0,z_0)(z-z_0)=0. \quad ⑫$$

通过点 $M(x_0,y_0,z_0)$ 且垂直于切平面⑫的直线称为曲面 Σ 在该点的**法线**. 曲面 Σ 在点 M 处的**法线方程**是

$$\frac{x-x_0}{F_x(x_0,y_0,z_0)}=\frac{y-y_0}{F_y(x_0,y_0,z_0)}=\frac{z-z_0}{F_z(x_0,y_0,z_0)}. \quad ⑬$$

垂直于切平面的向量(即切平面的法线向量)称为**曲面的法向量**. 例如向量

$$\boldsymbol{n}=(F_x(x_0,y_0,z_0),F_y(x_0,y_0,z_0),F_z(x_0,y_0,z_0))$$

就是曲面 Σ 在点 M 处的一个法向量(图 2).

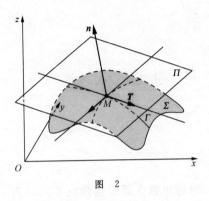

图 2

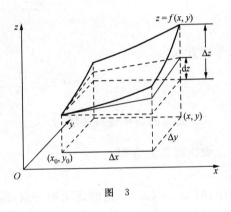

图 3

下面考虑曲面方程为

$$z=f(x,y) \quad ⑭$$

时,相应的切平面与法线方程.

令 $F(x,y,z)=f(x,y)-z$,则方程⑭变为 $F(x,y,z)=0$,且有

$$F_x(x,y,z)=f_x(x,y),\quad F_y(x,y,z)=f_y(x,y),\quad F_z(x,y,z)=-1.$$

于是,当函数 $f(x,y)$ 的偏导数 $f_x(x,y),f_y(x,y)$ 在点 (x_0,y_0) 处连续时,曲面⑭在点 $M(x_0,y_0,z_0)$ 处的法向量为

$$\boldsymbol{n}=(f_x(x_0,y_0),f_y(x_0,y_0),-1),$$

从而切平面方程为

$$f_x(x_0,y_0)(x-x_0)+f_y(x_0,y_0)(y-y_0)-(z-z_0)=0,$$

即

$$z-z_0=f_x(x_0,y_0)(x-x_0)+f_y(x_0,y_0)(y-y_0), \quad ⑮$$

而法线方程为

$$\frac{x-x_0}{f_x(x_0,y_0)} = \frac{y-y_0}{f_y(x_0,y_0)} = \frac{z-z_0}{-1}.$$

这里顺便指出,方程⑮的右端恰好是函数 $z=f(x,y)$ 在点 (x_0,y_0) 处的全微分 $\mathrm{d}z$,而左端是切平面上点的竖坐标的增量. 因此,函数 $z=f(x,y)$ 在点 (x_0,y_0) 处的全微分,在几何上表示曲面 $z=f(x,y)$ 在点 (x_0,y_0,z_0) 处的切平面上点的竖坐标的增量(图3). 从近似计算的角度看,函数 $z=f(x,y)$ 在点 (x,y) 处的函数值与在点 (x_0,y_0) 处函数值之差 $\Delta z = f(x,y)-f(x_0,y_0)$ 可用 $\mathrm{d}z$ 来近似代替. 这也是"以直代曲"的一种体现.

另外,如果用 α,β,γ 表示曲面的法向量的方向角,并假定法向量的方向是向上的,即使得它与 z 轴的正向所成的角 γ 是锐角,则法向量 $\boldsymbol{n}=(f_x(x_0,y_0),f_y(x_0,y_0),-1)$ 的方向余弦为

$$\cos\alpha = \frac{-f_x}{\sqrt{1+f_x^2+f_y^2}}, \quad \cos\beta = \frac{-f_y}{\sqrt{1+f_x^2+f_y^2}}, \quad \cos\gamma = \frac{1}{\sqrt{1+f_x^2+f_y^2}},$$

其中 f_x, f_y 分别为 $f_x(x_0,y_0)$ 与 $f_y(x_0,y_0)$ 的简写.

例 3 求曲面 $x^2+2y^2+z^2=4$ 在点 $(1,-1,1)$ 处的切平面及法线方程.

解 这里 $F(x,y,z)=x^2+2y^2+z^2-4$,所以曲面在点 $(1,-1,1)$ 处的法向量为
$$\boldsymbol{n}=(F_x,F_y,F_z)\big|_{(1,-1,1)} = (2x,4y,2z)\big|_{(1,-1,1)} = (2,-4,2).$$
故曲面在点 $(1,-1,1)$ 处的切平面方程为
$$2(x-1)-4(y+1)+2(z-1)=0, \quad 即 \quad x-2y+z-4=0,$$
法线方程为
$$\frac{x-1}{1} = -\frac{y+1}{2} = \frac{z-1}{1}.$$

习 题 8.6

1. 求曲线 $x=a\sin^2 t, y=b\sin t\cos t, z=c\cos^2 t$ 在点 $t=\dfrac{\pi}{4}$ 处的切线及法平面方程.

2. 求曲线 $x=\dfrac{t}{1+t}, y=\dfrac{1+t}{t}, z=t^2$ 在点 $\left(\dfrac{1}{2},2,1\right)$ 处的切线及法平面方程.

3. 证明:对任意常数 ρ,φ,球面 $x^2+y^2+z^2=\rho^2$ 与锥面 $x^2+y^2=\tan^2\varphi\cdot z^2$ 正交(交点处的法线相互垂直).

4. 求曲线 $\begin{cases} x^2+z^2=10, \\ y^2+z^2=10 \end{cases}$ 在点 $(1,1,3)$ 处的切线及法平面方程.

5. 求出曲线 $x=t, y=t^2, z=t^3$ 上的点,使该点的切线平行于平面 $x+2y+z=4$.

6. 求曲面 $z=\arctan\dfrac{y}{x}$ 在点 $\left(1,1,\dfrac{\pi}{4}\right)$ 处的切平面及法线方程.

7. 求曲面 $ax^2+by^2+cz^2=1$ 在其上的点 (x_0,y_0,z_0) 处的切平面及法线方程.

8. 求曲面 $x^2+2y^2+3z^2=21$ 的平行于平面 $x+4y+6z=0$ 的各切平面方程.

9. 证明:曲面 $xyz=a^3(a>0)$ 的切平面与坐标平面围成体积一定的四面体.

10. 试证曲面 $\sqrt{x}+\sqrt{y}+\sqrt{z}=\sqrt{a}(a>0)$ 上任何点处的切平面在各坐标轴上的截距之和等于 a.

§8.7 方向导数与梯度

一、方向导数

我们知道函数 $z=f(x,y)$ 在点 P 处的偏导数反映了该函数在点 P 沿平行于坐标轴方向的变化率. 在许多实际问题中,我们也需要讨论函数 $z=f(x,y)$ 在点 P 沿某一方向的变化率问题. 这就是本节将要讨论的方向导数.

设函数 $z=f(x,y)$ 在点 $P(x,y)$ 的某一邻域 $U(P)$ 内有定义. 从点 P 引射线 l,并设 $P'(x+\Delta x, y+\Delta y)$ 为 l 上的另一点且 $P'\in U(P)$. 我们考虑函数的增量 $f(x+\Delta x, y+\Delta y)-f(x,y)$ 与 P,P' 两点间的距离 $\rho=\sqrt{(\Delta x)^2+(\Delta y)^2}$ 的比值. 当 P' 沿着 l 趋于 P 时,如果这个比值的极限存在,则称这极限值为函数 $f(x,y)$ 在点 P 处沿方向 l 的**方向导数**,记做 $\dfrac{\partial f}{\partial l}\bigg|_P$ 或 $f_l(P)$. 如果用 $e_l=(\cos\alpha,\cos\beta)$ 表示 l 所在方向上的单位向量,即 α,β 为 l 的方向角(图 1),则

$$\frac{\partial f}{\partial l}\bigg|_P=\lim_{\rho\to 0}\frac{f(x+\rho\cos\alpha,y+\rho\cos\beta)-f(x,y)}{\rho}. \qquad ①$$

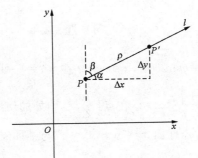

图 1

当函数 $f(x,y)$ 在点 $P(x,y)$ 处的偏导数 f_x,f_y 存在时,注意到两偏导数可表示为

$$f_x=\lim_{\rho\to 0}\frac{f(x+\rho,y)-f(x,y)}{\rho},\quad f_y=\lim_{\rho\to 0}\frac{f(x,y+\rho)-f(x,y)}{\rho},$$

由方向导数的定义可知,函数 $f(x,y)$ 在点 P 处沿 x 轴正向 $e_1=(1,0)$ 和 y 轴正向 $e_2=(0,1)$ 的方向导数存在且其值依次为 f_x,f_y;同时函数 $f(x,y)$ 在点 P 处沿 x 轴负向 $-e_1=$

$(-1,0)$, y 轴负向 $-e_2=(0,-1)$ 的方向导数也存在且其值依次为 $-f_x$, $-f_y$.

关于方向导数的存在及计算,我们有下面的定理.

定理 如果函数 $z=f(x,y)$ 在点 $P(x,y)$ 处可微,那么函数在该点沿任一方向 l 的方向导数都存在,且有

$$\frac{\partial f}{\partial l} = \frac{\partial f}{\partial x}\cos\alpha + \frac{\partial f}{\partial y}\cos\beta, \quad ②$$

其中 α, β 为方向 l 的方向角.

证 因为函数 $z=f(x,y)$ 在点 $P(x,y)$ 处可微,所以函数的增量可以表达为

$$f(x+\Delta x, y+\Delta y) - f(x,y) = \frac{\partial f}{\partial x}\Delta x + \frac{\partial f}{\partial y}\Delta y + o(\rho). \quad ③$$

则 $\Delta x = \rho\cos\alpha, \Delta y = \rho\cos\beta$,于是

$$\lim_{\rho \to 0} \frac{f(x+\rho\cos\alpha, y+\rho\cos\beta) - f(x,y)}{\rho}$$

$$= \lim_{\rho \to 0}\left(\frac{\partial f}{\partial x}\cos\alpha + \frac{\partial f}{\partial y}\cos\beta\right) = \frac{\partial f}{\partial x}\cos\alpha + \frac{\partial f}{\partial y}\cos\beta.$$

这就证明了沿任一方向 l 的方向导数存在且其值为

$$\frac{\partial f}{\partial l} = \frac{\partial f}{\partial x}\cos\alpha + \frac{\partial f}{\partial y}\cos\beta,$$

这里 α, β 为方向 l 的方向角.

类似可以定义三元函数 $u=f(x,y,z)$ 在空间一点 $P(x,y,z)$ 沿方向 l 的方向导数为

$$\left.\frac{\partial f}{\partial l}\right|_P = \lim_{\rho \to 0} \frac{f(x+\rho\cos\alpha, y+\rho\cos\beta, z+\rho\cos\gamma) - f(x,y,z)}{\rho}, \quad ④$$

这里 α, β, γ 为方向 l 的方向角.

同样可以证明,如果函数 $u=f(x,y,z)$ 在所考虑的点 P 处可微,那么函数在该点沿着任意方向 l 的方向导数为

$$\left.\frac{\partial f}{\partial l}\right|_P = \frac{\partial f}{\partial x}\cos\alpha + \frac{\partial f}{\partial y}\cos\beta + \frac{\partial f}{\partial z}\cos\gamma. \quad ⑤$$

例 1 求函数 $z=\sin x e^y$ 在点 $P(x_1, y_1)$ 处沿从点 $P(x_1, y_1)$ 到点 $Q(x_2, y_2)$ 方向的方向导数.

解 这里方向 l 即向量 $\overrightarrow{PQ}=(x_2-x_1, y_2-y_1)$ 的方向,将其单位化即得

$$(\cos\alpha, \cos\beta) = \frac{1}{\sqrt{(x_2-x_1)^2 + (y_2-y_1)^2}}(x_2-x_1, y_2-y_1).$$

因为 $\frac{\partial z}{\partial x} = \cos x e^y$, $\frac{\partial z}{\partial y} = \sin x e^y$,所以 $\left.\frac{\partial z}{\partial x}\right|_{(x_1, y_1)} = \cos x_1 e^{y_1}$, $\left.\frac{\partial z}{\partial y}\right|_{(x_1, y_1)} = \sin x_1 e^{y_1}$. 故所求方向导数为

$$\left.\frac{\partial z}{\partial l}\right|_{(x_1,y_1)} = \frac{\partial z}{\partial x}\cos\alpha + \frac{\partial z}{\partial y}\cos\beta$$

$$= \frac{e^{y_1}}{\sqrt{(x_2-x_1)^2+(y_2-y_1)^2}}[(x_2-x_1)\cos x_1 + (y_2-y_1)\sin x_1].$$

例 2 设由原点到点 (x,y) 的向径为 $\boldsymbol{r}$，x 轴到 $\boldsymbol{r}$ 的转角为 θ①，x 轴到射线 l 的转角为 φ，求 $\dfrac{\partial r}{\partial l}$，其中 $r=|\boldsymbol{r}|=\sqrt{x^2+y^2}$ $(r\neq 0)$.

解 因为

$$\frac{\partial r}{\partial x} = \frac{x}{\sqrt{x^2+y^2}} = \frac{x}{r} = \cos\theta, \quad \frac{\partial r}{\partial y} = \frac{y}{\sqrt{x^2+y^2}} = \frac{y}{r} = \sin\theta,$$

所以

$$\frac{\partial r}{\partial l} = \cos\theta\cos\varphi + \sin\theta\sin\varphi = \cos(\theta-\varphi).$$

注 由例 2 可知，当 $\varphi=\theta$ 时，$\dfrac{\partial r}{\partial l}=1$，即 r 沿向径方向的方向导数为 1；而当 $\varphi=\theta\pm\dfrac{\pi}{2}$ 时，$\dfrac{\partial r}{\partial l}=0$，即 r 沿与向径垂直方向的方向导数为零（图 2）.

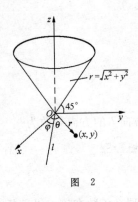

图 2

例 3 求 $f(x,y,z)=x+y^2+z^3$ 在点 $P(1,1,1)$ 处沿方向 $l:(2,-2,1)$ 的方向导数.

解 通过计算可得 $f_x(1,1,1)=1, f_y(1,1,1)=2, f_z(1,1,1)=3$. 将方向 $l:(2,-2,1)$ 单位化得 $(\cos\alpha,\cos\beta,\cos\gamma)=\left(\dfrac{2}{3},-\dfrac{2}{3},\dfrac{1}{3}\right)$. 由公式⑤即得所求方向导数

$$\left.\frac{\partial f}{\partial l}\right|_{(1,1,1)} = 1\cdot\frac{2}{3} + 2\left(-\frac{2}{3}\right) + 3\cdot\frac{1}{3} = \frac{1}{3}.$$

二、梯度

如果二元函数 $z=f(x,y)$ 在平面区域 D 内具有连续偏导数，则对任意点 $P(x,y)\in D$，可得到一个向量

$$\frac{\partial f}{\partial x}\boldsymbol{i} + \frac{\partial f}{\partial y}\boldsymbol{j}.$$

我们称这个向量为函数 $z=(x,y)$ 在点 $P(x,y)$ 处的**梯度**，记做 $\mathbf{grad}f(x,y)$，即

$$\mathbf{grad}f(x,y) = \frac{\partial f}{\partial x}\boldsymbol{i} + \frac{\partial f}{\partial y}\boldsymbol{j}.$$

---

① 规定逆时针方向旋转生成的角为正角，而顺时针方向旋转生成的角为负角.

设 $\boldsymbol{e} = \cos\alpha \boldsymbol{i} + \cos\beta \boldsymbol{j}$ 是与方向 l 同方向的单位向量,则由方向导数的计算公式②可知

$$\frac{\partial f}{\partial l} = \frac{\partial f}{\partial x}\cos\alpha + \frac{\partial f}{\partial y}\cos\beta = \left(\frac{\partial f}{\partial x}, \frac{\partial f}{\partial y}\right) \cdot (\cos\alpha, \cos\beta)$$
$$= \mathbf{grad} f(x, y) \cdot \boldsymbol{e} = |\mathbf{grad} f(x, y)| \cos\theta,$$

这里 θ 表示向量 $\mathbf{grad} f(x, y)$ 与 $\boldsymbol{e}$ 的夹角. 当方向 l 与梯度的方向一致时,有 $\cos\theta = 1$,从而 $\frac{\partial f}{\partial l}$ 有最大值. 所以沿梯度方向的方向导数取到最大值,其相反方向取得最小值,垂直方向取值为零. 也就是说,梯度的方向是函数 $f(x, y)$ 在这点增长最快的方向. 因此,我们可以得到如下结论:

结论 函数 $f(x, y)$ 在某点的梯度 $\mathbf{grad} f(x, y)$ 是这样一个向量,它的方向与取得最大方向导数的方向一致,而它的模为在该点方向导数的最大值,即

$$|\mathbf{grad} f(x, y)| = \sqrt{\left(\frac{\partial f}{\partial x}\right)^2 + \left(\frac{\partial f}{\partial y}\right)^2}.$$

另外,我们知道,一般说来二元函数 $z = f(x, y)$ 在几何上表示一个曲面,此曲面被平面 $z = c$(c 是常数)所截得的曲线 L 的方程为

$$\begin{cases} z = f(x, y), \\ z = c. \end{cases}$$

曲线 L 在 Oxy 平面上的投影是一条平面曲线 L^*,它在 Oxy 平面直角坐标系中的方程为

$$f(x, y) = c.$$

对于曲线 L^* 上的一切点,函数 $z = f(x, y)$ 的函数值都是 c,所以我们称平面曲线 L^* 为函数 $z = f(x, y)$ 的**等高线**(图 3).

由于等高线 $f(x, y) = c$ 上任一点 $P(x, y)$ 处的法线的斜率为

$$-\frac{1}{\frac{\mathrm{d}y}{\mathrm{d}x}} = -\frac{1}{\left(-\frac{f_x}{f_y}\right)} = \frac{f_y}{f_x},$$

所以梯度

$$f_x \boldsymbol{i} + f_y \boldsymbol{j}$$

为等高线上点 P 处的法向量. 因此可得到梯度与等高线的如下关系:函数 $z = f(x, y)$ 在点 $P(x, y)$ 处的梯度方向与过点 P 的等高线在这点的法线的一个方向相同,该方向从数值较低的等高线指向数值较高的等高线,而梯度的模等于函数在这个法线方向的方向导数. 这个法线方向就是方向导数取得最大值的方向(图 3).

上面介绍的梯度概念可以类似地推广到三元函数. 设函数 $u = f(x, y, z)$ 在空间区域 G 内具有连续偏导数,则对于每一点 $P(x, y, z) \in G$,都可定出一个向量

$$\frac{\partial f}{\partial x}\boldsymbol{i} + \frac{\partial f}{\partial y}\boldsymbol{j} + \frac{\partial f}{\partial z}\boldsymbol{k}.$$

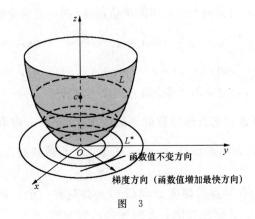

图 3

这向量称为函数 $u=f(x,y,z)$ 在点 $P(x,y,z)$ 处的梯度，记做 $\mathbf{grad}\,f(x,y,z)$，即

$$\mathbf{grad}\,f(x,y,z) = \frac{\partial f}{\partial x}\mathbf{i} + \frac{\partial f}{\partial y}\mathbf{j} + \frac{\partial f}{\partial z}\mathbf{k}.$$

同样可以证明，三元函数的梯度也是这样一个向量，它的方向与取得最大方向导数的方向一致，而它的模为方向导数的最大值.

类似于二元函数的等高线，我们引进曲面

$$f(x,y,z) = c$$

为函数 $u=f(x,y,z)$ 的**等量面**. 同样易知，函数 $u=f(x,y,z)$ 在点 $P(x,y,z)$ 处的梯度方向与过点 P 的等量面 $f(x,y,z)=c$ 在这点的法线的一个方向相同，且此方向从数值较低的等量面指向数值较高的等量面，而梯度的模等于函数 $u=f(x,y,z)$ 在这个法线方向的方向导数.

例 4 求函数 $z=\ln(x^2+y^2)$ 的梯度.

解 因为 $\dfrac{\partial z}{\partial x}=\dfrac{2x}{x^2+y^2}, \dfrac{\partial z}{\partial y}=\dfrac{2y}{x^2+y^2}$，所以函数 $z=\ln(x^2+y^2)$ 的梯度为

$$\mathbf{grad}\ln(x^2+y^2) = \frac{2x}{x^2+y^2}\mathbf{i} + \frac{2y}{x^2+y^2}\mathbf{j}.$$

例 5 设 $f(x,y,z)=x^2+2y^2+3z^2$，求 $\mathbf{grad}\,f(1,-1,2)$.

解 因为 $\dfrac{\partial f}{\partial x}=2x, \dfrac{\partial f}{\partial y}=4y, \dfrac{\partial f}{\partial z}=6z$，所以

$$\mathbf{grad}\,f(1,-1,2) = \frac{\partial f}{\partial x}\bigg|_{(2,-1,2)}\mathbf{i} + \frac{\partial f}{\partial y}\bigg|_{(2,-1,2)}\mathbf{j} + \frac{\partial f}{\partial z}\bigg|_{(2,-1,2)}\mathbf{k}$$

$$= 2\mathbf{i} - 4\mathbf{j} + 12\mathbf{k}.$$

习 题 8.7

1. 求函数 $u=xy^2+\sin x$ 在点 $(0,1)$ 处沿 $(60°,30°)$ 的方向导数.

2. 求函数 $z=\ln(x^2+2y)$ 在抛物线 $y^2=x$ 上点 $(1,1)$ 处沿抛物线在该点处偏向 x 轴正向的切线方向的方向导数.

3. 求函数 $z=1-\left(\dfrac{x^2}{a^2}+\dfrac{y^2}{b^2}\right)$ 在点 $\left(\dfrac{a}{\sqrt{2}},\dfrac{b}{\sqrt{2}}\right)$ 处沿曲线 $\dfrac{x^2}{a^2}+\dfrac{y^2}{b^2}=1$ 在这点的内法线方向的方向导数.

4. 求 $f(x,y,z)=xy+yz+zx$ 在点 $(1,1,2)$ 处沿方向 l 的方向导数,其中 l 的方向角分别为 $60°,45°,60°$.

5. 求函数 $u=x^2yz^3$ 在点 $(1,1,1)$ 处沿从点 $(1,1,1)$ 到点 $(1,3,2)$ 的方向的方向导数.

6. 求函数 $u=x^2+xy+yz^2$ 在曲线 $x=t,y=t^2,z=t^3$ 上点 $(1,1,1)$ 处沿曲线在该点的切线正方向(对应于 t 增大的方向)的方向导数.

7. 求函数 $u=x+y+z$ 在椭球面 $x^2+2y^2+3z^2=1$ 上点 (x_0,y_0,z_0) 处沿球面在该点的外法线方向的方向导数.

8. 设 $f(x,y,z)=\varphi(x^2,\sin y^2,3\cos z^2+xy)+3x-2y-6z$,其中 φ 具有连续的偏导数,求 $\mathbf{grad}\,f(0,0,0)$.

9. 设 u,v 都是 x,y,z 的函数,u,v 的各偏导数都存在且连续,证明:

(1) $\mathbf{grad}(u+v)=\mathbf{grad}\,u+\mathbf{grad}\,v$;

(2) $\mathbf{grad}(uv)=v\mathbf{grad}\,u+u\mathbf{grad}\,v$;

(3) $\mathbf{grad}\,\varphi(u)=\varphi'(u)\mathbf{grad}\,u$(其中 φ 具有连续导数).

10. 函数 $u=xy^2\sin z$ 在点 $P\left(1,-1,\dfrac{\pi}{4}\right)$ 处沿什么方向的方向导数最大?沿什么方向的方向导数最小?方向满足什么条件时方向导数为零?并求方向导数的最大值.

§8.8 多元函数的极值及其求法

一、多元函数的极值及最大值、最小值

多元函数的最大(小)值与极大(小)值有密切联系,对它们的讨论是多元函数微分学在实际问题中的重要应用.下面我们以二元函数为例来讨论多元函数的极值问题.

定义 设函数 $z=f(x,y)$ 在点 $P_0(x_0,y_0)$ 的某个邻域 $U(P_0)$ 内有定义.对于去心邻域 $\mathring{U}(P_0)$ 内的任一点 (x,y),如果满足不等式
$$f(x,y)<f(x_0,y_0)\quad (\text{或}\ f(x,y)>f(x_0,y_0)),$$
则称函数 $z=f(x,y)$ 在点 $P_0(x_0,y_0)$ 处取得**极大值**(或**极小值**)$f(x_0,y_0)$,并称 $P_0(x_0,y_0)$ 为一个**极大值点**(或**极小值点**).极大值和极小值统称为**极值**,极大值点和极小值点统称为**极值点**.

从上述定义直接可以看出,极值点一定是函数定义域的内点.

例1 函数 $z=x^2+4y^2+1$ 在点 $(0,0)$ 处取得极小值. 因为对于点 $(0,0)$ 的任一去心邻域内的点,函数值都大于1,而在点 $(0,0)$ 处的函数值为1.

例2 函数 $z=-\sqrt{x^2+y^2+2}$ 在点 $(0,0)$ 处取得极大值. 因为在点 $(0,0)$ 处函数值为 $-\sqrt{2}$,而对于点 $(0,0)$ 的任一去心邻域内的点,函数值都小于 $-\sqrt{2}$.

例3 函数 $z=xy$ 在点 $(0,0)$ 处取不到极值,即既不取得极大值也不取得极小值. 因为在点 $(0,0)$ 处的函数值为零,而在点 $(0,0)$ 的任一邻域内,总有使函数值为正的第一、第三象限的点,也总有使函数值为负的第二、第四象限的点.

上面关于二元函数的极值概念,可推广到多元函数. 设 n 元函数 $u=f(P)$ 在点 P_0 的某一邻域 $U(P_0)$ 内有定义,如果对于去心邻域 $\mathring{U}(P_0)$ 内的任何点都满足不等式

$$f(P) < f(P_0) \quad (\text{或 } f(P) > f(P_0)),$$

则称函数 $f(P)$ 在点 P_0 处有极大值(或极小值) $f(P_0)$.

定理1(极值的必要条件) 设函数 $z=f(x,y)$ 在点 (x_0,y_0) 处具有偏导数,且在 (x_0,y_0) 处取得极值,则它在该点的两偏导数必然为零,即

$$f_x(x_0,y_0)=0, \quad f_y(x_0,y_0)=0.$$

证 不妨设 $z=f(x,y)$ 在点 $P_0(x_0,y_0)$ 处取得极小值. 依极小值的定义,在该点的某去心邻域 $\mathring{U}(P_0)$ 内有不等式

$$f(x,y) > f(x_0,y_0).$$

特别地,在该去心邻域内的子集 $\{(x,y)\,|\,y=y_0,(x,y)\in U(P_0)\} \cap \mathring{U}(P_0)$ 上,也应适合不等式

$$f(x,y) > f(x_0,y_0).$$

这表明一元函数 $F(x)=f(x,y_0)$ 在 $x=x_0$ 处取得极小值. 因此,根据一元函数极值存在的必要条件必有

$$F'(x_0) = f_x(x_0,y_0) = 0.$$

同理有 $f_y(x_0,y_0)=0$.

注 由定理1易知,若函数 $z=f(x,y)$ 在点 (x_0,y_0) 处取得极值,且曲面 $z=f(x,y)$ 在点 (x_0,y_0,z_0) 处有切平面,则切平面

$$z-z_0 = f_x(x_0,y_0)(x-x_0) + f_y(x_0,y_0)(y-y_0)$$

就是平行于 Oxy 平面的平面 $z-z_0=0$,即 $z=z_0$. 这也就是定理1的几何意义.

类似地可证明,如果三元函数 $u=f(x,y,z)$ 在点 (x_0,y_0,z_0) 处有偏导数,则它在该点取得极值的必要条件为

$$f_x(x_0,y_0,z_0)=0, \quad f_y(x_0,y_0,z_0)=0, \quad f_z(x_0,y_0,z_0)=0.$$

使 $f_x(x,y)=0, f_y(x,y)=0$ 同时成立的点 (x,y) 称为函数 $z=f(x,y)$ 的**驻点**. 由定理1可知,函数具有偏导数的极值点必定是驻点. 但是函数的驻点不一定是极值点,如例3中,点

$(0,0)$ 是函数 $z=xy$ 的驻点,但不是函数的极值点.

怎样进一步判定一个驻点是否是极值点呢?若是极值点,如何判别是极大值点,还是极小值点?下面的定理为我们提供了一种方法.

定理 2(极值的充分条件) 设函数 $z=f(x,y)$ 在点 (x_0,y_0) 的某一邻域内连续且有一阶及二阶连续偏导数,又 $f_x(x_0,y_0)=0$,$f_y(x_0,y_0)=0$,并记

$$f_{xx}(x_0,y_0)=A, \quad f_{xy}(x_0,y_0)=B, \quad f_{yy}(x_0,y_0)=C,$$

则 $f(x,y)$ 在 (x_0,y_0) 处是否取得极值的条件如下:

(1) 当 $AC-B^2>0$ 时,$f(x,y)$ 取得极值,且当 $A<0$ 时取得极大值,当 $A>0$ 时取得极小值;

(2) 当 $AC-B^2<0$ 时,$f(x,y)$ 不取得极值;

(3) 当 $AC-B^2=0$ 时,$f(x,y)$ 可能取得极值,也可能不取得极值,还需进一步讨论.

定理 2 的证明从略.下面我们利用定理 1,2,把具有二阶连续偏导数的函数 $z=f(x,y)$ 的极值的求法归纳如下:

第一步,解方程组

$$f_x(x,y)=0, \quad f_y(x,y)=0,$$

求出函数 $f(x,y)$ 的全部驻点.

第二步,对于每一个驻点 (x_0,y_0),求出二阶偏导数的值 A,B 和 C.

第三步,定出 $AC-B^2$ 的符号,按定理 2 的结论判定 (x_0,y_0) 是否是极值点,是极大值点还是极小值点.

例 4 求函数 $z=x^2-xy+y^2-2x+y$ 的极值.

解 解方程组

$$\begin{cases} \dfrac{\partial z}{\partial x}=2x-y-2=0, \\ \dfrac{\partial z}{\partial y}=-x+2y+1=0 \end{cases}$$

得驻点 $(1,0)$.在驻点处的二阶偏导数为

$$A=\dfrac{\partial^2 z}{\partial x^2}\bigg|_{(1,0)}=2, \quad B=\dfrac{\partial^2 z}{\partial x \partial y}\bigg|_{(1,0)}=-1, \quad C=\dfrac{\partial^2 z}{\partial y^2}\bigg|_{(1,0)}=2,$$

从而有

$$AC-B^2=3>0,$$

所以函数在点 $(1,0)$ 处取得极值.又因 $A=2>0$,故 $z(1,0)=-1$ 是极小值.

例 5 求函数 $f(x,y)=x^3-y^3+3x^2+3y^2-9x$ 的极值.

解 解方程组

$$\begin{cases} f_x(x,y)=3x^2+6x-9=0, \\ f_y(x,y)=-3y^2+6y=0, \end{cases}$$

求得驻点为$(1,0),(1,2),(-3,0),(-3,2)$.

函数$f(x,y)$的二阶偏导数为
$$f_{xx}(x,y)=6x+6,\quad f_{xy}(x,y)=0,\quad f_{yy}(x,y)=-6y+6.$$
在点$(1,0)$处,$AC-B^2=12\cdot6>0$,又$A>0$,所以函数在点$(1,0)$处有极小值
$$f(1,0)=-5;$$
在点$(1,2)$处,$AC-B^2=12\cdot(-6)<0$,所以$(1,2)$不是极值点;

在点$(-3,0)$处,$AC-B^2=-12\cdot6<0$,所以$(-3,0)$不是极值点;

在点$(-3,2)$处,$AC-B^2=-12\cdot(-6)>0$,又$A<0$,所以函数在$(-3,2)$处有极大值
$$f(-3,2)=31.$$

另外,偏导数不存在的点也可能是函数的极值点,例如,函数$z=\sqrt{x^2+y^2}$在点$(0,0)$处的偏导数不存在,但点$(0,0)$却是极小值点.因此,在考虑函数的极值问题时,除了考虑函数的驻点外,还要考虑偏导数不存在的点.

我们知道,如果$f(x,y)$在有界闭区域D上连续,则$f(x,y)$在D上必定能取得最大值和最小值.显然,若函数的最值在区域D的内部一点取得,则该点必为极值点,所以函数的最值要从极值点和边界点中去找.因此求函数的最值的一般方法是:将函数$f(x,y)$在D内部的所有驻点处的函数值及在D的边界上的最值相互比较,最大的就是最大值,最小的就是最小值.其中求$f(x,y)$在D的边界上的最值,可以用我们后面介绍的求条件极值的方法去求,不过这往往比较复杂.在实际问题中,如果根据问题的性质,知道函数$f(x,y)$的最大值(或最小值)一定在D的内部取得,而函数在D内只有一个驻点,那么可以肯定该驻点处的函数值就是函数$f(x,y)$在D上的最大值(或最小值).

例6 某厂要做一个体积为1的有盖长方体水箱.已知盖与其他面的造价比为$1:2$,问当长、宽、高各取怎样的尺寸时,才能使成本最低?

解 设水箱的长为x,宽为y,则其高应为$\dfrac{1}{xy}$.再设盖的单位造价为1,则水箱的成本
$$A=3xy+y\cdot\frac{4}{xy}+x\cdot\frac{4}{xy},\quad\text{即}\quad A=3xy+\frac{4}{x}+\frac{4}{y}\quad(x>0,y>0).$$
可见成本A是x和y的二元函数,像这样的函数习惯上称为**目标函数**.下面求使这函数取得最小值的点(x,y).

令$A_x=3y-\dfrac{4}{x^2}=0$,$A_y=3x-\dfrac{4}{y^2}=0$,解这方程组,得唯一驻点
$$x=\sqrt[3]{\frac{4}{3}},\quad y=\sqrt[3]{\frac{4}{3}}.$$

根据题意可知,水箱所用成本的最小值一定存在,并在开区域$D:x>0,y>0$内取得.又函数在D内只有唯一的驻点$\left(\sqrt[3]{\dfrac{4}{3}},\sqrt[3]{\dfrac{4}{3}}\right)$,因此可断定当$x=\sqrt[3]{\dfrac{4}{3}},y=\sqrt[3]{\dfrac{4}{3}}$时,$A$取得最小

值. 也就是说, 当水箱的长为 $\sqrt[3]{\frac{4}{3}}$, 宽为 $\sqrt[3]{\frac{4}{3}}$, 高为 $\dfrac{1}{\sqrt[3]{\frac{4}{3}} \cdot \sqrt[3]{\frac{4}{3}}} = \sqrt[3]{\frac{9}{2}}$ 时, 水箱的成本最低.

例 7 证明在半径为 R 的圆的所有外切三角形中,等边三角形的面积最小.

证 设 $\triangle ABC$ 为圆的任一外切三角形,三切点与圆心连线交角分别为 α, β, γ, 其中 $\gamma = 2\pi - (\alpha + \beta)$ (图 1). 易知 $\triangle ABC$ 的面积为

$$S = R^2 \left(\tan \frac{\alpha}{2} + \tan \frac{\beta}{2} + \tan \frac{\gamma}{2} \right)$$
$$= R^2 \left(\tan \frac{\alpha}{2} + \tan \frac{\beta}{2} - \tan \frac{\alpha + \beta}{2} \right),$$

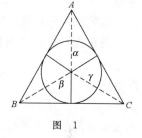

图 1

即面积 S 是 α, β 的二元函数, 其定义域为 $D: 0 < \alpha, \beta < \pi$.

令

$$\begin{cases} S_\alpha = \dfrac{1}{2} R^2 \left(\sec^2 \dfrac{\alpha}{2} - \sec^2 \dfrac{\alpha + \beta}{2} \right) = 0, \\ S_\beta = \dfrac{1}{2} R^2 \left(\sec^2 \dfrac{\beta}{2} - \sec^2 \dfrac{\alpha + \beta}{2} \right) = 0, \end{cases}$$

解得 $\alpha = \beta = \dfrac{2}{3}\pi$ 为定义域 D 内唯一一组解. 由几何意义知圆的外切三角形中面积最小的一定存在, 故 $\left(\dfrac{2}{3}\pi, \dfrac{2}{3}\pi \right)$ 一定是最小值点. 又当 $\alpha = \beta = \dfrac{2}{3}\pi$ 时, $\triangle ABC$ 为等边三角形, 从而结论成立.

注 实际上, 通过计算可得当 $\alpha = \beta = \dfrac{2}{3}\pi$ 时, $S_{\alpha\alpha} = 4\sqrt{3} R^2 = S_{\beta\beta}$, $S_{\alpha\beta} = 2\sqrt{3} R^2$, 进而利用定理 2 也可确定 $\left(\dfrac{2}{3}\pi, \dfrac{2}{3}\pi \right)$ 为最小值点而得出结论.

二、条件极值

上面所讨论的极值问题, 极值点的搜索范围是目标函数的整个定义域, 即对于自变量除了定义域的限制外, 别无其他限制条件, 通常称为**无条件极值问题**. 但在实际问题中, 经常会遇到对函数的自变量有附加条件的极值问题. 例如, 求表面积为 1 而体积为最大的长方体的体积问题. 设长方体的长、宽、高分别为 x, y, z, 则体积 $V = xyz$. 又因要求表面积为 1, 所以自变量 x, y, z 还必须满足附加条件 $2(xy + yz + xz) = 1$. 像这种对自变量有附加条件的极值问题称为**条件极值问题**. 对于条件极值问题, 有时可以化为无条件极值问题加以解决. 如上述问题可由条件 $2(xy + yz + xz) = 1$ 将 z 表成 x, y 的函数:

$$z = \frac{1 - 2xy}{2(x + y)}.$$

再把它代入 $V=xyz$ 中,于是问题就化为求函数
$$V=\frac{xy}{2}\left(\frac{1-2xy}{x+y}\right)$$
的无条件极值. 另外,例 6 也是属于把条件极值问题化为无条件极值问题的例子. 但有时这样做并不方便,比如 z 解不出来时. 为此我们有必要另寻直接求解条件极值问题的方法. 下面介绍的拉格朗日乘数法就是专为求解条件极值问题而引进的.

现在我们来讨论函数
$$z=f(x,y) \qquad ①$$
在条件
$$\varphi(x,y)=0 \qquad ②$$
下取得极值的必要条件.

如果函数 $z=f(x,y)$ 在点 (x_0,y_0) 处取得所求的条件极值,那么首先有
$$\varphi(x_0,y_0)=0. \qquad ③$$
我们假定在 (x_0,y_0) 的某一邻域内 $f(x,y)$ 与 $\varphi(x,y)$ 均有连续的一阶偏导数,而 $\varphi_y(x_0,y_0)\neq 0$. 由隐函数存在定理可知,方程②确定一个具有连续导数的函数 $y=\psi(x)$,将其代入①式,得到只含一个自变量 x 的函数
$$z=f(x,\psi(x)),$$
于是函数 $z=f(x,y)$ 在点 (x_0,y_0) 处取得所求的极值,也就相当于函数 $z=f(x,\psi(x))$ 在点 $x=x_0$ 处取得极值. 根据一元可导函数取得极值的必要条件,有
$$\left.\frac{\mathrm{d}z}{\mathrm{d}x}\right|_{x=x_0}=f_x(x_0,y_0)+f_y(x_0,y_0)\left.\frac{\mathrm{d}y}{\mathrm{d}x}\right|_{x=x_0}=0, \qquad ④$$
而由②式用隐函数求导公式,有
$$\left.\frac{\mathrm{d}y}{\mathrm{d}x}\right|_{x=x_0}=-\frac{\varphi_x(x_0,y_0)}{\varphi_y(x_0,y_0)},$$
把上式代入④式,得
$$f_x(x_0,y_0)-f_y(x_0,y_0)\frac{\varphi_x(x_0,y_0)}{\varphi_y(x_0,y_0)}=0. \qquad ⑤$$
③,⑤两式就是函数 $z=f(x,y)$ 在条件②下在点 (x_0,y_0) 处取得极值的必要条件.

设 $\dfrac{f_y(x_0,y_0)}{\varphi_y(x_0,y_0)}=-\lambda$,上述必要条件就变为
$$\begin{cases} f_x(x_0,y_0)+\lambda\varphi_x(x_0,y_0)=0, \\ f_y(x_0,y_0)+\lambda\varphi_y(x_0,y_0)=0, \\ \varphi(x_0,y_0)=0. \end{cases} \qquad ⑥$$
容易看出,方程组⑥的前两式的左端恰好是函数
$$F(x,y)=f(x,y)+\lambda\varphi(x,y)$$

的两个偏导数在点(x_0,y_0)处的值,其中λ是一个待定常数.

由上面的讨论,我们可以得到如下求解条件极值问题的方法:

拉格朗日乘数法 要求函数$z=f(x,y)$在条件$\varphi(x,y)=0$下的可能极值点,可以先构造辅助函数(称为**拉格朗日函数**)
$$F(x,y,\lambda) = f(x,y) + \lambda\varphi(x,y),$$
再由方程组
$$\begin{cases} F_x = f_x(x,y) + \lambda\varphi_x(x,y) = 0, \\ F_y = f_y(x,y) + \lambda\varphi_y(x,y) = 0, \\ F_\lambda = \varphi(x,y) = 0 \end{cases} \qquad ⑦$$
解出x,y及λ,则其中x,y就是函数$f(x,y)$在条件下$\varphi(x,y)=0$的可能极值点的坐标,即$F(x,y,\lambda)=f(x,y)+\lambda\varphi(x,y)$的驻点$(x,y)$即是可能的极值点.

上述的拉格朗日乘数法可以推广到自变量多于两个而约束条件多于一个的情形.例如,要求函数
$$u = f(x,y,z,t)$$
在条件
$$\varphi(x,y,z,t) = 0, \quad \psi(x,y,z,t) = 0 \qquad ⑧$$
下的极值,可以先构造拉格朗日函数
$$F(x,y,z,t,\lambda_1,\lambda_2) = f(x,y,z,t) + \lambda_1\varphi(x,y,z,t) + \lambda_2\psi(x,y,z,t),$$
求其偏导数,并令之为零,得到方程组
$$\begin{cases} F_x(x,y,z,t,\lambda_1,\lambda_2) = 0, \\ F_y(x,y,z,t,\lambda_1,\lambda_2) = 0, \\ F_z(x,y,z,t,\lambda_1,\lambda_2) = 0, \\ F_t(x,y,z,t,\lambda_1,\lambda_2) = 0, \\ \varphi(x,y,z,t) = 0, \\ \psi(x,y,z,t) = 0, \end{cases}$$
再解之,这样得出的(x,y,z,t)就是函数$f(x,y,z,t)$在条件(8)下的可能极值点.

用拉格朗日乘数法得出的驻点只是可能的极值点,至于如何确定所求得的点是否为极值点,在实际问题中往往可根据问题本身的实际意义来判定.

例8 求表面积为1而体积为最大的长方体的体积.

解 设长方体的长、宽、高分别为x,y,z,则问题就是在条件
$$\psi(x,y,z) = 2xy + 2yz + 2xz - 1 = 0 \qquad ⑨$$
下,求函数
$$V = xyz \quad (x>0, y>0, z>0)$$
的最大值.

构造拉格朗日函数
$$F(x,y,z,\lambda) = xyz + \lambda(2xy+2yz+2xz-1),$$
对其求偏导数,并令之为零,得到方程组

$$\begin{cases} yz + 2\lambda(y+z) = 0, \\ xz + 2\lambda(x+z) = 0, \\ xy + 2\lambda(y+x) = 0, \\ 2xy + 2yz + 2zx - 1 = 0. \end{cases} \quad ⑩$$

因 x,y,z 都不等于零,所以由方程组⑩可得

$$\frac{x}{y} = \frac{x+z}{y+z}, \quad \frac{y}{z} = \frac{x+y}{x+z},$$

进而解得 $x=y=z$. 将此代入方程组⑩中的最后一式,可得

$$x = y = z = \frac{\sqrt{6}}{6}.$$

这是唯一可能的极值点. 因为由问题本身可知最大值一定存在,所以最大值就在这个可能的极值点处取得. 也就是说,表面积为 1 的长方体中,以棱长为 $\frac{\sqrt{6}}{6}$ 的正方体的体积为最大,最大体积 $V = \frac{\sqrt{6}}{36}$.

例 9 抛物面 $z = x^2 + y^2$ 被平面 $x+y+z=1$ 截得一椭圆,求这椭圆到坐标原点的最长和最短距离(图 2).

解 这个问题实质上就是求函数 $f(x,y,z) = x^2 + y^2 + z^2$ 在条件 $x^2 + y^2 - z = 0$ 及 $x+y+z-1=0$ 下的最大、最小值. 应用拉格朗日乘数法,构造拉格朗日函数

$$F(x,y,z,\lambda,\mu) = x^2 + y^2 + z^2 + \lambda(x^2 + y^2 - z)$$
$$+ \mu(x+y+z-1).$$

对 F 求偏导数,并令它们为零,则有

$$\begin{cases} F_x = 2x + 2x\lambda + \mu = 0, \\ F_y = 2y + 2y\lambda + \mu = 0, \\ F_z = 2z - \lambda + \mu = 0, \\ F_\lambda = x^2 + y^2 - z = 0, \\ F_\mu = x + y + z - 1 = 0. \end{cases}$$

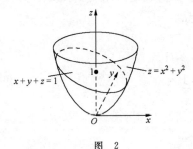

图 2

解之得

$$\begin{cases} x = \dfrac{-1+\sqrt{3}}{2}, \\ y = \dfrac{-1+\sqrt{3}}{2}, \\ z = 2-\sqrt{3} \end{cases} \text{和} \quad \begin{cases} x = \dfrac{-1-\sqrt{3}}{2}, \\ y = \dfrac{-1-\sqrt{3}}{2}, \\ z = 2+\sqrt{3}. \end{cases}$$

由实际意义知最大值和最小值一定存在,故 $\sqrt{f\left(\dfrac{-1+\sqrt{3}}{2}, \dfrac{-1+\sqrt{3}}{2}, 2-\sqrt{3}\right)} = \sqrt{9-5\sqrt{3}}$ 和 $\sqrt{f\left(\dfrac{-1-\sqrt{3}}{2}, \dfrac{-1-\sqrt{3}}{2}, 2+\sqrt{3}\right)} = \sqrt{9+5\sqrt{3}}$ 就恰是最短和最长距离.

习 题 8.8

1. 求函数 $f(x,y) = e^x(x^2+y^2+xy)$ 的极值.
2. 求函数 $z = xy$ 在条件 $x+y=1$ 下的极大值.
3. 求函数 $f(x,y,z) = xyz$ 在条件 $x^2+y^2+z^2=1$ 和 $x+y+z=0$ 下的极值.
4. 利用条件极值推导三维空间中点到平面的距离公式.
5. 从斜边之长为 l 的一切直角三角形中求有最大周长的直角三角形.
6. 要造一个表面积等于定数 k,横截面为半圆形的无盖半圆柱形容器,应如何选择尺寸方可使它的容积最大.
7. 已知三角形周长为 $2p$,求出这样的三角形,当它绕自己的一边旋转所形成立体的体积为最大.
8. 求内接于半径为 a 的球且有最大体积的长方体.

*§8.9 最小二乘法

在实际问题中,我们是怎样把两个相互关联的量表示为函数关系的呢?往往有两种方法:一是从理论上推导;一是从试验(经验)中获得,即根据两变量的一组试验数据来确定两变量的近似函数关系.通常将从试验中得到的函数关系称为两变量之间的**经验公式**.最小二乘法就是从一组试验数据得到经验公式的一种基本方法.下面用具体的例子来介绍这一方法.

例 1 为了得到刀具的磨损与时间的函数关系,我们每隔一定时间(如一小时)测量一次刀具的厚度,得到如下一组试验数据:

i	0	1	2	3	4	5
时间 t_i/h	0	1	2	3	4	5
刀具厚度 y_i/mm	27	26.8	26.5	26.3	26.1	25.7

试根据上述数据建立 y 和 t 之间的经验公式 $y=f(t)$.

解 以时间 t 为横坐标,刀具的厚度为纵坐标,描出所给的 6 对数据的点(图 1),所构成的图称为**散点图**.

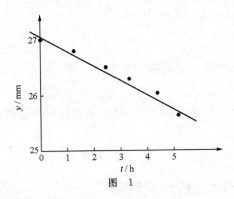

图 1

可直观看出这些点大致在一条直线上,故推测 y 和 t 之间大致成线性关系,即经验公式中的 $f(t)$ 应为一次函数. 于是设经验公式为 $y=at+b$.

下面要从给出的观测数据确定常数 a,b. 在最理想的情况下,我们希望 a,b 满足方程组
$$y_i = at_i + b \quad (i=0,1,\cdots,5).$$
但由于观测误差的存在,这是不可能的. 那么该如何确定 a,b 呢? 一个合理的方法就是取 a,b,使
$$M = \sum_{i=0}^{5}[y_i - (at_i+b)]^2$$
达到最小值. 这种利用误差的平方和为最小来确定常数 a,b 的方法称为**最小二乘法**.

为求目标函数 M 的最小值点,我们将 M 分别对 a,b 求偏导数,并令之为零,得下面的方程组
$$\begin{cases} M_a = -2\sum_{i=0}^{5}[y_i-(at_i+b)]t_i = 0, \\ M_b = -2\sum_{i=0}^{5}[y_i-(at_i+b)] = 0, \end{cases}$$
整理得到关于 a,b 的二元一次方程组
$$\begin{cases} a\sum_{i=0}^{5}t_i^2 + b\sum_{i=0}^{5}t_i = \sum_{i=0}^{5}t_i y_i, \\ a\sum_{i=0}^{5}t_i + 6b = \sum_{i=0}^{5}y_i. \end{cases}$$
解之得 $a=-0.2514, b=27.0286$. 故所求经验公式为
$$y=-0.2514t + 27.0286. \qquad ①$$

进一步我们还知道这时误差平方和的最小值是 $M=0.0137$. 通常称 $\sqrt{M/(6-1)}=\sqrt{M/5}=0.0524$ 为**均方误差**,它表示了经验公式与实际数据之间的平均误差,从而反映了近似程度的好坏. 所以①式就是在现有数据信息和均方误差最小意义下用一次函数反映上述实际问题的最好结果.

例 2 炼钢厂出钢时用的盛钢水的钢包,由于钢液及炉碴对包衬耐火烤料的侵蚀,使其容积不断增大. 经过试验钢包容积 y(以钢包盛满钢水的质量来表示)与相应的使用次数 x 的数据如下表所示. 试根据数据建立 y 与 x 之间的经验公式 $y=f(x)$.

i	1	2	3	4	5	6	7
x_i/次	2	3	4	5	7	8	10
y_i/kg	106.42	108.20	109.54	109.54	110.00	109.93	110.49
i	8	9	10	11	12	13	
x_i/次	11	14	15	16	18	19	
y_i/kg	110.59	110.60	110.90	110.76	111.00	111.20	

解 作散点图,见图 2. 由散点图直观看,数据点大致在一对数曲线上,故推测 y 与 x 的关系近似于 $y=a+b\ln x$. 下面确定 a,b 的值.

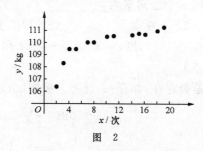

图 2

若直接把目标函数设为 $M=\sum_{i=1}^{12}[y_i-(a+b\ln x_i)]^2$,则 M 的最小值点不好求,所以我们对经验公式作如下线性化处理:令 $u=y,v=\ln x$,则 $u=a+bv$. 将原数据 (x_i,y_i) 作相应代换得新数据 (v_i,u_i),然后按例 1 的方法,计算出 $a=106.02,b=1.85$. 故可得经验公式
$$y=106.02+1.85\ln x.$$

习 题 8.9

1. 经试验测得某金属的含铅量 x 与熔点 y 的数据如下:

x	36.9	46.7	63.7	77.8	84	87.5
y	181	197	235	270	283	292

试求经验公式 $y=ax+b$.

2. 设 (x,y) 的一组试验数据为 $(x_1,y_1),(x_2,y_2),\cdots,(x_n,y_n)$，经验公式是 $y=ax^2+bx+c$，试按最小二乘法确定 a,b,c 满足的三元一次方程组 $y_i=ax_i^2+bx_i+c(i=1,2,\cdots,n)$.

总练习题八

1. 填空题：

(1) 设函数 $f(x,y)=\ln(x-\sqrt{x^2-y^2})(x>y>0)$，则 $f(x+y,x-y)=$ _____.

(2) 函数 $z=\arcsin 2x+\dfrac{\sqrt{4x-y^2}}{\ln(1-x^2-y^2)}$ 的定义域 _____.

(3) 点 (x,y) 沿任何直线趋于点 (x_0,y_0) 时，函数 $f(x,y)$ 的极限存在且相等是 $(x,y)\to(x_0,y_0)$ 时 $f(x,y)$ 的极限存在的 _____ 条件.（充分非必要；充要；必要非充分；既非充分又非必要）

(4) 曲线 $\tau:x=a\sin^2 t, y=b\sin t\cos t, z=c\cos^2 t$ 对应于 $t=\dfrac{\pi}{4}$ 点处的切线的一个切向量为 _____，该点处法平面的一个法向量为 _____.

(5) 函数 $u=x^3+y^3+z^3-3xyz$ 在点 _____ 处的梯度垂直于 z 轴.

(6) 设 $f'_x(x_0,y_0)=f'_y(x_0,y_0)=0$，则点 (x_0,y_0) 一定为 $f(x,y)$ 的 _____.（驻点；极值点；最值点；连续点；可微点）

2. 判断下列函数的极限是否存在，如存在，计算其极限值；如不存在，给出证明：

(1) $\lim\limits_{(x,y)\to(0,0)}\dfrac{yx}{\sqrt{x^2+y^2}}$；

(2) $\lim\limits_{(x,y)\to(0,0)}\dfrac{xy}{x+y}$；

(3) $\lim\limits_{(x,y)\to(0,0)}(x+y)\sin\dfrac{1}{x}\cos\dfrac{1}{y}$；

(4) $\lim\limits_{(x,y)\to(0,0)}\dfrac{x-y^2}{x}$.

3. 函数 $f(x,y)=\begin{cases}\dfrac{x^2y}{x^4+y^2}, & x^4+y^2\neq 0\\ 0, & x^4+y^2=0\end{cases}$，在点 $(0,0)$ 处是否连续？是否可导？是否可微？

4. 求曲线 $\begin{cases}z=\sqrt{1+x^2+y^2}\\ x=1\end{cases}$，在点 $(1,1,\sqrt{3})$ 处的切线与 y 轴正向所成的角.

5. 求函数 $z=\displaystyle\int_x^{x^2+y^2}e^t dt$ 的全微分.

总练习题八

6. 求下列函数的偏导数，其中 f 具有二阶连续偏导数：

(1) $z=f(e^x\sin y, x^2+y^2)$，求 $\dfrac{\partial^2 z}{\partial x \partial y}$；

(2) $z=\dfrac{1}{x}f(xy)+y\varphi(x+y)$，求 $\dfrac{\partial^2 z}{\partial x \partial y}$.

7. 设 $z=f(\sin x, \cos y, e^{x+y})$，其中 f 具有二阶连续偏导数，求 $\dfrac{\partial^2 z}{\partial x^2}, \dfrac{\partial^2 z}{\partial x \partial y}, \dfrac{\partial^2 z}{\partial y^2}$.

8. 设函数 $z=z(x,y)$ 由方程 $F(x-y, y-z, z-x)=0$ 所确定，求 $\dfrac{\partial z}{\partial x}, \dfrac{\partial z}{\partial y}$.

9. 设函数 $u=f(x,y,z)$ 具有连续的一阶偏导数，又函数 $y=y(x)$ 及 $z=z(x)$ 分别由 $e^{xy}-xy=2$ 和 $e^x=\displaystyle\int_0^{x-z}\dfrac{\sin t}{t}dt$ 确定，求 $\dfrac{du}{dx}$.

10. 证明：设 $\varphi(x-az, y-bz)=0$ 确定隐函数 $z=z(x,y)$，则 $a\dfrac{\partial z}{\partial x}+b\dfrac{\partial z}{\partial y}=1$.

11. 求曲面 $\Sigma: z=\arctan\dfrac{x}{y}$ 在点 $M\left(1,1,\dfrac{\pi}{4}\right)$ 处的切平面和法线方程.

12. 证明：曲面 $z=xf\left(\dfrac{y}{x}\right)$ 上任意点 $M(x_0, y_0, z_0)$ 处的切平面都通过原点.

13. 确定 b，使曲线 $\tau: x=t, y=-t^2, z=\dfrac{1}{12}t^3$ 的切线与平面 $\Pi: x+by+z=4$ 垂直.

14. 计算函数 $f(x,y)=1-(x^2+2y^2)$ 在点 $P\left(\dfrac{1}{\sqrt{2}}, \dfrac{1}{2}\right)$ 处沿曲线 $x^2+2y^2=1$ 在该点的内法线方向的方向导数.

15. 已知椭球面 $\dfrac{x^2}{a^2}+\dfrac{y^2}{b^2}+\dfrac{z^2}{c^2}=1(a,b,c>0)$，试在第一卦限内求该曲面的一个切平面，使得切平面与三坐标平面所围成的四面体的体积最小，并求四面体的最小体积.

16. 求平面 $Ax+By+Cz=0$ 和椭圆柱面 $\dfrac{x^2}{a^2}+\dfrac{y^2}{b^2}=1(a,b>0)$ 相交所成椭圆的面积.

第九章 重积分

多元函数积分学与一元函数积分学相对应,主要包括:重积分、曲线积分、曲面积分.它将积分范围由一维区间推广到二维平面区域及三维空间区域分别得到二重积分和三重积分;再推广到平面内的曲线及空间中的曲面分别得到曲线积分和曲面积分.本章主要介绍二重积分和三重积分的概念、计算方法及其应用.

§9.1 二重积分的概念与性质

一、二重积分的概念

(一) 引例:曲顶柱体的体积

如图 1 所示,设一立体以 Oxy 平面上的有界闭区域 D 为底,侧面是母线平行于 z 轴的柱面,顶为曲面 $z=f(x,y)$(假定函数 $f(x,y)$ 连续且 $f(x,y) \geqslant 0$).通常称这种立体为**曲顶柱体**.试求该曲顶柱体的体积.

分析 我们熟悉的平顶柱体体积公式是

$$体积 = 底面积 \times 高.$$

因为曲顶柱体的高是处处变化的,而平顶柱体的高是常值,所以我们不能用平顶柱体体积公式求曲顶柱体体积.但类似于曲边梯形面积的讨论,可以运用元素法的思想解决问题.

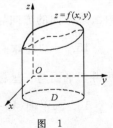

图 1

第一步,分割.先用网格将底面区域 D 分成 n 个小区域 $\Delta\sigma_1$,$\Delta\sigma_2,\cdots,\Delta\sigma_n$,这里符号 $\Delta\sigma_i(i=1,2,\cdots,n)$ 同时表示第 i 个小区域的面积.再以这些小区域的边界为准线作母线平行于 z 轴的柱面,这样就将曲顶柱体分成 n 个小曲顶柱体.

第二步,近似,求和.在 $\Delta\sigma_i(i=1,2,\cdots,n)$ 对应的小曲顶柱体中(图 2),任取 $(\xi_i,\eta_i) \in \Delta\sigma_i$,将此小曲顶柱体近似看做是以 $\Delta\sigma_i$ 为底,$f(\xi_i,\eta_i)$ 为高的小平顶柱顶,则小曲顶柱体体积 $\Delta v_i \approx f(\xi_i,\eta_i)\Delta\sigma_i$.于是所求曲顶

§9.1 二重积分的概念与性质

柱体体积

$$V \approx \sum_{i=1}^{n} f(\xi_i, \eta_i) \Delta\sigma_i.$$

第三步,取极限.分割越细密,$\sum_{i=1}^{n} f(\xi_i, \eta_i) \Delta\sigma_i$ 就越接近 V. 记 $\Delta\sigma_i(i=1,2,\cdots,n)$ 中最大直径①为 λ,若 λ 很小,则各个小区域都很小,从而表明分割很细密.所以,如果分割"无限细密",即 $\lambda \to 0$,上述和式的极限存在,则将此极限值定义为所求曲顶柱体的体积,即

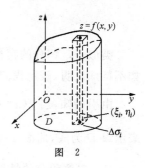

图 2

$$V = \lim_{\lambda \to 0} \sum_{i=1}^{n} f(\xi_i, \eta_i) \Delta\sigma_i.$$

其实许多实际问题在解决时所使用的数学思想方法与引例所使用的是一样的,且其结果在形式上也与引例的一样,是一个和式的极限.因此我们引入二重积分的概念.

(二) 二重积分的定义

定义 设 $f(x,y)$ 为有界闭区域 D 上的有界函数,将闭区域 D 任意分成 n 个小闭区域 $\Delta\sigma_i(i=1,2,\cdots,n)$,$\Delta\sigma_i$ 既表示第 i 个小闭区域本身又表示它的面积.在每个 $\Delta\sigma_i$ 上任取点 (ξ_i, η_i).当 $\Delta\sigma_i(i=1,2,\cdots,n)$ 中最大直径 λ 趋于零时,若 $\sum_{i=1}^{n} f(\xi_i, \eta_i) \Delta\sigma_i$ 的极限存在,则称此极限值为函数 $f(x,y)$ 在区域 D 上的**二重积分**,记做 $\iint_D f(x,y) \mathrm{d}\sigma$,即

$$\iint_D f(x,y) \mathrm{d}\sigma = \lim_{\lambda \to 0} \sum_{i=1}^{n} f(\xi_i, \eta_i) \Delta\sigma_i,$$

其中称 $f(x,y)$ 为**被积函数**,$f(x,y)\mathrm{d}\sigma$ 为**积分表达式**,$\mathrm{d}\sigma$ 为**面积元素**,x,y 为**积分变量**,D 为**积分区域**,$\sum_{i=1}^{n} f(\xi_i, \eta_i) \Delta\sigma_i$ 为**积分和**.这时也称函数 $f(x,y)$ 在 D 上**可积**.

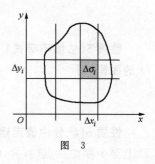

图 3

上述定义中,区域 D 的划分是任意的.但在函数可积的情况下,在直角坐标系中我们常用平行于坐标轴的直线网来分割区域(图 3).此时小闭区域 $\Delta\sigma_i$ 为矩形区域(除包含边界点的一些外),设其边长分别为 $\Delta x_i, \Delta y_i$,则小闭区域的面积 $\Delta\sigma_i = \Delta x_i \Delta y_i$.因此在直坐标系下常将面积元素 $\mathrm{d}\sigma$ 记为 $\mathrm{d}x\mathrm{d}y$,而二重积分记为

---

① 一个闭区域的直径是指区域上任意两点间距离的最大值.

$$\iint\limits_D f(x,y)\mathrm{d}x\mathrm{d}y.$$

类似于定积分的存在性,有界闭区域上的连续函数在该区域上的二重积分必存在. 以下如不特殊说明,假定我们讨论的函数 $f(x,y)$ 的二重积分都存在.

由引例知,当 $f(x,y)$ 在区域 D 上连续且 $f(x,y)\geqslant 0$ 时,二重积分 $\iint\limits_D f(x,y)\mathrm{d}\sigma$ 在几何上表示以 D 为底,曲面 $z=f(x,y)$ 为曲顶的曲顶柱体的体积.

二、二重积分的性质

二重积分的性质及其证明与定积分的类似,这里只作陈述不作证明.

性质 1(线性) 设 α,β 为两常数,则

$$\iint\limits_D [\alpha f(x,y)+\beta g(x,y)]\mathrm{d}\sigma = \alpha\iint\limits_D f(x,y)\mathrm{d}\sigma + \beta\iint\limits_D g(x,y)\mathrm{d}\sigma.$$

性质 2(区域可加性) 若区域 D 由 n 个不重合的有界闭区域 $D_i(i=1,2,\cdots,n)$ 组成,则

$$\iint\limits_D f(x,y)\mathrm{d}\sigma = \sum_{i=1}^{n}\iint\limits_{D_i} f(x,y)\mathrm{d}\sigma.$$

性质 3 若在区域 D 上,$f(x,y)\equiv 1$,记 A 为 D 的面积,则 $A=\iint\limits_D 1\mathrm{d}\sigma=\iint\limits_D \mathrm{d}\sigma.$

性质 4(单调性) 若在区域 D 上恒有 $f(x,y)\leqslant g(x,y)$,则

$$\iint\limits_D f(x,y)\mathrm{d}\sigma \leqslant \iint\limits_D g(x,y)\mathrm{d}\sigma.$$

特别地,由 $-|f(x,y)|\leqslant f(x,y)\leqslant |f(x,y)|$,有

$$\left|\iint\limits_D f(x,y)\mathrm{d}\sigma\right| \leqslant \iint\limits_D |f(x,y)|\mathrm{d}\sigma.$$

性质 5(估值不等式) 设 M,m 分别为 $f(x,y)$ 在有界闭区域 D 上的最大、最小值,A 为 D 的面积,则

$$mA \leqslant \iint\limits_D f(x,y)\mathrm{d}\sigma \leqslant MA.$$

性质 6(积分中值定理) 设函数 $f(x,y)$ 在有界闭区域 D 上连续,A 为 D 的面积,则在 D 上至少存在一点 (ξ,η),使

$$\iint\limits_D f(x,y)\mathrm{d}\sigma = f(\xi,\eta)A.$$

例 1 比较二重积分 $\iint\limits_D (x+y)^2\mathrm{d}\sigma$ 与 $\iint\limits_D (x+y)^3\mathrm{d}\sigma$ 的大小,其中 $D:(x-2)^2+(y-1)^2$

≤2.

解 如图 4，积分区域 D 与 x 轴交于两点 $(1,0),(3,0)$，与直线 $x+y=1$ 相切且区域位于直线上方，故在 D 上有 $x+y\geqslant 1$，从而在 D 上有 $(x+y)^2\leqslant(x+y)^3$. 由二重积分的单调性，有

$$\iint\limits_D (x+y)^2\,\mathrm{d}\sigma \leqslant \iint\limits_D (x+y)^3\,\mathrm{d}\sigma.$$

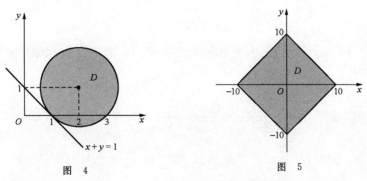

图 4　　　　　　图 5

例 2 估计 $I=\iint\limits_D \dfrac{\mathrm{d}x\mathrm{d}y}{100+\cos^2 x+\cos^2 y}$ 的值，其中 $D:|x|+|y|\leqslant 10$.

解 积分区域 D 如图 5 所示，易知 D 的面积为 $A=(10\sqrt{2})^2=200$，又在 D 上

$$\frac{1}{102} \leqslant \frac{1}{100+\cos^2 x+\cos^2 y} \leqslant \frac{1}{100},$$

故由估值不等式有

$$\frac{200}{102} \leqslant I \leqslant \frac{200}{100}, \quad 即 \quad 1.96 \leqslant I \leqslant 2.$$

习 题 9.1

1. 用二重积分定义证明性质 1～性质 6.
2. 试利用二重积分的几何意义比较下列积分值的大小关系：

$$I_1 = \iint\limits_{D_1} |xy|\,\mathrm{d}x\mathrm{d}y, \quad 其中 \quad D_1: x^2+y^2\leqslant 1;$$

$$I_2 = \iint\limits_{D_2} |xy|\,\mathrm{d}x\mathrm{d}y, \quad 其中 \quad D_2: |x|+|y|\leqslant 1;$$

$$I_3 = \iint\limits_{D_3} |xy|\,\mathrm{d}x\mathrm{d}y, \quad 其中 \quad D_3: -1\leqslant x,y\leqslant 1.$$

3. 判断二重积分 $\iint\limits_{D} \ln(x^2+y^2)\mathrm{d}x\mathrm{d}y$ 的符号,其中 D: $r \leqslant |x|+|y| \leqslant 1, r>0$.

4. 比较下列各组二重积分的大小:

(1) $\iint\limits_{D} \ln(x+y)\mathrm{d}\sigma$ 与 $\iint\limits_{D} [\ln(x+y)]^2\mathrm{d}\sigma$,其中 D 是以 $(1,0),(1,1),(2,0)$ 为顶点的三角形闭区域;

(2) $\iint\limits_{D} (x+y)^2\mathrm{d}\sigma$ 与 $\iint\limits_{D} (x+y)^3\mathrm{d}\sigma$,其中 D 是由 x 轴、y 轴与直线 $x+y=1$ 所围成的区域;

(3) $I_1 = \iint\limits_{D} \cos\sqrt{x^2+y^2}\mathrm{d}\sigma$, $I_2 = \iint\limits_{D} \cos(x^2+y^2)\mathrm{d}\sigma$, $I_3 = \iint\limits_{D} \cos(x^2+y^2)^2\mathrm{d}\sigma$,其中 D: $x^2+y^2 \leqslant 1$.

5. 不作计算,估计 $I = \iint\limits_{D} \dfrac{\mathrm{d}\sigma}{\sqrt{x^2+y^2+2xy+16}}$ 的值,其中 D: $0 \leqslant x \leqslant 1, 0 \leqslant y \leqslant 2$.

6. 不作计算,估计 $I = \iint\limits_{D} \mathrm{e}^{(x^2+y^2)}\mathrm{d}\sigma$ 的值,其中 D: $\dfrac{x^2}{a^2}+\dfrac{y^2}{b^2} \leqslant 1 (0<b<a)$.

§9.2 二重积分的计算

对于一般的被积函数和积分区域,用定义来计算二重积分是比较复杂甚至不可行的,因此本节将讨论比较方便可行的计算方法. 其指导思想是化二重积分为两个依次进行的定积分,称之为**二次积分**或**累次积分**.

一、在直角坐标系下计算二重积分

(一) 先对 y,后对 x 的二次积分

设二重积分 $\iint\limits_{D} f(x,y)\mathrm{d}\sigma$ 的积分区域 D 可以表示为

$$a \leqslant x \leqslant b, \quad \varphi_1(x) \leqslant y \leqslant \varphi_2(x)$$

的形式,其中 $\varphi_1(x), \varphi_2(x)$ 在 $[a,b]$ 上连续,这时称区域 D 为 **X 型区域**(图 1). X 型区域的特点是: D 在 x 轴上的投影区间为 $[a,b]$,过区间 (a,b) 内任一点作垂直于 x 轴的直线,它与 D 的边界最多有两个交点.

当 $f(x,y)$ 连续且 $f(x,y) \geqslant 0$ 时,由二重积分的几何意义知 $\iint\limits_{D} f(x,y)\mathrm{d}\sigma$ 的值是以 D 为底,以曲面 $z=f(x,y)$ 为曲顶的曲顶柱体体积 V(图 2(a)). 下面我们采用定积分的方法来计

§ 9.2 二重积分的计算

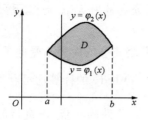
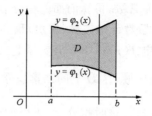

图 1

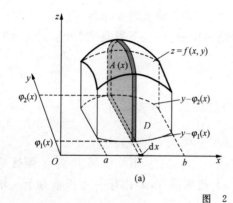
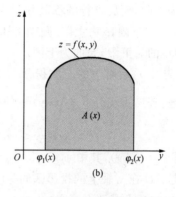

图 2

算此曲顶柱体的体积.

过 $[a,b]$ 上任意一点 x 作平行于 Oyz 平面的平面,它截柱体所得的截面(图 2(b))面积为

$$A(x) = \int_{\varphi_1(x)}^{\varphi_2(x)} f(x,y) \mathrm{d}y.$$

代入平行截面面积为已知的立体体积公式

$$V = \int_a^b A(x) \mathrm{d}x,$$

即可得曲顶柱体体积

$$V = \int_a^b \left[\int_{\varphi_1(x)}^{\varphi_2(x)} f(x,y) \mathrm{d}y \right] \mathrm{d}x.$$

于是有

$$\iint_D f(x,y) \mathrm{d}\sigma = \int_a^b \left[\int_{\varphi_1(x)}^{\varphi_2(x)} f(x,y) \mathrm{d}y \right] \mathrm{d}x. \qquad ①$$

我们常将上式写成

$$\iint_D f(x,y) \mathrm{d}\sigma = \int_a^b \mathrm{d}x \int_{\varphi_1(x)}^{\varphi_2(x)} f(x,y) \mathrm{d}y. \qquad ②$$

由①式知,②式应先算后面的积分,其中将 x 看做常数,积分上限 $\varphi_2(x)$ 和下限 $\varphi_1(x)$ 对于积

分变量 y 来说也是常数;再算前面的积分,这时积分变量为 x,积分上、下限分别是常数 a,b. ②式称为**先对 y,后对 x 的二次(累次)积分**.

虽然我们假定 $f(x,y)\geqslant 0$,但实际上二重积分公式②的使用不受此条件限制,即只要积分区域 D 为 X 型区域,在 D 上的二重积分 $\iint\limits_{D}f(x,y)\mathrm{d}x\mathrm{d}y$ 的计算均可利用公式①或②化为两个定积分依次进行.这时积分上、下限的确定也是关键的一步.先进行的积分其积分限由区域 D 的上边界 $y=\varphi_2(x)$ 和下边界 $y=\varphi_1(x)$ 确定,并根据 $\varphi_1(x)\leqslant\varphi_2(x)$,取 $\varphi_1(x)$ 为下限,$\varphi_2(x)$ 为上限;而后进行的积分其积分限由 D 在 x 轴上的投影区间 $[a,b]$ 确定,且同样根据 $a\leqslant b$,取 a 为下限,b 为上限.归纳上述讨论可得积分上、下限是按"由小到大"的原则来确定的,其中小的为下限,大的为上限.

(二) 先对 x,后对 y 的二次积分

类似地,若二重积分 $\iint\limits_{D}f(x,y)\mathrm{d}\sigma$ 的积分区域 D 可以表示为

$$c\leqslant y\leqslant d,\quad \psi_1(y)\leqslant x\leqslant \psi_2(y)$$

的形式(图 3(a),(b)),其中 $\psi_1(y),\psi_2(y)$ 在 $[c,d]$ 上连续,则称区域 D 为 **Y 型区域**. Y 型区域的特点是:D 在 y 轴上的投影区间为 $[c,d]$,过区间 (c,d) 内任一点作垂直于 y 轴的直线,它与 D 的边界最多有两个交点.

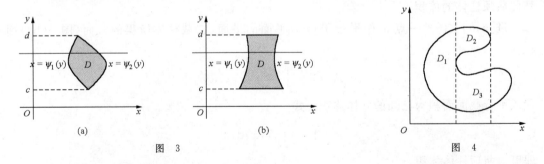

图 3   图 4

同理当积分区域为 Y 型区域时,二重积分 $\iint\limits_{D}f(x,y)\mathrm{d}x\mathrm{d}y$ 可化为如下先对 x,后对 y 的二次积分进行计算:

$$\iint\limits_{D}f(x,y)\mathrm{d}\sigma=\int_c^d\left[\int_{\psi_1(y)}^{\psi_2(y)}f(x,y)\mathrm{d}y\right]\mathrm{d}x=\int_c^d\mathrm{d}y\int_{\psi_1(y)}^{\psi_2(y)}f(x,y)\mathrm{d}x. \quad ③$$

同样③式最右端应先算后面的积分,再算前面的积分,且积分的上、下限也是按"由小到大"的原则来确定的.

如果积分区域既非 X 型区域又非 Y 型区域,我们总可以将它分割成有限个 X 型区域或 Y 型区域(图 4).在这些小区域上可用公式②或公式③化二重积分为二次积分,再由二重积

分的区域可加性,所求区域上的二重积分就等于所有小区域上二重积分的和.

如果积分区域 D 既是 X 型区域又是 Y 型区域(图 5(a),(b)),则

$$\iint_D f(x,y)\mathrm{d}\sigma = \int_a^b \mathrm{d}x \int_{\varphi_1(x)}^{\varphi_2(x)} f(x,y)\mathrm{d}y$$
$$= \int_c^d \mathrm{d}y \int_{\psi_1(y)}^{\psi_2(y)} f(x,y)\mathrm{d}x.$$

这说明这种类型区域上的二次积分可以交换积分次序.

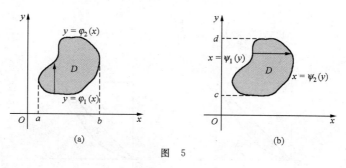

图 5

例 1 求 $\iint_D \dfrac{\sin x}{x}\mathrm{d}x\mathrm{d}y$,其中 D: $0 \leqslant x \leqslant 1, 0 \leqslant y \leqslant x$.

解 显然 D 是 X 型区域(图 6(a)),故

$$\iint_D \frac{\sin x}{x}\mathrm{d}x\mathrm{d}y = \int_0^1 \mathrm{d}x \int_0^x \frac{\sin x}{x}\mathrm{d}y = \int_0^1 \frac{\sin x}{x} \cdot y \Big|_0^x \mathrm{d}x = \int_0^1 \frac{\sin x}{x} \cdot x \mathrm{d}x$$
$$= \int_0^1 \sin x \mathrm{d}x = (-\cos x)\Big|_0^1 = 1 - \cos 1.$$

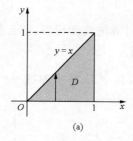
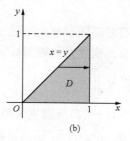

图 6

注 其实 D 也可看成是 Y 型区域(图 6(b)),这时 D: $0 \leqslant y \leqslant 1, y \leqslant x \leqslant 1$,于是

$$\iint_D \frac{\sin x}{x}\mathrm{d}x\mathrm{d}y = \int_0^1 \mathrm{d}y \int_y^1 \frac{\sin x}{x}\mathrm{d}x.$$

但由于 $\dfrac{\sin x}{x}$ 的原函数不能由初等函数表示,所以后面的定积分是无法计算的.这说明,积分

区域既为 X 型又为 Y 型时,不同的积分次序计算难度可能不同,为了计算方便有时需交换积分顺序.

例 2 计算 $\iint\limits_{D} xy\,\mathrm{d}\sigma$,其中 D 是由抛物线 $y=x^2$ 及直线 $y=x$ 所围成的闭区域.

解法 1 如图 7(a),将 D 看成是 X 型区域,D 可表示为 $0 \leqslant x \leqslant 1, x^2 \leqslant y \leqslant x$,则

$$\iint\limits_{D} xy\,\mathrm{d}\sigma = \int_0^1 \mathrm{d}x \int_{x^2}^{x} xy\,\mathrm{d}y = \int_0^1 x\left(\frac{1}{2}y^2\right)\bigg|_{x^2}^{x} \mathrm{d}x = \frac{1}{2}\int_0^1 (x^3 - x^5)\mathrm{d}x$$

$$= \frac{1}{2}\left(\frac{x^4}{4} - \frac{x^6}{6}\right)\bigg|_0^1 = \frac{1}{24}.$$

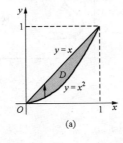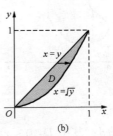

图 7

解法 2 如图 7(b),将 D 看成是 Y 型区域,D 可表示为 $0 \leqslant y \leqslant 1, y \leqslant x \leqslant \sqrt{y}$,则

$$\iint\limits_{D} xy\,\mathrm{d}\sigma = \int_0^1 \mathrm{d}y \int_y^{\sqrt{y}} xy\,\mathrm{d}x = \int_0^1 y\left(\frac{1}{2}x^2\right)\bigg|_y^{\sqrt{y}} \mathrm{d}y$$

$$= \frac{1}{2}\int_0^1 y(y - y^2)\mathrm{d}y = \frac{1}{2}\left(\frac{y^3}{3} - \frac{y^4}{4}\right)\bigg|_0^1 = \frac{1}{24}.$$

注 例 2 说明有时不同积分次序的二次积分计算的难度相当,结合例 1 的情况,因此化二重积分为二次积分的次序要因题而异,具体分析.

例 3 化二重积分 $\iint\limits_{D} f(x,y)\,\mathrm{d}\sigma$ 为二次积分,其中 D 是由曲线 $y=x^{\frac{2}{3}}$,x 轴和半圆周 $(x-2)^2 + (y-1)^2 = 1(x \leqslant 2)$ 所围成的闭区域.

解 如图 8 所示,区域 D 为 Y 型区域,D:$0 \leqslant y \leqslant 1, y^{\frac{3}{2}} \leqslant x \leqslant 2 - \sqrt{2y - y^2}$,所以

$$\iint\limits_{D} f(x,y)\,\mathrm{d}\sigma = \int_0^1 \mathrm{d}y \int_{y^{\frac{3}{2}}}^{2-\sqrt{2y-y^2}} f(x,y)\,\mathrm{d}x.$$

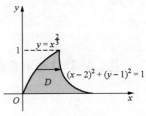

图 8

例 4 交换下列积分顺序:

$$I = \int_0^2 dx \int_0^{\frac{x^2}{2}} f(x,y) dy + \int_2^{2\sqrt{2}} dx \int_0^{\sqrt{8-x^2}} f(x,y) dy.$$

解 如图 9 所示，I 中第一项和第二项的积分域分别为

$$D_1: \begin{cases} 0 \leqslant x \leqslant 2, \\ 0 \leqslant y \leqslant \frac{1}{2}x^2, \end{cases} \quad D_2: \begin{cases} 2 \leqslant x \leqslant 2\sqrt{2}, \\ 0 \leqslant y \leqslant \sqrt{8-x^2}. \end{cases}$$

可将 $D = D_1 \cup D_2$ 视为 Y 型区域，则

$$D: 0 \leqslant y \leqslant 2, \quad \sqrt{2y} \leqslant x \leqslant \sqrt{8-y^2}.$$

于是

$$I = \iint_D f(x,y) dx dy = \int_0^2 dy \int_{\sqrt{2y}}^{\sqrt{8-y^2}} f(x,y) dx.$$

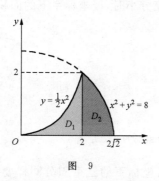

图 9

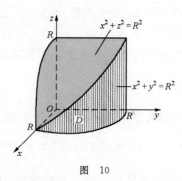

图 10

例 5 求两底半径为 R 的直交圆柱所围成的立体体积.

解 设两柱面方程分别为 $x^2 + y^2 = R^2$, $x^2 + z^2 = R^2$，由对称性，所求立体体积为其在第一卦限部分体积的 8 倍（图 10）. 第一卦限部分的底面区域为 $D: 0 \leqslant x \leqslant R, 0 \leqslant y \leqslant \sqrt{R^2 - x^2}$，曲顶为 $z = \sqrt{R^2 - x^2}$，所以所求立体体积为

$$V = 8 \iint_D \sqrt{R^2 - x^2} dx dy = 8 \int_0^R dx \int_0^{\sqrt{R^2-x^2}} \sqrt{R^2 - x^2} dy$$

$$= 8 \int_0^R (\sqrt{R^2 - x^2})^2 dx = 8 \left(R^3 - \frac{1}{3} R^3 \right) = \frac{16}{3} R^3.$$

二、在极坐标系下计算二重积分

若积分区域 D 与圆域有关或者被积函数为 $f(x^2 + y^2)$, $f(xy)$, $f\left(\dfrac{y}{x}\right)$ 等形式，用极坐标

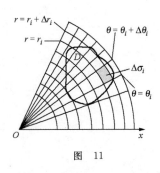

图 11

表示它们更为简便.因此有时极坐标有助于简化二重积分的计算.为此我们考虑在极坐标系下计算二重积分.只要我们找到极坐标系下二重积分与直角坐标系下二重积分的关系,就可以在极坐标系下讨论二重积分 $\iint\limits_{D} f(x,y)\mathrm{d}\sigma$ 的计算.

首先找出两坐标系下面积元素的关系.如图 11 所示,在极坐标系下,设积分区域 D 被网格(由一族同心圆($r=$常值)与一族过极点的射线($\theta=$常值)组成)分割成若干个小区域,任取一个 $\Delta\sigma_i$(其中 r 介于 $r_i, r_i+\Delta r_i$ 之间,θ 介于 $\theta_i, \theta_i+\Delta\theta_i$ 之间),则

$$\Delta\sigma_i = \frac{1}{2}(r_i+\Delta r_i)^2 \cdot \Delta\theta_i - \frac{1}{2}r_i^2 \cdot \Delta\theta_i = \frac{1}{2}(2r_i+\Delta r_i)\Delta r_i \cdot \Delta\theta_i$$

$$= \frac{r_i+(r_i+\Delta r_i)}{2}\Delta r_i \cdot \Delta\theta_i = \bar{r}_i \cdot \Delta r_i \cdot \Delta\theta_i,$$

其中 $\bar{r}_i$ 为 r_i 与 $r_i+\Delta r_i$ 的平均值.由此,当 $\Delta r_i, \Delta\theta_i$ 充分小时,极坐标系下的面积元素

$$\mathrm{d}\sigma = r\mathrm{d}r\mathrm{d}\theta.$$

其次,直角坐标与极坐标有如下变换关系:

$$\begin{cases} x = r\cos\theta, \\ y = r\sin\theta. \end{cases}$$

最后,两坐标系下积分区域 D 形状不变.因此有

$$\iint\limits_{D} f(x,y)\mathrm{d}\sigma = \iint\limits_{D} f(r\cos\theta, r\sin\theta)r\mathrm{d}r\mathrm{d}\theta. \qquad ④$$

下面我们讨论极坐标下的二重积分的计算.在极坐标下的二重积分同样要化为二次积分来计算,通常化为先对 r,后对 θ 的二次积分.设积分区域 D 在极坐标下可以表为

$$D: \alpha \leqslant \theta \leqslant \beta, \quad \varphi_1(\theta) \leqslant r \leqslant \varphi_2(\theta),$$

其中 $\varphi_1(\theta), \varphi_2(\theta)$ 在 $[\alpha, \beta]$ 上连续,D 的形状如图 12(a),(b) 和 (c) 所示,则可以证明有

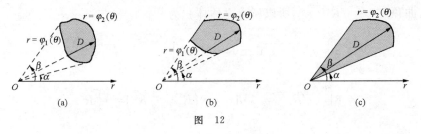

图 12

$$\iint\limits_{D} f(r\cos\theta, r\sin\theta)r\mathrm{d}r\mathrm{d}\theta = \int_{\alpha}^{\beta}\mathrm{d}\theta\int_{\varphi_1(\theta)}^{\varphi_2(\theta)} f(r\cos\theta, r\sin\theta)r\mathrm{d}r.$$

特别地,当积分区域 D 如图 13 所示时,D 可表为

§9.2 二重积分的计算

$$0 \leqslant \theta \leqslant 2\pi, \quad 0 \leqslant r \leqslant \varphi(\theta),$$

于是

$$\iint_D f(r\cos\theta, r\sin\theta) r \mathrm{d}r \mathrm{d}\theta = \int_0^{2\pi} \mathrm{d}\theta \int_0^{\varphi(\theta)} f(r\cos\theta, r\sin\theta) r \mathrm{d}r.$$

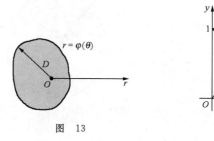

图 13 　　　　　　图 14

例 6 写出 $\iint_D f(x,y) \mathrm{d}x\mathrm{d}y$ 在极坐标下的二次积分，其中

$$D: 1-x \leqslant y \leqslant \sqrt{1-x^2}, \quad 0 \leqslant x \leqslant 1.$$

解 画积分区域 D 如图 14 所示.

将 $x=r\cos\theta, y=r\sin\theta$ 代入直角坐标方程，得极坐标下圆 $x^2+y^2=1$ 的方程为 $r=1$，直线 $x+y=1$ 的方程为 $r=\dfrac{1}{\sin\theta+\cos\theta}$. 所以 D 可表为

$$D: 0 \leqslant \theta \leqslant \frac{\pi}{2}, \quad \frac{1}{\sin\theta+\cos\theta} \leqslant r \leqslant 1,$$

进而

$$\iint_D f(x,y) \mathrm{d}x\mathrm{d}y = \int_0^{\frac{\pi}{2}} \mathrm{d}\theta \int_{\frac{1}{\sin\theta+\cos\theta}}^1 f(r\cos\theta, r\sin\theta) r \mathrm{d}r.$$

例 7 将二重积分 $\iint_D f(x,y) \mathrm{d}x\mathrm{d}y$ 化成二次积分，其中 $D: x^2+y^2 \leqslant 2x$.

解 因 D 与圆域有关，故考虑化为极坐标下的二次积分. 如图 15，由 $x=r\cos\theta, y=r\sin\theta$，得极坐标下 D 可表示为 $-\dfrac{\pi}{2} \leqslant \theta \leqslant \dfrac{\pi}{2}, 0 \leqslant r \leqslant 2\cos\theta$，所以

$$\iint_D f(x,y) \mathrm{d}x\mathrm{d}y = \int_{-\frac{\pi}{2}}^{\frac{\pi}{2}} \mathrm{d}\theta \int_0^{2\cos\theta} f(r\cos\theta, r\sin\theta) r \mathrm{d}r.$$

例 8 计算 $\iint_D \mathrm{e}^{-x^2-y^2} \mathrm{d}x\mathrm{d}y$，其中 D 是由圆心在原点，半径为 a 的圆周所围成的闭区域.

解 极坐标下 $D: 0 \leqslant \theta \leqslant 2\pi, 0 \leqslant r \leqslant a$，故有

$$\iint_D \mathrm{e}^{-x^2-y^2} \mathrm{d}x\mathrm{d}y = \int_0^{2\pi} \mathrm{d}\theta \int_0^a \mathrm{e}^{-r^2} r \mathrm{d}r = \pi(1-\mathrm{e}^{-a^2}).$$

注 此题若用直角坐标来计算,由于 e^{-x^2} 的原函数不能由初等函数表示而无法求出. 可见化为极坐标下的二次积分在某些情况下确实是必要的.

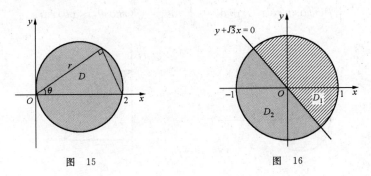

图 15　　　　　　　　图 16

例 9　计算 $I = \iint\limits_{D} |y + \sqrt{3}x| \, dx\,dy$,其中 $D: x^2 + y^2 \leqslant 1$.

解　如图 16,直线 $y + \sqrt{3}x = 0$ 把圆 $x^2 + y^2 \leqslant 1$ 分成两部分:

$$D_1: -\frac{\pi}{3} \leqslant \theta \leqslant \frac{2\pi}{3}, \ 0 \leqslant r \leqslant 1; \quad D_2: \frac{2\pi}{3} \leqslant \theta \leqslant \frac{5\pi}{3}, \ 0 \leqslant r \leqslant 1.$$

所以

$$I = \iint\limits_{D_1}(y + \sqrt{3}x)\,dx\,dy - \iint\limits_{D_2}(y + \sqrt{3}x)\,dx\,dy$$

$$= \int_{-\frac{\pi}{3}}^{\frac{2\pi}{3}}(\sin\theta + \sqrt{3}\cos\theta)\,d\theta \int_0^1 r^2\,dr - \int_{\frac{2\pi}{3}}^{\frac{5\pi}{3}}(\sin\theta + \sqrt{3}\cos\theta)\,d\theta \int_0^1 r^2\,dr$$

$$= \frac{1}{3}\left[(\sqrt{3}\sin\theta - \cos\theta)\Big|_{-\frac{\pi}{3}}^{\frac{2\pi}{3}} - (\sqrt{3}\sin\theta - \cos\theta)\Big|_{\frac{2\pi}{3}}^{\frac{5\pi}{3}}\right] = \frac{8}{3}.$$

*三、二重积分的一般换元法

对应于定积分的换元法,二重积分也有其换元法来化繁为简,现表述如下:

设变量变换

$$u = u(x,y), \quad v = v(x,y) \qquad \qquad ⑤$$

将 Oxy 平面上的闭区域 D 一一对应地变到 Ouv 平面上的闭区域 D'. 如果函数 u,v 在 D 内具有连续偏导数,且

$$\frac{\partial(u,v)}{\partial(x,y)} = \begin{vmatrix} \dfrac{\partial u}{\partial x} & \dfrac{\partial u}{\partial y} \\[6pt] \dfrac{\partial v}{\partial x} & \dfrac{\partial v}{\partial y} \end{vmatrix} \neq 0,$$

则变换⑤存在逆变换

§ 9.2 二重积分的计算

$$x = x(u,v), \quad y = y(u,v), \qquad ⑥$$

且 $x=x(u,v), y=y(u,v)$ 在 D' 内具有连续偏导数，同时在 D' 内变换对应的雅可比行列式

$$\frac{\partial(x,y)}{\partial(u,v)} \neq 0.$$

设 $f(x,y)$ 为 D 上的可积函数，则可以证明在变换⑥下有二重积分换元公式

$$\iint\limits_{D} f(x,y)\mathrm{d}x\mathrm{d}y = \iint\limits_{D'} f(x(u,v), y(u,v)) \left|\frac{\partial(x,y)}{\partial(u,v)}\right| \mathrm{d}u\mathrm{d}v. \qquad ⑦$$

公式⑦的证明略. 应该强调的是，若雅可比行列式 $\frac{\partial(x,y)}{\partial(u,v)}$ 只在 D' 内个别点或一条曲线上为零，而在其他点上不为零，公式⑦同样成立.

不难验证，极坐标到直角坐标的变换 $x=r\cos\theta, y=r\sin\theta$ 满足上述要求，且变换对应的雅可比行列式

$$\frac{\partial(x,y)}{\partial(r,\theta)} = \begin{vmatrix} \frac{\partial x}{\partial r} & \frac{\partial x}{\partial \theta} \\ \frac{\partial y}{\partial r} & \frac{\partial y}{\partial \theta} \end{vmatrix} = \begin{vmatrix} \cos\theta & -r\sin\theta \\ \sin\theta & r\cos\theta \end{vmatrix} = r.$$

将此结果代入公式⑦即可得公式④.

例 10 求由抛物线 $y^2=mx, y^2=nx$ 和直线 $y=\alpha x, y=\beta x$ $(0<m<n, 0<\alpha<\beta)$ 所围成区域 D(图 17) 的面积.

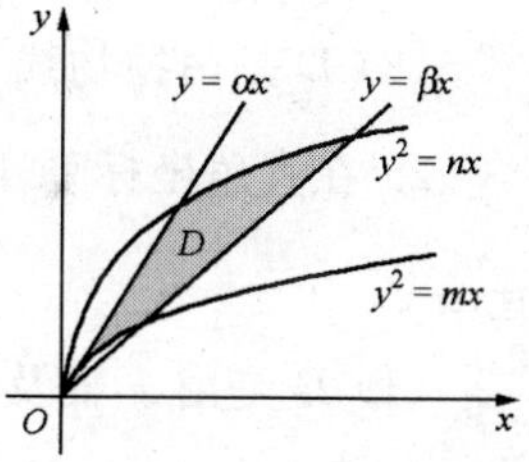

解 作变换 $u=\frac{y^2}{x}, v=\frac{y}{x}$，即

$$x = \frac{u}{v^2}, \quad y = \frac{u}{v} \quad (u>0, v>0).$$

图 17

它把 D 的边界 $y^2=mx, y^2=nx, y=\alpha x, y=\beta x$ 分别变成直线 $u=m, u=n, v=\alpha, v=\beta$，即区域 D 变换成了矩形区域 $D': m\leqslant u\leqslant n, \alpha\leqslant v\leqslant \beta$. 又变换对应的雅可比行列式

$$\frac{\partial(x,y)}{\partial(u,v)} = \begin{vmatrix} \frac{1}{v^2} & -\frac{2u}{v^3} \\ \frac{1}{v} & -\frac{u}{v^2} \end{vmatrix} = -\frac{u}{v^4} + \frac{2u}{v^4} = \frac{u}{v^4} > 0,$$

由公式⑦，所求面积为

$$A = \iint\limits_{D} \mathrm{d}x\mathrm{d}y = \iint\limits_{D'} \frac{u}{v^4}\mathrm{d}u\mathrm{d}v = \int_{\alpha}^{\beta}\frac{\mathrm{d}v}{v^4}\int_{m}^{n}\frac{u}{v^4}\mathrm{d}u = \frac{1}{6}(n^2-m^2)\left(-\frac{1}{\beta^3}+\frac{1}{\alpha^3}\right).$$

例 11 试计算椭球体 $\frac{x^2}{a^2}+\frac{y^2}{b^2}+\frac{z^2}{c^2}\leqslant 1$ $(a,b,c>0)$ 的体积 V.

解 取 $D: \dfrac{x^2}{a^2}+\dfrac{y^2}{b^2} \leqslant 1$，由二重积分的几何意义及椭球体的对称性得

$$V = 2\iint\limits_{D} z \mathrm{d}x\mathrm{d}y = 2c\iint\limits_{D} \sqrt{1-\dfrac{x^2}{a^2}-\dfrac{y^2}{b^2}}\,\mathrm{d}x\mathrm{d}y.$$

作类似于极坐标变换的变换 $x=ar\cos\theta, y=br\sin\theta$，则 D 的原像为 $D': 0\leqslant\theta\leqslant 2\pi, 0\leqslant r\leqslant 1$. 又变换对应的雅可比行列式

$$J = \dfrac{\partial(x,y)}{\partial(r,\theta)} = \begin{vmatrix} a\cos\theta & -ar\sin\theta \\ b\sin\theta & br\cos\theta \end{vmatrix} = abr > 0 \quad (\text{当 } r\neq 0 \text{ 时}).$$

由公式⑦，所以

$$V = 2c\iint\limits_{D'} \sqrt{1-r^2}\,abr\,\mathrm{d}r\mathrm{d}\theta = 2abc\int_0^{2\pi}\mathrm{d}\theta\int_0^1 \sqrt{1-r^2}\,r\mathrm{d}r = \dfrac{4}{3}\pi abc.$$

习 题 9.2

1. 在直角坐标系下将 $\iint\limits_{D} f(x,y)\mathrm{d}\sigma$ 化为二次积分，其中：

   (1) $D: 1\leqslant x^2+y^2\leqslant 4$；

   (2) D 是由抛物线 $y^2=x$ 及直线 $y=x-2$ 所围成的闭区域.

2. 在直角坐标系下，将二重积分 $\iint\limits_{D} f(x,y)\mathrm{d}\sigma$ 化为两种不同积分次序的二次积分，其中：

   (1) D 是由 x 轴及半圆周 $x^2+y^2=r^2(y\geqslant 0)$ 所围成的闭区域；

   (2) D 是由直线 $y=x, x=2$ 及双曲线 $y=\dfrac{1}{x}(x>0)$ 所围成的闭区域.

3. 画出下列积分的积分区域，并交换积分次序：

   (1) $\displaystyle\int_0^1 \mathrm{d}x \int_0^{1-x} f(x,y)\mathrm{d}y$；

   (2) $\displaystyle\int_0^{2a} \mathrm{d}x \int_{\sqrt{2ax-x^2}}^{\sqrt{2ax}} f(x,y)\mathrm{d}y \ (a>0)$；

   (3) $\displaystyle\int_0^1 \mathrm{d}x \int_0^{\sqrt{2x-x^2}} f(x,y)\mathrm{d}y + \int_1^2 \mathrm{d}x \int_0^{2-x} f(x,y)\mathrm{d}y$；

   (4) $\displaystyle\int_{e^{-2}}^1 \mathrm{d}y \int_{-\ln y}^2 f(x,y)\mathrm{d}x + \int_1^{1+\sqrt{2}} \mathrm{d}y \int_{(y-1)^2}^2 f(x,y)\mathrm{d}x$；

   (5) $\displaystyle\int_0^1 \mathrm{d}y \int_{\sqrt{y}}^{\sqrt{2-y}} f(x,y)\mathrm{d}x.$

4. 如果二重积分 $\iint\limits_{D} f(x,y)\mathrm{d}x\mathrm{d}y$ 中 $f(x,y)=f_1(x)f_2(y), D: a\leqslant x\leqslant b, c\leqslant y\leqslant d$，

证明：
$$\iint_D f(x,y)\mathrm{d}x\mathrm{d}y = \left[\int_a^b f_1(x)\mathrm{d}x\right] \cdot \left[\int_c^d f_2(y)\mathrm{d}y\right].$$

5. 在极坐标系下将 $\iint_D f(x,y)\mathrm{d}\sigma$ 化为二次积分，其中：

(1) $D: 1\leqslant x^2+y^2\leqslant 4$；　　(2) $D: 0\leqslant x\leqslant 2, x\leqslant y\leqslant \sqrt{3}x$；

(3) $D: 0\leqslant x\leqslant 1, 0\leqslant y\leqslant x^2$；　　(4) $D: x^2+y^2\leqslant 2y$.

6. 选择恰当的坐标系计算下列二重积分：

(1) $\iint_D (3x+2y)\mathrm{d}\sigma$，其中 D 是由两坐标轴及直线 $x+y=2$ 所围成的闭区域；

(2) $\iint_D \ln(1+x^2+y^2)\mathrm{d}\sigma$，其中 D 是由圆周 $x^2+y^2=1$ 及坐标轴所围成的在第一象限内的闭区域；

(3) $\iint_D (x^2+y^2)\mathrm{d}x\mathrm{d}y$，其中 D 是由 $x^2+y^2=2y, x^2+y^2=4y$ 及直线 $x-\sqrt{3}y=0, y-\sqrt{3}x=0$ 所围成的闭区域；

(4) $\iint_D (x^2+y)\mathrm{d}x\mathrm{d}y$，其中 D 是由抛物线 $y=x^2$ 和 $x=y^2$ 所围成的闭区域；

(5) $\iint_D x^2 \mathrm{e}^{-y^2}\mathrm{d}x\mathrm{d}y$，其中 D 是以 $(0,0),(1,1),(0,1)$ 为顶点的三角形闭区域；

(6) $\iint_D (x+y)\mathrm{d}x\mathrm{d}y$，其中 $D: x^2+y^2\leqslant x+y$；

(7) $\iint_D y\mathrm{d}x\mathrm{d}y$，其中 D 是由直线 $x=-1, y=0, y=2$ 以及曲线 $x=-\sqrt{2y-y^2}$ 所围成的闭区域；

(8) $\iint_D (x^2+y^2)^{-\frac{1}{2}}\mathrm{d}x\mathrm{d}y$，其中 D 是由抛物线 $y=x^2$ 及直线 $y=x$ 所围成的闭区域；

(9) $\iint_D \sqrt{|y-x^2|}\mathrm{d}x\mathrm{d}y$，$D: -1\leqslant x\leqslant 1, 0\leqslant y\leqslant 2$；

(10) $\iint_D |x^2+y^2-2|\mathrm{d}\sigma$，$D: x^2+y^2\leqslant 3$；

(11) $\iint_D x[1+yf(x^2+y^2)]\mathrm{d}x\mathrm{d}y$，其中 D 是由 $y=x^3, y=1, x=-1$ 所围成的闭区域，f 是连续函数；

(12) $\iint\limits_{D}(\sqrt{x^2+y^2}+y)\mathrm{d}x\mathrm{d}y$,其中 D 是由 $x^2+y^2=4$ 和 $(x+1)^2+y^2=1$ 所围成的闭区域.

7. 求曲面 $z=x^2+2y^2$ 及 $z=6-2x^2-y^2$ 所围成的立体体积.

8. 计算以 Oxy 平面上圆周 $x^2+y^2=ax$ 围成的闭区域为底,而以曲面 $z=x^2+y^2$ 为曲顶的曲顶柱体的体积.

*9. 作适当变换,计算由 $x+y=c, x+y=d, y=ax, y=bx(0<c<d, 0<a<b)$ 所围成的区域 D 的面积 S.

*10. 计算下列变换的雅可比行列式:

(1) $x=u-2v, y=2u-v$;

(2) $x=\mathrm{e}^{2u}\cos v, y=\mathrm{e}^{2u}\sin v$;

(3) $x=u+v+w, y=u+v-w, z=u-v+w$;

(4) $x=2u, y=3v^2, z=4w^3$.

*11. 选择适当的变换计算下列二重积分:

(1) $\iint\limits_{D}(x+y)^3\cos^2(x-y)\mathrm{d}x\mathrm{d}y$,其中 D 是以 $(\pi,0),(3\pi,2\pi),(2\pi,3\pi),(0,\pi)$ 为顶点的平行四边形闭区域;

(2) $\iint\limits_{D}\sin(9x^2+4y^2)\mathrm{d}x\mathrm{d}y$,其中 D 是由椭圆 $9x^2+4y^2\leqslant 1$ 所围成的在第一象限内的闭区域.

§9.3 三重积分的概念与计算

一、三重积分的概念

我们可以将二重积分的概念加以推广得到空间中三重积分的概念.

定义 设 $f(x,y,z)$ 为空间有界闭区域 Ω 上的有界函数,将闭区域 Ω 任意分成 n 个小闭区域 $\Delta v_i(i=1,2,\cdots,n)$,$\Delta v_i$ 既表示第 i 个小区域本身又表示它的体积. 在每个 Δv_i 上任取点 (ξ_i,η_i,ζ_i). 当 $\Delta v_i(i=1,2,\cdots,n)$ 中最大直径 λ 趋于零时,若 $\sum\limits_{i=1}^{n}f(\xi_i,\eta_i,\zeta_i)\Delta v_i$ 的极限存在,则称此极限值为函数 $f(x,y,z)$ 在区域 Ω 上的**三重积分**,记做 $\iiint\limits_{\Omega}f(x,y,z)\mathrm{d}v$,即

$$\iiint\limits_{\Omega}f(x,y,z)\mathrm{d}v=\lim_{\lambda\to 0}\sum_{i=1}^{n}f(\xi_i,\eta_i,\zeta_i)\Delta v_i,$$

其中称 $f(x,y,z)$ 为**被积函数**,$f(x,y,z)\mathrm{d}v$ 为**积分表达式**,$\mathrm{d}v$ 为**体积元素**,x,y,z 为积分变量,Ω 为积分区域,$\sum_{i=1}^{n}f(\xi_i,\eta_i,\zeta_i)\Delta v_i$ 为**积分和**. 这时也称函数 $f(x,y,z)$ 在区域 Ω 上可积.

上述定义中,闭区域 Ω 的划分是任意的. 但在函数可积的情况下,与二重积分类似,在直角坐标系中我们常用平行于三个坐标平面的平面来分割区域,此时体积元素 $\mathrm{d}v = \mathrm{d}x\mathrm{d}y\mathrm{d}z$,所以三重积分常记做

$$\iiint_{\Omega} f(x,y,z)\mathrm{d}x\mathrm{d}y\mathrm{d}z.$$

类似于定积分与二重积分存在性,空间有界闭区域上的连续函数在该区域上的三重积分必定存在. 以下如不特殊说明,假定我们讨论的三重积分都存在.

三重积分一般情况的几何意义出现在四维空间,我们这里不作探讨. 在特殊情况下,例如当在 Ω 上 $f(x,y,z) \equiv 1$ 时,$\iiint_{\Omega} f(x,y,z)\mathrm{d}v = \iiint_{\Omega} \mathrm{d}v$ 为立体 Ω 的体积.

三重积分的性质与二重积分的性质相对应,结论类似,如线性、单调性、区域可加性等,这里不再重复.

类似于二重积分的计算,三重积分的计算在一般情况下需化为三次积分来进行.

二、三重积分的计算

(一) 直角坐标系下三重积分的计算

以下我们介绍两种化三重积分为三次积分的方法,其中仅限于叙述,不作严格证明.

第一种方法是化三重积分为先定积分后二重积分,叫做**投影法**,也叫"**先一后二**"法. 具体如下:

设三重积分 $\iiint_{\Omega} f(x,y,z)\mathrm{d}x\mathrm{d}y\mathrm{d}z$ 的积分区域 Ω 可如下表示

$\Omega: z_1(x,y) \leqslant z \leqslant z_2(x,y),\quad (x,y) \in D_{xy}$,
其中 D_{xy} 为 Ω 在 Oxy 平面上的投影区域,它是 Oxy 平面上的有界闭区域,$z_1(x,y)$ 和 $z_2(x,y)$ 都在 D_{xy} 上连续. 这时 Ω 的特点是:过区域 D_{xy} 内任点 (x,y),作平行 z 轴的直线,则直线与 Ω 的边界最多有两个交点,这样的 Ω 其边界可分为三部分,一部分是以 D_{xy} 的边界为准线,母线平行于 z 轴的柱面,另外两部分则是上、下边界面(图1).

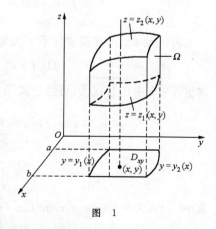

图 1

在计算三重积分 $\iiint_{\Omega} f(x,y,z)\mathrm{d}x\mathrm{d}y\mathrm{d}z$ 时,先将 x,y 看做定值,则 $f(x,y,z)$ 为 z 的函数.

定积分 $\int_{z_1(x,y)}^{z_2(x,y)} f(x,y,z)\mathrm{d}z$ 的结果用 x,y 表示,可看做以 x,y 为自变量的函数,记为 $F(x,y)$. 然后在 D_{xy} 上对 $F(x,y)$ 作二重积分:

$$\iint_{D_{xy}} F(x,y)\mathrm{d}x\mathrm{d}y = \iint_{D_{xy}} \left[\int_{z_1(x,y)}^{z_2(x,y)} f(x,y,z)\mathrm{d}z\right]\mathrm{d}x\mathrm{d}y.$$

上式就是我们要找的先定积分后二重积分的投影法,即

$$\iiint_{\Omega} f(x,y,z)\mathrm{d}v = \iint_{D_{xy}} \left[\int_{z_1(x,y)}^{z_2(x,y)} f(x,y,z)\mathrm{d}z\right]\mathrm{d}\sigma,$$

常记为

$$\iiint_{\Omega} f(x,y,z)\mathrm{d}v = \iint_{D_{xy}} \mathrm{d}x\mathrm{d}y \int_{z_1(x,y)}^{z_2(x,y)} f(x,y,z)\mathrm{d}z. \qquad ①$$

若区域 D_{xy} 为 X 型区域,即 $D_{xy}: a \leqslant x \leqslant b, y_1(x) \leqslant y \leqslant y_2(x)$,则公式①可进一步化为**先对 z,再对 y,后对 x 的三次积分**:

$$\iiint_{\Omega} f(x,y,z)\mathrm{d}v = \int_a^b \mathrm{d}x \int_{y_1(x)}^{y_2(x)} \mathrm{d}y \int_{z_1(x,y)}^{z_2(x,y)} f(x,y,z)\mathrm{d}z;$$

若区域 D_{xy} 为 Y 型区域,即 $D_{xy}: c \leqslant y \leqslant d, x_1(y) \leqslant x \leqslant x_2(y)$,则公式①可化为**先对 z,再对 x,后对 y 的三次积分**:

$$\iiint_{\Omega} f(x,y,z)\mathrm{d}v = \int_c^d \mathrm{d}y \int_{x_1(y)}^{x_2(y)} \mathrm{d}x \int_{z_1(x,y)}^{z_2(x,y)} f(x,y,z)\mathrm{d}z.$$

若区域 D_{xy} 可在极坐标系下表为

$$D_{xy}: \alpha \leqslant \theta \leqslant \beta, \quad \varphi_1(\theta) \leqslant r \leqslant \varphi_2(\theta),$$

则由§9.2中的公式④,可将公式①化为**先对 z,再对 r,后对 θ 的三次积分**:

$$\iiint_{\Omega} f(x,y,z)\mathrm{d}v = \iint_{D_{xy}} r\mathrm{d}r\mathrm{d}\theta \int_{z_1'(r,\theta)}^{z_2'(r,\theta)} f(r\cos\theta, r\sin\theta, z)\mathrm{d}z$$

$$= \int_\alpha^\beta \mathrm{d}\theta \int_{\varphi_1(\theta)}^{\varphi_2(\theta)} r\mathrm{d}r \int_{z_1'(r,\theta)}^{z_2'(r,\theta)} f(r\cos\theta, r\sin\theta, z)\mathrm{d}z,$$

其中 $z_1'(r,\theta) = z_1(r\cos\theta, r\sin\theta), z_2'(r,\theta) = z_2(r\cos\theta, r\sin\theta)$.

可见,与二次积分类似,三次积分是依次进行的三个定积分,且积分上、下限仍然按"由小到大"的原则确定.

如果有界闭区域 Ω 被平行于 x 轴(或 y 轴)的直线穿过时,直线与 Ω 边界的交点不多于两个,则三重积分也可化为其他相应的"先一后二"的积分,进而化为三次积分.

§9.3 三重积分的概念与计算

对于空间区域 Ω,若用平行于坐标轴的直线穿 Ω,直线与 Ω 的边界至多有两个交点,则我们称其为简单区域.而复杂的有界空间区域总可分割成有限个简单区域,进而可以由积分区域可加性解决其积分问题.

例1 化 $I = \iiint\limits_{\Omega} f(x,y,z) \mathrm{d}x\mathrm{d}y\mathrm{d}z$ 为三次积分,其中 Ω 是由曲面 $xy=z$ 及平面 $x+y-1=0, z=0$ 所围成的空间闭区域.

分析 如图2,区域 Ω 在 Oxy 平面的投影区域为三角形区域 D_{xy},过 D_{xy} 内任一点且平行于 z 轴的直线与 Ω 边界的交点不多于两个,故可以用投影法.

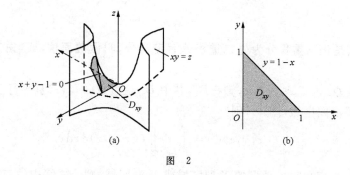

图 2

解 如图2(a)所示,Ω 的上边界面为 $z=xy$,下边界面为 $z=0$,它在 Oxy 平面上的投影区域为 D_{xy}: $0 \leqslant x \leqslant 1, 0 \leqslant y \leqslant 1-x$(图2(b)),于是

$$\Omega: 0 \leqslant z \leqslant xy,\ 0 \leqslant x \leqslant 1,\ 0 \leqslant y \leqslant 1-x,$$

所以

$$I = \iint\limits_{D_{xy}} \mathrm{d}x\mathrm{d}y \int_0^{xy} f(x,y,z)\mathrm{d}z = \int_0^1 \mathrm{d}x \int_0^{1-x} \mathrm{d}y \int_0^{xy} f(x,y,z)\mathrm{d}z.$$

例2 计算 $I = \iiint\limits_{\Omega} \dfrac{1}{x^2+y^2+1}\mathrm{d}x\mathrm{d}y\mathrm{d}z$,其中 Ω 是由锥面 $x^2+y^2=z^2$,平面 $z=1$ 所围成的空间闭区域.

解 如图3所示,区域 Ω 的上边界面为 $z=1$,下边界面为 $z=\sqrt{x^2+y^2}$,它在 Oxy 平面上的投影区域为 D_{xy}: $x^2+y^2 \leqslant 1$,所以

$$I = \iint\limits_{D_{xy}} \mathrm{d}x\mathrm{d}y \int_{\sqrt{x^2+y^2}}^1 \frac{1}{x^2+y^2+1}\mathrm{d}z = \iint\limits_{D_{xy}} \frac{1-\sqrt{x^2+y^2}}{x^2+y^2+1}\mathrm{d}x\mathrm{d}y$$

$$\xlongequal{\text{极坐标}} \int_0^{2\pi} \mathrm{d}\theta \int_0^1 \frac{r-r^2}{1+r^2}\mathrm{d}r = \pi\left(\ln 2 - 2 + \frac{\pi}{2}\right).$$

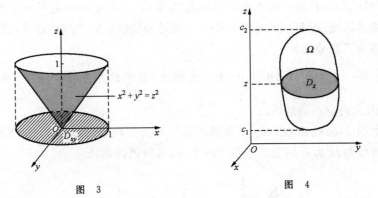

图 3　　　　　　　　　图 4

第二种方法是化三重积分为先二重积分后定积分,叫做**截面法**,或"**先二后一**"**法**. 叙述如下:

设空间区域 $\Omega: c_1 \leqslant z \leqslant c_2, (x,y) \in D_z$,其中 D_z 是过点 $(0,0,z)$ 且平行于 Oxy 平面的平面截 Ω 所得的平面闭区域(图4),则

$$\iiint_\Omega f(x,y,z)\mathrm{d}v = \int_{c_1}^{c_2}\mathrm{d}z\iint_{D_z} f(x,y,z)\mathrm{d}x\mathrm{d}y. \qquad ②$$

同样,若 D_z 为直角坐标系下的 X 型区域或 Y 型区域,则公式②中的二重积分可化为二次积分,进而三重积分就化成三次积分. 另外,若 D_z 用极坐标表示,公式②变为

$$\iiint_\Omega f(x,y,z)\mathrm{d}v = \int_{c_1}^{c_2}\mathrm{d}z\iint_{D_z} f(r\cos\theta, r\sin\theta, z)r\mathrm{d}r\mathrm{d}\theta,$$

进一步可化为三次积分.

对于平行于其他坐标平面作积分区域截面的情况,同理可得相应的"先二后一"的积分.

例3　计算三重积分 $\iiint_\Omega z\mathrm{d}x\mathrm{d}y\mathrm{d}z$,其中 Ω 是由三个坐标平面及平面 $x+y+z=1$ 所围成的空间闭区域.

解　如图5(a),用过点 $(0,0,z)$ 且平行于 Oxy 平面的平面截区域 Ω 得截面 D_z,它在 Oxy 平面上的投影是由 x 轴, y 轴和 $x+y=1-z$ 围成的等腰直角三角形区域(图5(b)),又区域 Ω 中点的竖坐标变化范围是 $0 \leqslant z \leqslant 1$,所以

$$\iiint_\Omega z\mathrm{d}x\mathrm{d}y\mathrm{d}z = \int_0^1 z\mathrm{d}z \iint_{D_z} \mathrm{d}x\mathrm{d}y.$$

而 $\iint_{D_z} \mathrm{d}x\mathrm{d}y = \frac{1}{2}(1-z)^2$,则

$$\iiint_\Omega z\mathrm{d}x\mathrm{d}y\mathrm{d}z = \int_0^1 z \cdot \frac{1}{2}(1-z)^2 \mathrm{d}z = \frac{1}{24}.$$

§ 9.3 三重积分的概念与计算

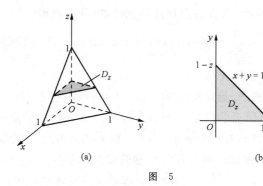

图 5

注 此题亦可用投影法计算.

例 4 计算三重积分 $\iiint\limits_{\Omega} z\,dxdydz$,其中 Ω 是上半椭球体 $\dfrac{x^2}{a^2}+\dfrac{y^2}{b^2}+\dfrac{z^2}{c^2}\leqslant 1(z\geqslant 0)$.

解 用过点 $(0,0,z)$ 且平行于 Oxy 平面的平面截区域 Ω 得截面 $D_z:\dfrac{x^2}{a^2}+\dfrac{y^2}{b^2}\leqslant 1-\dfrac{z^2}{c^2}$,又区域 Ω 中点的竖坐标变化范围是 $0\leqslant z\leqslant c$,所以

$$\iiint\limits_{\Omega} z\,dxdydz = \int_0^c z\,dz \iint\limits_{D_z} dxdy.$$

而 $\iint\limits_{D_z} dxdy = S_{D_z} = \pi\sqrt{a^2\left(1-\dfrac{z^2}{c^2}\right)}\cdot\sqrt{b^2\left(1-\dfrac{z^2}{c^2}\right)} = \pi ab\left(1-\dfrac{z^2}{c^2}\right)$($S_{D_z}$ 为平面区域 D_z 的面积),故

$$\iiint\limits_{\Omega} z\,dxdydz = \int_0^c \pi ab\left(1-\dfrac{z^2}{c^2}\right)z\,dz = \dfrac{1}{4}\pi abc^2.$$

(二) 三重积分的换元法

类似于二重积分的换元法,三重积分也有如下换元法:

设变量变换

$$x=x(u,v,w),\quad y=y(u,v,w),\quad z=z(u,v,w),\quad (u,v,w)\in\Omega'$$

将 $Ouvw$ 空间中的闭区域 Ω' 一一对应地变为 $Oxyz$ 空间中的闭区域 Ω. 若函数 x,y,z 在 Ω' 内具有连续的偏导数,且

$$J = \dfrac{\partial(x,y,z)}{\partial(u,v,w)} = \begin{vmatrix} \dfrac{\partial x}{\partial u} & \dfrac{\partial x}{\partial v} & \dfrac{\partial x}{\partial w} \\ \dfrac{\partial y}{\partial u} & \dfrac{\partial y}{\partial v} & \dfrac{\partial y}{\partial w} \\ \dfrac{\partial z}{\partial u} & \dfrac{\partial z}{\partial v} & \dfrac{\partial z}{\partial w} \end{vmatrix} \neq 0,$$

又 $f(x,y,z)$ 为 Ω 上的可积函数,则有**三重积分换元公式**(证明从略)

$$\iiint_{\Omega} f(x,y,z)\mathrm{d}x\mathrm{d}y\mathrm{d}z = \iiint_{\Omega'} f(x(u,v,w),y(u,v,w),z(u,v,w))|J|\mathrm{d}u\mathrm{d}v\mathrm{d}w. \quad ③$$

(三) 柱面坐标下三重积分的计算

我们先介绍柱面坐标的概念.给定空间的一点 $P(x,y,z)$,它在 Oxy 平面上的投影点为 $Q(x,y,0)$.设点 Q 在 Oxy 平面上的极坐标表示为 (r,θ),则空间中的点 P 就可以用有序数组 (r,θ,z) 来表示(图6).称 r,θ,z 为点 P 的**柱面坐标**.显然点 P 的柱面坐标与直角坐标的变换关系为

$$\begin{cases} x = r\cos\theta, & 0 \leqslant r < +\infty, \\ y = r\sin\theta, & 0 \leqslant \theta < 2\pi, \\ z = z, & -\infty < z < +\infty. \end{cases} \quad ④$$

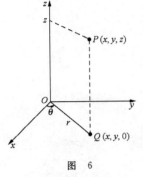

图 6

与极坐标一样,在柱面坐标下,某些曲面可以表示得非常简单,例如圆柱面 $x^2+y^2=r_c^2$ 在柱面坐标下表示为 $r=r_c$ (r_c 为正常数).这也正是我们引入柱面坐标的主要意义.下面我们讨论利用柱面坐标来计算三重积分.

不难验证,柱面坐标变换④满足换元公式③的要求,且变换对应的雅可比行列式

$$J = \frac{\partial(x,y,z)}{\partial(r,\theta,z)} = \begin{vmatrix} \frac{\partial x}{\partial r} & \frac{\partial x}{\partial \theta} & \frac{\partial x}{\partial z} \\ \frac{\partial y}{\partial r} & \frac{\partial y}{\partial \theta} & \frac{\partial y}{\partial z} \\ \frac{\partial z}{\partial r} & \frac{\partial z}{\partial \theta} & \frac{\partial z}{\partial z} \end{vmatrix} = \begin{vmatrix} \cos\theta & -r\sin\theta & 0 \\ \sin\theta & r\cos\theta & 0 \\ 0 & 0 & 1 \end{vmatrix} = r \neq 0,$$

所以若函数 $f(x,y,z)$ 在 Ω 上可积,则有公式

$$\iiint_{\Omega} f(x,y,z)\mathrm{d}x\mathrm{d}y\mathrm{d}z = \iiint_{\Omega} f(r\cos\theta, r\sin\theta, z) r\mathrm{d}r\mathrm{d}\theta\mathrm{d}z. \quad ⑤$$

如果积分区域 Ω 可表示为

$$\Omega: \alpha \leqslant \theta \leqslant \beta, \quad r_1(\theta) \leqslant r \leqslant r_2(\theta), \quad z_1(r,\theta) \leqslant z \leqslant z_2(r,\theta),$$

那么进一步可将上述公式化为三次积分

$$\iiint_{\Omega} f(x,y,z)\mathrm{d}x\mathrm{d}y\mathrm{d}z = \int_{\alpha}^{\beta}\mathrm{d}\theta \int_{r_1(\theta)}^{r_2(\theta)}\mathrm{d}r \int_{z_1(r,\theta)}^{z_2(r,\theta)} f(r\cos\theta, r\sin\theta, z) r\mathrm{d}z. \quad ⑥$$

例5 计算三重积分 $I = \iiint_{\Omega}(x^2+y^2)\mathrm{d}x\mathrm{d}y\mathrm{d}z$,其中 Ω 是由圆柱面 $x^2+y^2=a^2$,平面 $z=0$ 和 $z=h(h>0)$ 所围成的空间闭区域.

解 在柱面坐标下,Ω 的上、下边界面分别为 $z=h$ 和 $z=0$.

如图 7 所示，Ω 在 Oxy 平面上的投影区域为 $D: 0 \leqslant r \leqslant a, 0 \leqslant \theta \leqslant 2\pi$. 在柱面坐标下，
$$\Omega: 0 \leqslant r \leqslant a, 0 \leqslant \theta < 2\pi, 0 \leqslant z \leqslant h,$$
则
$$\iiint_\Omega (x^2+y^2)\mathrm{d}x\mathrm{d}y\mathrm{d}z = \iiint_\Omega r^2 \cdot r\mathrm{d}r\mathrm{d}\theta\mathrm{d}z$$
$$= \int_0^{2\pi} \mathrm{d}\theta \int_0^a r^3 \mathrm{d}r \int_0^h \mathrm{d}z = \frac{1}{2}\pi h a^4.$$

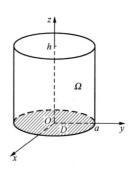

图 7

（四）球面坐标下三重积分的计算

我们还可以引进空间点的球面坐标，并利用它来简化三重积分的计算.

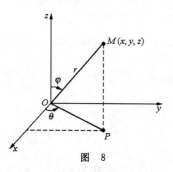

图 8

设 $M(x,y,z)$ 为空间中一点，r 为点 M 到原点 O 的距离，φ 为 z 轴正半轴到射线 OM 的夹角，θ 为 x 轴正半轴到射线 OM 在 Oxy 平面上的投影 OP 的夹角（图 8），则点 M 可用有序数组 (r,φ,θ) 来表示. 我们称 r,φ,θ 为点 M 的**球面坐标**. 同一点的直角坐标与球面坐标有如下变换关系：
$$\begin{cases} x = r\sin\varphi\cos\theta, & 0 \leqslant r < +\infty, \\ y = r\sin\varphi\sin\theta, & 0 \leqslant \theta < 2\pi, \\ z = r\cos\varphi, & 0 \leqslant \varphi < \pi. \end{cases} \qquad ⑦$$

同样，某些曲面方程在球面坐标下具有较简单的形式，这有利于三重积分的计算. 例如，$r = r_0$（常数）表示以原点为球心，r_0 为半径的球面；$\varphi = \varphi_0$（常数）表示以原点为顶点，z 轴为中心轴，半顶角为 φ_0 的圆锥面；$\theta = \theta_0$（常数）表示过 z 轴与 x 轴正半轴夹角为 θ_0 半平面.

现在介绍球面坐标下三重积分的计算. 同样可以验证，球面坐标到直角坐标的变换⑦满足换元公式③的要求，且有

$$J = \frac{\partial(x,y,z)}{\partial(r,\varphi,\theta)} = \begin{vmatrix} \dfrac{\partial x}{\partial r} & \dfrac{\partial x}{\partial \varphi} & \dfrac{\partial x}{\partial \theta} \\ \dfrac{\partial y}{\partial r} & \dfrac{\partial y}{\partial \varphi} & \dfrac{\partial y}{\partial \theta} \\ \dfrac{\partial z}{\partial r} & \dfrac{\partial z}{\partial \varphi} & \dfrac{\partial z}{\partial \theta} \end{vmatrix} = \begin{vmatrix} \sin\varphi\cos\theta & r\cos\varphi\cos\theta & -r\sin\varphi\sin\theta \\ \sin\varphi\sin\theta & r\cos\varphi\sin\theta & r\sin\varphi\cos\theta \\ \cos\varphi & -r\sin\varphi & 0 \end{vmatrix} = r^2\sin\varphi.$$

将此结果代入公式③即可得

$$\iiint_\Omega f(x,y,z)\mathrm{d}x\mathrm{d}y\mathrm{d}z = \iiint_{\Omega'} f(r\sin\varphi\cos\theta, r\sin\varphi\sin\theta, r\cos\varphi)r^2\sin\varphi\mathrm{d}r\mathrm{d}\varphi\mathrm{d}\theta. \qquad ⑧$$

在球面坐标下体积微元 $\mathrm{d}v = r^2\sin\varphi\mathrm{d}r\mathrm{d}\varphi\mathrm{d}\theta$ 的几何表示见图 9.

若球面坐标下空间区域 Ω 可表示为
$$\Omega: \alpha_1 \leqslant \theta \leqslant \alpha_2, \beta_1(\theta) \leqslant \varphi \leqslant \beta_2(\theta), r_1(\theta,\varphi) \leqslant r \leqslant r_2(\theta,\varphi),$$

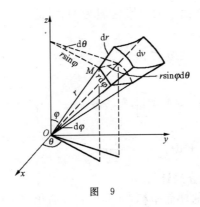

图 9

则有

$$\iiint_\Omega f(x,y,z)\mathrm{d}x\mathrm{d}y\mathrm{d}z = \int_{\alpha_1}^{\alpha_2}\mathrm{d}\theta\int_{\beta_1(\theta)}^{\beta_2(\theta)}\mathrm{d}\varphi\int_{r_1(\varphi,\theta)}^{r_2(\varphi,\theta)}f(r\sin\varphi\cos\theta,r\sin\varphi\sin\theta,r\cos\varphi)r^2\sin\varphi\mathrm{d}r. \quad ⑨$$

特别地,若积分区域 Ω 是以原点为球心,a 为半径的球体,即

$$\Omega: 0\leqslant\theta\leqslant 2\pi,\ 0\leqslant\varphi\leqslant\pi,\ 0\leqslant r\leqslant a,$$

且在 Ω 上 $f(x,y,z)\equiv 1$,则代入⑨式得

$$V_\Omega = \iiint_\Omega \mathrm{d}x\mathrm{d}y\mathrm{d}z = \int_0^{2\pi}\mathrm{d}\theta\int_0^\pi\mathrm{d}\varphi\int_0^a r^2\sin\varphi\mathrm{d}r = \frac{4}{3}\pi a^3.$$

这正是球体积公式.

例 6 如图 10,空间区域 Ω 由球面与锥面围成,其中球面的球心在 $(0,0,a)$,半径为 a,锥面半顶角为 α,求 Ω 的体积.

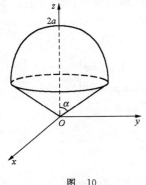

图 10

解 Ω 的上边界面为球面,其方程为 $x^2+y^2+(z-a)^2=a^2$,在球面坐标下方程为 $r=2a\cos\varphi$,Ω 的下边界面是锥面,其球面坐标方程为 $\varphi=\alpha$,所以区域 Ω 在球面坐标下可表为

$$\Omega: 0\leqslant\theta\leqslant 2\pi,\ 0\leqslant\varphi\leqslant\alpha,\ 0\leqslant r\leqslant 2a\cos\varphi.$$

于是由公式⑨得 Ω 的体积为

$$V = \iiint_\Omega \mathrm{d}x\mathrm{d}y\mathrm{d}z = \int_0^{2\pi}\mathrm{d}\theta\int_0^\alpha\mathrm{d}\varphi\int_0^{2a\cos\varphi}r^2\sin\varphi\mathrm{d}r$$

$$= \frac{2\pi}{3}\int_0^\alpha \sin\varphi(r^3)\Big|_0^{2a\cos\varphi}\mathrm{d}\varphi = \frac{4\pi}{3}a^3(1-\cos^4\alpha).$$

注 在积分区域 Ω 是与球域有关的区域,或者被积函数中有 $x^2+y^2+z^2$ 等形式的情况下,用球面坐标计算三重积分通常比较简便.

习 题 9.3

1. 将三重积分 $\iiint\limits_{\Omega} f(x,y,z)\mathrm{d}v$ 化为三次积分,其中 Ω 分别为：

(1) 由 $x^2+y^2+z^2=a^2$, $x^2+y^2+(z-a)^2=a^2$ 所围球体的公共部分；

(2) 由 $x^2+y^2=z^2$, $z=1$ 所围成的空间闭区域；

(3) 由 $x^2+y^2=R^2$, $z=0$, $z=H(H>0)$ 所围成的空间闭区域.

2. 证明：若 $f(x,y,z)=f_1(x)f_2(y)f_3(z)$，区域 $\Omega: a\leqslant x\leqslant b, c\leqslant y\leqslant d, h\leqslant z\leqslant g$，则
$$\iiint\limits_{\Omega} f(x,y,z)\mathrm{d}x\mathrm{d}y\mathrm{d}z = \int_a^b f_1(x)\mathrm{d}x \int_c^d f_2(y)\mathrm{d}y \int_h^g f_3(z)\mathrm{d}z.$$

3. 用截面法和投影法分别计算三重积分 $I=\iiint\limits_{\Omega} z^2\mathrm{d}x\mathrm{d}y\mathrm{d}z$，其中 Ω 为由三个坐标平面及平面 $x+y+z=1$，$x+y+z=2$ 所围成的空间闭区域.

4. 计算 $I=\iiint\limits_{\Omega} y\mathrm{d}v$，其中 Ω 是在 $z=x+2y$ 之下，Oxy 平面上由 $y=x^2$, $y=0$, $x=1$ 围成的平面区域之上的立体.

5. 用截面法和投影法分别计算 $I=\iiint\limits_{\Omega} z\mathrm{d}v$，其中 Ω 是由 $z=4x^2+4y^2$ 与 $z=4$ 所围成的空间闭区域.

6. 用截面法和投影法分别计算 $I=\iiint\limits_{\Omega} \sin z\mathrm{d}v$，其中 Ω 是由 $z=\sqrt{x^2+y^2}$ 与 $z=\pi$ 所围成的空间闭区域.

7. 用截面法和投影法分别计算 $I=\iiint\limits_{\Omega} z\mathrm{d}x\mathrm{d}y\mathrm{d}z$，其中 Ω 是球面 $x^2+y^2+z^2=4$ 与抛物面 $x^2+y^2=3z$ 所围成的空间闭区域.

8. 将下列三次积分的积分区域表成球面坐标或柱面坐标的形式：

(1) $\int_0^1 \mathrm{d}y \int_0^{\sqrt{1-y^2}} \mathrm{d}x \int_{x^2+y^2}^{\sqrt{x^2+y^2}} f(x,y,z)\mathrm{d}z$；

(2) $\int_0^3 \mathrm{d}y \int_0^{\sqrt{9-y^2}} \mathrm{d}x \int_{\sqrt{x^2+y^2}}^{\sqrt{18-x^2-y^2}} f(x,y,z)\mathrm{d}z$.

9. 计算 $I=\iiint\limits_{\Omega} x\mathrm{e}^{(x^2+y^2+z^2)^2}\mathrm{d}v$，其中 Ω 是第一卦限中夹在球面 $x^2+y^2+z^2=1$ 与 $x^2+y^2+z^2=4$ 之间的空间闭区域.

10. 计算 $I=\iiint\limits_{\Omega} (x^2+y^2+z^2)\mathrm{d}v$，其中 Ω 是由 $z=\sqrt{R^2-x^2-y^2}$ 与 $z=\sqrt{x^2+y^2}$ 所

围成的空间闭区域.

11. 计算 $I = \iiint\limits_{\Omega} z \, dx dy dz$, 其中 Ω 是球面 $x^2 + y^2 + z^2 = 2z$ 所围成的球体.

12. 利用对称性计算 $I = \iiint\limits_{\Omega} \dfrac{xyz}{1+x^2+y^2+z^2} dv$, 其中 $\Omega: x \geqslant 0, z \geqslant 0, x^2+y^2+z^2 \leqslant 1$.

13. 利用对称性计算 $\iiint\limits_{\Omega} \dfrac{z\ln(x^2+y^2+z^2+1)}{x^2+y^2+z^2+1} dx dy dz$, 其中 $\Omega: x^2+y^2+z^2 \leqslant 1$.

§9.4 重积分的应用

本节我们将利用重积分解决一些实际的问题,其中所用的思想方法是积分学中的元素法.

一、立体体积

设有空间有界闭区域 Ω,均匀分割后,任意地取小闭区域 Δv,它对应的体积元素为 dv,则 Ω 的体积为

$$V = \iiint\limits_{\Omega} dv.$$

例 1 设 Ω 是椭球体 $\dfrac{x^2}{a^2}+\dfrac{y^2}{b^2}+\dfrac{z^2}{c^2} \leqslant 1 (a,b,c>0)$,求 Ω 的体积.

解 因为 Ω 可表为 $\Omega: -c \leqslant z \leqslant c, (x,y) \in D_z$,其中 $D_z: \dfrac{x^2}{a^2}+\dfrac{y^2}{b^2} \leqslant 1-\dfrac{z^2}{c^2}$,所以 Ω 的体积为

$$V = \iiint\limits_{\Omega} dv = \int_{-c}^{c} dz \iint\limits_{D_z} dx dy,$$

而 $\iint\limits_{D_z} dx dy = S_{D_z} = \pi \sqrt{a^2\left(1-\dfrac{z^2}{c^2}\right)} \cdot \sqrt{b^2\left(1-\dfrac{z^2}{c^2}\right)} = \pi ab\left(1-\dfrac{z^2}{c^2}\right)$,故

$$V = \int_{-c}^{c} \pi ab \left(1-\dfrac{z^2}{c^2}\right) dz = \dfrac{4}{3}\pi abc.$$

此例的椭球体有一般性,所以结论可作为公式.

当然,由二重积分几何意义知,二重积分也可用来求空间立体体积(如§9.2 中的例5),但由于其积分表达式不如三重积分简单,计算方法不如三重积分灵活,因而多用三重积分来求立体体积.

二、空间曲面面积

问题：设 $\Sigma: z=f(x,y)$ 为空间可求面积的曲面，Σ 在 Oxy 平面的投影区域为 D_{xy}，函数 $z=f(x,y)$ 在 D_{xy} 上具有连续偏导数（称为**光滑曲面**），求空间曲面 Σ 的面积 S.

如图 1，由元素法思想，任取 D_{xy} 上的小区域 $d\sigma$. 在 $d\sigma$ 上任取点 $P(x,y)$，则 $P(x,y)$ 在空间曲面 Σ 上对应点 $M(x,y,f(x,y))$. 过点 $M(x,y,f(x,y))$ 作切平面 Π. 以 $d\sigma$ 的边界为准线，作母线平行于 z 轴的小柱面，截曲面 Σ 为 ΔS，截切平面 Π 为 dS（这里 $d\sigma, \Delta S, dS$ 同时表示相应的曲面面积）.

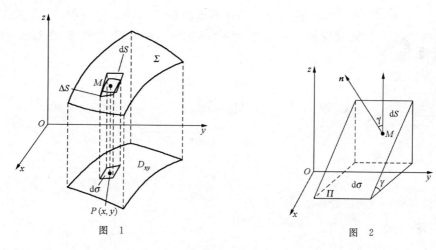

图 1 图 2

当 $d\sigma$ 很小时，$\Delta S \approx dS$，从而可用 dS 近似代替 ΔS. 曲面 Σ 上过点 M 的向上法向量 $\boldsymbol{n}$ 与 z 轴交角设为方向角 γ，则切平面 Π 与 Oxy 平面的交角等于 γ（如图 2）. 又 $d\sigma$ 为 dS 在 Oxy 平面的投影区域，则其面积关系为

$$d\sigma = dS \cdot \cos\gamma.$$

由第八章 §8.6 的讨论知，当法向量 $\boldsymbol{n}$ 与 z 轴的夹角 γ 是锐角时，$\boldsymbol{n}$ 可表示为 $(-z_x, -z_y, 1)$，所以 $\boldsymbol{n}$ 对 z 轴的方向余弦为

$$\cos\gamma = \frac{1}{\sqrt{1+z_x^2+z_y^2}}.$$

因此曲面 Σ 上的面积元素

$$dS = \sqrt{1+z_x^2+z_y^2}\,d\sigma = \sqrt{1+z_x^2+z_y^2}\,dxdy. \qquad ①$$

此时曲面 Σ 的面积为

$$S = \iint\limits_{D_{xy}} \sqrt{1+z_x^2+z_y^2}\,dxdy. \qquad ②$$

同理，若曲面 Σ 的方程为 $x=g(z,y)$，可将 Σ 向 Oyz 平面投影得区域 D_{yz}，于是有曲面

Σ 的面积为
$$S = \iint_{D_{yz}} \sqrt{1+x_z^2+x_y^2}\,\mathrm{d}y\mathrm{d}z;$$

若曲面 Σ 的方程为 $y=h(z,x)$，可将 Σ 向 Ozx 平面投影得区域 D_{zx}，于是曲面 Σ 的面积为
$$S = \iint_{D_{zx}} \sqrt{1+y_z^2+y_x^2}\,\mathrm{d}x\mathrm{d}z.$$

例 2 求球面 $x^2+y^2+z^2=a^2(a>0)$ 被柱面 $x^2+y^2=ax$ 所截得的那部分面积。

解 设 Σ 为所截得的曲面，S 为 Σ 的面积，Σ_1 为 Σ 在第一卦限的部分曲面(图3)，S_1 为 Σ_1 的面积。易知 Σ_1 在 Oxy 平面上的投影区域为
$$D_{xy}: x^2+y^2 \leqslant ax \quad (x,y \geqslant 0),$$
即
$$D_{xy}: 0 \leqslant \theta \leqslant \frac{\pi}{2},\ 0 \leqslant r \leqslant a\cos\theta.$$

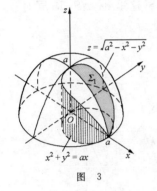

图 3

而 Σ_1 的方程为 $z=\sqrt{a^2-x^2-y^2}\,(x,y\geqslant 0)$，于是
$$\sqrt{1+z_x^2+z_y^2} = \frac{a}{\sqrt{a^2-x^2-y^2}}.$$

由 S 对称性 $S=4S_1$，再由公式②得
$$S = 4\iint_{D_{xy}} \sqrt{1+z_x^2+z_y^2}\,\mathrm{d}x\mathrm{d}y = 4\iint_{D_{xy}} \frac{a}{\sqrt{a^2-x^2-y^2}}\,\mathrm{d}x\mathrm{d}y$$
$$= 4a\int_0^{\frac{\pi}{2}}\mathrm{d}\theta\int_0^{a\cos\theta} \frac{1}{\sqrt{a^2-r^2}}r\,\mathrm{d}r = 2\pi a^2 - 4a^2 = 2a^2(\pi-2).$$

三、质心

设在 Oxy 平面上有 n 个离散质点，分别位于 (x_k,y_k)，其质量分别为 $m_k(k=1,2,\cdots,n)$。这 n 个质点构成一个质点系。由力学知识，该质点系的**质心**坐标为
$$\bar{x} = \frac{\sum_{k=1}^n x_k m_k}{\sum_{k=1}^n m_k}, \quad \bar{y} = \frac{\sum_{k=1}^n y_k m_k}{\sum_{k=1}^n m_k}.$$

上两式的分子分别叫做该质点系对 y 轴和对 x 轴的**静距**，分别记为 M_y, M_x。它们的分母为该质点系的总质量。同理有三维空间离散质点系的质心公式。

上面给出的是离散质点质心的求法，下面我们对连续质点的质心进行讨论。

设薄片在 Oxy 平面上所占的有界闭区域为 D，它的面密度 $\mu(x,y)$ 在 D 上连续，我们来

讨论这一平面薄片的质心.

任取 D 上的小区域 $\Delta\sigma$，$\Delta\sigma$ 的面积为 $d\sigma$. 当 $\Delta\sigma$ 的直径充分小时，用点 $(x,y)\in\Delta\sigma$ 处的密度 $\mu(x,y)$ 近似代替 $\Delta\sigma$ 上变化的密度，则有质量元素

$$dm = \mu(x,y)d\sigma$$

和静距元素

$$dM_y = x\mu(x,y)d\sigma, \quad dM_x = y\mu(x,y)d\sigma,$$

所以薄片质量为

$$M = \iint\limits_D dm = \iint\limits_D \mu(x,y)d\sigma,$$

薄片对 y 轴和对 x 轴的静距分别为

$$M_y = \iint\limits_D dM_y = \iint\limits_D x\mu(x,y)d\sigma, \quad M_x = \iint\limits_D dM_x = \iint\limits_D y\mu(x,y)d\sigma.$$

因此，薄片质心的坐标为

$$\bar{x} = \frac{M_y}{M} = \frac{\iint\limits_D x\mu(x,y)d\sigma}{\iint\limits_D \mu(x,y)d\sigma}, \quad \bar{y} = \frac{M_x}{M} = \frac{\iint\limits_D y\mu(x,y)d\sigma}{\iint\limits_D \mu(x,y)d\sigma}. \qquad ③$$

特别地，当薄片均匀时，即面密度 $\mu(x,y)$ 为常值 ρ 时，其质心坐标为

$$\bar{x} = \frac{M_y}{M} = \frac{\rho\iint\limits_D x\,d\sigma}{\rho\iint\limits_D d\sigma} = \frac{\iint\limits_D x\,d\sigma}{S_D}, \quad \bar{y} = \frac{M_x}{M} = \frac{\rho\iint\limits_D y\,d\sigma}{\rho\iint\limits_D d\sigma} = \frac{\iint\limits_D y\,d\sigma}{S_D}, \qquad ④$$

其中 S_D 为区域 D 的面积. 均匀薄片的质心也叫做**形心**.

设一立体为空间有界区域 Ω，它的体密度 $\mu(x,y,z)$ 在 Ω 上连续. 类似于平面薄片质心的讨论，有如下立体质心的坐标公式：

$$\bar{x} = \frac{\iiint\limits_\Omega x\mu(x,y,z)dv}{\iiint\limits_\Omega \mu(x,y,z)dv}, \quad \bar{y} = \frac{\iiint\limits_\Omega y\mu(x,y,z)dv}{\iiint\limits_\Omega \mu(x,y,z)dv}, \quad \bar{z} = \frac{\iiint\limits_\Omega z\mu(x,y,z)dv}{\iiint\limits_\Omega \mu(x,y,z)dv}. \qquad ⑤$$

特别地，当立体均匀时，即体密度 $\mu(x,y,z)$ 为常值 ρ 时，其形心坐标为

$$\bar{x} = \frac{\rho\iiint\limits_\Omega x\,dv}{\rho\iiint\limits_\Omega dv} = \frac{\iiint\limits_\Omega x\,dv}{V_\Omega}, \quad \bar{y} = \frac{\rho\iiint\limits_\Omega y\,dv}{\rho\iiint\limits_\Omega dv} = \frac{\iiint\limits_\Omega y\,dv}{V_\Omega}, \quad \bar{z} = \frac{\rho\iiint\limits_\Omega z\,dv}{\rho\iiint\limits_\Omega dv} = \frac{\iiint\limits_\Omega z\,dv}{V_\Omega}, \qquad ⑥$$

其中 V_Ω 为区域 Ω 的体积.

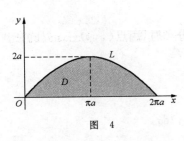

图 4

例3 设平面薄片是由曲线 $L: \begin{cases} x=a(t-\sin t) \\ y=a(1-\cos t) \end{cases}(0 \leqslant t \leqslant 2\pi)$ 与 x 轴围成的平面区域,它的面密度 $\mu=1$,求其形心.

解 此题可利用公式④求. 如图4,设平面薄片对应区域 D.

先求平面薄片面积. 因为 $0 \leqslant t \leqslant 2\pi$,所以由曲线参数方程得 $0 \leqslant x \leqslant 2\pi a$. 由定积分几何意义,区域 D 的面积为

$$S_D = \int_0^{2\pi a} y \, dx = \int_0^{2\pi} a(1-\cos t) \, d[a(t-\sin t)] = \int_0^{2\pi} a^2(1-\cos t)^2 \, dt = 3\pi a^2.$$

再求形心坐标. 由于区域 D 关于直线 $x=\pi a$ 对称,所以形心在 $x=\pi a$ 上,即 $\bar{x}=\pi a$. 又由公式④得

$$\bar{y} = \frac{1}{S_D}\iint_D y \, dx \, dy = \frac{1}{S_D}\int_0^{2\pi a} dx \int_0^y y \, dy = \frac{1}{6\pi a^2}\int_0^{2\pi a} y^2 \, dx$$

$$= \frac{1}{6\pi a^2}\int_0^{2\pi} a^2(1-\cos t)^2 \, d[a(t-\sin t)] = \frac{a}{6\pi}\int_0^{2\pi}(1-\cos t)^3 \, dt = \frac{5a}{6}.$$

所以形心为 $\left(\pi a, \dfrac{5a}{6}\right)$.

例4 求密度均匀的上半椭球体的质心.

解 设上半椭球体为 $\Omega: \dfrac{x^2}{a^2}+\dfrac{y^2}{b^2}+\dfrac{z^2}{c^2} \leqslant 1, z \geqslant 0$. 由对称性知 $\bar{x}=0, \bar{y}=0$. 因为密度均匀,故密度是常数. 由公式⑥、例1结果和§9.3例4结果知

$$\bar{z} = \frac{\iiint_\Omega z \, dv}{V_\Omega} = \frac{\dfrac{1}{4}\pi abc^2}{\dfrac{2}{3}\pi abc} = \frac{3}{8}c.$$

所以质心为 $\left(0, 0, \dfrac{3}{8}c\right)$.

四、转动惯量

设在 Oxy 平面上有 n 个离散质点,其质量分别为 $m_k(k=1,2,\cdots,n)$,由力学知识,由此 n 个质点构成的质点系对某一坐标轴的转动惯量为 $I = \sum\limits_{k=1}^{n} d_k^2 m_k$,其中 $d_k(k=1,2,\cdots,n)$ 为第 k 个质点到该坐标轴的距离.

下面对离散质点进行推广,讨论连续质点对坐标轴的转动惯量.

设薄片在 Oxy 平面所占区域为 D,它的面密度 $\mu(x,y)$ 在 D 上连续,我们来考虑它对两

坐标轴的转动惯量.

任取 D 上的小区域 $\Delta\sigma$,与质心的讨论同理,质量元素为
$$dm = \mu(x,y)d\sigma,$$
对 x,y 轴的转动惯量元素分别为
$$dI_x = y^2 dm = y^2\mu(x,y)d\sigma, \quad dI_y = x^2 dm = x^2\mu(x,y)d\sigma,$$
所以薄片对 x,y 轴的转动惯量分别为
$$I_x = \iint_D dI_x = \iint_D y^2\mu(x,y)d\sigma, \quad I_y = \iint_D dI_y = \iint_D x^2\mu(x,y)d\sigma. \qquad ⑦$$

设一立体为空间有界闭区域 Ω,它的体密度 $\mu(x,y,z)$ 在 Ω 上连续.类似与公式⑦的获得,立体对 x,y,z 轴的转动惯量分别为
$$I_x = \iiint_\Omega d_x^2 \mu(x,y,z)dv = \iiint_\Omega (y^2+z^2)\mu(x,y,z)dv,$$
$$I_y = \iiint_\Omega d_y^2 \mu(x,y,z)dv = \iiint_\Omega (x^2+z^2)\mu(x,y,z)dv, \qquad ⑧$$
$$I_z = \iiint_\Omega d_z^2 \mu(x,y,z)dv = \iiint_\Omega (y^2+x^2)\mu(x,y,z)dv,$$
其中 d_x, d_y, d_z 为点 (x,y,z) 分别到 x,y,z 轴的距离.

若讨论物体对某点(或平面)的转动惯量,则只要将公式中到坐标轴的距离平方换成到点(或平面)的距离平方即可.

例 5 设有一均匀的直角三角形薄片,两直角边长分别为 a,b,求这三角形薄片对其中任一直角边的转动惯量.

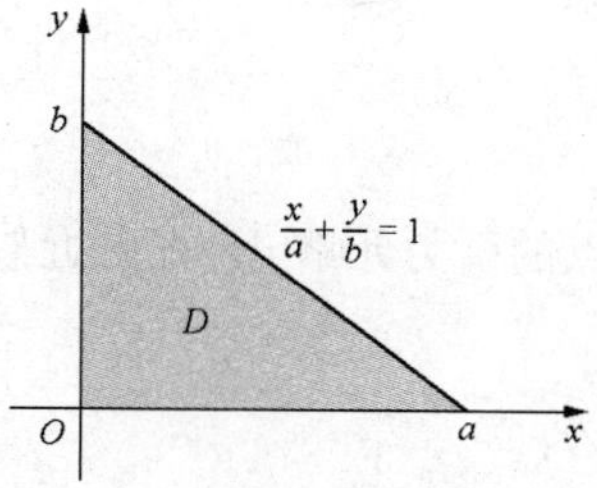

解 如图 5 建立直角坐标系.设薄片的面密度为 ρ(常数),则薄片对 y 轴的转动惯量为
$$I_y = \rho\iint_D x^2 dxdy = \rho\int_0^b dy\int_0^{a(1-\frac{y}{b})} x^2 dx = \frac{1}{12}a^3 b\rho.$$
同理,薄片对 x 轴的转动惯量为
$$I_x = \rho\iint_D y^2 dxdy = \frac{1}{12}ab^3 \rho.$$

图 5

例 6 设某球体上各点的密度与该点到球心的距离成正比,求其对切平面的转动惯量.

解 设球体为 $\Omega: x^2+y^2+z^2 \leqslant a^2$,球面坐标下 Ω 可表示为 $\Omega: 0\leqslant\theta\leqslant 2\pi, 0\leqslant\varphi\leqslant\pi$, $0\leqslant r\leqslant a$.由已知,球体密度 $\rho(x,y,z) = k\sqrt{x^2+y^2+z^2}$($k$ 为正的常数).由 Ω 与 ρ 的对称性, Ω 对各切平面的转动惯量相等,故不妨取切平面为 $x=a$.球体 Ω 上点 (x,y,z) 到切平面 $x=a$ 的距离为 $d(x,y,z) = a-x$,则 Ω 对其切平面的转动惯量为

$$I = \iiint_\Omega (a-x)^2 k \sqrt{x^2+y^2+z^2}\,dxdydz$$

$$= k \int_0^{2\pi} d\theta \int_0^\pi d\varphi \int_0^a (a - r\sin\varphi\cos\theta)^2 r^3 \sin\varphi\,dr$$

$$= ka^2 \int_0^{2\pi} d\theta \int_0^\pi \sin\varphi d\varphi \int_0^a r^3 dr - 2ka \int_0^{2\pi} \cos\theta d\theta \int_0^\pi \sin^2\varphi d\varphi \int_0^a r^4 dr$$

$$+ k \int_0^{2\pi} \cos^2\theta d\theta \int_0^\pi \sin^3\varphi d\varphi \int_0^a r^5 dr$$

$$= \pi ka^6 - 0 + \frac{2}{9}\pi ka^6 = \frac{11}{9}\pi ka^6.$$

五、引力

设有两个质点,两者间距离为 r,其质量分别为 m_1, m_2,则由万有引力公式知,此两质点间引力大小为

$$F = G\frac{m_1 m_2}{r^2},$$

其中 G 为万有引力常量.

现在考虑一薄片对某一质点的引力. 设薄片在 Oxy 平面所占的区域为 D,它的面密度 $\mu(x,y)$ 在 D 上连续,求它对点 (x_0, y_0, z_0) 处单位质点(指单位质量的质点)的引力.

类似前面质心、转动惯量的分析,任取 D 上的小区域 $d\sigma$,$M(x,y,0)$ 是 $d\sigma$ 上任一点,$d\sigma$ 对点 (x_0, y_0, z_0) 处单位质点的引力元素 $d\mathbf{F}$ 方向近似为 $(x-x_0, y-y_0, -z_0)$(图6),它在 x,y,z 轴的投影分别为

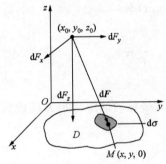

图 6

$$dF_x = G\frac{1 \cdot \mu(x,y)d\sigma}{r^2} \cdot \frac{(x-x_0)}{r},$$

$$dF_y = G\frac{1 \cdot \mu(x,y)d\sigma}{r^2} \cdot \frac{(y-y_0)}{r},$$

$$dF_z = G\frac{1 \cdot \mu(x,y)d\sigma}{r^2} \cdot \frac{(-z_0)}{r},$$

其中 $r = \sqrt{(x-x_0)^2 + (y-y_0)^2 + (0-z_0)^2}$ 是点 $(x,y,0)$ 与 (x_0, y_0, z_0) 间的距离. 所以薄片对点 (x_0, y_0, z_0) 处单位质点的引力在 x,y,z 轴的投影分别为

$$F_x = \iint_D G\frac{\mu(x,y)(x-x_0)}{r^3}d\sigma, \quad F_y = \iint_D G\frac{\mu(x,y)(y-y_0)}{r^3}d\sigma, \quad F_z = \iint_D G\frac{\mu(x,y)(-z_0)}{r^3}d\sigma,$$

从而所求引力为向量 $\boldsymbol{F}=(F_x,F_y,F_z)$.

若立体在空间所占区域为 Ω,其体密度 $\mu(x,y,z)$ 在 Ω 上连续,则它对点 (x_0,y_0,z_0) 处单位质点的引力可类似上面的讨论得到. 由上面分析,只要在公式⑨中,将面密度 $\mu(x,y)$ 换为体密度 $\mu(x,y,z)$,面积元素 $\mathrm{d}\sigma$ 换为体积元素 $\mathrm{d}v$, F_z 中方向余弦由 $\dfrac{(-z_0)}{r}$ 改为 $\dfrac{(z-z_0)}{r}$,距离 r 中 $(0-z_0)^2$ 改为 $(z-z_0)^2$,积分换为立体 Ω 上的三重积分即可得相应引力分量计算公式.

例 7 设面密度为常数 μ 的圆形薄片在 Oxy 平面上所占区域为 $D: x^2+y^2\leqslant R^2$,求它对点 $M_0(0,0,a)(a>0)$ 处单位质点的引力.

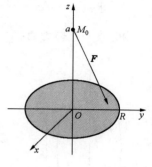

图 7

解 如图 7,由对称性知,引力 $\boldsymbol{F}$ 在 x,y 轴的分量为零.

因为引力元素 $\mathrm{d}\boldsymbol{F}$ 在 z 轴的投影为

$$\mathrm{d}F_z=-G\frac{\mu\mathrm{d}\sigma}{d^2}\cdot\frac{a}{d}=-Ga\mu\frac{\mathrm{d}\sigma}{(x^2+y^2+a^2)^{3/2}},$$

这里 $d=\sqrt{(x-0)^2+(y-0)^2+(0-a)^2}$,负号表示引力方向与 z 轴正方向相反,所以引力 $\boldsymbol{F}$ 在 z 轴的分量为

$$F_z=-Ga\mu\iint_D\frac{\mathrm{d}\sigma}{(x^2+y^2+a^2)^{3/2}}=-Ga\mu\int_0^{2\pi}\mathrm{d}\theta\int_0^R\frac{r\mathrm{d}r}{(r^2+a^2)^{3/2}}$$

$$=2\pi Ga\mu\left(\frac{1}{\sqrt{R^2+a^2}}-\frac{1}{a}\right).$$

故所求引力为 $\boldsymbol{F}=\left(0,0,2\pi Ga\mu\left(\dfrac{1}{\sqrt{R^2+a^2}}-\dfrac{1}{a}\right)\right)$.

习 题 9.4

1. 利用三重积分计算下列立体 Ω 的体积:
   (1) 由曲面 $x^2+y^2+z^2=2a^2$ 与 $z=\sqrt{x^2+y^2}$ 所围成的立体 Ω;
   (2) 由抛物面 $z=x^2+y^2$ 与 $z=18-x^2-y^2$ 所围成的立体 Ω;
   (3) $\Omega: 4\leqslant x^2+y^2+z^2\leqslant 9, z^2\leqslant x^2+y^2$;
   (4) 由柱面 $x=y^2$,平面 $z=0$ 及 $x+z=1$ 所围成的立体 Ω.

2. 计算锥面 $z=\sqrt{x^2+y^2}$ 被圆柱面 $x^2+y^2=2x$ 所截部分的面积.

3. 设两圆柱的轴相互直交,圆柱的底半径为 a,求一圆柱面被另一圆柱面所截部分的面积.

4. 求由曲面 $x^2+y^2=az$ 和 $z=2a-\sqrt{x^2+y^2}(a>0)$ 所围成立体的表面积.

5. 求由 $y=\sqrt{a^2-x^2}$ 与 x 轴所围成的半圆形薄片的形心.

6. 设区域 D 由第一象限中由抛物线 $y=x^2$ 与直线 $y=1$ 围成,面密度 $\rho(x,y)=xy$,求 D 的质量和质心.

7. 设区域 D 由心形线 $r=1-\cos\theta$ 围成,面密度 $\rho(x,y)=2$,求 D 的质量和质心.

8. 求由 $z=\sqrt{a^2-x^2-y^2}$ 与 Oxy 平面所围成的半球形立体的形心.

9. 设一立体为 Ω:$\dfrac{x^2}{a^2}+\dfrac{y^2}{b^2}\leqslant z\leqslant 1$,体密度为 $\rho(x,y,z)=z$,求 Ω 的质量和质心.

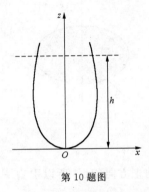

第 10 题图

10. 一座炼钢炉为旋转体,其侧壁剖面如图所示,方程为 $9x^2=z(3-z)^2(0\leqslant z<3)$.若炉内储有高为 h 的匀质溶液,不计炉体自重,求溶液质心.

11. 试求底长为 a,高为 h 的等腰三角形薄板绕其高的转动惯量(面密度 $\rho(x,y)\equiv 1$).

12. 求半径为 R,质量为 M(常数)的均匀圆盘对圆周上某点的转动惯量.

13. 一个质量均匀,半径为 a 的半球体,密度为 K(常数),求其关于底面上的一条直径的转动惯量.

14. 求面密度为常数 μ 的均匀半圆环薄片 $D=\{(x,y,0)\,|\,R_1\leqslant\sqrt{x^2+y^2}\leqslant R_2,x\geqslant 0\}$ 对 z 轴上点 $M_0(0,0,a)(a>0)$ 处单位质点的引力.

15. 已知质量为 M(常数)的均匀圆锥体 Ω 由锥面 $Rz=H\sqrt{x^2+y^2}$ 和平面 $z=H$ 围成($H>0$),试求:

(1) 圆锥体 Ω 的质心;

(2) 圆锥体 Ω 对中心轴的转动惯量;

(3) 圆锥体 Ω 对原点处质量为 m_0 的质点的引力.

总练习题九

1. 设 $a>0$, $f(x)=g(x)=\begin{cases}a, & 0\leqslant x\leqslant 1,\\ 0, & x>1 \text{ 或 } x<0,\end{cases}$ 而 D 为 Oxy 平面,求

$$I=\iint_D f(x)g(y-x)\mathrm{d}x\mathrm{d}y.$$

2. 计算下列二重积分:

(1) $\iint_D x\mathrm{e}^{xy}\mathrm{d}x\mathrm{d}y$,其中 D:$0\leqslant x\leqslant 1$,$-1\leqslant y\leqslant 0$;

(2) $\iint_D \dfrac{af(x)+bf(y)}{f(x)+f(y)}\mathrm{d}\sigma$,其中 f 恒大于零且连续,D:$x^2+y^2\leqslant R^2$;

(3) $\iint_D (|x|+|y|)dxdy$，其中 $D: x^2+y^2 \leqslant 1$；

(4) $\iint_D x[x^2+f(\sqrt{x^2+y^2})\sin y]d\sigma$，其中 f 连续，D 是由 $y=x^3, y=1, x=-1$ 所围成的闭区域；

(5) $\iint_D \dfrac{x+y}{x^2+y^2}dxdy$，其中 $D: x^2+y^2 \leqslant 1, x+y \geqslant 1$；

(6) $\iint_D e^{\max\{x^2,y^2\}}dxdy$，其中 $D: 0 \leqslant x \leqslant 1, 0 \leqslant y \leqslant 1$。

3. 设 $f(x)$ 在 $[0,1]$ 上连续，且 $\int_0^1 f(x)dx = A$，求 $I = \int_0^1 dx \int_x^1 f(x)f(y)dy$。

4. 计算 $I = \int_0^1 dx \int_0^{\sqrt{x}} e^{-\frac{y^2}{2}}dy$。

5. 设 $f(x)$ 为连续函数，$F(t) = \int_1^t dy \int_y^t f(x)dx$，求 $F'(2)$。

6. 交换 $I = \int_{-\frac{\pi}{2}}^{\frac{\pi}{2}} d\theta \int_0^{a\cos\theta} f(r,\theta)dr (a>0)$ 的积分次序。

7. 设函数 $f(x,y)$ 在 $U(0,0)$ 内连续，$D: x^2+y^2 \leqslant t^2$ 在 $U(0,0)$ 内，且
$$F(t) = \iint_D f(x,y)dxdy,$$
证明：$\lim\limits_{t \to 0^+} \dfrac{F'(t)}{t} = 2\pi f(0,0)$。

8. 已知均匀矩形板（面密度为常数 ρ）的长和宽分别为 b 和 h，计算此矩形板对于通过其形心且分别与一边平行的两轴的转动惯量。

9. 计算下列三重积分：

(1) $\iiint_\Omega (x+y+z)^2 dxdydz$，其中 Ω 是由抛物面 $z=x^2+y^2$ 和球面 $x^2+y^2+z^2=2$ 所围成的空间闭区域；

(2) $\iiint_\Omega (lx+my+nz)dxdydz$，其中 $\Omega: \dfrac{(x-\bar{x})^2}{a^2}+\dfrac{(y-\bar{y})^2}{b^2}+\dfrac{(z-\bar{z})^2}{c^2} \leqslant 1$，$\Omega$ 的质量均匀分布，$(\bar{x},\bar{y},\bar{z})$ 为 Ω 的重心坐标；

(3) $\iiint_\Omega e^{|z|}dv$，其中 $\Omega: x^2+y^2+z^2 \leqslant 1$。

10. 设 $F(t) = \iiint_{x^2+y^2+z^2 \leqslant t^2} f(\sqrt{x^2+y^2+z^2})dxdydz$，其中 $f(u)$ 可导，且满足 $f(0)=0$，

求 $\lim\limits_{t\to 0}\dfrac{F(t)}{t^4}$.

11. 设函数 $f(x)$ 连续且恒大于零，记

$$F(t)=\dfrac{\iiint\limits_{\Omega(t)}f(x^2+y^2+z^2)\mathrm{d}v}{\iint\limits_{D(t)}f(x^2+y^2)\mathrm{d}\sigma},\quad G(t)=\dfrac{\iint\limits_{D(t)}f(x^2+y^2)\mathrm{d}\sigma}{\int_{-t}^{t}f(x^2)\mathrm{d}x},$$

其中 $\Omega(t)=\{(x,y,z)\,|\,x^2+y^2+z^2\leqslant t^2\}$，$D(t)=\{(x,y)\,|\,x^2+y^2\leqslant t^2\}$.

(1) 讨论 $F(t)$ 在区间 $(0,+\infty)$ 内的单调性；

(2) 证明：当 $t>0$ 时，$F(t)>\dfrac{2}{\pi}G(t)$.

第十章 曲线积分与曲面积分

> 本章我们将积分区域推广到有界曲线、曲面，讨论曲线积分、曲面积分. 曲线积分分两类：对弧长和对坐标的曲线积分；同样曲面积分也分两类：对面积和对坐标的曲面积分. 本章主要介绍这四类积分的概念、计算方法、关系及其应用.

§10.1 对弧长的曲线积分

一、对弧长的曲线积分的概念与性质

（一）引例：曲线构件的质量

设有一个可求长的曲线构件，在平面直角坐标系中位于曲线弧 L 上（图1），它的线密度 $f(x,y)$ 为 L 上的连续函数，求该曲线构件的质量.

由于曲线构件不均匀，求其质量不能用已知公式 $m=\rho s$（密度 ρ 为常值，s 为曲线弧长），故考虑用元素法思想解决此问题.

先将 L 任意分为 n 段小弧段 Δs_1, $\Delta s_2, \cdots, \Delta s_n$（这些符号同时表示相应的小弧长）. 在每段小弧段 Δs_i 上任取点 $M_i(\xi_i, \eta_i)$，用 $M_i(\xi_i, \eta_i)$ 处的密度近似代替 Δs_i 上变化的密度，则 Δs_i 的质量

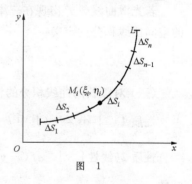

图 1

近似为 $f(\xi_i, \eta_i)\Delta s_i$. 于是 $\sum_{i=1}^{n} f(\xi_i, \eta_i)\Delta s_i$ 是曲线构件 L 质量的近似值.

当 $\lambda = \max\limits_{1 \leqslant i \leqslant n}\{\Delta s_i\}$ 趋于零时，若 $\sum_{i=1}^{n} f(\xi_i, \eta_i)\Delta s_i$ 的极限存在，则定义曲线构件 L 的质量为

$$m = \lim_{\lambda \to 0} \sum_{i=1}^{n} f(\xi_i, \eta_i)\Delta s_i.$$

在许多实际问题中,我们也会遇到求上式这种和式的极限.为此我们引入如下曲线积分的概念.

(二) 对弧长的曲线积分的定义

定义 设函数 $f(x,y)$ 在 Oxy 平面的光滑曲线①弧 L 上有界.将 L 任意分成 n 段小弧段 $\Delta s_i (i=1,2,\cdots,n)$,$\Delta s_i$ 既表示第 i 段小弧段本身又表示它的长度.在每段 Δs_i 上任取 $M_i(\xi_i,\eta_i)$.当 $\lambda=\max\limits_{1\leqslant i\leqslant n}\{\Delta s_i\}$ 趋于零时,若 $\sum\limits_{i=1}^{n}f(\xi_i,\eta_i)\Delta s_i$ 的极限存在,则称此极限值为函数 $f(x,y)$ 在曲线弧 L 上**对弧长的曲线积分**或**第一类曲线积分**,记做 $\int_L f(x,y)ds$,即

$$\int_L f(x,y)ds = \lim_{\lambda \to 0}\sum_{i=1}^{n} f(\xi_i,\eta_i)\Delta s_i,$$

其中称 ds 为**弧微分**,$f(x,y)$ 为**被积函数**,L 为**积分曲线**.特别地,当曲线弧 L 封闭时,我们将曲线积分记为 $\oint_L f(x,y)ds$.

由上述定义,引例中曲线构件 L 的质量可表为

$$m = \int_L f(x,y)ds.$$

类似于重积分存在性,若 $f(x,y)$ 在光滑曲线弧 L 上连续,则该曲线弧上对弧长的曲线积分必存在.以下如不特殊说明,我们总假定讨论的对弧长的曲线积分存在.

若光滑曲线弧 Γ 出现在三维空间,函数 $f(x,y,z)$ 在 Γ 上有界,则我们类似地有对弧长的空间曲线积分的定义:

$$\int_\Gamma f(x,y,z)ds = \lim_{\lambda \to 0}\sum_{i=1}^{n} f(\xi_i,\eta_i,\zeta_i)\Delta s_i.$$

(三) 对弧长的曲线积分的性质

性质 1 $\int_L ds = l$(其中 l 为曲线弧 L 的长度).

性质 2(线性) $\int_L [\alpha f(x,y) \pm \beta g(x,y)]ds = \alpha \int_L f(x,y)ds \pm \beta \int_L g(x,y)ds$,式中 α,β 为常数.

性质 3(可加性) 若曲线弧 L 由 n 段不重合的小曲线弧 $L_i(i=1,2,\cdots,n)$ 组成,则

$$\int_L f(x,y)ds = \sum_{i=1}^{n}\int_{L_i} f(x,y)ds.$$

此性质可将第一类曲线积分的定义由光滑曲线推广到分段光滑曲线②上去.

---

① 若曲线 L 的参数方程中每个函数的一阶导函数连续,且这些导函数不同时为零,则称 L 为光滑曲线.
② 分段光滑曲线是指曲线可分成有限段光滑曲线.

性质 4（单调性） 若在曲线弧 L 上，$f(x,y) \leqslant g(x,y)$，则 $\int_L f(x,y)\mathrm{d}s \leqslant \int_L g(x,y)\mathrm{d}s$.

特别地，$\left|\int_L f(x,y)\mathrm{d}s\right| \leqslant \int_L |f(x,y)|\mathrm{d}s$.

其他性质如估值不等式、积分中值定理等都相应成立.

二、对弧长的曲线积分的计算

对弧长的曲线积分的计算思路就是将其化为定积分.

设函数 $f(x,y)$ 在光滑曲线弧 L 上连续，L 的参数方程为 $\begin{cases} x=\varphi(t), \\ y=\psi(t) \end{cases}$ $(\alpha \leqslant t \leqslant \beta)$. 下面讨论如何计算对弧长的曲线积分 $\int_L f(x,y)\mathrm{d}s$.

根据对弧长的曲线积分的定义，

$$\int_L f(x,y)\mathrm{d}s = \lim_{\lambda \to 0} \sum_{i=1}^n f(\xi_i, \eta_i)\Delta s_i.$$

设各分点对应参数为 $t_i (i=0,1,\cdots,n)$，点 (ξ_i, η_i) 对应参数 $\tau_i \in [t_{i-1}, t_i]$，则由弧微分公式 $\mathrm{d}s = \sqrt{(\mathrm{d}x)^2 + (\mathrm{d}y)^2}$ 和积分中值定理有

$$\Delta s_i = \int_{t_{i-1}}^{t_i} \sqrt{\varphi'^2(t) + \psi'^2(t)}\,\mathrm{d}t = \sqrt{\varphi'^2(\tau_i') + \psi'^2(\tau_i')}\,\Delta t_i, \quad \tau_i' \in [t_{i-1}, t_i].$$

这样有

$$\int_L f(x,y)\mathrm{d}s = \lim_{\lambda \to 0} \sum_{i=1}^n f(\varphi(\tau_i), \psi(\tau_i)) \sqrt{\varphi'^2(\tau_i') + \psi'^2(\tau_i')}\,\Delta t_i,$$

再由 $\sqrt{\varphi'^2(t) + \psi'^2(t)}$ 的连续性知，当 Δt_i 很小时，$\varphi'(\tau_i'), \psi'(\tau_i')$ 可用 $\varphi'(\tau_i), \psi'(\tau_i)$ 近似代替，则

$$\int_L f(x,y)\mathrm{d}s = \lim_{\lambda \to 0} \sum_{i=1}^n f(\varphi(\tau_i), \psi(\tau_i)) \sqrt{\varphi'^2(\tau_i) + \psi'^2(\tau_i)}\,\Delta t_i.$$

可以证明，当 $\lambda = \max\limits_{1 \leqslant i \leqslant n}\{\Delta s_i\} \to 0$ 时，必有 $\lambda' = \max\limits_{1 \leqslant i \leqslant n}\{\Delta t_i\} \to 0$，因此

$$\int_L f(x,y)\mathrm{d}s = \int_\alpha^\beta f(\varphi(t), \psi(t)) \sqrt{\varphi'^2(t) + \psi'^2(t)}\,\mathrm{d}t.$$

这样，我们有如下结论：

定理 设函数 $f(x,y)$ 在光滑曲线弧 L 上连续，L 的参数方程为 $\begin{cases} x=\varphi(t), \\ y=\psi(t) \end{cases}$ $(\alpha \leqslant t \leqslant \beta)$，则对弧长的曲线积分 $\int_L f(x,y)\mathrm{d}s$ 存在，且

$$\int_L f(x,y)\mathrm{d}s = \int_\alpha^\beta f(\varphi(t), \psi(t)) \sqrt{\varphi'^2(t) + \psi'^2(t)}\,\mathrm{d}t \quad (\alpha < \beta). \tag{①}$$

由前面分析注意到,因为 $\Delta s_i > 0$,所以 $\Delta t_i > 0$,进而定理结论中积分限必须满足 $\alpha < \beta$. 积分中 $f(x,y)$ 的自变量 x,y 是相互有关的,它们要满足曲线 L 的方程.

特别地,当曲线弧 L 的方程为 $y = \psi(x), a \leqslant x \leqslant b$ 时,将 x 看做参数方程中的参数,则
$$ds = \sqrt{(dx)^2 + (dy)^2} = \sqrt{1 + \psi'^2(x)}\,dx,$$
于是公式①变为
$$\int_L f(x,y)\,ds = \int_a^b f(x, \psi(x))\sqrt{1 + \psi'^2(x)}\,dx. \qquad ②$$

当曲线弧 L 的方程为 $x = \varphi(y), c \leqslant y \leqslant d$ 时,将 y 看做参数方程中的参数,则
$$ds = \sqrt{(dx)^2 + (dy)^2} = \sqrt{\varphi'^2(y) + 1}\,dy,$$
进而公式①变为
$$\int_L f(x,y)\,ds = \int_c^d f(\varphi(y), y)\sqrt{1 + \varphi'^2(y)}\,dy. \qquad ③$$

当曲线弧 L 有极坐标方程 $r = r(\theta)\,(\alpha \leqslant \theta \leqslant \beta)$ 时,由极坐标与直角坐标的变换关系
$$\begin{cases} x = r(\theta)\cos\theta, \\ y = r(\theta)\sin\theta \end{cases} (\alpha \leqslant \theta \leqslant \beta),$$
将 θ 看做参数,则
$$ds = \sqrt{(dx)^2 + (dy)^2} = \sqrt{r^2(\theta) + r'^2(\theta)}\,d\theta.$$
这时公式①变为
$$\int_L f(x,y)\,ds = \int_\alpha^\beta f(r(\theta)\cos\theta, r(\theta)\sin\theta)\sqrt{r^2(\theta) + r'^2(\theta)}\,d\theta. \qquad ④$$

公式①可推广到空间曲线弧 Γ:
$$x = \varphi(t), \quad y = \psi(t), \quad z = \omega(t) \quad (\alpha \leqslant t \leqslant \beta)$$
上,此时有曲线积分计算公式
$$\int_\Gamma f(x,y,z)\,ds = \int_\alpha^\beta f(\varphi(t), \psi(t), \omega(t))\sqrt{\varphi'^2(t) + \psi'^2(t) + \omega'^2(t)}\,dt \quad (\alpha < \beta), \qquad ⑤$$
其中 $ds = \sqrt{(dx)^2 + (dy)^2 + (dz)^2}$.

例 1 计算对弧长的曲线积分 $\int_L x\,ds$,其中 L 是抛物线 $y = x^2$ 上点 $O(0,0)$ 与点 $B(1,1)$ 之间的一段弧.

解 如图 2 所示,因为 $L: y = x^2\,(0 \leqslant x \leqslant 1)$,将 x 看做参数,所以
$$\int_L x\,ds = \int_0^1 x\sqrt{1 + (2x)^2}\,dx = \left[\frac{1}{12}(1 + 4x^2)^{3/2}\right]\Big|_0^1 = \frac{1}{12}(5\sqrt{5} - 1).$$

例 2 计算对弧长的曲线积分 $\oint_L \sqrt{x^2 + y^2}\,ds$,其中 $L: x^2 + y^2 = ax\,(a > 0)$(图 3).

解 将 $\begin{cases} x = r\cos\theta, \\ y = r\sin\theta \end{cases}$ 代入 L 的直角坐标方程得极坐标方程

§10.1 对弧长的曲线积分

$$r = a\cos\theta, \quad -\frac{\pi}{2} \leqslant \theta \leqslant \frac{\pi}{2}.$$

由公式④得

$$\oint_L \sqrt{x^2+y^2}\,\mathrm{d}s = \int_{-\frac{\pi}{2}}^{\frac{\pi}{2}} r\sqrt{(a\cos\theta)^2+(-a\sin\theta)^2}\,\mathrm{d}\theta$$

$$= \int_{-\frac{\pi}{2}}^{\frac{\pi}{2}} a\cos\theta \cdot a\,\mathrm{d}\theta = a^2 \sin\theta \Big|_{-\frac{\pi}{2}}^{\frac{\pi}{2}} = 2a^2.$$

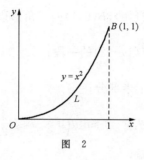

图 2

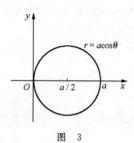

图 3

例3 计算对弧长的曲线积分 $\int_{\Gamma}(x^2+y^2+z^2)\,\mathrm{d}s$，其中 $\Gamma: x=a\cos t, y=a\sin t, z=kt$ $(0 \leqslant t \leqslant 2\pi)$.

解 由公式⑤得

$$\int_{\Gamma}(x^2+y^2+z^2)\,\mathrm{d}s = \int_0^{2\pi}[(a\cos t)^2+(a\sin t)^2+(kt)^2]\sqrt{(-a\sin t)^2+(a\cos t)^2+k^2}\,\mathrm{d}t$$

$$= \sqrt{a^2+k^2}\int_0^{2\pi}[a^2+k^2t^2]\,\mathrm{d}t = \sqrt{a^2+k^2}\left(a^2t+\frac{k^2}{3}t^3\right)\Big|_0^{2\pi}$$

$$= \frac{2\pi}{3}\sqrt{a^2+k^2}(3a^2+4\pi^2k^2).$$

例4 计算对弧长的曲线积分 $\oint_{\Gamma} x^2\,\mathrm{d}s$，其中 Γ 为球面 $x^2+y^2+z^2=a^2$ 被平面 $x+y+z=0$ 所截得的圆周(图4).

解 由已知 Γ 的一般方程为

$$\begin{cases} x^2+y^2+z^2=a^2, \\ x+y+z=0. \end{cases}$$

由 Γ 的对称性知

$$\oint_{\Gamma} x^2\,\mathrm{d}s = \oint_{\Gamma} y^2\,\mathrm{d}s = \oint_{\Gamma} z^2\,\mathrm{d}s,$$

再由性质1及 Γ 上的点满足球面方程得

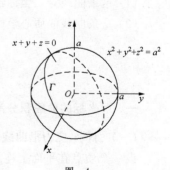

图 4

$$\oint_\Gamma x^2 \mathrm{d}s = \frac{1}{3}\oint_\Gamma (x^2+y^2+z^2)\mathrm{d}s = \frac{1}{3}\oint_\Gamma a^2 \mathrm{d}s = \frac{1}{3}a^2 \cdot 2\pi a = \frac{2}{3}\pi a^3.$$

注 此例说明,对弧长的曲线积分中,因为被积函数的自变量满足积分曲线方程,因而可将曲线方程代入被积函数来化简积分.

习 题 10.1

1. 用对弧长的曲线积分的定义证明性质 4.
2. 计算下列对弧长的曲线积分:

(1) $\int_L (x+y)\mathrm{d}s$,其中 L 是顶点为 $O(0,0), A(1,0), B(0,1)$ 的三角形边界;

(2) $\int_L y\mathrm{d}s$,其中 L 是 $y^2=4x$ 上从点 $(1,2)$ 到点 $(1,-2)$ 的一段;

(3) $\int_L y\mathrm{d}s$,其中 L 为心形线 $r=a(1+\cos\theta)$ 的下半部分;

(4) $\int_L (x^{\frac{4}{3}}+y^{\frac{4}{3}})\mathrm{d}s$,其中 L 为星形线 $x=a\cos^3\theta, y=a\sin^3\theta \left(0\leqslant\theta\leqslant\frac{\pi}{2}\right)$ 在第一象限部分;

(5) $\oint_L (2xy+3x^2+4y^2)\mathrm{d}s$,其中 $L: \frac{x^2}{4}+\frac{y^2}{3}=1$ 是周长为 a 的椭圆;

(6) $\int_\Gamma \frac{1}{x^2+y^2+z^2}\mathrm{d}s$,其中 $\Gamma: x=\mathrm{e}^t\cos t, y=\mathrm{e}^t\sin t, z=\mathrm{e}^t (0\leqslant t\leqslant 2)$;

(7) $\int_\Gamma z\mathrm{d}s$,其中 $\Gamma: x=t\cos t, y=t\sin t, z=t(0\leqslant t\leqslant t_0)$.

3. 计算曲线 $\Gamma: x=\sin 2t, y=3t, z=\cos 2t \left(0\leqslant t\leqslant \frac{\pi}{4}\right)$ 的弧长.

4. 设 Γ 为空间曲线构件,其上点 (x,y,z) 处的线密度为 $\rho(x,y,z)$,求:

(1) 这条曲线对三坐标轴的转动惯量 I_x, I_y, I_z;

(2) 这条曲线的质心坐标 $(\bar{x},\bar{y},\bar{z})$.

§10.2 对坐标的曲线积分

一、对坐标的曲线积分的概念与性质

(一) 引例:变力沿曲线做功

设一个质点在平面上连续变力(大小、方向都可变)

$$\boldsymbol{F}(x,y) = (P(x,y), Q(x,y))$$

的作用下,沿平面光滑曲线弧 L 从起点 A 移动到终点 B(图 1),求变力 $\boldsymbol{F}$ 所做的功.

§ 10.2 对坐标的曲线积分

我们目前已知质点在常力 F 作用下沿直线位移 $\overrightarrow{AB}$ 所做功的公式
$$W = F \cdot \overrightarrow{AB}.$$
现在的问题是:若力 F 的大小、方向随着移动而变化,位移又是沿曲线进行,怎样求所做的功?我们依旧使用"分割、近似、求和、取极限"的元素法思想解决此问题.

首先,在起点 A 与终点 B 之间引入 $n-1$ 个点 $M_1(x_1, y_1)$, $\cdots$, $M_{n-1}(x_{n-1}, y_{n-1})$,将 L 任意分为 n 段有向小弧段①$\overset{\frown}{M_{i-1}M_i}$ $(i=1,2,\cdots,n; M_0=A, M_n=B)$.

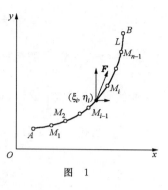

图 1

接着,在每一有向小弧段 $\overset{\frown}{M_{i-1}M_i}$ 上以有向直线位移 $\overrightarrow{M_{i-1}M_i}$ 代替有向小弧段位移 $\overset{\frown}{M_{i-1}M_i}$,其中
$$\overrightarrow{M_{i-1}M_i} = (\Delta x_i, \Delta y_i) \quad (\Delta x_i = x_i - x_{i-1}, \Delta y_i = y_i - y_{i-1});$$
任取 $(\xi_i, \eta_i) \in \overset{\frown}{M_{i-1}M_i}$,以常力 $F(\xi_i, \eta_i) = (P(\xi_i, \eta_i), Q(\xi_i, \eta_i))$ 代替 $\overset{\frown}{M_{i-1}M_i}$ 上变化的力,则 $\overset{\frown}{M_{i-1}M_i}$ 上所做的功 ΔW_i 可近似取为 $F(\xi_i, \eta_i) \cdot \overrightarrow{M_{i-1}M_i}$,即
$$\begin{aligned}\Delta W_i &\approx F(\xi_i, \eta_i) \cdot \overrightarrow{M_{i-1}M_i} = (P(\xi_i, \eta_i), Q(\xi_i, \eta_i)) \cdot (\Delta x_i, \Delta y_i) \\ &= P(\xi_i, \eta_i)\Delta x_i + Q(\xi_i, \eta_i)\Delta y_i.\end{aligned}$$
于是所求总功
$$W = \sum_{i=1}^{n} \Delta W_i \approx \sum_{i=1}^{n} [P(\xi_i, \eta_i)\Delta x_i + Q(\xi_i, \eta_i)\Delta y_i].$$

最后,令 Δs_i 为 $\overset{\frown}{M_{i-1}M_i}$ 的长度,若当 $\lambda = \max\limits_{1 \leqslant i \leqslant n}\{\Delta s_i\}$ 趋于零时,上述和式的极限存在,则定义极限值就是质点沿曲线弧 L 从起点 A 移到终点 B 时变力 F 所做的功,即
$$W = \lim_{\lambda \to 0} \sum_{i=1}^{n} [P(\xi_i, \eta_i)\Delta x_i + Q(\xi_i, \eta_i)\Delta y_i].$$
实际上,上式这种和式极限就是我们要讨论的平面上对坐标的曲线积分.

(二) 对坐标的曲线积分的定义

定义 设 L 为 Oxy 平面上从点 A 到点 B 的一条有向光滑曲线弧. 函数 $P(x,y)$, $Q(x,y)$ 在 L 上有界. 在 L 上沿 L 的方向用点 $M_1(x_1, y_1), \cdots, M_{n-1}(x_{n-1}, y_{n-1})$ 将 L 任意分为 n 段有向小弧段 $\overset{\frown}{M_{i-1}M_i}$ $(i=1,2,\cdots,n; M_0=A, M_n=B)$,记相应的长度为 Δs_i. 设 $\Delta x_i =$

---

① 有向曲线弧是指定了起点和终点的曲线弧.

$x_i - x_{i-1}$, $\Delta y_i = y_i - y_{i-1}$. 任取 $(\xi_i, \eta_i) \in \widehat{M_{i-1}M_i}$ $(i=1, 2, \cdots, n)$. 当 $\lambda = \max\limits_{1 \leqslant i \leqslant n}\{\Delta s_i\}$ 趋于零时,若 $\sum\limits_{i=1}^{n}[P(\xi_i, \eta_i)\Delta x_i]$ 的极限存在,则称此极限值为函数 $P(x, y)$ 在有向曲线弧 L 上**对坐标 x 的曲线积分**,记做 $\int_L P(x, y)\mathrm{d}x$. 类似地,若 $\lim\limits_{\lambda \to 0}\sum\limits_{i=1}^{n}[Q(\xi_i, \eta_i)\Delta y_i]$ 存在,则称此极限值为函数 $Q(x, y)$ 在有向曲线弧 L 上**对坐标 y 的曲线积分**,记做 $\int_L Q(x, y)\mathrm{d}y$. 即

$$\int_L P(x, y)\mathrm{d}x = \lim_{\lambda \to 0}\sum_{i=1}^{n}P(\xi_i, \eta_i)\Delta x_i,$$

$$\int_L Q(x, y)\mathrm{d}y = \lim_{\lambda \to 0}\sum_{i=1}^{n}Q(\xi_i, \eta_i)\Delta y_i,$$

其中称 $P(x, y), Q(x, y)$ 为**被积函数**,L 为**积分曲线**. 以上两积分也称为**第二类曲线积分**.

由定义,引例中质点沿曲线弧 L 从起点 A 移到终点 B 时变力 $\boldsymbol{F}$ 所做的功可表为

$$W = \int_L P(x, y)\mathrm{d}x + \int_L Q(x, y)\mathrm{d}y,$$

简记为

$$W = \int_L P(x, y)\mathrm{d}x + Q(x, y)\mathrm{d}y \quad \text{或} \quad W = \int_L \boldsymbol{F} \cdot \mathrm{d}\boldsymbol{s},$$

其中 $\boldsymbol{F}(x, y) = (P(x, y), Q(x, y))$, $\mathrm{d}\boldsymbol{s} = (\mathrm{d}x, \mathrm{d}y)$.

若函数 $P(x, y), Q(x, y)$ 在有向光滑曲线弧 L 上连续,则该曲线弧上的对坐标的曲线积分必存在. 以下如不特殊说明,我们总假定讨论的对坐标的曲线积分都存在.

在上述定义中,若有向光滑曲线弧 Γ 出现在三维空间,被积函数为 $P(x, y, z), Q(x, y, z), R(x, y, z)$,则我们类似地有如下曲线弧 Γ 上对坐标的曲线积分的定义:

$$\int_{\Gamma} P(x, y, z)\mathrm{d}x = \lim_{\lambda \to 0}\sum_{i=1}^{n}P(\xi_i, \eta_i, \zeta_i)\Delta x_i,$$

$$\int_{\Gamma} Q(x, y, z)\mathrm{d}y = \lim_{\lambda \to 0}\sum_{i=1}^{n}Q(\xi_i, \eta_i, \zeta_i)\Delta y_i,$$

$$\int_{\Gamma} R(x, y, z)\mathrm{d}z = \lim_{\lambda \to 0}\sum_{i=1}^{n}R(\xi_i, \eta_i, \zeta_i)\Delta z_i.$$

它们的和简记为

$$\int_{\Gamma} P(x, y, z)\mathrm{d}x + Q(x, y, z)\mathrm{d}y + R(x, y, z)\mathrm{d}z \quad \text{或} \quad \int_{\Gamma} \boldsymbol{F} \cdot \mathrm{d}\boldsymbol{s},$$

其中 $\boldsymbol{F}(x, y, z) = (P(x, y, z), Q(x, y, z), R(x, y, z))$, $\mathrm{d}\boldsymbol{s} = (\mathrm{d}x, \mathrm{d}y, \mathrm{d}z)$.

(三) 对坐标的曲线积分的性质

类似于对弧长的曲线积分,对坐标的曲线积分有如下性质1、性质2(这里不再详述).

性质 1(线性) 对坐标的曲线积分具有线性.

性质 2(可加性)　对坐标的曲线积分具有积分曲线分段可加性.

使用性质 2 要注意有向曲线要首尾相接时首尾次序不能改.同样性质 2 也可将第二类曲线积分的定义由有向光滑曲线推广到有向分段光滑曲线上去.

除了上述的线性及可加性外,对坐标的曲线积分还具有如下有向性:

性质 3(有向性)　设 L 为有向光滑曲线弧,记 L^- 为 L 的反向曲线弧,则

$$\int_{L^-} P(x,y)\mathrm{d}x + Q(x,y)\mathrm{d}y = -\int_L P(x,y)\mathrm{d}x + Q(x,y)\mathrm{d}y.$$

对于性质 3,当 L^- 表示从点 B 到点 A 的有向曲线弧时,注意到 $\widehat{M_iM_{i-1}} = -\widehat{M_{i-1}M_i} = (-\Delta x_i, -\Delta y_i)(i=1,2,\cdots,n)$,则根据对坐标的曲线积分的定义易证.这一性质说明:对坐标的曲线积分必须注意积分曲线的方向.可以发现定积分是对坐标的曲线积分的特例.有向性是对坐标的曲线积分特有的,对弧长的曲线积分不具有的这一性质;而对弧长的曲线积分的与不等式有关的性质(如单调性)是对坐标的曲线积分所不具有的.

二、对坐标的曲线积分的计算

与对弧长的曲线积分的计算思路一样,对坐标的曲线积分的计算方法也是将其化为定积分.

我们可以仿照 §10.1 中定理的分析过程得到如下结论:

定理　设函数 $P(x,y),Q(x,y)$ 在有向光滑曲线弧 L 上连续,L 的参数方程为

$$\begin{cases} x = \varphi(t), \\ y = \psi(t), \end{cases} \alpha \leqslant t \leqslant \beta \text{ (或 } \beta \leqslant t \leqslant \alpha),$$

其中 $\varphi(t),\psi(t)$ 具有连续的一阶导数,又当 t 由 α 变到 β 时,L 上的点由起点变化到终点,则对坐标的曲线积分 $\int_L P(x,y)\mathrm{d}x + Q(x,y)\mathrm{d}y$ 存在,且

$$\int_L P(x,y)\mathrm{d}x + Q(x,y)\mathrm{d}y = \int_\alpha^\beta [P(\varphi(t),\psi(t))\varphi'(t) + Q(\varphi(t),\psi(t))\psi'(t)]\mathrm{d}t. \quad ①$$

注　由对坐标的曲线积分的有向性,公式①中积分限必须满足 α 为起点参数,β 为终点参数.

特别地,当曲线弧 L 的方程为 $y=\psi(x)$,起点处 $x=a$,终点处 $x=b$ 时,将 x 看做参数方程中的参数,则公式①变为

$$\int_L P(x,y)\mathrm{d}x + Q(x,y)\mathrm{d}y = \int_a^b [P(x,\psi(x)) + Q(x,\psi(x))\psi'(x)]\mathrm{d}x.$$

同理,当曲线弧 L 的方程为 $x=\varphi(y)$,起点处 $y=c$,终点处 $y=d$,或当曲线弧 L 有极坐标方程 $r=r(\theta)$,起点处 $\theta=\alpha$,终点处 $\theta=\beta$ 时,总可以获得其相应的曲线参数方程,进而代入公式①得到相应的关于参数的定积分.

对于空间曲线弧 Γ,若有参数方程

$$x = \varphi(t), \quad y = \psi(t), \quad z = \omega(t),$$

且起点处 $t=\alpha$,终点处 $t=\beta$,则公式①可以推广,得到如下计算公式

$$\int_\Gamma P(x,y,z)\mathrm{d}x + Q(x,y,z)\mathrm{d}y + R(x,y,z)\mathrm{d}z$$
$$= \int_\alpha^\beta [P(\varphi(t),\psi(t),\omega(t))\varphi'(t) + Q(\varphi(t),\psi(t),\omega(t))\psi'(t)$$
$$+ R(\varphi(t),\psi(t),\omega(t))\omega'(t)]\mathrm{d}t.$$

例1 计算对坐标的曲线积分 $\int_L y^2 \mathrm{d}x$,其中 L 为:

(1) 原点为圆心、半径为 a 的上半圆周,取逆时针方向(图 2(a));

(2) 从点 $A(a,0)$ 沿 x 轴到点 $B(-a,0)$ 的直线段(图 2(b)).

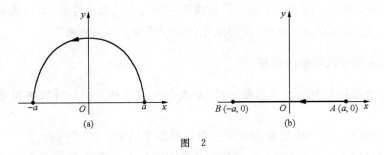

图 2

解 (1) L 的参数方程为 $x=a\cos\theta, y=a\sin\theta$,其中 θ 从 0 变到 π. 由公式①得

$$\int_L y^2 \mathrm{d}x = \int_0^\pi a^2 \sin^2\theta(-a\sin\theta)\mathrm{d}\theta = a^3\int_0^\pi (1-\cos^2\theta)\mathrm{d}(\cos\theta)$$
$$= a^3\left[\cos\theta - \frac{\cos^3\theta}{3}\right]\Big|_0^\pi = -\frac{4}{3}a^3.$$

(2) L 的方程为 $y=0$,其中 x 从 a 变到 $-a$. 由公式①得

$$\int_L y^2 \mathrm{d}x = \int_a^{-a} 0\mathrm{d}x = 0.$$

注 从此例可见,同样的被积函数,相同的起点和终点,当曲线积分路径不同时,对坐标的曲线积分值可能不同. 第(2)问提示我们:对坐标的曲线积分中,因为被积函数的自变量满足积分曲线方程,因而如果需要可将曲线方程代入被积函数来化简积分.

例2 计算对坐标的曲线积分 $\int_L y\mathrm{d}x + x\mathrm{d}y$,其中 L 为:

(1) 沿抛物线 $y=2x^2$,从点 $O(0,0)$ 到点 $B(1,2)$ 的一段弧(图 3(a));

(2) 有向线段 $\overrightarrow{OB}$:$y=2x$(图 3(b));

(3) 封闭有向折线 $OABO$(图 3(c)).

解 (1) 因为 L:$y=2x^2$,其中 x 从 0 变到 1,所以

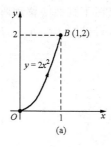 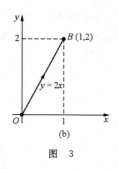 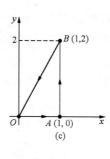

图 3

$$\int_L y\,dx + x\,dy = \int_0^1 [2x^2 + x(4x)]\,dx = \int_0^1 6x^2\,dx = 2.$$

(2) 因为 L：$y=2x$，其中 x 从 0 变到 1，所以

$$\int_L y\,dx + x\,dy = \int_0^1 (2x + 2x)\,dx = \int_0^1 4x\,dx = 2.$$

(3) 因为 L 由有向线段 $\overrightarrow{OA}$，$\overrightarrow{AB}$，$\overrightarrow{BO}$ 组成，这里

$\overrightarrow{OA}$：$y=0$，其中 x 从 0 变到 1，从而 $\int_{OA} y\,dx + x\,dy = \int_0^1 0\,dx = 0$；

$\overrightarrow{AB}$：$x=1$，其中 y 从 0 变到 2，从而 $\int_{AB} y\,dx + x\,dy = \int_0^2 1\,dy = 2$；

$\overrightarrow{BO}$：$y=2x$，其中 x 从 1 变到 0，从而 $\int_{BO} y\,dx + x\,dy = \int_1^0 4x\,dx = -2$，

所以

$$\oint_L y\,dx + x\,dy = \int_{OA} y\,dx + x\,dy + \int_{OB} y\,dx + x\,dy + \int_{OC} y\,dx + x\,dy = 0.$$

注 从此例(1)，(2)可见，同样的被积函数，相同的起点和终点，当曲线积分路径不同时，第二类曲线积分值可能相同. 结合例 1 的结果，我们知道：相同积分函数沿不同路径作对坐标的曲线积分不一定相等.

例 3 计算对坐标的曲线积分 $\int_\Gamma y^2\,dx + 3zx\,dy - zx\,dz$，其中 Γ 为从点 $A(3,2,1)$ 到点 $B(0,0,0)$ 的直线段.

解 直线 Γ 的方程为 $\dfrac{x-0}{3} = \dfrac{y-0}{2} = \dfrac{z-0}{1}$，化为参数方程得

$$x = 3t, \quad y = 2t, \quad z = t,$$

其中 t 从 1 变到 0，所以

$$\int_\Gamma y^2\,dx + 3zx\,dy - zx\,dz = \int_1^0 (4t^2 \cdot 3 + 3t \cdot 3t \cdot 2 - t \cdot 3t)\,dt$$

$$= 27 \int_1^0 t^2\,dt = -9.$$

例4 求在力 $\boldsymbol{F}(x,y,z)=(y,-x,x+y+z)$ 作用下,质点沿下列曲线移动时所做的功:

(1) 沿螺旋线 $L_1: x=a\cos t, y=a\sin t, z=bt$ 从点 $A(a,0,0)$ 到点 $B(a,0,2\pi b)$ 的一段弧 (图 4(a));

(2) 从点 $A(a,0,0)$ 到点 $B(a,0,2\pi b)$ 的直线段 L_2(图 4(b)).

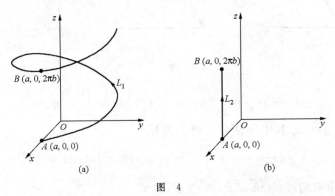

图 4

解 由本节引例知,质点沿有向光滑曲线弧 Γ 从起点移到终点 F 所做的功为

$$W = \int_\Gamma \boldsymbol{F} \cdot \mathrm{d}\boldsymbol{s} = \int_\Gamma y\mathrm{d}x - x\mathrm{d}y + (x+y+z)\mathrm{d}z.$$

(1) 因为 $L_1: x=a\cos t, y=a\sin t, z=bt$,其中 t 从 0 变到 π,所以

$$W = \int_0^{2\pi}(-a^2\sin^2 t - a^2\cos^2 t + ab\cos t + ab\sin t + b^2 t)\mathrm{d}t = 2\pi(\pi b^2 - a^2);$$

(2) 先找 L_2 的参数方程. 因为 $L_2: x=a, y=0, z=t$,其中 t 从 0 变到 $2\pi b$,所以

$$W = \int_0^{2\pi b}(a+t)\mathrm{d}t = 2\pi b(a+\pi b).$$

*三、两类曲线积分之间的联系

虽然两类曲线积分来自不同的物理问题,且有不同的特性,但两者同为曲线积分因而具有一定联系.

设 $L:\begin{cases}x=\varphi(t),\\y=\psi(t)\end{cases}$ 为从点 A 到点 B 的有向光滑曲线弧,其中起点 A 处 $t=\theta_1$,终点 B 处 $t=\theta_2$,又 $P(x,y),Q(x,y)$ 在 L 上连续. 下面讨论曲线弧 L 上对弧长的曲线积分与对坐标的曲线积分的关系.

先设曲线弧 L 的方向与 t 增加的方向一致,则此时 $\theta_1<\theta_2$. 再设 $\boldsymbol{\tau}=(\varphi'(t),\psi'(t))$,则 $\boldsymbol{\tau}$ 为过 L 上点 $M(\varphi(t),\psi(t))$ 的切向量,其方向与参数 t 增大时 M 点移动的走向一致,其方向余弦为

$$\cos\alpha = \frac{\varphi'(t)}{\sqrt{\varphi'^2(t)+\psi'^2(t)}}, \quad \cos\beta = \frac{\psi'(t)}{\sqrt{\varphi'^2(t)+\psi'^2(t)}},$$

其中 α, β 分别为 τ 对 x, y 轴的方向角. 于是由计算公式①和弧微分公式有

$$\int_L P(x,y)dx + Q(x,y)dy$$
$$= \int_{\theta_1}^{\theta_2} [P(\varphi(t),\psi(t))\varphi'(t) + Q(\varphi(t),\psi(t))\psi'(t)]dt$$
$$= \int_{\theta_1}^{\theta_2} \left[P(\varphi(t),\psi(t)) \frac{\varphi'(t)}{\sqrt{\varphi'^2(t)+\psi'^2(t)}} \right.$$
$$\left. + Q(\varphi(t),\psi(t)) \frac{\varphi'(t)}{\sqrt{\varphi'^2(t)+\psi'^2(t)}} \right] \sqrt{\varphi'^2(t)+\psi'^2(t)}dt$$
$$= \int_L [P(x,y)\cos\alpha + Q(x,y)\cos\beta]ds.$$

若曲线弧 L 的方向与 t 减少的方向一致, 即 $\theta_1 > \theta_2$, 上面第二个等式必交换积分限才能变为对弧长的曲线积分, 而此时 τ 的方向角 α, β 与原来相差 π, 所以方向余弦变为原来的相反数, 这样一来上面讨论的结果仍成立.

由此可见, 平面曲线 L 的两类曲线积分有如下联系:

$$\int_L P(x,y)dx + Q(x,y)dy = \int_L [P(x,y)\cos\alpha + Q(x,y)\cos\beta]ds, \qquad ②$$

其中 α, β 分别为有向曲线 L 上点的切向量对 x, y 轴的方向角.

类似可推出空间曲线 Γ 上的两类曲线积分有如下联系:

$$\int_\Gamma Pdx + Qdy + Rdz = \int_\Gamma (P\cos\alpha + Q\cos\beta + R\cos\gamma)ds, \qquad ③$$

其中 α, β, γ 分别为有向曲线 Γ 上点的切向量对 x, y, z 轴的方向角.

例 5 化对坐标的曲线积分 $\int_L P(x,y)dx + Q(x,y)dy$ 为对弧长的曲线积分, 其中 L 为 $y = x^2$ 上从点 $A(0,0)$ 到点 $B(1,1)$ 的一段弧.

解 $L: y = x^2$ 上的从点 A 到点 B 的切向量为 $\boldsymbol{T} = (1, 2x)$, 其方向余弦分别为

$$\cos\alpha = \frac{1}{\sqrt{4x^2+1}}, \quad \cos\beta = \frac{2x}{\sqrt{4x^2+1}},$$

所以由公式②有

$$\int_L P(x,y)dx + Q(x,y)dy = \int_L \frac{1}{\sqrt{4x^2+1}} [P(x,y) + 2xQ(x,y)]ds.$$

公式③还可以用向量的形式简记为

$$\int_\Gamma \boldsymbol{A} \cdot d\boldsymbol{r} = \int_\Gamma \boldsymbol{A} \cdot \boldsymbol{\tau} ds = \int_\Gamma A_\tau ds,$$

其中 $\boldsymbol{A} = (P, Q, R), \boldsymbol{\tau} = (\cos\alpha, \cos\beta, \cos\gamma)$ 为有向曲线 Γ 上点的单位切向量, A_τ 为向量 $\boldsymbol{A}$ 在 $\boldsymbol{\tau}$ 方向的投影 $A_\tau = \boldsymbol{A} \cdot \boldsymbol{\tau}$, $d\boldsymbol{r} = \boldsymbol{\tau} ds = (dx, dy, dz)$.

第十章 曲线积分与曲面积分

习 题 10.2

1. 用对坐标的曲线积分的定义证明性质 3(有向性).

2. 计算下列对坐标的曲线积分：

(1) $\int_L (x^2 - 2xy)\mathrm{d}x + (y^2 - 2xy)\mathrm{d}y$，其中 L：$y = x^2$ 是从点 $(-1,1)$ 到点 $(1,1)$ 的一段弧；

(2) $\int_L x\mathrm{d}y$，其中 L 是 $\dfrac{x}{2} + \dfrac{y}{3} = 1$ 上从点 $(2,0)$ 到点 $(0,3)$ 的一段；

(3) $\oint_L (x^2 + y^2)\mathrm{d}y$，其中 L 是直线 $x=1, y=1, x=3, y=5$ 围成的矩形边界，取逆时针方向；

(4) $\oint_L \dfrac{y\mathrm{d}x - x\mathrm{d}y}{x^2 + y^2}$，其中 L：$x^2 + y^2 = a^2$，取逆时针方向；

(5) $\oint_\Gamma \mathrm{d}x - \mathrm{d}y + y\mathrm{d}z$，其中 Γ 为折线 $A(1,0,0) \to B(0,1,0) \to C(0,0,1) \to O(0,0,0) \to A(1,0,0)$；

(6) $\int_\Gamma (z-y)\mathrm{d}x + (x-z)\mathrm{d}y + (x-y)\mathrm{d}z$，其中 Γ：$x^2 + y^2 = 1, x - y + z = 2$ 从 z 轴正向看为顺时针方向.

3. 计算对坐标的曲线积分 $I_i = \int_{L_i}(3x^2 + y)\mathrm{d}x + (x - 2y)\mathrm{d}y (i = 1,2,3)$，其中曲线 L_i 分别为：

(1) L_1：$y=0$；

(2) L_2：$x^2 + y^2 = 1 (y \geqslant 0)$；

(3) 折线 L_3 由 $x+y=1$ 和 $-x+y=1$ 组成，

且三条曲线的起点均为 $A(1,0)$，终点均为 $B(-1,0)$.

4. 设一质点在 $M(x,y)$ 处受力 $\boldsymbol{F}$ 作用由点 $A(a,0)$ 沿椭圆 $\dfrac{x^2}{a^2} + \dfrac{y^2}{b^2} = 1$ 按逆时针方向移动到点 $B(0,b)$，$\boldsymbol{F}$ 的大小与 M 到原点 O 的距离成正比(比例系数为 $k>0$)，方向与 $\overrightarrow{OM}$ 垂直且与 y 轴的夹角为锐角，求力 $\boldsymbol{F}$ 所做的功 W.

*5. 设 Γ 为曲线 $x=t, y=t^2, z=t^3$ 上相应于 t 从 0 到 1 的曲线弧，把对坐标的曲线积分 $\int_\Gamma P\mathrm{d}x + Q\mathrm{d}y + R\mathrm{d}z$ 化成对弧长的曲线积分.

§10.3 格林公式及其应用

一、格林公式

在第九章我们知道了二重积分可化为二次积分，三重积分可化为三次积分，而由本章前

§10.3 格林公式及其应用

两节又知两类曲线积分可化为定积分,那么曲线积分与重积分之间有怎样的关系呢? 我们下面介绍的格林(Green)公式就揭示了平面区域 D 上二重积分与其区域边界 L 上对坐标的曲线积分之间的联系.

首先我们要明确单连通、复连通区域的概念. 设 D 为平面区域,如果 D 内任一闭曲线所围成的区域都属于 D,则称 D 为**单连通区域**,否则称为**复连通区域**. 如图 1(a) 为单连通区域,如图 1(b) 为复连通区域. 通俗地说,单连通区域是"无洞"的(甚至不含"点洞"),而复连通区域是"有洞"的. 例如,平面上 $\{(x,y)|y>0\}$ 为单连通区域,而 $\{(x,y)|0<x^2+y^2<2\}$ 是复连通区域.

设平面区域 D 的边界由一条或几条光滑曲线所围成. 我们规定 D 的**边界 L 的正向**为: 当人沿着边界的这一方向行走时,区域 D 总位于其左侧. 自然,与正向相反的方向为负向. 如图 1(a),单连通区域 D 的边界线只有一条,其正向为逆时针方向;如图 1(b),复连通区域 D 的边界线有三条,其外边界线正向为逆时针方向,而另两条内边界线正向都是顺时针方向.

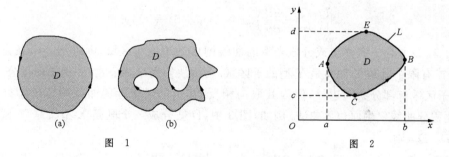

图 1　　　　　　图 2

定理 1 若平面有界闭区域 D 由分段光滑的曲线 L 围成,函数 $P(x,y),Q(x,y)$ 在 D 上具有连续的一阶偏导数,则有

$$\oint_L P\,\mathrm{d}x + Q\,\mathrm{d}y = \iint_D \left(\frac{\partial Q}{\partial x} - \frac{\partial P}{\partial y}\right)\mathrm{d}x\mathrm{d}y, \qquad ①$$

其中 L 是 D 的取正向的边界曲线.

公式①称为**格林公式**,有时也将其记为

$$\oint_L P\,\mathrm{d}x + Q\,\mathrm{d}y = \iint_D \begin{vmatrix} \dfrac{\partial}{\partial x} & \dfrac{\partial}{\partial y} \\ P & Q \end{vmatrix} \mathrm{d}x\mathrm{d}y.$$

证 根据 D 的形状,对定理分情况进行证明.

(1) 若区域 D 既是 X 型又是 Y 型区域(图 2),即 D 可表为如下两种形式:

$$D: a \leqslant x \leqslant b,\ \varphi_1(x) \leqslant y \leqslant \varphi_2(x),$$
$$D: c \leqslant y \leqslant d,\ \psi_1(y) \leqslant x \leqslant \psi_2(y),$$

其中 $y=\varphi_1(x)$ 与 $y=\varphi_2(x)$ 分别表示曲线 $\overparen{ACB}$ 和 $\overparen{BEA}$,而 $x=\psi_1(y)$ 与 $x=\psi_2(y)$ 分别表示曲

线 $\widehat{EAC}$ 和 $\widehat{CBE}$,则

$$\iint_D \frac{\partial Q}{\partial x} dx dy = \int_c^d dy \int_{\psi_1(y)}^{\psi_2(y)} \frac{\partial Q}{\partial x} dx = \int_c^d Q(\psi_2(y), y) dy - \int_c^d Q(\psi_1(y), y) dy$$

$$= \int_{\widehat{CBE}} Q(x,y) dy - \int_{\widehat{CAE}} Q(x,y) dy = \int_{\widehat{CBE}} Q(x,y) dy + \int_{\widehat{EAC}} Q(x,y) dy$$

$$= \oint_{\widehat{CBEAC}} Q(x,y) dy,$$

即

$$\iint_D \frac{\partial Q}{\partial x} dx dy = \int_L Q(x,y) dy.$$

同理可得

$$-\iint_D \frac{\partial P}{\partial y} dx dy = \int_L P(x,y) dx.$$

所以此时有

$$\iint_D \left(\frac{\partial Q}{\partial x} - \frac{\partial P}{\partial y}\right) dx dy = \oint_L P dx + Q dy.$$

(2) 若 D 是由一条光滑或分段光滑的曲线围成的单连通区域,则可用若干条光滑曲线将 D 分成有限个既是 X 型又是 Y 型的子区域.再逐块使用格林公式,并相加即得公式①,其中相邻子区域有部分共同边界,但因其取向相反,其上的对坐标的曲线积分值刚好互相抵消,因此积分曲线仅剩原边界曲线.例如,图 3 中,D 被分成三个既是 X 型又是 Y 型的子区域 D_1, D_2, D_3,则

$$\iint_D \left(\frac{\partial Q}{\partial x} - \frac{\partial P}{\partial y}\right) dx dy = \iint_{D_1} \left(\frac{\partial Q}{\partial x} - \frac{\partial P}{\partial y}\right) dx dy + \iint_{D_2} \left(\frac{\partial Q}{\partial x} - \frac{\partial P}{\partial y}\right) dx dy + \iint_{D_3} \left(\frac{\partial Q}{\partial x} - \frac{\partial P}{\partial y}\right) dx dy$$

$$= \oint_{L_1} P dx + Q dy + \oint_{L_2} P dx + Q dy + \oint_{L_3} P dx + Q dy$$

$$= \oint_L P dx + Q dy.$$

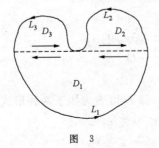

图 3

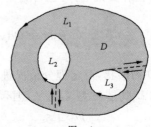

图 4

(3) 若 D 是由不止一条光滑或分段光滑的曲线围成的复连通区域(图 4),可适当添加直

线段将区域转化为单连通区域,对单连通区域使用格林公式,即得公式①,此时与(2)中讨论同理,新引进的积分曲线因为两次使用中取向相反而被抵消,最后积分曲线仅剩原边界曲线. 证毕.

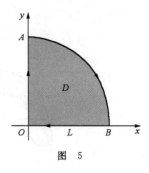

图 5

例 1 计算对坐标的曲线积分 $\int_{\widehat{AB}} x\mathrm{d}y$,其中有向曲线弧 $\widehat{AB}$ 是圆周 $x^2+y^2=r^2$ 在第一象限的部分,起点 A 在 y 轴上,终点 B 在 x 轴上.

解 如图 5 所示,引入辅助线 $L=OA+\widehat{AB}+BO$,并设曲线 L 围成区域 D,方向为负向,则

$$\int_{\widehat{AB}} x\mathrm{d}y = \oint_L x\mathrm{d}y - \int_{OA} x\mathrm{d}y - \int_{BO} x\mathrm{d}y.$$

这里 $P=0, Q=x$,则它们在 D 上具有连续的一阶偏导数,又 L 取负向,于是由格林公式有

$$\oint_L x\mathrm{d}y = \oint_L P\mathrm{d}x + Q\mathrm{d}y = -\iint_D \left(\frac{\partial Q}{\partial x} - \frac{\partial P}{\partial y}\right)\mathrm{d}x\mathrm{d}y$$

$$= -\iint_D (1-0)\mathrm{d}x\mathrm{d}y = -\iint_D \mathrm{d}x\mathrm{d}y = -\frac{1}{4}\pi r^2.$$

又 OA: $x=0$,其中 y 从 0 变到 r,则

$$\int_{OA} x\mathrm{d}y = \int_0^r 0\mathrm{d}y = 0.$$

而 BO: $y=0$,其中 x 从 r 变到 0,则

$$\int_{BO} x\mathrm{d}y = \int_r^0 x\cdot 0\mathrm{d}x = 0.$$

所以

$$\int_{\widehat{AB}} x\mathrm{d}y = -\frac{1}{4}\pi r^2 - 0 - 0 = -\frac{1}{4}\pi r^2.$$

注 若边界曲线方向为负向,使用格林公式时应在等式某一端加负号.

例 2 计算对坐标的曲线积分 $\oint_L \dfrac{x\mathrm{d}y - y\mathrm{d}x}{x^2+y^2}$,其中 L 为一无重点且不过原点的分段光滑正向闭曲线.

解 这里 $P=\dfrac{-y}{x^2+y^2}$,$Q=\dfrac{x}{x^2+y^2}$,则 $\dfrac{\partial Q}{\partial x} = \dfrac{y^2-x^2}{(x^2+y^2)^2} = \dfrac{\partial P}{\partial y}$.

设 L 所围区域为 D,则

(1) 当 $(0,0) \notin D$ 时(图 6),P,Q 在 D 上具有连续的一阶偏导数,且 L 取正向,由格林公式有

$$\oint_L P\mathrm{d}x + Q\mathrm{d}y = \iint_D \left(\frac{\partial Q}{\partial x} - \frac{\partial P}{\partial y}\right)\mathrm{d}x\mathrm{d}y = 0.$$

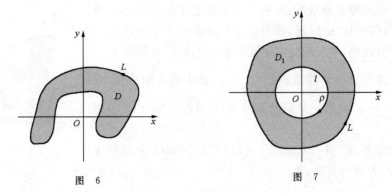

图 6　　　　　　　　图 7

(2) 当 $(0,0) \in D$ 时(图 7),因为在点 $(0,0)$ 处 P,Q 一阶偏导数不连续,所以不能直接用格林公式. 为此在 D 内作 $l: x^2+y^2=\rho^2$ (ρ 充分小),取 l 的方向为顺时针方向,则

$$\oint_L P\mathrm{d}x + Q\mathrm{d}y = \oint_{L+l} P\mathrm{d}x + Q\mathrm{d}y - \int_l P\mathrm{d}x + Q\mathrm{d}y.$$

设 L 与 l 围成区域为 D_1,区域 D_1 上 P,Q 具有连续的一阶偏导数,且其边界 $L+l$ 取正向,于是由格林公式有

$$\oint_{L+l} P\mathrm{d}x + Q\mathrm{d}y = \iint_{D_1}\left(\frac{\partial Q}{\partial x} - \frac{\partial P}{\partial y}\right)\mathrm{d}x\mathrm{d}y = 0.$$

而 l 的参数方程为 $x=\rho\cos\theta, y=\rho\sin\theta$,其中 ρ 为常数,θ 从 2π 变到 0,则

$$\int_l P\mathrm{d}x + Q\mathrm{d}y = \int_{2\pi}^0 \frac{\rho^2\cos^2\theta + \rho^2\sin^2\theta}{\rho^2}\mathrm{d}\theta = \int_{2\pi}^0 \mathrm{d}\theta = -2\pi.$$

因此

$$\oint_L P\mathrm{d}x + Q\mathrm{d}y = 0 - (-2\pi) = 2\pi.$$

注 此例的(2)中 P,Q 及其一阶偏导数在 D 内有不连续点,不满足定理 1 的第二个条件. 我们以不连续点为圆心作半径充分小的圆,将不连续点"挖掉",这样在剩下的区域可用格林公式,从而在原边界上的曲线积分的计算转化为在新边界小圆上的曲线积分的计算.

格林公式中,若适当的选取 P,Q,使 $\frac{\partial Q}{\partial x} - \frac{\partial P}{\partial y} = k$ (k 为常数),则

$$\oint_L P\mathrm{d}x + Q\mathrm{d}y = k\iint_D \mathrm{d}x\mathrm{d}y = kS_D,$$

其中 S_D 为 D 的面积. 据此可知

$$S_D = \frac{1}{k}\oint_L P\mathrm{d}x + Q\mathrm{d}y.$$

例如,取 $P=-y, Q=x$ 时,有

$$S_D = \frac{1}{2}\oint_L x\mathrm{d}y - y\mathrm{d}x; \qquad ②$$

取 $P=0, Q=x$ 时，有
$$S_D = \oint_L x\,dy;$$
取 $P=-y, Q=0$ 时，有
$$S_D = \oint_L -y\,dx.$$

例3 计算由星形线 $L: x=a\cos^3 t, y=b\sin^3 t (0 \leqslant t \leqslant 2\pi)$ 所围区域的面积.

解 由公式②得
$$S_D = \frac{1}{2}\oint_L x\,dy - y\,dx = \frac{3ab}{2}\int_0^{2\pi}(\sin^2 t\cos^4 t + \cos^2 t\sin^4 t)\,dt$$
$$= \frac{3ab}{2}\int_0^{2\pi}\sin^2 t\cos^2 t\,dt = \frac{3ab}{16}\int_0^{2\pi}(1-\cos 4t)\,dt = \frac{3}{8}\pi ab.$$

二、平面上对坐标的曲线积分与路径无关的条件

由§10.2 中的例1,例2,我们发现同样的被积函数，相同的起点和终点，对坐标的曲线积分有时与积分路径有关，有时无关，因此我们要思考这样一个问题：什么条件下对坐标的曲线积分 $\int_{\overset{\frown}{AB}} P\,dx + Q\,dy$ 的值只与起点 A 和终点 B 的坐标有关，而与连接 A,B 两点的积分路径无关？下面的定理就可解决此问题.

定理 2 设 D 是单连通区域，函数 $P(x,y), Q(x,y)$ 在 D 内具有连续的一阶偏导数，则下面四个命题等价：

(1) 对 D 中任一分段光滑闭曲线 C，有 $\oint_C P\,dx + Q\,dy = 0$；

(2) 对 D 中任一有向分段光滑曲线 L，曲线积分 $\int_L P\,dx + Q\,dy$ 与路径无关，只与起点、终点有关；

(3) $P\,dx + Q\,dy$ 在 D 内是某一函数 $u(x,y)$ 的全微分，即在 D 内 $du(x,y) = P\,dx + Q\,dy$；

(4) 在 D 内恒有 $\dfrac{\partial P}{\partial y} = \dfrac{\partial Q}{\partial x}$.

证 只要证(1)⇒(2),(2)⇒(3),(3)⇒(4),(4)⇒(1),即可得出四命题等价.

证(1)⇒(2). 如图 8 所示，设 L_1, L_2 为 D 内任意两条由点 A 到点 B 的有向分段光滑曲线，则由(1)有
$$\int_{L_1} P\,dx + Q\,dy - \int_{L_2} P\,dx + Q\,dy = \int_{L_1} P\,dx + Q\,dy + \int_{L_2^-} P\,dx + Q\,dy$$
$$= \oint_{L_1+L_2^-} P\,dx + Q\,dy = 0,$$

其中 $L_1 + L_2^-$ 表示由 L_1 与 L_2 连成的有向闭曲线，方向与 L_1 相同，所以

$$\int_{L_1} P\mathrm{d}x + Q\mathrm{d}y = \int_{L_2} P\mathrm{d}x + Q\mathrm{d}y.$$

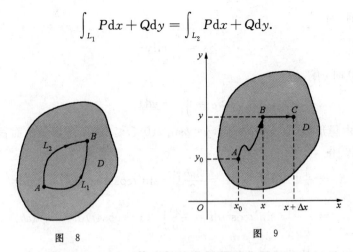

图 8　　　　　图 9

证 (2)⇒(3). 由(2)积分与路径无关,即对坐标的曲线积分可记为
$$\int_{\widehat{AB}} P\mathrm{d}x + Q\mathrm{d}y = \int_A^B P\mathrm{d}x + Q\mathrm{d}y.$$

若在 D 内取定点 $A(x_0, y_0)$ 为起点,动点 $B(x, y)$ 为终点,则积分值仅由 B 唯一确定,因此是 (x, y) 的函数,记为
$$u(x, y) = \int_{(x_0, y_0)}^{(x, y)} P\mathrm{d}x + Q\mathrm{d}y.$$

下证 $u(x, y)$ 在 D 内可微,且
$$\mathrm{d}u = P(x, y)\mathrm{d}x + Q(x, y)\mathrm{d}y.$$

因为 $P(x, y), Q(x, y)$ 在 D 内连续,只要证下面两等式成立即可:
$$\frac{\partial u}{\partial x} = P(x, y), \quad \frac{\partial u}{\partial y} = Q(x, y).$$

如图 9 所示,在 D 内取 $C(x + \Delta x, y)$,且使 BC 也在 D 内. 由于积分与路径无关,从点 A 到点 C 的曲线积分可看成是先从点 A 到点 B,再从点 B 沿直线段 BC 到点 C 的曲线积分,于是函数 $u(x, y)$ 的偏增量为
$$\Delta_x u = u(x + \Delta x, y) - u(x, y) = \int_{\widehat{AC}} P\mathrm{d}x + Q\mathrm{d}y - \int_{\widehat{AB}} P\mathrm{d}x + Q\mathrm{d}y$$
$$= \int_{BC} P\mathrm{d}x + Q\mathrm{d}y = \int_{(x, y)}^{(x+\Delta x, y)} P\mathrm{d}x + Q\mathrm{d}y.$$

由 $\mathrm{d}y = 0$(由于直线段 BC 的方程为 $y = $ 常数)和积分中值定理得
$$\Delta_x u = \int_{(x, y)}^{(x+\Delta x, y)} P\mathrm{d}x + Q\mathrm{d}y = \int_x^{x+\Delta x} P\mathrm{d}x = P(x + \theta \Delta x, y)\Delta x,$$

其中 $0 < \theta < 1$. 于是由 $P(x, y)$ 在 D 内的连续性有
$$\frac{\partial u}{\partial x} = \lim_{\Delta x \to 0} \frac{\Delta_x u}{\Delta x} = \lim_{\Delta x \to 0} P(x + \theta \Delta x, y) = P(x, y).$$

同理可证 $\frac{\partial u}{\partial y} = Q(x,y)$. 因此由 $\frac{\partial u}{\partial x}, \frac{\partial u}{\partial y}$ 连续, 则 $u(x,y)$ 在 D 内可微且

$$du = Pdx + Qdy.$$

证 (3)⇒(4). 由(3)知

$$\frac{\partial u}{\partial x} = P(x,y), \quad \frac{\partial u}{\partial y} = Q(x,y),$$

所以

$$\frac{\partial P}{\partial y} = \frac{\partial^2 u}{\partial x \partial y}, \quad \frac{\partial Q}{\partial x} = \frac{\partial^2 u}{\partial y \partial x}.$$

由已知 $P(x,y), Q(x,y)$ 在 D 内具有连续的一阶偏导数, 根据连续二阶混合偏导数的性质, 则 $\frac{\partial^2 u}{\partial x \partial y} = \frac{\partial^2 u}{\partial y \partial x}$, 从而在 D 内恒有

$$\frac{\partial P}{\partial y} = \frac{\partial Q}{\partial x}.$$

证 (4)⇒(1). 设 C 为 D 内任一分段光滑闭曲线, C 所围区域为 D', 则 $D' \subset D, C$ 取正向. 在 D' 上恒有

$$\frac{\partial P}{\partial y} = \frac{\partial Q}{\partial x},$$

从而利用格林公式得

$$\oint_C Pdx + Qdy = \iint_{D'} \left(\frac{\partial Q}{\partial x} - \frac{\partial Q}{\partial x}\right) dxdy = 0,$$

即命题(1)成立. 证毕.

在 §10.2 的例 1 中, $P = y^2, Q = 0, \frac{\partial P}{\partial y} = 2y \neq \frac{\partial Q}{\partial x} = 0$, 由定理 2 知, 曲线积分与路径有关, 计算结果也与这一结论一致; 而在例 2 前两问中, $P = y, Q = x, \frac{\partial P}{\partial y} = 1 = \frac{\partial Q}{\partial x}$, 由定理 2 知, 曲线积分与路径无关, 计算结果同样与这一结论一致. 另外, 在本节例 2 的第二种情况中, 因定理 2 中函数 $P(x,y), Q(x,y)$ 在 D 内具有连续的一阶偏导数不满足, 尽管 $\frac{\partial P}{\partial y} = \frac{\partial Q}{\partial x}$ 在一定条件下成立, 但 $\oint_L Pdx + Qdy \neq 0$. 由此, 我们知道定理 2 中两条件不可或缺.

注 由定理 2 知, 若函数 $P(x,y), Q(x,y)$ 在单连通区域 D 内具有连续的一阶偏导数且在 D 内恒有 $\frac{\partial P}{\partial y} = \frac{\partial Q}{\partial x}$, 则沿 D 内任一有向分段光滑曲线 L 的曲线积分 $\int_L Pdx + Qdy$ 与路径无关, 只与起点、终点有关. 此时当曲线 L 很复杂时, 我们可选 D 内较简单的同起点、终点的曲线代替 L, 从而化简曲线积分的计算.

例 4 计算对坐标的曲线积分 $I=\int_L \dfrac{(x-y)\mathrm{d}x+(x+y)\mathrm{d}y}{x^2+y^2}$,其中 L 为 $y=2x^2-2$ 上由点 $A(-1,0)$ 到点 $B(1,0)$ 的一段弧.

解法 1 因为 $P=\dfrac{x-y}{x^2+y^2}, Q=\dfrac{x+y}{x^2+y^2}$,所以

$$\frac{\partial P}{\partial y}=\frac{-(x^2+y^2)-2y(x-y)}{(x^2+y^2)^2}=\frac{-2xy-x^2+y^2}{(x^2+y^2)^2}=\frac{\partial Q}{\partial x}.$$

可见 $\dfrac{\partial P}{\partial y},\dfrac{\partial Q}{\partial x}$ 在 $(x,y)\neq(0,0)$ 的区域上连续.由定理 2 知,曲线只要绕过原点,积分就与路径无关,因此可选如下简单折线路径(图 10):

$$A(-1,0)\to C(-1,-1)\to D(1,-1)\to B(1,0),$$

其中 AC:$x=-1$,y 从 0 变到 -1;CD:$y=-1$,x 从 -1 变到 1,DB:$x=1$,y 从 -1 变到 0. 于是

$$\begin{aligned}I&=\int_L\frac{(x-y)\mathrm{d}x+(x+y)\mathrm{d}y}{x^2+y^2}\\&=\int_{AC}\frac{(x-y)\mathrm{d}x+(x+y)\mathrm{d}y}{x^2+y^2}+\int_{CD}\frac{(x-y)\mathrm{d}x+(x+y)\mathrm{d}y}{x^2+y^2}\\&\quad+\int_{DB}\frac{(x-y)\mathrm{d}x+(x+y)\mathrm{d}y}{x^2+y^2}\\&=\int_0^{-1}\frac{-1+y}{1+y^2}\mathrm{d}y+\int_{-1}^1\frac{1+x}{1+x^2}\mathrm{d}x+\int_{-1}^0\frac{1+y}{1+y^2}\mathrm{d}y\\&=2\int_{-1}^0\frac{1}{1+y^2}\mathrm{d}y+\int_{-1}^1\frac{x\mathrm{d}x}{1+x^2}+\int_{-1}^1\frac{1}{1+x^2}\mathrm{d}x\\&=4\int_{-1}^0\frac{1}{1+y^2}\mathrm{d}y+0=4\arctan y\Big|_{-1}^0=\pi.\end{aligned}$$

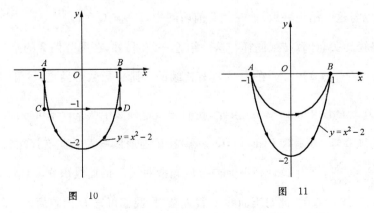

图 10   图 11

解法 2 若积分曲线不过原点,积分与路径无关的讨论同前一解法.

如图 11 所示，取路径为过 A,B 两点的单位圆的下半圆周，其方程为 $x=\cos\theta, y=\sin\theta$，其中 θ 从 π 变到 2π，于是

$$I = \int_L \frac{(x-y)\mathrm{d}x + (x+y)\mathrm{d}y}{x^2 + y^2}$$

$$= \int_\pi^{2\pi} \frac{(\cos\theta - \sin\theta)(-\sin\theta) + (\cos\theta + \sin\theta)\cos\theta}{\cos^2\theta + \sin^2\theta} \mathrm{d}\theta$$

$$= \int_\pi^{2\pi} 1 \mathrm{d}\theta = \pi.$$

定理 2 还告诉我们，判别对坐标的曲线积分中 $P\mathrm{d}x + Q\mathrm{d}y$ 是否为全微分的方法：满足定理的两前提条件后，只要命题(1),(2),(4)中有一个成立(特别是(4)很容易判定)，即可判定存在某一函数 $u(x,y)$ 使 $\mathrm{d}u(x,y) = P\mathrm{d}x + Q\mathrm{d}y$. 通常称 $u(x,y)$ 为 $P\mathrm{d}x + Q\mathrm{d}y$ 的**原函数**. 在定理 2 的证明过程中还给出了求原函数 $u(x,y)$ 的方法：

$$u(x,y) = \int_{(x_0,y_0)}^{(x,y)} P\mathrm{d}x + Q\mathrm{d}y,$$

其中定点 $A(x_0,y_0)$，动点 $B(x,y)$ 都属于 D. 由于曲线积分与路径无关，对上述曲线积分多选特殊的折线路径. 如图 12 所示，若选折线路径 ACB，则

$$u(x,y) = \int_{x_0}^x P(x,y_0)\mathrm{d}x + \int_{y_0}^y Q(x,y)\mathrm{d}y.$$

同理，若选折线路径 ADB，则

$$u(x,y) = \int_{y_0}^y Q(x_0,y)\mathrm{d}y + \int_{x_0}^x P(x,y)\mathrm{d}x.$$

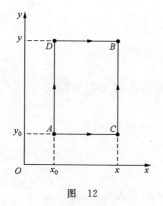

图 12

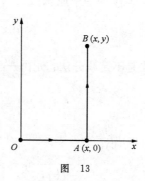

图 13

读者可自行证明：在定理 2 的条件下，如果 $u(x,y)$ 是 $P\mathrm{d}x + Q\mathrm{d}y$ 的一个原函数，则对于任意 $(x_0,y_0),(x_1,y_1) \in D$，有

$$\int_{(x_0,y_0)}^{(x_1,y_1)} P\mathrm{d}x + Q\mathrm{d}y = u(x,y)\Big|_{(x_0,y_0)}^{(x_1,y_1)} = u(x_1,y_1) - u(x_0,y_0).$$

例 5 在 Oxy 平面内，验证 $xy^2\mathrm{d}x + x^2y\mathrm{d}y$ 是某个函数 $u(x,y)$ 的全微分，并求 $u(x,y)$

及 $\int_{(1,2)}^{(3,4)} xy^2 \mathrm{d}x + x^2 y \mathrm{d}y$.

解 设 $P = xy^2, Q = x^2 y$,则 $\frac{\partial P}{\partial y} = 2xy = \frac{\partial Q}{\partial x}$ 在 Oxy 平面内恒成立. 因此 $xy^2 \mathrm{d}x + x^2 y \mathrm{d}y$ 是某个函数 $u(x,y)$ 的全微分. 若取积分路径如图 13 所示,所求函数 $u(x,y)$ 可取为

$$\begin{aligned}
u(x,y) &= \int_{(0,0)}^{(x,y)} xy^2 \mathrm{d}x + x^2 y \mathrm{d}y \\
&= \int_{OA} xy^2 \mathrm{d}x + x^2 y \mathrm{d}y + \int_{AB} xy^2 \mathrm{d}x + x^2 y \mathrm{d}y \\
&= \int_0^x x \cdot 0^2 \mathrm{d}x + \int_0^y x^2 y \mathrm{d}y \\
&= \frac{1}{2} x^2 y^2.
\end{aligned}$$

所以

$$\int_{(1,2)}^{(3,4)} xy^2 \mathrm{d}x + x^2 y \mathrm{d}y = \int_{(1,2)}^{(3,4)} \mathrm{d}u(x,y) = u(x,y) \Big|_{(1,2)}^{(3,4)} = \frac{x^2 y^2}{2} \Big|_{(1,2)}^{(3,4)} = 70.$$

对于 $P\mathrm{d}x + Q\mathrm{d}y$ 的原函数 $u(x,y)$,除了可以用上面曲线积分的方法求外,还可用下面两种方法来求.

一种方法是**凑微分法**,即对给定的 $P\mathrm{d}x + Q\mathrm{d}y$,利用全微分法则,从形式上把它凑成某个函数 $u(x,y)$ 的全微分. 如对于例 5,因为

$$xy^2 \mathrm{d}x + x^2 y \mathrm{d}y = \frac{1}{2} y^2 \mathrm{d}x^2 + \frac{1}{2} x^2 \mathrm{d}y^2 = \frac{1}{2} \mathrm{d}(x^2 y^2) = \mathrm{d}\left(\frac{1}{2} x^2 y^2\right),$$

所以 $x^2 y^2 \mathrm{d}x + x^2 y \mathrm{d}y$ 的一个原函数为

$$u(x,y) = \frac{1}{2} x^2 y^2.$$

另一种方法是**不定积分法**:先由 $\frac{\partial u}{\partial x} = P(x,y)$ 两边对 x 积分得

$$u(x,y) = \int P(x,y) \mathrm{d}x + \varphi(y),$$

其中 $\varphi(y)$ 待定;再由 $\frac{\partial u}{\partial y} = Q(x,y)$ 知,$\varphi(y)$ 满足

$$\frac{\partial}{\partial y}\left(\int P(x,y)\mathrm{d}x\right) + \varphi'(y) = Q(x,y).$$

由此可求出 $\varphi(y)$,从而得到 $u(x,y)$. 如例 5,由前面讨论 $u(x,y)$ 存在,且 $\mathrm{d}u = xy^2 \mathrm{d}x + x^2 y \mathrm{d}y$,则 $\frac{\partial u}{\partial x} = xy^2$,所以

$$u = \int xy^2 \mathrm{d}x = \frac{1}{2} x^2 y^2 + \varphi(y),$$

其中 $\varphi(y)$ 待定. 又 $\dfrac{\partial u}{\partial y} = x^2 y$,则 $\dfrac{\partial \varphi}{\partial y} = 0$,所以 $\varphi(y) = C$. 因此

$$u = \dfrac{x^2 y^2}{2} + C \quad (C\text{ 为任意常数}).$$

由此结果可见满足要求的 $u(x,y)$ 有无数多个.

三、求解全微分方程

以上关于 $P(x,y)\mathrm{d}x + Q(x,y)\mathrm{d}y$ 原函数的存在性讨论及寻找方法还可以帮助我们解一类微分方程.

当一阶微分方程写成

$$P(x,y)\mathrm{d}x + Q(x,y)\mathrm{d}y = 0 \qquad\qquad ③$$

的形式后,如果存在 $u(x,y)$,使得 $\mathrm{d}u(x,y) = P(x,y)\mathrm{d}x + Q(x,y)\mathrm{d}y$,则称微分方程③为**全微分方程**.

一旦找到了 $u(x,y)$,则

$$u(x,y) = C \quad (C\text{ 为任意常数})$$

为微分方程③的通解. 由例 5 中三种求 $u(x,y)$ 的方法知,全微分方程的通解有三种求法.

例 6 求微分方程 $\dfrac{\mathrm{d}y}{\mathrm{d}x} = -\dfrac{x^2 + x^3 + y}{1 + x}$ 的通解.

解 当 $x \neq -1$ 时,微分方程可整理为

$$(x^2 + x^3 + y)\mathrm{d}x + (1 + x)\mathrm{d}y = 0.$$

设 $P = x^2 + x^3 + y, Q = 1 + x$,因为 $\dfrac{\partial P}{\partial y} = 1 = \dfrac{\partial Q}{\partial x}$,所以 $(x^2 + x^3 + y)\mathrm{d}x + (1 + x)\mathrm{d}y = 0$ 是全微分方程.

下面我们用三种不同方法来求 $(x^2 + x^3 + y)\mathrm{d}x + (1 + x)\mathrm{d}y$ 的原函数 $u(x,y)$.

(1) 曲线积分法:

$$\begin{aligned}
u(x,y) &= \int_{(0,0)}^{(x,y)} (x^2 + x^3 + y)\mathrm{d}x + (1 + x)\mathrm{d}y \\
&= \int_{(0,0)}^{(0,y)} (x^2 + x^3 + y)\mathrm{d}x + (1 + x)\mathrm{d}y + \int_{(0,y)}^{(x,y)} (x^2 + x^3 + y)\mathrm{d}x + (1 + x)\mathrm{d}y \\
&= \int_0^y \mathrm{d}y + \int_0^x (x^2 + x^3 + y)\mathrm{d}x = y + \dfrac{x^3}{3} + \dfrac{x^4}{4} + xy.
\end{aligned}$$

(2) 凑微分法:因为

$$(x^2 + x^3 + y)\mathrm{d}x + (1 + x)\mathrm{d}y = \mathrm{d}y + (x\mathrm{d}y + y\mathrm{d}x) + x^2\mathrm{d}x + x^3\mathrm{d}x$$

$$= \mathrm{d}y + \mathrm{d}(xy) + \mathrm{d}\dfrac{x^3}{3} + \mathrm{d}\dfrac{x^4}{4} = \mathrm{d}\left(y + xy + \dfrac{x^3}{3} + \dfrac{x^4}{4}\right),$$

所以
$$u(x,y) = y + xy + \frac{x^3}{3} + \frac{x^4}{4}.$$

(3) 不定积分法：因为
$$\frac{\partial u}{\partial x} = x^2 + x^3 + y,$$

所以
$$u(x,y) = \int (x^2 + x^3 + y) dx = \frac{x^3}{3} + \frac{x^4}{4} + xy + \varphi(y),$$

则
$$\frac{\partial u}{\partial y} = x + \varphi'(y).$$

又 $\frac{\partial u}{\partial y} = 1 + x$，所以 $x + \varphi'(y) = 1 + x$，即 $\varphi'(y) = 1$，可取 $\varphi(y) = y$。所以
$$u(x,y) = \frac{x^3}{3} + \frac{x^4}{4} + xy + y.$$

故原微分方程的通解为
$$y + xy + \frac{x^3}{3} + \frac{x^4}{4} = C.$$

习 题 10.3

1. 判断下列集合是否是开集、连通区域、单连通区域：
(1) $\{(x,y) | x > 0, y > 0\}$；　　(2) $\{(x,y) | x \neq 0\}$；
(3) $\{(x,y) | 1 < x^2 + y^2 < 4\}$；　　(4) $\{(x,y) | x^2 + y^2 \leq 1$ 或 $4 \leq x^2 + y^2 \leq 9\}$.

2. 利用格林公式，计算下列对坐标的曲线积分：
(1) $\oint_L (x^2 y - 2y) dx + \left(\frac{1}{3} x^3 - x\right) dy$，其中 L 为以 $x = 1, y = x, y = 2x$ 为边界的三角形反向边界；

(2) $\oint_L (x^2 - xy^3) dx + (y^2 - 2xy) dy$，其中 L 为以 $(0,0), (2,0), (2,2), (0,2)$ 为顶点的正方形正向边界；

(3) $\int_L (x^2 - y) dx - (x + \sin^2 y) dy$，其中 L 为 $y = \sqrt{2x - x^2}$ 上由点 $(0,0)$ 到点 $(1,1)$ 的一段弧；

(4) $\int_L [e^x \sin y - b(x+y)] dx + (e^x \cos y - ax) dy$，其中 $a, b > 0$ 为常数，L 为 $y = \sqrt{2ax - x^2}$ 上由点 $(2a, 0)$ 到点 $(0,0)$ 的一段弧；

(5) $\oint_L \frac{x dy - y dx}{4x^2 + y^2}$，其中 L 是以点 $(1,0)$ 为心，$R(R > 1)$ 为半径的圆周，取逆时针方向.

3. 利用对坐标的曲线积分求下列曲线 L 所围平面图形的面积：

(1) $L: x^2+y^2=2ax$;　　(2) $L: \dfrac{x^2}{a^2}+\dfrac{y^2}{b^2}=1$;

(3) L 是由 $y=x^2, x=y^2, 8xy=1$ 所围成图形的边界,其边界含有原点.

4. 证明下列对坐标的曲线积分在 Oxy 平面内与路径无关,并计算积分值:

(1) $\displaystyle\int_{(1,0)}^{(2,1)}(2y-y^3)\mathrm{d}x+(2x-3xy^2+4y^3)\mathrm{d}y$;

(2) $\displaystyle\int_{(1,1)}^{(3,3)}(-ye^x\sin e^x)\mathrm{d}x+\cos e^x\,\mathrm{d}y$;

(3) $\displaystyle\int_{(0,0)}^{(1,1)}e^{y^2}\mathrm{d}x+2xye^{y^2}\mathrm{d}y$.

5. 设对坐标的曲线积分 $\displaystyle\int_L xy^2\mathrm{d}x+y\varphi(x)\mathrm{d}y$ 在 Oxy 平面内与路径无关,其中 $\varphi(x)$ 具有连续导数,且 $\varphi(0)=0$,计算 $\displaystyle\int_{(0,0)}^{(1,1)}xy^2\mathrm{d}x+y\varphi(x)\mathrm{d}y$.

6. 验证下列 $P(x,y)\mathrm{d}x+Q(x,y)\mathrm{d}y$ 在 Oxy 平面内是某一函数 $u(x,y)$ 的全微分,并求出一个 $u(x,y)$:

(1) $(x^2+2xy-y^2)\mathrm{d}x+(x^2-2xy-y^2)\mathrm{d}y$;

(2) $[(x+y+1)e^x-e^y]\mathrm{d}x+[e^x-(x+y+1)e^y]\mathrm{d}y$;

(3) $4\sin x\sin 3y\cos x\,\mathrm{d}x-3\cos 3y\cos 2x\,\mathrm{d}y$;

(4) $(2x\cos y+y^2\cos x)\mathrm{d}x+(2y\sin x-x^2\sin y)\mathrm{d}y$.

7. 判断下列微分方程是否是全微分方程,若是,求其通解:

(1) $(2x-y)\mathrm{d}x+(x-2y)\mathrm{d}y=0$;　　(2) $(e^x+y\cos x)\mathrm{d}x+(e^y-y\sin x)\mathrm{d}y=0$;

(3) $(5x^4+3xy^2-y^3)\mathrm{d}x+(3x^2y+y^2-3xy^2)\mathrm{d}y=0$;

(4) $\left(2x^3y^2-\dfrac{1}{2}e^{2y}\right)\mathrm{d}x+(x^4y-xe^{2y})\mathrm{d}y=0$.

§10.4　对面积的曲面积分

一、对面积的曲面积分的概念与性质

(一) 引例：空间曲面构件的质量

设有一个可求面积的空间曲面构件 Σ,其面密度 $f(x,y,z)$ 是连续函数,求该空间曲面的质量 m.

与 §10.3 中不均匀曲线构件的质量讨论类似,下面我们用元素法思想解决此问题. 先将 Σ 任意分为 n 个小曲面 $\Delta S_1,\Delta S_2,\cdots,\Delta S_n$(这些符号同时表示相应的小曲面面积). 在每个 ΔS_i 上任取点 $M_i(\xi_i,\eta_i,\zeta_i)$. 用 $M_i(\xi_i,\eta_i,\zeta_i)$ 处的密度近似代替 ΔS_i 上变化的密度,则

$f(\xi_i,\eta_i,\zeta_i)\Delta S_i$ 是 ΔS_i 的质量近似值. 于是 $\sum_{i=1}^{n}f(\xi_i,\eta_i,\zeta_i)\Delta S_i$ 是空间曲面构件 Σ 的质量近似值. ΔS_i 中两点间最大距离称为曲面 ΔS_i 的直径,记为 d_i. 当 $\lambda=\max_{1\leqslant i\leqslant n}\{d_i\}$ 趋于零时,若上述和式的极限存在,则我们定义此极限值为空间曲面构件 Σ 的质量,即

$$m=\lim_{\lambda\to 0}\sum_{i=1}^{n}f(\xi_i,\eta_i,\zeta_i)\Delta S_i.$$

同样这种和式的极限也会在许多实际问题遇到. 它就是我们下面要讨论的对面积的曲面积分.

(二) 对面积的曲面积分的定义

定义 设 Σ 为光滑或分片光滑曲面[①],$f(x,y,z)$ 为在 Σ 上的连续函数. 将 Σ 任意分成 n 个小曲面 $\Delta S_i(i=1,2,\cdots,n)$,$\Delta S_i$ 既表示第 i 个小曲面又表示它的面积. 在每个 ΔS_i 上任取点 $M_i(\xi_i,\eta_i,\zeta_i)$. 记 d_i 为小曲面 ΔS_i 的直径. 当 $\lambda=\max_{1\leqslant i\leqslant n}\{d_i\}$ 趋于零时,若和式 $\sum_{i=1}^{n}f(\xi_i,\eta_i,\zeta_i)\Delta S_i$ 的极限存在,则称此极限值为函数 $f(x,y,z)$ 在曲面 Σ 上**对面积的曲面积分**或**第一类曲面积分**,记做 $\iint_{\Sigma}f(x,y,z)\mathrm{d}S$,即

$$\iint_{\Sigma}f(x,y,z)\mathrm{d}S=\lim_{\lambda\to 0}\sum_{i=1}^{n}f(\xi_i,\eta_i,\zeta_i)\Delta S_i,$$

其中称 $\mathrm{d}S$ 为**面积微元**,$f(x,y,z)$ 为**被积函数**,Σ 为**积分曲面**.

特别地,定义中当曲面 Σ 封闭时,对面积的曲面积分记为 $\oiint_{\Sigma}f(x,y,z)\mathrm{d}S$.

由上述定义可知,引例中空间曲面构件 Σ 的质量可表为

$$m=\iint_{\Sigma}f(x,y,z)\mathrm{d}S.$$

类似于对弧长的曲线积分的存在性,若函数 $f(x,y,z)$ 在光滑或分片光滑曲面 Σ 上连续,则函数 $f(x,y,z)$ 在曲面 Σ 上对面积的曲面积分必存在. 以下如不特殊说明,我们总假定讨论的对面积的曲面积分存在.

对面积的曲面积分中,若 $f(x,y,z)\equiv 1$,则

$$\iint_{\Sigma}\mathrm{d}S=\iint_{\Sigma}f(x,y,z)\mathrm{d}S=A \quad (\text{其中 } A \text{ 为曲面 } \Sigma \text{ 的面积}).$$

可见这种积分是求空间曲面面积最直接的方法. 对面积的曲面积分的其他性质与对弧长的

[①] 对于空间曲面 $\Sigma: F(x,y,z)=0$,若 F_x,F_y,F_z 连续且不同时为零,则称 Σ 为**光滑曲面**. 而分片光滑曲面是指曲面可分成有限个光滑曲面.

曲线积分的性质类似,如线性、可加性、单调性等,这里不再重复.

二、对面积的曲面积分的计算

对面积的曲面积分的计算基本思路就是将其化为二重积分.

设光滑曲面 Σ 在 Oxy 平面的投影区域为 D_{xy},曲面 Σ 的方程可化为 $z=z(x,y)$,函数 $f(x,y,z)$ 在 Σ 上连续.下面我们讨论化对面积的曲面积分 $\iint\limits_{\Sigma} f(x,y,z)\mathrm{d}S$ 为二重积分的方法(仅限于给出方法,不作严格证明).

因被积函数 $f(x,y,z)$ 在 Σ 上积分,其中的 (x,y,z) 满足 Σ 的方程,所以被积函数应变为 $f(x,y,z(x,y))$.又由 §9.4 中关于曲面 Σ 上的面积元素的讨论有

$$\mathrm{d}S = \sqrt{1+z_x^2+z_y^2}\mathrm{d}x\mathrm{d}y,$$

而 $\mathrm{d}x\mathrm{d}y$ 是 $\mathrm{d}S$ 在 Oxy 面的投影,因此

$$\iint\limits_{\Sigma} f(x,y,z)\mathrm{d}S = \iint\limits_{D_{xy}} f(x,y,z(x,y))\sqrt{1+z_x^2+z_y^2}\mathrm{d}x\mathrm{d}y. \quad ①$$

类似地,若 Σ 在 Oyz 平面的投影区域为 D_{yz},且 Σ 的方程可化为 $x=x(y,z)$,此时面积元素为

$$\mathrm{d}S = \sqrt{1+x_y^2+x_z^2}\mathrm{d}y\mathrm{d}z,$$

则

$$\iint\limits_{\Sigma} f(x,y,z)\mathrm{d}S = \iint\limits_{D_{yz}} f(x(y,z),y,z)\sqrt{1+x_y^2+x_z^2}\mathrm{d}y\mathrm{d}z. \quad ②$$

若 Σ 在 Ozx 平面的投影区域为 D_{zx},且 Σ 的方程可化为 $y=y(x,z)$,此时面积元素为

$$\mathrm{d}S = \sqrt{1+y_x^2+y_z^2}\mathrm{d}z\mathrm{d}x,$$

则

$$\iint\limits_{\Sigma} f(x,y,z)\mathrm{d}S = \iint\limits_{D_{zx}} f(x,y(x,z),z)\sqrt{1+y_x^2+y_z^2}\mathrm{d}z\mathrm{d}x. \quad ③$$

由第九章中二重积分的应用,我们知道可以用二重积分来求空间曲面面积,但由于其列式不如对面积的曲面积分简单,计算方法不如对面积的曲面积分灵活,因而求空间曲面面积多用对面积的曲面积分来计算.

例 1 计算对面积的曲面积分 $\iint\limits_{\Sigma}(x+y+z)\mathrm{d}S$,其中 Σ 为平面 $y+z=5$ 被柱面 $x^2+y^2=25$ 所截得的部分(图 1).

解 易知 Σ 在 Oxy 平面的投影区域为 $D_{xy}:x^2+y^2\leqslant 25$,即 $D_{xy}:0\leqslant\theta\leqslant 2\pi,0\leqslant r\leqslant 5$.$\Sigma$

的方程为 $z=5-y$,则
$$dS = \sqrt{1+z_x^2+z_y^2}dxdy = \sqrt{1+0^2+(-1)^2}dxdy = \sqrt{2}dxdy.$$

故由公式①有
$$\iint_\Sigma (x+y+z)dS = \sqrt{2}\iint_{D_{xy}}(x+y+5-y)dxdy = \sqrt{2}\iint_{D_{xy}}(5+x)dxdy$$
$$= \sqrt{2}\int_0^{2\pi}d\theta\int_0^5(5+r\cos\theta)rdr = 125\sqrt{2}\pi.$$

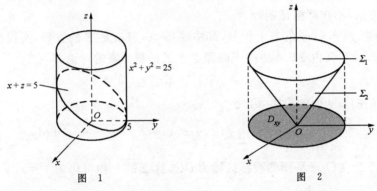

图 1　　　　　　　　　图 2

例 2 计算对面积的曲面积分 $I=\oiint_\Sigma \sqrt{x^2+y^2}dS$,其中 Σ 为圆锥面 $z=\sqrt{x^2+y^2}$ 及平面 $z=1$ 所围立体的边界面.

解 如图 2 所示,曲面 Σ 可分为 Σ_1 和 Σ_2 两部分,它们在 Oxy 平面有同一投影区域 $D_{xy}: x^2+y^2 \leqslant 1$,即 $D_{xy}: 0 \leqslant \theta \leqslant 2\pi, 0 \leqslant r \leqslant 1$. Σ_1 的方程为 $z=1$,相应地有 $dS = dxdy$; Σ_2 的方程为 $z=\sqrt{x^2+y^2}$,相应地有 $dS = \sqrt{1+z_x^2+z_y^2}dxdy = \sqrt{2}dxdy$. 故
$$I = \oiint_\Sigma \sqrt{x^2+y^2}dS = \iint_{\Sigma_1}\sqrt{x^2+y^2}dS + \iint_{\Sigma_2}\sqrt{x^2+y^2}dS$$
$$= \iint_{D_{xy}}\sqrt{x^2+y^2}dxdy + \sqrt{2}\iint_{D_{xy}}\sqrt{x^2+y^2}dxdy$$
$$= (1+\sqrt{2})\iint_{D_{xy}}\sqrt{x^2+y^2}dxdy = (1+\sqrt{2})\int_0^{2\pi}d\theta\int_0^1 r\cdot rdr = \frac{2}{3}(1+\sqrt{2})\pi.$$

习 题 10.4

1. 当 Σ 是 Oxy 平面内的一个闭区域时,对面积的曲面积分 $\iint_\Sigma f(x,y,z)dS$ 与二重积分有什么关系?

2. 考虑习题 9.4 中第 2,3,4 题如何用对面积的曲面积分计算.

3. 计算对面积的曲面积分 $\iint_\Sigma \dfrac{e^z}{\sqrt{x^2+y^2}}dS$,其中 Σ 为锥面 $z=\sqrt{x^2+y^2}$ 介于 $1\leqslant z\leqslant 2$ 之间的部分.

4. 计算对面积的曲面积分 $\iint_\Sigma xyz\, dS$,其中 Σ 是由平面 $x+y+z=1$ 与三坐标平面所围成的四面体的表面.

5. 计算对面积的曲面积分 $I=\iint_\Sigma [(x+y)^2+z^2]dS$,其中 Σ 是圆柱面 $x^2+y^2=R^2$ 介于平面 $z=0, z=H$ 之间的部分.

6. 计算对面积的曲面积分 $I=\iint_\Sigma \dfrac{dS}{x^2+y^2+z^2}$,其中 Σ 是圆柱面 $x^2+y^2=R^2$ 介于平面 $z=0, z=H$ 之间的部分.

7. 计算对面积的曲面积分 $I=\oiint_\Sigma z^2\, dS$,其中 $\Sigma:\ x^2+y^2+z^2=R^2$.

8. 计算对面积的曲面积分 $I=\iint_\Sigma (xy+yz+xz)dS$,其中 Σ 是圆锥面 $z=\sqrt{x^2+y^2}$ 被圆柱面 $x^2+y^2=2ax$ 所截得的部分.

§10.5 对坐标的曲面积分

一、有向曲面及有向曲面面积元素的投影

(一) 有向曲面

首先介绍曲面的侧. 设 Σ 是一光滑曲面,M 为曲面 Σ 上一点(图1),Σ 过 M 的法线与法向量 $\boldsymbol{n}$,$-\boldsymbol{n}$ 平行. 任选定一方向,例如选 $\boldsymbol{n}$ 的方向,当 M 在 Σ 上连续移动时,则法向量也连续变化. 当点 M 不越过曲面 Σ 的边界而沿 Σ 上任意路径连续移动并回到点 M 时,若过点 M 的曲面法向量的方向仍为原来 $\boldsymbol{n}$ 的方向,则称曲面 Σ 为**双侧曲面**;若该法向量的方向改为 $-\boldsymbol{n}$ 的方向,则称曲面 Σ 为**单侧曲面**.

单侧曲面的典型例子是**莫比乌斯**(Mobius)**带**(图2(b)),它是将图2(a)所示的带子扭转,再按照点 A 连接点 B',点 B 连接点 A' 的方式对接(图2(b))生成的. 该曲面上点的指定法线方向在如上移动中能够发生改变.

双侧曲面是比较常见的曲面. 例如:旋转抛物面、封闭椭球面等都是双侧曲面. 另外,如图2(a)所示的带子就是一个双

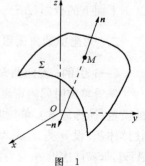

图 1

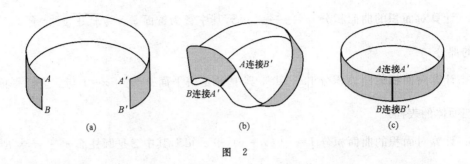

图 2

侧曲面,若将它两端按照点 A 连接点 A',点 B 连接点 B' 的方式对接,得到的仍是一个双侧曲面(图 2(c)).以后如不加特殊说明,我们假定所涉及的曲面都是双侧曲面.对于双侧曲面,如选定了侧(即选定了法向量的指向),我们称它为**有向曲面**.严格说来,若设 $\cos\alpha$,$\cos\beta$,$\cos\gamma$ 分别为曲面上点的指定方向法向量的方向余弦,则 $\cos\alpha$ 的正、负(即法向量与 x 轴正向夹角分别为锐角、钝角)分别对应曲面的前侧、后侧;$\cos\beta$ 的正、负(即法向量与 y 轴正向夹角分别为锐角、钝角)分别对应曲面的右侧、左侧;$\cos\gamma$ 的正、负(即法向量与 z 轴正向夹角分别为锐角、钝角)分别对应曲面的上侧、下侧.而封闭曲面的内侧、外侧比较容易区分.

(二) 有向曲面面积元素的投影

设 Σ 为有向曲面,其上的面积元素为 ΔS,ΔS 在 Oxy 平面上的投影 $(\Delta S)_{xy}$ 的面积为 $(\Delta\sigma)_{xy}$(非负).我们规定有向曲面面积元素 ΔS 在 Oxy 面上的投影 $(\Delta S)_{xy}$ 为

$$(\Delta S)_{xy} = \begin{cases} (\Delta\sigma)_{xy}, & \text{当 } \cos\gamma > 0 \text{ 时,} \\ -(\Delta\sigma)_{xy}, & \text{当 } \cos\gamma < 0 \text{ 时,} \\ 0, & \text{当 } \cos\gamma \equiv 0 \text{ 时,} \end{cases} \qquad ①$$

其中 $\cos\gamma$ 为曲面上指定侧的法向量对 z 轴的方向余弦.可见,有向曲面面积元素 ΔS 在 Oxy 平面上的投影 $(\Delta S)_{xy}$ 实际上就是投影面积 $(\Delta\sigma)_{xy}$ 的正负值.同理可以规定 ΔS 在 Oyz 平面、Ozx 平面上的投影 $(\Delta S)_{yz}$,$(\Delta S)_{zx}$.

二、对坐标的曲面积分的概念与性质

(一) 引例:流向曲面定侧的流体质量

先看单位时间内密度为 1 的流体以常流速 v 通过平面区域 A 流向指定侧(图 3)的流体的质量(简称流量).单位时间内流体流过区域 A 的体积,就是以 A 为底,以 $|v|$ 为斜高的斜柱体体积.设 n 为区域 A 上指定侧的单位法向量,v 与 n 的夹角为 θ,则斜柱体的体积为 $A|v||\cos\theta|$(这里 A 也为区域 A 的面积).因为流体密度为1,所以通过区域 A 流向 n 所指一侧的流量的绝对值等于上述斜柱体的体积 $A|v||\cos\theta|$.当 θ 为锐角时,流量大于 0;当 θ 为钝

§10.5 对坐标的曲面积分

角时,流量小于 0;当 θ 为直角时,流量等于 0.综合此三种情况得该流体通过区域 A 流向 $\boldsymbol{n}$ 所指一侧的流量为

$$A|\boldsymbol{v}|\cos\theta = A\boldsymbol{v}\cdot\boldsymbol{n}.$$

现在考虑单位时间内密度为 1 的流体以流速(大小、方向都可变)

$$\boldsymbol{v}(x,y,z) = (P(x,y,z), Q(x,y,z), R(x,y,z))$$

通过曲面 Σ 流向指定侧的流量 Φ,其中 P,Q,R 为 Σ 上的连续函数(图 4).

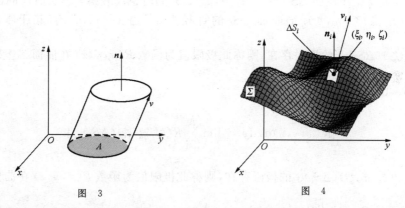

图 3　　　　图 4

同样采用元素法思想. 首先分割. 将 Σ 分成 n 个小曲面 $\Delta S_i(i=1,2,\cdots,n)$,这里 ΔS_i 同时也代表第 i 个曲面的面积.

其次近似求和. 如图 4 所示,在 ΔS_i 上任取点 (ξ_i,η_i,ζ_i),该点处流速为

$$\boldsymbol{v}_i = (P(\xi_i,\eta_i,\zeta_i), Q(\xi_i,\eta_i,\zeta_i), R(\xi_i,\eta_i,\zeta_i)),$$

指定侧单位法向量为

$$\boldsymbol{n}_i = (\cos\alpha_i, \cos\beta_i, \cos\gamma_i),$$

其中 $\alpha_i, \beta_i, \gamma_i$ 为 $\boldsymbol{n}_i$ 的方向角.用 (ξ_i,η_i,ζ_i) 处的流速 $\boldsymbol{v}_i$ 近似代替 ΔS_i 上变化的流速,并用指定侧单位法向量 $\boldsymbol{n}_i$ 近似代替 ΔS_i 上变化的法向量,则通过 ΔS_i 流向指定侧的流量近似为

$$\Delta\Phi \approx \boldsymbol{v}_i\cdot\boldsymbol{n}_i\Delta S_i \quad (i=1,2,\cdots,n).$$

于是,通过 Σ 流向指定侧的总流量 Φ 近似为

$$\Phi \approx \sum_{i=1}^{n}\boldsymbol{v}_i\cdot\boldsymbol{n}_i\Delta S_i$$

$$= \sum_{i=1}^{n}[P(\xi_i,\eta_i,\zeta_i)\cos\alpha_i + Q(\xi_i,\eta_i,\zeta_i)\cos\beta_i + R(\xi_i,\eta_i,\zeta_i)\cos\gamma_i]\Delta S_i$$

$$= \sum_{i=1}^{n}[P(\xi_i,\eta_i,\zeta_i)(\Delta S_i)_{yz} + Q(\xi_i,\eta_i,\zeta_i)(\Delta S_i)_{zx} + R(\xi_i,\eta_i,\zeta_i)(\Delta S_i)_{xy}].$$

最后取极限. 设曲面 ΔS_i 的直径为 d_i. 当 $\lambda = \max_{1\leqslant i\leqslant n}\{d_i\}$ 趋于零时,若上述和式的极限存

在,则定义总流量 Φ 的精确值

$$\Phi = \lim_{\lambda \to 0} \sum_{i=1}^{n} \left[P(\xi_i, \eta_i, \zeta_i)(\Delta S_i)_{yz} + Q(\xi_i, \eta_i, \zeta_i)(\Delta S_i)_{zx} + R(\xi_i, \eta_i, \zeta_i)(\Delta S_i)_{xy} \right].$$

同样,这种和式的极限还会在其他问题中遇到. 为了对它作进一步的研究,我们引入了如下对坐标的曲面积分的概念.

(二) 对坐标的曲面积分的定义

定义 设 Σ 为有向光滑或分片光滑曲面,函数 $P(x,y,z), Q(x,y,z), R(x,y,z)$ 在 Σ 上有界. 将 Σ 分成 n 个小曲面 $\Delta S_i (i=1,2,\cdots,n)$ (ΔS_i 同时也代表第 i 小块曲面的面积). 在每个 ΔS_i 上任取点 (ξ_i, η_i, ζ_i). 记曲面 ΔS_i 的直径为 d_i. 当 $\lambda = \max\limits_{1 \leqslant i \leqslant n}\{d_i\}$ 趋于零时,若和式 $\sum\limits_{i=1}^{n} R(\xi_i, \eta_i, \zeta_i)(\Delta S_i)_{xy}$ 的极限存在,则称此极限值为函数 $R(x,y,z)$ 在曲面 Σ 上**对坐标** x,y **的曲面积分**,记做 $\iint\limits_{\Sigma} R(x,y,z) \mathrm{d}x\mathrm{d}y$, 即

$$\iint\limits_{\Sigma} R(x,y,z) \mathrm{d}x\mathrm{d}y = \lim_{\lambda \to 0} \sum_{i=1}^{n} R(\xi_i, \eta_i, \zeta_i)(\Delta S_i)_{xy};$$

若和式 $\sum\limits_{i=1}^{n} P(\xi_i, \eta_i, \zeta_i)(\Delta S_i)_{yz}$ 的极限存在,则称此极限值为函数 $P(x,y,z)$ 在曲面 Σ 上**对坐标** y,z **的曲面积分**,记做 $\iint\limits_{\Sigma} P(x,y,z) \mathrm{d}y\mathrm{d}z$, 即

$$\iint\limits_{\Sigma} P(x,y,z) \mathrm{d}y\mathrm{d}z = \lim_{\lambda \to 0} \sum_{i=1}^{n} P(\xi_i, \eta_i, \zeta_i)(\Delta S_i)_{yz};$$

若和式 $\sum\limits_{i=1}^{n} Q(\xi_i, \eta_i, \zeta_i)(\Delta S_i)_{zx}$ 的极限存在,则称此极限值为函数 $Q(x,y,z)$ 在曲面 Σ 上**对坐标** z,x **的曲面积分**,记做 $\iint\limits_{\Sigma} Q(x,y,z) \mathrm{d}z\mathrm{d}x$, 即

$$\iint\limits_{\Sigma} Q(x,y,z) \mathrm{d}z\mathrm{d}x = \lim_{\lambda \to 0} \sum_{i=1}^{n} Q(\xi_i, \eta_i, \zeta_i)(\Delta S_i)_{zx}.$$

以上三种积分也称为**第二类曲面积分**,其中称 $P(x,y,z), Q(x,y,z), R(x,y,z)$ 为**被积函数**,Σ 为**积分曲面**.

由上述定义知,引例中的流量可表为

$$\Phi = \iint\limits_{\Sigma} P(x,y,z) \mathrm{d}y\mathrm{d}z + \iint\limits_{\Sigma} Q(x,y,z) \mathrm{d}z\mathrm{d}x + \iint\limits_{\Sigma} R(x,y,z) \mathrm{d}x\mathrm{d}y,$$

简记为

$$\Phi = \iint\limits_{\Sigma} P(x,y,z) \mathrm{d}y\mathrm{d}z + Q(x,y,z) \mathrm{d}z\mathrm{d}x + R(x,y,z) \mathrm{d}x\mathrm{d}y.$$

若 $P(x,y,z), Q(x,y,z), R(x,y,z)$ 在光滑曲面 Σ 上连续，则该曲面上对坐标的曲面积分必存在. 以下如不特殊说明，我们总假定讨论的对坐标的曲面积分存在.

(三) 对坐标的曲面积分的性质

对坐标的曲面积分具有与对坐标的曲线积分相似的一些性质，例如线性、可加性、有向性. 下面仅就有向性作具体的叙述.

性质(有向性) 设 Σ 为有向光滑曲面，记 Σ^- 为与 Σ 指定侧反向的有向曲面，则

$$\iint_{\Sigma^-} P(x,y,z)\mathrm{d}y\mathrm{d}z + Q(x,y,z)\mathrm{d}z\mathrm{d}x + R(x,y,z)\mathrm{d}x\mathrm{d}y$$

$$= -\iint_{\Sigma} P(x,y,z)\mathrm{d}y\mathrm{d}z + Q(x,y,z)\mathrm{d}z\mathrm{d}x + R(x,y,z)\mathrm{d}x\mathrm{d}y.$$

这一性质说明对坐标的曲面积分必须注意曲面指定的侧！有向性是对坐标的曲线积分和对坐标的曲面积分特有的，而对弧长的曲线积分和对面积的曲面积分不具有.

三、对坐标的曲面积分的计算

与对面积的曲面积分的计算思路一样，对坐标的曲面积分也要化为二重积分来计算.

设光滑的积分曲面 $\Sigma: z = z(x,y)$ 取上侧，曲面 Σ 在 Oxy 平面上的投影区域为 D_{xy}，被积函数 $R(x,y,z)$ 在 Σ 上连续. 由对坐标的曲面积分的定义，有

$$\iint_{\Sigma} R(x,y,z)\mathrm{d}x\mathrm{d}y = \lim_{\lambda \to 0} \sum_{i=1}^{n} R(\xi_i, \eta_i, \zeta_i)(\Delta S_i)_{xy}.$$

由于取 Σ 的上侧，$\cos\gamma_i > 0$，所以由公式①有 $(\Delta S_i)_{xy} = (\Delta\sigma_i)_{xy}$. 又点 (ξ_i, η_i, ζ_i) 在 ΔS_i 上，从而在 Σ 上，故 $\zeta_i = z(\xi_i, \eta_i)$. 于是

$$\lim_{\lambda \to 0} \sum_{i=1}^{n} R(\xi_i,\eta_i,\zeta_i)(\Delta S_i)_{xy} = \lim_{\lambda \to 0} \sum_{i=1}^{n} R(\xi_i,\eta_i,z(\xi_i,\eta_i))(\Delta\sigma_i)_{xy} = \iint_{D_{xy}} R[x,y,z(x,y)]\mathrm{d}x\mathrm{d}y,$$

因此有

$$\iint_{\Sigma} R(x,y,z)\mathrm{d}x\mathrm{d}y = \iint_{D_{xy}} R[x,y,z(x,y)]\mathrm{d}x\mathrm{d}y.$$

若曲面 Σ 取下侧，则 $\cos\gamma_i < 0$，所以 $(\Delta S_i)_{xy} = -(\Delta\sigma_i)_{xy}$，同理可得

$$\iint_{\Sigma} R(x,y,z)\mathrm{d}x\mathrm{d}y = -\iint_{D_{xy}} R[x,y,z(x,y)]\mathrm{d}x\mathrm{d}y.$$

综上，有

$$\iint_{\Sigma} R(x,y,z)\mathrm{d}x\mathrm{d}y = \pm \iint_{D_{xy}} R[x,y,z(x,y)]\mathrm{d}x\mathrm{d}y \quad (\Sigma \text{ 指定上侧取正，指定下侧取负}).$$

类似可得

$$\iint_\Sigma P(x,y,z)\mathrm{d}y\mathrm{d}z = \pm \iint_{D_{yz}} P[x(y,z),y,z]\mathrm{d}y\mathrm{d}z \quad (\Sigma\text{指定前侧取正,指定后侧取负}),$$

$$\iint_\Sigma Q(x,y,z)\mathrm{d}x\mathrm{d}z = \pm \iint_{D_{zx}} Q[x,y(x,z),z]\mathrm{d}z\mathrm{d}x \quad (\Sigma\text{指定右侧取正,指定左侧取负}).$$

注 曲面的指定侧决定对坐标的曲面积分化为二重积分前面取的符号;每一种对坐标的曲面积分有指定的投影方向,特别当投影区域面积为零时,相应的曲面积分为零.

例1 计算对坐标的曲面积分 $I = \iint_\Sigma (x^3yz + xy^3z + xyz^3)\mathrm{d}x\mathrm{d}y$,其中 Σ 为部分球面 $x^2 + y^2 + z^2 = 1, x \geqslant 0, y \geqslant 0$,取外侧.

解 因为积分曲面 Σ 的方程为 $x^2+y^2+z^2=1$,所以被积函数可化简为

$$x^3yz + xy^3z + xyz^3 = xyz(x^2+y^2+z^2) = xyz.$$

将 Σ 的方程化为 $z = \pm\sqrt{1-x^2-y^2}$,于是把 Σ 分成 Σ_1, Σ_2 两部分,其中

$$\Sigma_1: z_1 = -\sqrt{1-x^2-y^2}, \quad \Sigma_2: z_2 = \sqrt{1-x^2-y^2},$$

Σ_1, Σ_2 在 Oxy 平面有同一投影区域 $D_{xy}: x^2+y^2 \leqslant 1, x \geqslant 0, y \geqslant 0$,即 $D_{xy}: 0 \leqslant \theta \leqslant \dfrac{\pi}{2}, 0 \leqslant r \leqslant 1$,且 Σ 的外侧对应 Σ_1 的下侧,对应 Σ_2 的上侧(见图 5). 所以

$$I = \iint_\Sigma xyz\,\mathrm{d}x\mathrm{d}y = \iint_{\Sigma_1} xyz\,\mathrm{d}x\mathrm{d}y + \iint_{\Sigma_2} xyz\,\mathrm{d}x\mathrm{d}y$$

$$= -\iint_{D_{xy}} xy(-\sqrt{1-x^2-y^2})\mathrm{d}x\mathrm{d}y + \iint_{D_{xy}} xy\sqrt{1-x^2-y^2}\mathrm{d}x\mathrm{d}y$$

$$= 2\iint_{D_{xy}} xy\sqrt{1-x^2-y^2}\mathrm{d}x\mathrm{d}y = 2\iint_{D_{xy}} r^2\sin\theta\cos\theta\sqrt{1-r^2}\,r\mathrm{d}r\mathrm{d}\theta$$

$$= \int_0^{\frac{\pi}{2}} 2\sin\theta\cos\theta\,\mathrm{d}\theta \int_0^1 r^2\sqrt{1-r^2}\,r\mathrm{d}r = \frac{2}{15}.$$

例2 计算对坐标的曲面积分 $\iint_\Sigma (x+y)\mathrm{d}y\mathrm{d}z$,其中 Σ 是由六个平面 $x=\pm 1, y=\pm 1, z=\pm 1$ 所围立体的表面,取内侧.

§10.5 对坐标的曲面积分

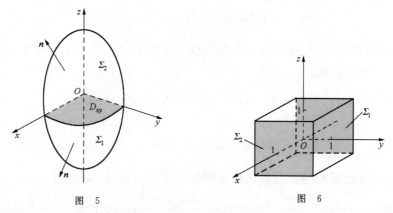

图 5   图 6

解 如图 6 所示,此立体表面的六个面除了 $\Sigma_1: x=-1, \Sigma_2: x=1$ 外都与 Oyz 平面垂直,所以这四个面在 Oyz 平面的投影区域面积为零,相应的曲面积分为零. 而 Σ_1, Σ_2 在 Oyz 平面有同一投影区域 $D_{yz}: -1 \leqslant y \leqslant 1, -1 \leqslant z \leqslant 1$,又 Σ 的内侧为 Σ_1 的前侧,Σ_2 的后侧,故

$$\iint\limits_{\Sigma}(x+y)\mathrm{d}y\mathrm{d}z = \iint\limits_{\Sigma_1}(x+y)\mathrm{d}y\mathrm{d}z + \iint\limits_{\Sigma_2}(x+y)\mathrm{d}y\mathrm{d}z$$

$$= \iint\limits_{D_{yz}}(-1+y)\mathrm{d}y\mathrm{d}z - \iint\limits_{D_{yz}}(1+y)\mathrm{d}y\mathrm{d}z$$

$$= -2\iint\limits_{D_{yz}}\mathrm{d}y\mathrm{d}z = -8.$$

四、两类曲面积分的联系

我们知道,在一定条件下,两类曲线积分之间可以相互转化,同样两类曲面积分也具有一定联系.

设有向光滑曲面 $\Sigma: z=z(x,y)$ 在 Oxy 平面上的投影区域为 D_{xy},函数 $R(x,y,z)$ 在 Σ 上连续. 由对坐标、对面积的曲面积分定义和 §9.4 中关于曲面面积元素计算的讨论,有

$$\iint\limits_{\Sigma} R(x,y,z)\mathrm{d}x\mathrm{d}y = \lim_{\lambda \to 0} \sum_{i=1}^{n} R(\xi_i, \eta_i, \zeta_i)(\Delta S_i)_{xy}$$

$$= \lim_{\lambda \to 0} \sum_{i=1}^{n} R(\xi_i, \eta_i, \zeta_i)\cos\gamma_i \Delta S_i = \iint\limits_{\Sigma} R(x,y,z)\cos\gamma \mathrm{d}S,$$

其中 $\cos\gamma_i$ 为 ΔS_i 上点 (ξ_i, η_i, ζ_i) 处指定侧法向量对 z 轴的方向余弦,$\cos\gamma$ 为 Σ 上点 (x,y,z) 处指定侧法向量对 z 轴的方向余弦. Σ 取上侧时,$\cos\gamma > 0$;Σ 取下侧时,$\cos\gamma < 0$. 同理有

$$\iint\limits_{\Sigma} P(x,y,z)\mathrm{d}y\mathrm{d}z = \iint\limits_{\Sigma} P(x,y,z)\cos\alpha \mathrm{d}S,$$

$$\iint_{\Sigma} Q(x,y,z)\mathrm{d}z\mathrm{d}x = \iint_{\Sigma} Q(x,y,z)\cos\beta \mathrm{d}S,$$

其中 $\cos\alpha,\cos\beta$ 分别为 Σ 上点 (x,y,z) 处指定侧法向量对 x,y 轴的方向余弦. 因此可得两类曲面积分之间的如下关系:

$$\iint_{\Sigma} P(x,y,z)\mathrm{d}y\mathrm{d}z + Q(x,y,z)\mathrm{d}z\mathrm{d}x + R(x,y,z)\mathrm{d}x\mathrm{d}y$$
$$= \iint_{\Sigma} [P(x,y,z)\cos\alpha + Q(x,y,z)\cos\beta + R(x,y,z)\cos\gamma]\mathrm{d}S. \quad ②$$

其中对应有向积分曲面 Σ, 总可以求出指定侧法向量 $\boldsymbol{n}=(n_x,n_y,n_z)$, 而

$$\cos\alpha = \frac{n_x}{\sqrt{n_x^2+n_y^2+n_z^2}}, \quad \cos\beta = \frac{n_y}{\sqrt{n_x^2+n_y^2+n_z^2}}, \quad \cos\gamma = \frac{n_z}{\sqrt{n_x^2+n_y^2+n_z^2}}.$$

例如,设积分曲面 Σ 的方程为 $z=z(x,y)$, 取下侧,对应法向量为 $\boldsymbol{n}=(z_x',z_y',-1)$, 则可求出 $\boldsymbol{n}$ 的三个方向余弦.

若令 $\mathrm{d}\boldsymbol{S}=(\mathrm{d}y\mathrm{d}z,\mathrm{d}z\mathrm{d}x,\mathrm{d}x\mathrm{d}y)$, 指定侧单位法向量为 $\boldsymbol{n}^0=(\cos\alpha,\cos\beta,\cos\gamma)$, 则由公式②, $\mathrm{d}\boldsymbol{S}=\boldsymbol{n}^0\mathrm{d}S$, 于是 $\mathrm{d}\boldsymbol{S}/\!/\boldsymbol{n}^0$, 即有

$$\frac{\mathrm{d}y\mathrm{d}z}{\cos\alpha} = \frac{\mathrm{d}z\mathrm{d}x}{\cos\beta} = \frac{\mathrm{d}x\mathrm{d}y}{\cos\gamma} = \mathrm{d}S. \quad ③$$

又由 $\boldsymbol{n}^0$ 平行于指定侧法向量 $\boldsymbol{n}=(n_x,n_y,n_z)$, 从而 $\mathrm{d}\boldsymbol{S}/\!/\boldsymbol{n}$, 所以

$$\frac{\mathrm{d}y\mathrm{d}z}{n_x} = \frac{\mathrm{d}z\mathrm{d}x}{n_y} = \frac{\mathrm{d}x\mathrm{d}y}{n_z}. \quad ④$$

注意,若③,④式中分式分母为零,则其分子也为零.

在公式③中,我们得到了对坐标的曲面积分元素与对面积的曲面积分元素转化的关系,实现了两类曲面积分互相转换. 进一步,在公式④中,我们得到了对坐标的曲面积分中 $\mathrm{d}x\mathrm{d}y,\mathrm{d}y\mathrm{d}z,\mathrm{d}x\mathrm{d}z$ 之间的转化关系,这样在对坐标的曲面积分中可对原本固定的投影方向进行选择,从而简化了这类曲面积分的计算.

例3 计算对坐标的曲面积分 $\iint_{\Sigma}\mathrm{d}y\mathrm{d}z+\mathrm{d}z\mathrm{d}x+\mathrm{d}x\mathrm{d}y$, 其中 Σ 为下半球面 $x^2+y^2+z^2=1$, $z\leqslant 0$, 取外侧.

解 因为 $\Sigma: z=-\sqrt{1-x^2-y^2}$, 取下侧, 所以 Σ 的指定侧法向量为

$$\boldsymbol{n} = \left(\frac{x}{\sqrt{1-x^2-y^2}}, \frac{y}{\sqrt{1-x^2-y^2}}, -1\right).$$

由公式④有

$$\mathrm{d}y\mathrm{d}z = \frac{-x}{\sqrt{1-x^2-y^2}}\mathrm{d}x\mathrm{d}y, \quad \mathrm{d}z\mathrm{d}x = \frac{-y}{\sqrt{1-x^2-y^2}}\mathrm{d}x\mathrm{d}y,$$

又 Σ 在 Oxy 平面的投影区域为 $D_{xy}: x^2+y^2 \leqslant 1$,所以

$$\iint_{\Sigma} \mathrm{d}y\mathrm{d}z + \mathrm{d}z\mathrm{d}x + \mathrm{d}x\mathrm{d}y = \iint_{\Sigma} \left(\frac{-x-y}{\sqrt{1-x^2-y^2}} + 1\right) \mathrm{d}x\mathrm{d}y$$

$$= -\iint_{D_{xy}} \left(\frac{-x-y}{\sqrt{1-x^2-y^2}} + 1\right) \mathrm{d}x\mathrm{d}y = -\iint_{D_{xy}} \mathrm{d}x\mathrm{d}y + \iint_{D_{xy}} \left(\frac{x+y}{\sqrt{1-x^2-y^2}}\right) \mathrm{d}x\mathrm{d}y$$

$$= -\pi + \int_{0}^{2\pi} (\cos\theta + \sin\theta) \mathrm{d}\theta \int_{0}^{1} \frac{r^2}{\sqrt{1-r^2}} \mathrm{d}r = -\pi.$$

习 题 10.5

1. 当 Σ 为 Oxy 平面的一个闭区域时,对坐标的曲面积分 $\iint_{\Sigma} R(x,y,z) \mathrm{d}x\mathrm{d}y$ 与二重积分有什么关系?

2. 计算对坐标的曲面积分 $\iint_{\Sigma} \left| z - \frac{c}{4} \right| \mathrm{d}x\mathrm{d}y$,其中 Σ 为六面体 $0 \leqslant x \leqslant a, 0 \leqslant y \leqslant b, 0 \leqslant z \leqslant c$ 的表面,取外侧.

3. 计算对坐标的曲面积分 $\iint_{\Sigma} \sqrt{x^2+y^2+z^2} (x\mathrm{d}y\mathrm{d}z + y\mathrm{d}z\mathrm{d}x + z\mathrm{d}x\mathrm{d}y)$,其中 Σ 为球面 $x^2+y^2+z^2 = R^2$,取外侧.

4. 计算对坐标的曲面积分 $\iint_{\Sigma} x^2 \mathrm{d}y\mathrm{d}z + y^2 \mathrm{d}z\mathrm{d}x + z^2 \mathrm{d}x\mathrm{d}y$,其中 Σ 为抛物面 $z = x^2 + y^2$ $(0 \leqslant z \leqslant h)$,取内侧.

5. 计算对坐标的曲面积分 $\iint_{\Sigma} \frac{x\mathrm{d}y\mathrm{d}z + z^2 \mathrm{d}x\mathrm{d}y}{x^2+y^2+z^2}$,其中 Σ 为曲面 $x^2+y^2 = R^2$ 与两平面 $z = R, z = -R (R > 0)$ 所围立体表面,取外侧.

6. 利用公式④计算对坐标的曲面积分 $\iint_{\Sigma} x\mathrm{d}y\mathrm{d}z + y\mathrm{d}z\mathrm{d}x + z\mathrm{d}x\mathrm{d}y$,其中 Σ 为抛物面 $z = x^2 + y^2 (0 \leqslant z \leqslant 1)$ 在第一卦限的部分,取上侧.

7. 将对坐标的曲面积分 $\iint_{\Sigma} P(x,y,z) \mathrm{d}y\mathrm{d}z + Q(x,y,z) \mathrm{d}z\mathrm{d}x + R(x,y,z) \mathrm{d}x\mathrm{d}y$ 化成对面积的曲面积分,其中 Σ 是平面 $3x + 2y + 2\sqrt{3}z = 6$ 在第一卦限部分,取上侧.

§10.6 高斯公式与斯托克斯公式

一、高斯公式

格林公式给出了平面有界闭区域上二重积分与沿该区域边界的曲线积分之间的联系，那么有没有可以揭示空间闭区域上的三重积分与其边界的曲面积分之间关系的相应公式呢？答案是肯定的，这就是下面要研究的高斯（Guass）公式。

定理 1 设空间闭区域 Ω 由分片光滑的闭曲面 Σ 所围成，函数 $P(x,y,z), Q(x,y,z)$, $R(x,y,z)$ 在 Ω 上具有连续的一阶偏导数，则

$$\oiint_{\Sigma} P\mathrm{d}y\mathrm{d}z + Q\mathrm{d}z\mathrm{d}x + R\mathrm{d}x\mathrm{d}y = \iiint_{\Omega} \left(\frac{\partial P}{\partial x} + \frac{\partial Q}{\partial y} + \frac{\partial R}{\partial z}\right)\mathrm{d}x\mathrm{d}y\mathrm{d}z, \qquad ①$$

其中 Σ 为 Ω 的整个边界曲面的外侧。公式 ① 称为**高斯公式**。

证 先证 $\iiint_{\Omega} \frac{\partial R}{\partial z}\mathrm{d}x\mathrm{d}y\mathrm{d}z = \oiint_{\Sigma} R\mathrm{d}x\mathrm{d}y$。

设 Ω 是适合用投影法来计算三重积分的区域，即

$$\Omega: z_1(x,y) \leqslant z \leqslant z_2(x,y), \quad (x,y) \in D_{xy},$$

此时 Ω 的边界面 Σ 由三个曲面 $\Sigma_1, \Sigma_2, \Sigma_3$ 共同组成，其中 $\Sigma_1: z = z_1(x,y)$, $\Sigma_2: z = z_2(x,y)$, Σ_3 为母线平行于 z 轴的柱面（图 1），于是

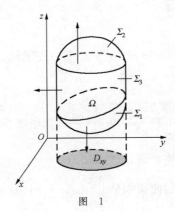

图 1

$$\iiint_{\Omega} \frac{\partial R}{\partial z}\mathrm{d}x\mathrm{d}y\mathrm{d}z = \iint_{D_{xy}} \mathrm{d}x\mathrm{d}y \int_{z_1(x,y)}^{z_2(x,y)} \frac{\partial R}{\partial z}\mathrm{d}z$$

$$= \iint_{D_{xy}} [R(x,y,z_2(x,y)) - R(x,y,z_1(x,y))]\mathrm{d}x\mathrm{d}y$$

$$= \iint_{D_{xy}} R(x,y,z_2(x,y))\mathrm{d}x\mathrm{d}y - \iint_{D_{xy}} R(x,y,z_1(x,y))\mathrm{d}x\mathrm{d}y$$

$$= \iint_{\Sigma_2} R(x,y,z)\mathrm{d}x\mathrm{d}y + \iint_{\Sigma_1} R(x,y,z)\mathrm{d}x\mathrm{d}y,$$

其中 Σ_1 取下侧，Σ_2 取上侧. 而 Σ_3 在 Oxy 面上的投影区域面积为零，所以

$$\iint_{\Sigma_3} R(x,y,z)\mathrm{d}x\mathrm{d}y = 0.$$

因此

$$\iiint_{\Omega} \frac{\partial R}{\partial z}\mathrm{d}x\mathrm{d}y\mathrm{d}z = \iint_{\Sigma_2} R(x,y,z)\mathrm{d}x\mathrm{d}y + \iint_{\Sigma_1} R(x,y,z)\mathrm{d}x\mathrm{d}y + \iint_{\Sigma_3} R(x,y,z)\mathrm{d}x\mathrm{d}y$$

$$= \iint_{\Sigma} R(x,y,z)\mathrm{d}x\mathrm{d}y.$$

对于 Ω 不是上述区域的情况，则总可以用有限个光滑曲面将它分割成若干个上述区域. 由于辅助面正反两侧曲面积分正负抵消，故上式仍成立.

类似可证

$$\iiint_{\Omega} \frac{\partial P}{\partial x}\mathrm{d}x\mathrm{d}y\mathrm{d}z = \oiint_{\Sigma} P\mathrm{d}y\mathrm{d}z, \quad \iiint_{\Omega} \frac{\partial Q}{\partial y}\mathrm{d}x\mathrm{d}y\mathrm{d}z = \oiint_{\Sigma} Q\mathrm{d}z\mathrm{d}x,$$

所以公式①得证. 证毕.

由两类曲面积分之间的联系可得高斯公式的另一形式：

$$\oiint_{\Sigma} (P\cos\alpha + Q\cos\beta + R\cos\gamma)\mathrm{d}S = \iiint_{\Omega} \left(\frac{\partial P}{\partial x} + \frac{\partial Q}{\partial y} + \frac{\partial R}{\partial z}\right)\mathrm{d}x\mathrm{d}y\mathrm{d}z, \qquad ②$$

其中 Σ 取外侧，$\cos\alpha,\cos\beta,\cos\gamma$ 是 Σ 在点 (x,y,z) 处法向量的方向余弦.

若高斯公式①中令 $P=x,Q=y,R=z$，则有

$$\iiint_{\Omega} (1+1+1)\mathrm{d}x\mathrm{d}y\mathrm{d}z = \oiint_{\Sigma} x\mathrm{d}y\mathrm{d}z + y\mathrm{d}z\mathrm{d}x + z\mathrm{d}x\mathrm{d}y.$$

于是可得用对坐标的曲面积分来计算空间立体 Ω 的体积公式

$$V_{\Omega} = \frac{1}{3}\oiint_{\Sigma} x\mathrm{d}y\mathrm{d}z + y\mathrm{d}z\mathrm{d}x + z\mathrm{d}x\mathrm{d}y.$$

例 1 计算对坐标的曲面积分 $\iint_{\Sigma}(2x+z)\mathrm{d}y\mathrm{d}z + z\mathrm{d}x\mathrm{d}y$，其中 Σ 为曲面 $z = x^2+y^2 (0 \leqslant z \leqslant 1)$，取上侧.

解 设 $P=2x+z, Q=0, R=z$，则

$$\frac{\partial P}{\partial x} = 2, \quad \frac{\partial Q}{\partial y} = 0, \quad \frac{\partial R}{\partial z} = 1.$$

为了利用高斯公式，补面 $\Sigma_1: z=1, x^2+y^2 \leqslant 1$，取下侧. 设 Σ 与 Σ_1 围成立体 Ω，则由高斯公

式有

$$\iint_\Sigma (2x+z)\mathrm{d}y\mathrm{d}z + z\mathrm{d}x\mathrm{d}y = \oiint_{\Sigma+\Sigma_1}(2x+z)\mathrm{d}y\mathrm{d}z + z\mathrm{d}x\mathrm{d}y - \iint_{\Sigma_1}(2x+z)\mathrm{d}y\mathrm{d}z + z\mathrm{d}x\mathrm{d}y$$

$$= -\iiint_\Omega (2+1)\mathrm{d}x\mathrm{d}y\mathrm{d}z - \iint_{\Sigma_1} 1\mathrm{d}x\mathrm{d}y = -3\int_0^1 \mathrm{d}z \iint_{x^2+y^2\leqslant z}\mathrm{d}x\mathrm{d}y + \iint_{x^2+y^2\leqslant 1}\mathrm{d}x\mathrm{d}y$$

$$= -3\int_0^1 \pi z\mathrm{d}z + \pi\cdot 1^2 = -\frac{3\pi}{2} + \pi = -\frac{\pi}{2}.$$

*二、通量与散度

定义 1 设有向量场

$$\boldsymbol{A}(x,y,z) = P(x,y,z)\boldsymbol{i} + Q(x,y,z)\boldsymbol{j} + R(x,y,z)\boldsymbol{k},$$

其中 P,Q,R 均具有连续的一阶偏导函数,Σ 为场内一个有向曲面,$\boldsymbol{n}^0$ 为 Σ 上点 (x,y,z) 处的单位法向量,则

$$\varPhi = \iint_\Sigma \boldsymbol{A}\cdot\boldsymbol{n}^0 \mathrm{d}S = \iint_\Sigma P\mathrm{d}y\mathrm{d}z + Q\mathrm{d}z\mathrm{d}x + R\mathrm{d}x\mathrm{d}y$$

称为向量场 $\boldsymbol{A}(x,y,z)$ 沿 $\boldsymbol{n}^0$ 穿过有向曲面 Σ 的**通量**。

当 $\boldsymbol{A}$ 是流体的速度场时通量恰好是在单位时间内流过 Σ 的流量的代数和. 这是因为 $\boldsymbol{A}\cdot\boldsymbol{n}^0$ 有可能为正,有可能为负,这要由向量场 $\boldsymbol{A}$ 与法向量 $\boldsymbol{n}^0$ 的夹角来决定. 若 Σ 为封闭曲面,指定外侧方向,当 $\varPhi>0$ 时,说明流入 Σ 的流体质量少于流出的;当 $\varPhi<0$ 时,说明流入 Σ 的流体质量多于流出的;当 $\varPhi=0$ 时,说明流入与流出 Σ 的流体质量相等.

定义 2 设向量场 $\boldsymbol{A}(x,y,z)$ 同定义 1,称 $\dfrac{\partial P}{\partial x}+\dfrac{\partial Q}{\partial y}+\dfrac{\partial R}{\partial z}$ 为向量场 $\boldsymbol{A}(x,y,z)$ 的**散度**,记做 $\mathrm{div}\boldsymbol{A}$,即

$$\mathrm{div}\boldsymbol{A} = \frac{\partial P}{\partial x} + \frac{\partial Q}{\partial y} + \frac{\partial R}{\partial z}.$$

有了散度的概念,高斯公式可以写成

$$\iiint_\Omega \mathrm{div}\boldsymbol{A}\mathrm{d}v = \oiint_\Sigma A_n \mathrm{d}S,$$

其中 $A_n = \boldsymbol{A}\cdot\boldsymbol{n}^0$ 为向量 $\boldsymbol{A}$ 在 Σ 的指定侧法向量 $\boldsymbol{n}$ 上的投影. 高斯公式可表述为:向量场 $\boldsymbol{A}$ 通过闭曲面 Σ 流向外侧的通量等于向量场 $\boldsymbol{A}$ 的散度在 Σ 所围闭区域 Ω 上的积分.

由高斯公式

$$\iiint_\Omega \left(\frac{\partial P}{\partial x} + \frac{\partial Q}{\partial y} + \frac{\partial R}{\partial z}\right)\mathrm{d}v = \oiint_\Sigma \boldsymbol{A}\cdot\boldsymbol{n}^0 \mathrm{d}S,$$

两边除以立体 Ω 的体积 V_Ω 得

$$\frac{1}{V_\Omega}\iiint_\Omega \left(\frac{\partial P}{\partial x}+\frac{\partial Q}{\partial y}+\frac{\partial R}{\partial z}\right)\mathrm{d}v = \frac{1}{V_\Omega}\oiint_\Sigma \boldsymbol{A}\cdot\boldsymbol{n}^0\mathrm{d}S.$$

由积分中值定理，在 Ω 中存在点 (ξ,η,ζ)，使得下式成立

$$\left(\frac{\partial P}{\partial x}+\frac{\partial Q}{\partial y}+\frac{\partial R}{\partial z}\right)\bigg|_{(\xi,\eta,\zeta)} = \frac{1}{V_\Omega}\oiint_\Sigma \boldsymbol{A}\cdot\boldsymbol{n}^0\mathrm{d}S.$$

若 M 为 Ω 上一点，我们令 Ω 缩向点 M 取极限，得

$$\mathrm{div}\boldsymbol{A}\bigg|_M = \left(\frac{\partial P}{\partial x}+\frac{\partial Q}{\partial y}+\frac{\partial R}{\partial z}\right)\bigg|_M = \lim_{\Omega\to M}\frac{1}{V_\Omega}\oiint_\Sigma \boldsymbol{A}\cdot\boldsymbol{n}^0\mathrm{d}S,$$

所以，散度可以看做流体在点 M 处的源头强度——在单位时间单位体积内所产生的流体质量. 当 $\mathrm{div}\boldsymbol{A}|_M>0$ 时，在点 M 流出流体，点 M 为源；当 $\mathrm{div}\boldsymbol{A}|_M<0$ 时，在点 M 吸收流体，点 M 为汇；当 $\mathrm{div}\boldsymbol{A}|_M=0$ 时，在点 M 既不流出流体，也不吸收流体，点 M 既不是源也不是汇. 特别地，当 $\mathrm{div}\boldsymbol{A}\equiv 0$ 时，称 $\boldsymbol{A}$ 为**无源场**.

三、斯托克斯公式

现在考虑本章所介绍的曲线积分与曲面积分的联系.

首先规定有向曲面 Σ 的侧与其边界曲线 Γ 的方向的右手法则：如果右手拇指的方向指向 Σ 指定侧的法向量方向，则右手其余四指握拳方向就是边界曲线 Γ 的正向，如图 2 所示.

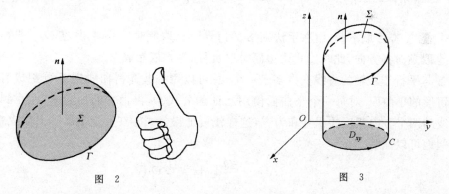

图 2　　　　　　　　　图 3

定理 2　设 Γ 为分段光滑的空间有向闭曲线，Σ 是以 Γ 为边界的有向分片光滑曲面，Γ 的正向与 Σ 的指定侧符合右手法则，函数 $P(x,y,z)$，$Q(x,y,z)$，$R(x,y,z)$ 在 Σ 上具有连续的一阶偏导数，则

$$\iint_\Sigma \left(\frac{\partial R}{\partial y}-\frac{\partial Q}{\partial z}\right)\mathrm{d}y\mathrm{d}z + \left(\frac{\partial P}{\partial z}-\frac{\partial R}{\partial x}\right)\mathrm{d}z\mathrm{d}x + \left(\frac{\partial Q}{\partial x}-\frac{\partial P}{\partial y}\right)\mathrm{d}x\mathrm{d}y$$

$$=\oint_\Gamma P\mathrm{d}x+Q\mathrm{d}y+R\mathrm{d}z.$$

③

公式③称为**斯托克斯公式**.

证 先证

$$\iint_\Sigma \frac{\partial P}{\partial z} \mathrm{d}z\mathrm{d}x - \frac{\partial P}{\partial y}\mathrm{d}x\mathrm{d}y = \oint_\Gamma P\mathrm{d}x. \quad ④$$

如图 3 所示，设曲面 Σ 与平行于 z 轴的直线交点不多于一个，Σ 的方程为 $z=z(x,y)$，取上侧，指定侧法向量为 $\boldsymbol{n}=(-z_x,-z_y,1)$；$\Sigma$ 在 Oxy 平面上的投影区域为 D_{xy}，Σ 的边界线 Γ 取逆时针方向，其在 Oxy 平面的投影曲线为 D_{xy} 的边界线 C，也取逆时针方向.

一方面，由对坐标的曲线积分的定义和格林公式有

$$\oint_\Gamma P(x,y,z)\mathrm{d}x = \oint_C P[x,y,z(x,y)]\mathrm{d}x = -\iint_{D_{xy}} \frac{\partial}{\partial y}P(x,y,z(x,y))\mathrm{d}x\mathrm{d}y.$$

又

$$\frac{\partial}{\partial y}P(x,y,z(x,y)) = \frac{\partial P}{\partial y} + \frac{\partial P}{\partial z}z_y,$$

则

$$\oint_\Gamma P(x,y,z)\mathrm{d}x = -\iint_{D_{xy}} \left(\frac{\partial P}{\partial y} + \frac{\partial P}{\partial z}z_y\right)\mathrm{d}x\mathrm{d}y.$$

另一方面，由 §10.5 中的④式，$\mathrm{d}z\mathrm{d}x = -z_y\mathrm{d}x\mathrm{d}y$，从而

$$\iint_\Sigma \frac{\partial P}{\partial z}\mathrm{d}z\mathrm{d}x - \frac{\partial P}{\partial y}\mathrm{d}x\mathrm{d}y = -\iint_\Sigma \left(\frac{\partial P}{\partial y} + \frac{\partial P}{\partial z}z_y\right)\mathrm{d}x\mathrm{d}y = -\iint_{D_{xy}}\left(\frac{\partial P}{\partial y} + \frac{\partial P}{\partial z}\cdot z_y\right)\mathrm{d}x\mathrm{d}y.$$

所以④式成立. 若 Σ 取下侧，由右手法则 Σ 的边界线 Γ 取顺时针方向，其在 Oxy 平面的投影曲线 C 也取顺时针方向，此时④式两边同时取负号，等式依然成立.

若 Σ 与平行于 z 轴的直线交点多于一个，总可以用一些光滑曲线把 Σ 分割成有限个属于上述情形的小曲面. 对每一个小曲面使用已证的公式④，再把它们加起来，注意到沿每条添加曲线的两个方向相反的积分和为零，这样便可证得公式④在复杂情况下依然成立.

类似地可以证明

$$\iint_\Sigma \frac{\partial Q}{\partial x}\mathrm{d}x\mathrm{d}y - \frac{\partial Q}{\partial z}\mathrm{d}y\mathrm{d}z = \oint_\Gamma Q\mathrm{d}y, \quad ⑤$$

$$\iint_\Sigma \frac{\partial R}{\partial y}\mathrm{d}y\mathrm{d}z - \frac{\partial R}{\partial x}\mathrm{d}z\mathrm{d}x = \oint_\Gamma R\mathrm{d}z. \quad ⑥$$

由④，⑤，⑥三式，定理结论③成立. 证毕.

为了便于记忆，斯托克斯公式也常记为如下形式：

$$\iint_\Sigma \begin{vmatrix} \mathrm{d}y\mathrm{d}z & \mathrm{d}z\mathrm{d}x & \mathrm{d}x\mathrm{d}y \\ \dfrac{\partial}{\partial x} & \dfrac{\partial}{\partial y} & \dfrac{\partial}{\partial z} \\ P & Q & R \end{vmatrix} = \oint_\Gamma P\mathrm{d}x + Q\mathrm{d}y + R\mathrm{d}z,$$

其中的三阶行列式可形式地按第一行展开.

同样,由两类曲面积分之间的联系,斯托克斯公式还有另外一种形式:

$$\iint_{\Sigma} \begin{vmatrix} \cos\alpha & \cos\beta & \cos\gamma \\ \dfrac{\partial}{\partial x} & \dfrac{\partial}{\partial y} & \dfrac{\partial}{\partial z} \\ P & Q & R \end{vmatrix} dS = \oint_{\Gamma} P dx + Q dy + R dz,$$

其中 $\boldsymbol{n}^0 = (\cos\alpha, \cos\beta, \cos\gamma)$ 为曲面 Σ 的在点 (x,y,z) 处的指定侧单位法向量.

若有向曲面 Σ 是 Oxy 平面上的平面闭区域,斯托克斯公式就变为了格林公式,因此,格林公式是斯托克斯公式的特例.

例 2 计算对坐标的曲线积分 $I = \oint_{\Gamma}(y-z)dx + (z-x)dy + (x-y)dz$,其中 Γ 为柱面 $x^2 + y^2 = a^2$ 和 $\dfrac{x}{a} + \dfrac{z}{h} = 1 (a>0, h>0)$ 的交线,从 x 轴正向看去取逆时针方向.

解 设 $P = y-z, Q = z-x, R = x-y$,则

$$\frac{\partial R}{\partial y} - \frac{\partial Q}{\partial z} = -2, \quad \frac{\partial P}{\partial z} - \frac{\partial R}{\partial x} = -2, \quad \frac{\partial Q}{\partial x} - \frac{\partial P}{\partial y} = -2.$$

如图 4 所示,取 Γ 张成的曲面 Σ:$\dfrac{x}{a} + \dfrac{z}{h} = 1 (x^2 + y^2 \leqslant a^2)$. 由于 Γ 的正向与 Σ 的侧应满足右手法则,故 Σ 取上侧. 由斯托克斯公式有

$$I = \oint_{\Gamma}(y-z)dx + (z-x)dy + (x-y)dz$$
$$= -2 \iint_{\Sigma} dydz + dzdx + dxdy.$$

可取 Σ 上指定侧法向量为 $\boldsymbol{n} = (h, 0, a)$,从而由 §10.5 中的公式④得

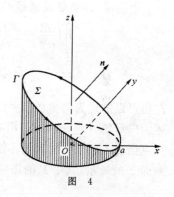

图 4

$$\frac{dydz}{h} = \frac{dxdy}{a},$$

又 Σ 面与 Ozx 平面垂直,有

$$\iint_{\Sigma} dzdx = 0,$$

所以

$$I = -2\iint_{\Sigma}\left(\frac{h}{a}+1\right)dxdy = -2\left(1+\frac{h}{a}\right)\iint_{\Sigma} dxdy = -2\left(1+\frac{h}{a}\right)\iint_{D_{xy}} dxdy$$
$$= -2\left(1+\frac{h}{a}\right)\pi a^2 = -2\pi a(a+h),$$

其中 $D_{xy}: x^2+y^2 \leqslant a^2$ 为 Σ 在 Oxy 平面的投影区域.

*四、环流量与旋度

定义 3 设向量场 $\boldsymbol{A}=(P,Q,R)$,称向量 $\left(\dfrac{\partial R}{\partial y}-\dfrac{\partial Q}{\partial z},\dfrac{\partial P}{\partial z}-\dfrac{\partial R}{\partial x},\dfrac{\partial Q}{\partial x}-\dfrac{\partial P}{\partial y}\right)$ 为向量场 $\boldsymbol{A}$ 的**旋度**,记为 $\mathrm{rot}\boldsymbol{A}$,即有

$$\mathrm{rot}\boldsymbol{A}=\left(\frac{\partial R}{\partial y}-\frac{\partial Q}{\partial z},\frac{\partial P}{\partial z}-\frac{\partial R}{\partial x},\frac{\partial Q}{\partial x}-\frac{\partial P}{\partial y}\right).$$

为了便于记忆,有时也将旋度记为

$$\mathrm{rot}\boldsymbol{A}=\begin{vmatrix}\boldsymbol{i}&\boldsymbol{j}&\boldsymbol{k}\\ \dfrac{\partial}{\partial x}&\dfrac{\partial}{\partial y}&\dfrac{\partial}{\partial z}\\ P&Q&R\end{vmatrix}.$$

定义 4 设向量场 $\boldsymbol{A}=(P,Q,R)$,称有向闭曲线 Γ 上的曲线积分 $\oint_{\Gamma}P\mathrm{d}x+Q\mathrm{d}y+R\mathrm{d}z$ 为向量场 $\boldsymbol{A}$ 沿有向闭曲线 Γ 的**环流量**.

由旋度、环流量及通量的定义可见,斯托克斯公式

$$\iint_{\Sigma}\left(\frac{\partial R}{\partial y}-\frac{\partial Q}{\partial z}\right)\mathrm{d}y\mathrm{d}z+\left(\frac{\partial P}{\partial z}-\frac{\partial R}{\partial x}\right)\mathrm{d}z\mathrm{d}x+\left(\frac{\partial Q}{\partial x}-\frac{\partial P}{\partial y}\right)\mathrm{d}x\mathrm{d}y$$

$$=\oint_{\Gamma}P\mathrm{d}x+Q\mathrm{d}y+R\mathrm{d}z$$

左边可以描述为向量场 $\boldsymbol{A}=(P,Q,R)$ 产生的旋度场穿过有向曲面 Σ 的通量,而右边可以描述为向量场 $\boldsymbol{A}=(P,Q,R)$ 沿有向闭曲线 Γ 的环流量(注意曲线 Γ 与曲面 Σ 的关系). 所以斯托克斯公式表明:向量场 $\boldsymbol{A}$ 沿有向闭曲线 Γ 的环流量等于向量场 $\boldsymbol{A}$ 的旋度场通过 Γ 所张的曲面 Σ 的通量,其中 Γ 的正向与 Σ 的指定侧符合右手法则.

习 题 10.6

1. 利用高斯公式计算下列曲面积分:

(1) $\iint\limits_{\Sigma}x\mathrm{d}y\mathrm{d}z+y\mathrm{d}x\mathrm{d}z+z\mathrm{d}x\mathrm{d}y$,其中 Σ 为抛物面 $z=x^2+y^2(0\leqslant z\leqslant 1)$ 在第一卦限的部分,取上侧;

(2) $\iint\limits_{\Sigma}(x^2\cos\alpha+y^2\cos\beta+z^2\cos\gamma)\mathrm{d}S$,其中 $\Sigma:x^2+y^2=z^2,0\leqslant z\leqslant h$,取下侧,$\cos\alpha,\cos\beta,\cos\gamma$ 为 Σ 在点 (x,y,z) 处法向量的方向余弦;

(3) $\iint\limits_{\Sigma}(x^3z+x)\mathrm{d}y\mathrm{d}z-x^2y z\mathrm{d}z\mathrm{d}x-x^2z^2\mathrm{d}x\mathrm{d}y$,其中 Σ 为曲面 $z=2-x^2-y^2,1\leqslant z\leqslant$

2,取上侧.

2. 设 u,v 在闭区域 Ω 上具有一、二阶连续偏导数,Σ 为 Ω 的边界曲面,$\dfrac{\partial v}{\partial n}=\dfrac{\partial v}{\partial x}\cos\alpha+\dfrac{\partial v}{\partial y}\cos\beta+\dfrac{\partial v}{\partial z}\cos\gamma$ 为 v 沿 Σ 的外侧法线方向的方向导数,$\Delta=\dfrac{\partial^2}{\partial x^2}+\dfrac{\partial^2}{\partial y^2}+\dfrac{\partial^2}{\partial z^2}$ 为 Laplace 算子,证明:

(1) $\iiint\limits_{\Omega}u\Delta v\mathrm{d}x\mathrm{d}y\mathrm{d}z=\oiint\limits_{\Sigma}u\dfrac{\partial v}{\partial n}\mathrm{d}S-\iiint\limits_{\Omega}\mathbf{grad}u\cdot\mathbf{grad}v\mathrm{d}x\mathrm{d}y\mathrm{d}z$ (第一格林公式);

(2) $\iiint\limits_{\Omega}(u\Delta v-v\Delta u)\mathrm{d}v=\oiint\limits_{\Sigma}\left(u\dfrac{\partial v}{\partial n}-v\dfrac{\partial u}{\partial n}\right)\mathrm{d}S$ (第二格林公式).

*3. 求密度为 1 的流体以下列流速 v 沿指定侧单位法向量穿过有向曲面 Σ 的通量(流量):

(1) $v=(2xz,yz,-z^2)$,Σ 是由 $z=\sqrt{x^2+y^2}$ 与 $z=\sqrt{2-x^2-y^2}$ 所围立体的表面,取外侧;

(2) $v=(0,yz,2)$,Σ 是曲面 $z=\sqrt{4-x^2-y^2}$,取外侧.

4. 利用斯托克斯公式,计算下列曲线积分:

(1) $\oint_{\Gamma}y\mathrm{d}x+z\mathrm{d}y+x\mathrm{d}z$,其中 Γ: $x^2+y^2+z^2=a^2,x+y+z=0(a>0)$,从 z 轴正向看去取逆时针方向;

(2) $\oint_{\Gamma}(z-y)\mathrm{d}x+(x-z)\mathrm{d}y+(x-y)\mathrm{d}z$,其中 Γ: $x^2+y^2=1,x-y+z=2$,从 z 轴正向看去取顺时针方向;

(3) $\oint_{\Gamma}x^2yz\mathrm{d}x+(x^2+y^2)\mathrm{d}y+(x+y+1)\mathrm{d}z$,其中 Γ: $x^2+y^2+z^2=5,z=1+x^2+y^2$,从 z 轴正向看去取顺时针方向;

(4) $\oint_{\Gamma}y^2\mathrm{d}x+z^2\mathrm{d}y+x^2\mathrm{d}z$,其中 Γ: $x^2+y^2+z^2=a^2,x^2+y^2=ax(a>0,z\geqslant 0)$,从 x 轴正向看去取逆时针方向.

5. 利用斯托克斯公式,化曲面积分 $\oiint\limits_{\Sigma}\mathrm{rot}\mathbf{A}\cdot\mathbf{n}^0\mathrm{d}S$ 为曲线积分并计算其值,其中 $\mathbf{A}=(y-z,z-x,x-y)$,Σ 为平面 $\dfrac{x}{a}+\dfrac{z}{b}=1(a>0,b>0)$ 被柱面 $x^2+y^2=a^2$ 所截得部分,取上侧,$\mathbf{n}^0$ 为 Σ 上的指定侧单位法向量.

*6. 求向量场 $\mathbf{u}(x,y,z)=xy^2\mathbf{i}+ye^z\mathbf{j}+x\ln(1+z^2)\mathbf{k}$ 在点 $P(1,1,0)$ 处的散度.

*7. 设有一数量函数 $u(x,y,z)=\ln(x^2+y^2+z^2)$,试求:

(1) 此数量场的梯度;

(2) 所得梯度场的散度；

(3) 所得梯度场的旋度.

*8. 设 $\boldsymbol{A}=(4xz, yz^2, x^2+2yz^2-1)$，计算 $\operatorname{div}(\operatorname{rot}\boldsymbol{A})$.

*9. 求下列向量场 $\boldsymbol{A}$ 沿从 z 轴正向看取逆时针方向的闭曲线 Γ 的环流量：

(1) $\boldsymbol{A}=(xz^2, yx^2, zy^2)$，$\Gamma$：$x^2+y^2+z^2=2z, z=1$；

(2) $\boldsymbol{A}=(y^2-z^2, 2z^2-x^2, 3x^2-y^2)$，$\Gamma$：$x+y+z=2, |x|+|y|=1$.

总练习题十

1. 计算对弧长的曲线积分 $I=\oint_{\Gamma} x^2 \mathrm{d}s$，其中 Γ：$(x-1)^2+(y+1)^2+z^2=a^2, x+y+z=0$.

2. 设 $M=\max \sqrt{P^2+Q^2}$，函数 $P(x,y), Q(x,y)$ 在 L 上连续，曲线 L 的长度为 s，证明：
$$\left|\int_L P\mathrm{d}x + Q\mathrm{d}y\right| \leqslant Ms.$$

3. 设曲线 Γ：$x^2+y^2+z^2=a^2, x^2+y^2=ax(z\geqslant 0, a>0)$，从 x 轴正向看去取逆时针方向.

(1) 写出曲线 Γ 的参数方程；

(2) 计算对坐标的曲线积分 $\int_{\Gamma} y^2 \mathrm{d}x + z^2 \mathrm{d}y + x^2 \mathrm{d}z$.

4. 设力场 $\boldsymbol{F}$ 的方向指向坐标原点，其大小与作用点到 Oxy 平面的距离成反比. 一质点在力场 $\boldsymbol{F}$ 作用下由点 $A(2,2,1)$ 沿直线移动到点 $B(4,4,2)$，求 $\boldsymbol{F}$ 所做的功 W.

5. 计算对坐标的曲线积分 $\oint_L \dfrac{\mathrm{e}^{x^2}-x^2 y}{x^2+y^2}\mathrm{d}x + \dfrac{xy^2-\sin y^2}{x^2+y^2}\mathrm{d}y$，其中 L：$x^2+y^2=a^2$，取顺时针方向.

6. 确定常数 λ，使在右半平面 $(x>0)$ 上的向量
$$\boldsymbol{A}(x,y)=(2xy(x^4+y^2)^{\lambda}, -x^2(x^4+y^2)^{\lambda})$$
为某二元函数 $u(x,y)$ 的梯度，并求 $u(x,y)$.

7. 设函数 $\varphi(y)$ 具有连续导数，在围绕原点的任意分段光滑闭曲线 L 上，对坐标的曲线积分 $\oint_L \dfrac{\varphi(y)\mathrm{d}x+2xy\mathrm{d}y}{2x^2+y^4}$ 的值恒为同一常数.

(1) 证明：对半右平面 $(x>0)$ 内的任意分段光滑闭曲线 C，有
$$\oint_C \dfrac{\varphi(y)\mathrm{d}x+2xy\mathrm{d}y}{2x^2+y^4}=0;$$

(2) 求函数 $\varphi(y)$ 的表达式.

8. 设有一个高度为 $h(t)$（t 为时间）的雪堆在融化过程中，其侧面满足方程

$$z = h(t) - \frac{2(x^2 + y^2)}{h(t)}.$$

设长度单位为 cm,时间单位为小时,已知体积减少的速率与侧面积成正比(比例系数 0.9),问高度为 130 cm 的雪堆全部融化需要多少小时?

9. 计算对面积的曲面积分 $I = \oiint_{\Sigma}(x^2 + y^2)\mathrm{d}S$,其中 Σ 为球面
$$x^2 + y^2 + z^2 = 2(x + y + z).$$

10. 计算对坐标的曲面积分 $I = \iint_{\Sigma}\dfrac{x\mathrm{d}y\mathrm{d}z + y\mathrm{d}z\mathrm{d}x + z\mathrm{d}x\mathrm{d}y}{(x^2 + y^2 + z^2)^{3/2}}$,其中

(1) $\Sigma: z = \sqrt{R^2 - x^2 - y^2}$,取上侧;

(2) $\Sigma: \dfrac{x^2}{a^2} + \dfrac{y^2}{b^2} + \dfrac{z^2}{c^2} = 1 (a > 0, b > 0, c > 0)$,取外侧;

(3) $\Sigma: z = 2 - x^2 - y^2 (z \geqslant 0)$,取上侧;

(4) $\Sigma: z = 2 - x^2 - y^2 (z \geqslant -2)$,取上侧.

11. 设 $f(x,y,z) = xy + z\iint_{\Sigma}f(u,v,w)\mathrm{d}S$ 在 Σ 上积分存在,Σ 为 $x + y + z = 1$ 在第一卦限部分,求对面积的曲面积分 $\iint_{\Sigma}f(x,y,z)\mathrm{d}S$.

第十一章 无穷级数

> 将有限个数相加推广到无穷多个数相加,将有限个函数相加推广到无穷多个函数相加,这就是无穷级数研究的内容.早在两千多年前,古希腊数学家欧几里得(Euclid)就曾研究过无穷级数.微积分学的先驱们牛顿等人又将无穷级数发展到幂级数.因此无穷级数是微积分学的一个重要组成部分.

§11.1 数项级数的概念和性质

一、数项级数的基本概念

给定无穷数列
$$u_1, u_2, \cdots, u_n, \cdots,$$
将这无穷多个数加起来,则称和式
$$\sum_{n=1}^{\infty} u_n = u_1 + u_2 + \cdots + u_n + \cdots \qquad ①$$
为**无穷级数**或**数项级数**(简称**级数**),其中第 n 项 u_n 也称为该级数的**一般项**或**通项**,n 称为**求和变量**. 注意 $\sum_{n=1}^{\infty} u_n$ 与 $\sum_{k=1}^{\infty} u_k$ 是两个相同的级数,因为它们表示的求和意义是相同的.这表明级数与求和变量无关.

我们已十分熟悉有限个数相加,它总是有确定的和.然而和式①表示无穷多个数相加,它有和吗?事实上,无穷级数的和式只是一个形式上的式子,它是否有和需做出新的规定.

定义 对于级数①,称
$$s_n = \sum_{k=1}^{n} u_k = u_1 + u_2 + \cdots + u_n \quad (n=1,2,\cdots)$$
为它的**前 n 项部分和**(简称**部分和**,注意这是有限个数相加,和总是存在的). 称由部分和构成的数列 $s_1, s_2, \cdots, s_n, \cdots$ 为该级数的**部分和数列**. 如果该数列有极限,即存在常数 s, 使

§11.1 数项级数的概念和性质

$$s = \lim_{n\to\infty} s_n = \lim_{n\to\infty} \sum_{k=1}^{n} u_k,$$

则称该级数是**收敛**的,极限值 s 称为该**级数的和**,可记为

$$s = \sum_{k=1}^{\infty} u_k \quad \text{或} \quad s = \sum_{n=1}^{\infty} u_n.$$

如果 $\lim\limits_{n\to\infty} s_n$ 不存在,则称该级数是**发散**的.

由定义可以看到,表示无穷多个数相加的级数要么收敛,要么发散. 级数收敛的意义是级数有和,级数发散的意义是级数没有和.

例1 无穷级数

$$\sum_{n=1}^{\infty} aq^{n-1} = a + aq + aq^2 + \cdots + aq^{n-1} + \cdots \quad (a \neq 0) \qquad ②$$

称为**等比级数**,也称为**几何级数**,其中 q 称为该级数的**公比**. 讨论当 q 取不同值时等比级数的收敛性.

解 先求部分和:

$$s_n = \sum_{k=1}^{n} aq^{k-1} = a + aq + aq^2 + \cdots + aq^{n-1} = \begin{cases} \dfrac{a(1-q^n)}{1-q}, & q \neq 1, \\ na, & q = 1. \end{cases}$$

当 $|q|<1$ 时,因为 $\lim\limits_{n\to\infty} q^n = 0$,所以

$$\lim_{n\to\infty} s_n = \lim_{n\to\infty} \frac{a(1-q^n)}{1-q} = \frac{a}{1-q}.$$

故该级数收敛,其和为 $s = \dfrac{a}{1-q}$.

当 $|q|>1$ 时,因为 $\lim\limits_{n\to\infty} q^n = \infty$,所以 $\lim\limits_{n\to\infty} s_n = \lim\limits_{n\to\infty} \dfrac{a(1-q^n)}{1-q} = \infty$. 故该级数发散.

当 $q=1$ 时,$\lim\limits_{n\to\infty} s_n = \lim\limits_{n\to\infty} na = \infty$,故该级数发散.

当 $q=-1$ 时,因为

$$s_n = \frac{a[1-(-1)^n]}{1-(-1)} = \frac{a[1-(-1)^n]}{2} = \begin{cases} 0, & n \text{ 为偶数}, \\ a, & n \text{ 为奇数}, \end{cases}$$

所以当 $n\to\infty$ 时 s_n 无极限. 故该级数发散.

综上所述,当 $|q|<1$ 时,等比级数②收敛,其和为

$$s = \sum_{n=1}^{\infty} aq^{n-1} = \frac{a}{1-q};$$

当 $|q|\geq 1$ 时,等比级数②发散.

例2 判别无穷级数 $\dfrac{1}{1\cdot 2} + \dfrac{1}{2\cdot 3} + \cdots + \dfrac{1}{n(n+1)} + \cdots$ 的收敛性.

解 注意 $u_n = \dfrac{1}{n(n+1)} = \dfrac{1}{n} - \dfrac{1}{n+1}$,因此,它的部分和

$$s_n = \frac{1}{1 \cdot 2} + \frac{1}{2 \cdot 3} + \cdots + \frac{1}{n(n+1)}$$

$$= \left(1 - \frac{1}{2}\right) + \left(\frac{1}{2} - \frac{1}{3}\right) + \cdots + \left(\frac{1}{n} - \frac{1}{n+1}\right)$$

$$= 1 - \frac{1}{n+1},$$

从而
$$\lim_{n\to\infty} s_n = \lim_{n\to\infty}\left(1 - \frac{1}{n+1}\right) = 1.$$

所以该级数收敛,其和为 1.

例 3 无穷级数 $\sum\limits_{n=1}^{\infty} \dfrac{1}{n} = 1 + \dfrac{1}{2} + \cdots + \dfrac{1}{n} + \cdots$ 称为**调和级数**. 证明它是发散的.

证 用反证法. 假设该级数是收敛的,则可设它的部分和数列 $\{s_n\}$ 的极限为 s,即 $s_n \to s$,其中 s 是一个常数. 于是它的子数列 $\{s_{2n}\}$ 极限存在,且 $s_{2n} \to s$,又

$$s_{2n} - s_n = \left(1 + \frac{1}{2} + \cdots + \frac{1}{n} + \frac{1}{n+1} + \cdots + \frac{1}{2n}\right) - \left(1 + \frac{1}{2} + \cdots + \frac{1}{n}\right)$$

$$= \frac{1}{n+1} + \cdots + \frac{1}{2n} > \frac{1}{2n} + \cdots + \frac{1}{2n} = \frac{1}{2} \not\to 0,$$

这与 $s_{2n} - s_n \to 0$ 相矛盾!

二、级数的基本性质

由于有限个数相加与无穷多个数相加有着本质上的区别,所以必须重新审视有限个数相加的一系列性质在无穷多个数相加时是否还成立. 例如加法的分配律、结合律、交换律等,这些都是基础性的问题,一切都要从头研究. 此时,级数的敛散性是讨论这些问题时必须考虑的重要因素(这里"敛散"是收敛和发散的简称).

定理 1(级数收敛的必要条件) 若级数是收敛的,则它的一般项必趋于零. 即若级数 $\sum\limits_{n=1}^{\infty} u_n$ 收敛,则 $\lim\limits_{n\to\infty} u_n = 0$.

证 设级数 $\sum\limits_{n=1}^{\infty} u_n$ 的部分和为 s_n. 因为该级数收敛,所以 s_n 有极限,设为 s. 显然 $\lim\limits_{n\to\infty} s_{n-1} = \lim\limits_{n\to\infty} s_n = s$,则该级数的一般项

$$u_n = s_n - s_{n-1} \to s - s = 0 \quad (n \to \infty).$$

推论 若级数的一般项不趋于零,则该级数发散. 即若 $\lim\limits_{n\to\infty} u_n \neq 0$,则级数 $\sum\limits_{n=1}^{\infty} u_n$ 发散.

读者可用反证法自行证明此推论.

§11.1 数项级数的概念和性质

例 4 证明下列级数是发散的：

(1) $\sum_{n=1}^{\infty}(-1)^{n-1} = 1+(-1)+1+(-1)+\cdots+(-1)^{n-1}+\cdots$；

(2) $\sum_{n=1}^{\infty}\dfrac{n+1}{n} = 2+\dfrac{3}{2}+\dfrac{4}{3}+\cdots+\dfrac{n+1}{n}+\cdots$.

证 (1) 该级数是等比级数，公比 $q=-1$. 由本节的例 1 可知，它是发散的.

我们还可从另一个角度去证明该级数是发散的. 该级数的一般项为 $u_n=(-1)^{n-1}$，而 $\lim\limits_{n\to\infty}(-1)^{n-1}$ 不存在，这意味着 $\lim\limits_{n\to\infty}u_n\neq 0$. 由级数收敛的必要条件可知该级数发散.

(2) 因为当 $n\to\infty$ 时，此级数的一般项 $u_n=\dfrac{n+1}{n}\to 1\neq 0$，所以该级数发散.

因为定理 1 的逆命题不成立，所以它称为级数收敛的必要条件. 即如果级数的一般项 $\lim\limits_{n\to\infty}u_n=0$，则该级数 $\sum_{n=1}^{\infty}u_n$ 不一定收敛. 调和级数 $\sum_{n=1}^{\infty}\dfrac{1}{n}$ 就是一个例子，它的一般项 $\lim\limits_{n\to\infty}\dfrac{1}{n}=0$，但是在本节的例 3 中已经证明了它是发散的. 所以一般项趋于零是级数收敛的必要条件，但不是充分条件.

定理 2 在级数中任意去掉、增加或改变有限项而得到的新级数与原级数敛散性相同，即新级数的敛散性不变.

证 先看在原级数中去掉第一项的情形. 设原级数为

$$\sum_{n=1}^{\infty}u_n = u_1+u_2+\cdots+u_n+\cdots,$$

其部分和为 s_n. 如果去掉第一项，得新级数

$$\sum_{n=2}^{\infty}u_n = u_2+u_3+\cdots+u_{n+1}+\cdots,$$

则其部分和为

$$\sigma_n = u_2+u_3+\cdots+u_{n+1} = s_{n+1}-u_1.$$

由于 u_1 是常数，所以数列 $\{\sigma_n\}$ 与 $\{s_n\}$ 的敛散性相同. 这表明级数 $\sum_{n=1}^{\infty}u_n$ 与 $\sum_{n=2}^{\infty}u_n$ 的敛散性相同，即在级数中去掉第一项其敛散性不变. 因此依次去掉级数的前有限项后敛散性不变. 用反证法可以证明在级数中增加前有限项其敛散性不变. 由于在级数中任意去掉、增加或改变有限项可以看成是先去掉前有限项而后再增加前有限项，故其敛散性也不变.

注 这个定理说明级数的敛散性决定于级数中无穷多项的取值，与它有限项的取值无关. 但是必须指出，对于收敛的级数，如果去掉、增加或改变其中的有限项，其收敛性固然不变，但是它的和可能改变. 从该定理的证明中就可以看到这一点. 例如，由本节例 1 可知等比级数

$$\sum_{n=1}^{\infty} \frac{1}{2^{n-1}} = 1 + \frac{1}{2} + \frac{1}{4} + \cdots + \left(\frac{1}{2}\right)^{n-1} + \cdots = 2,$$

去掉前两项得到新级数

$$\sum_{n=3}^{\infty} \frac{1}{2^{n-1}} = \frac{1}{4} + \frac{1}{8} + \cdots + \left(\frac{1}{2}\right)^{n-1} + \cdots,$$

它仍然是收敛的,其和为

$$\left(\sum_{n=1}^{\infty} \frac{1}{2^{n-1}}\right) - \left(1 + \frac{1}{2}\right) = 2 - \frac{3}{2} = \frac{1}{2}.$$

定理 3 如果级数 $\sum_{n=1}^{\infty} u_n, \sum_{n=1}^{\infty} v_n$ 分别收敛于和 s, σ,则级数 $\sum_{n=1}^{\infty} (u_n \pm v_n)$ 也收敛,且其和为 $s \pm \sigma$.

证 设级数 $\sum_{n=1}^{\infty} u_n$ 和 $\sum_{n=1}^{\infty} v_n$ 的部分和分别为 s_n 和 σ_n,则级数 $\sum_{n=1}^{\infty} (u_n \pm v_n)$ 的部分和为

$$\begin{aligned}\tau_n &= (u_1 \pm v_1) + (u_2 \pm v_2) + \cdots + (u_n \pm v_n) \\ &= (u_1 + u_2 + \cdots + u_n) \pm (v_1 + v_2 + \cdots + v_n) \\ &= s_n \pm \sigma_n.\end{aligned}$$

因为级数 $\sum_{n=1}^{\infty} u_n, \sum_{n=1}^{\infty} v_n$ 分别收敛于和 s, σ,所以

$$\lim_{n \to \infty} s_n = s, \quad \lim_{n \to \infty} \sigma_n = \sigma,$$

从而

$$\lim_{n \to \infty} \tau_n = \lim_{n \to \infty} (s_n \pm \sigma_n) = \lim_{n \to \infty} s_n \pm \lim_{n \to \infty} \sigma_n = s \pm \sigma.$$

这表明级数 $\sum_{n=1}^{\infty} (u_n \pm v_n)$ 收敛,且其和为 $s \pm \sigma$.

注 该定理表明:当两个级数 $\sum_{n=1}^{\infty} u_n, \sum_{n=1}^{\infty} v_n$ 都收敛时,就有如下的演算公式成立:

$$\sum_{n=1}^{\infty} (u_n \pm v_n) = \sum_{n=1}^{\infty} u_n \pm \sum_{n=1}^{\infty} v_n.$$

用反证法不难证明:若级数 $\sum_{n=1}^{\infty} u_n$ 收敛,而级数 $\sum_{n=1}^{\infty} v_n$ 发散,则级数 $\sum_{n=1}^{\infty} (u_n \pm v_n)$ 必发散.

但是,如果两个级数 $\sum_{n=1}^{\infty} u_n$ 和 $\sum_{n=1}^{\infty} v_n$ 都发散,则级数 $\sum_{n=1}^{\infty} (u_n \pm v_n)$ 可能收敛,也可能发散.读者可自行举例说明.

定理 4 设 C 是非零常数,则级数 $\sum_{n=1}^{\infty} u_n$ 与 $\sum_{n=1}^{\infty} Cu_n$ 敛散性相同,且当收敛时,

$$\sum_{n=1}^{\infty} Cu_n = C \sum_{n=1}^{\infty} u_n.$$

§11.1 数项级数的概念和性质

证 先证若级数 $\sum_{n=1}^{\infty} u_n$ 收敛,则必有 $\sum_{n=1}^{\infty} Cu_n$ 收敛,且 $\sum_{n=1}^{\infty} Cu_n = C\sum_{n=1}^{\infty} u_n$.

设级数 $\sum_{n=1}^{\infty} u_n$ 和 $\sum_{n=1}^{\infty} Cu_n$ 的部分和分别为 s_n 和 σ_n,则

$$\sigma_n = \sum_{k=1}^{n} Cu_k = C\sum_{i=1}^{n} u_k = Cs_n.$$

再设级数 $\sum_{n=1}^{\infty} u_n$ 收敛,且其和为 s,则 $\lim_{n\to\infty} s_n = s$. 根据数列极限的性质,必有

$$\lim_{n\to\infty} \sigma_n = C\lim_{n\to\infty} s_n = Cs.$$

这表明级数 $\sum_{n=1}^{\infty} Cu_n$ 也收敛,且其和为 Cs,即 $\sum_{n=1}^{\infty} Cu_n = C\sum_{n=1}^{\infty} u_n$.

下面证明如果级数 $\sum_{n=1}^{\infty} u_n$ 发散,则 $\sum_{n=1}^{\infty} Cu_n$ 必发散.

用反证法. 假设级数 $\sum_{n=1}^{\infty} Cu_n$ 收敛. 因为 $C \neq 0$,所以 $\sum_{n=1}^{\infty} u_n = \sum_{n=1}^{\infty} \frac{1}{C}(Cu_n)$. 根据上述的证明,可知 $\sum_{n=1}^{\infty} u_n$ 也收敛,这与已知 $\sum_{n=1}^{\infty} u_n$ 发散矛盾. 所以 $\sum_{n=1}^{\infty} Cu_n$ 必发散.

注 等式 $\sum_{n=1}^{\infty} Cu_n = C\sum_{n=1}^{\infty} u_n$ 的演算意义是将和式内的常数 C 提到和式外,即

$$Cu_1 + Cu_2 + \cdots + Cu_n + \cdots = C(u_1 + u_2 + \cdots + u_n + \cdots).$$

显然这就是提取公因式 C,它表明当级数收敛时,乘法对加法的分配律是成立的.

定理 5 如果级数 $\sum_{n=1}^{\infty} u_n$ 收敛,其和为 s,则对该级数的项任意加括号得到的新级数

$$\sum_{k=1}^{\infty} U_k = (u_1 + \cdots + u_{n_1}) + (u_{n_1+1} + \cdots + u_{n_2}) + \cdots + (u_{n_{k-1}+1} + \cdots + u_{n_k}) + \cdots$$

也收敛且其和仍为 s,其中 $U_k = u_{n_{k-1}+1} + \cdots + u_{n_k}$ ($n_0 = 0$)是第 k 个括号中有限个项的和($k = 1, 2, \cdots$).

证 设 $\sum_{n=1}^{\infty} u_n$ 的部分和为 s_n,新级数 $\sum_{k=1}^{\infty} U_k$ 的部分和为 A_k($k = 1, 2, \cdots$). 两个级数部分和之间的关系为

$$A_1 = U_1 = (u_1 + \cdots + u_{n_1}) = s_{n_1},$$
$$A_2 = U_1 + U_2 = (u_1 + \cdots + u_{n_1}) + (u_{n_1+1} + \cdots + u_{n_2}) = s_{n_2},$$
$$\cdots\cdots\cdots\cdots\cdots$$
$$A_k = U_1 + U_2 + \cdots + U_k$$
$$= (u_1 + \cdots + u_{n_1}) + (u_{n_1+1} + \cdots + u_{n_2}) + \cdots + (u_{n_{k-1}+1} + \cdots + u_{n_k}) = s_{n_k},$$
$$\cdots\cdots\cdots\cdots\cdots$$

从而 $\{A_k\}$ 是 $\{s_n\}$ 的一个子数列. 由于 $\lim\limits_{n\to\infty}s_n=s$,则 $\lim\limits_{k\to\infty}A_k=s$,即 $\sum\limits_{k=1}^{\infty}U_k$ 收敛于 s.

注 该定理表明:此时有 $\sum\limits_{n=1}^{\infty}u_n=\sum\limits_{k=1}^{\infty}U_k$,即收敛级数的加法结合律成立.

根据定理 5,用反证法可证明:若加括号后级数发散,则原级数发散.需注意,如果加括号后的新级数收敛,不能断定原级数是收敛的.例如,级数

$$\sum_{n=1}^{\infty}(-1)^{n-1}=1-1+1-1+1-1+\cdots$$

是发散的(一般项不趋于零),但是两两加括号后得到的新级数为

$$(1-1)+(1-1)+(1-1)+\cdots+(1-1)+\cdots$$
$$=0+0+0+\cdots+0+\cdots,$$

显然它的和为零,这表明新级数是收敛的.

从以上两个定理可以看到,对于收敛的级数来说,加法的分配律、结合律都是成立的.但是加法的交换律就一般情况来说不再成立了,这个问题将放在下一节介绍.

例 5 利用级数的性质判断下列级数的敛散性:

(1) $\sum\limits_{n=1}^{\infty}\dfrac{1}{2n}=\dfrac{1}{2}+\dfrac{1}{4}+\dfrac{1}{6}+\dfrac{1}{8}+\cdots$;   (2) $\sum\limits_{n=1}^{\infty}\left(\dfrac{1}{2^n}+\dfrac{1}{3^n}\right)$;

(3) $\sum\limits_{n=1}^{\infty}\left(\dfrac{1}{n}+\dfrac{1}{3^n}\right)$;   (4) $\sum\limits_{n=1}^{\infty}n\sin\dfrac{1}{n}$.

解 (1) 该级数可写为 $\sum\limits_{n=1}^{\infty}\left(\dfrac{1}{2}\cdot\dfrac{1}{n}\right)$,它与调和级数 $\sum\limits_{n=1}^{\infty}\dfrac{1}{n}$ 相差一个非零常数,由定理 4 可知它与调和级数有相同的敛散性,从而该级数发散.

(2) 该级数可以看做是两个收敛级数 $\sum\limits_{n=1}^{\infty}\dfrac{1}{2^n}$ 与 $\sum\limits_{n=1}^{\infty}\dfrac{1}{3^n}$ 的和,由定理 3 可知该级数收敛.

(3) 该级数可以看做是两个级数 $\sum\limits_{n=1}^{\infty}\dfrac{1}{n}$ 与 $\sum\limits_{n=1}^{\infty}\dfrac{1}{3^n}$ 的和,这两个级数一个发散,另一个收敛,从而该级数发散.

(4) 由于 $\lim\limits_{n\to\infty}n\sin\dfrac{1}{n}=\lim\limits_{n\to\infty}\dfrac{\sin(1/n)}{1/n}=1\neq 0$,即该级数的一般项不趋于零,所以该级数发散.

例 6 设级数 $\sum\limits_{n=1}^{\infty}u_n$ 的一般项都不为零,且 $\lim\limits_{n\to\infty}\dfrac{|u_{n+1}|}{|u_n|}=\rho>1$,证明该级数发散.

证 此时存在 N,当 $n>N$ 时,有 $\dfrac{|u_{n+1}|}{|u_n|}>1$,于是 $|u_{n+1}|>|u_n|$.这表明当 $n>N$ 时 $|u_n|$ 是单调递增的,从而 $\lim\limits_{n\to\infty}|u_n|\neq 0$,即 $\lim\limits_{n\to\infty}u_n\neq 0$.所以该级数是发散的.

本例所述的结论在后续讨论中还将用到.

习 题 11.1

1. 写出下列级数的前 4 项：

(1) $\sum_{n=1}^{\infty} \dfrac{1+n}{1+n^2}$;

(2) $\sum_{n=1}^{\infty} \dfrac{n}{n^n}$;

(3) $\sum_{n=1}^{\infty} \dfrac{(-1)^{n-1}}{2^n}$;

(4) $\sum_{n=1}^{\infty} \dfrac{1 \cdot 3 \cdot \cdots \cdot (2n-1)}{2 \cdot 4 \cdot \cdots \cdot (2n)}$.

2. 写出下列级数的一般项 u_n：

(1) $\dfrac{2}{1} - \dfrac{3}{2} + \dfrac{4}{3} - \dfrac{5}{4} + \cdots$;

(2) $\dfrac{1}{2} + \dfrac{2}{5} + \dfrac{3}{10} + \dfrac{4}{17} + \cdots$;

(3) $\dfrac{\sqrt{x}}{2} + \dfrac{x}{2 \cdot 4} + \dfrac{x\sqrt{x}}{2 \cdot 4 \cdot 6} + \cdots$;

(4) $\dfrac{a^2}{3} - \dfrac{a^3}{5} + \dfrac{a^4}{7} - \dfrac{a^5}{9} + \cdots$.

3. 判断下列各对级数是否相同：

(1) $\sum_{n=0}^{\infty} \dfrac{1}{2^n}$ 与 $\sum_{n=1}^{\infty} \dfrac{1}{2^{n-1}}$;

(2) $\sum_{n=4}^{\infty} \dfrac{1}{\sqrt{n-3}}$ 与 $\sum_{n=1}^{\infty} \dfrac{1}{\sqrt{n}}$;

(3) $\sum_{n=0}^{\infty} x^n$ 与 $\sum_{n=1}^{\infty} x^{n+1}$;

(4) $\sum_{n=0}^{\infty} \dfrac{-1}{2^{2n+1}}$ 与 $\sum_{n=0}^{\infty} \left(\dfrac{-1}{2}\right)^{2n+1}$.

4. 根据级数收敛与发散的定义,讨论下列级数的敛散性,如果收敛,则求其和：

(1) $1 + 2 + 3 + \cdots + n + \cdots$;

(2) $\sum_{n=1}^{\infty} \dfrac{1}{\sqrt{n+1} + \sqrt{n}}$;

(3) $\sum_{n=1}^{\infty} (-1)^{n-1} \dfrac{1}{10}$;

(4) $\dfrac{1}{2} - \dfrac{1}{4} + \dfrac{1}{8} - \dfrac{1}{16} + \cdots$.

5. 判别下列级数的敛散性：

(1) $\sum_{n=1}^{\infty} \dfrac{2 + (-1)^{n-1}}{3^n}$;

(2) $0.1 + 0.01 + 0.001 + 0.0001 + \cdots$;

(3) $\sum_{n=1}^{\infty} \dfrac{2n+1}{3n-1}$;

(4) $\dfrac{1}{3} + \dfrac{1}{\sqrt{3}} + \dfrac{1}{\sqrt[3]{3}} + \dfrac{1}{\sqrt[4]{3}} + \cdots$;

(5) $\sum_{n=1}^{\infty} \left(\dfrac{2}{n} - \dfrac{1}{2^n}\right)$;

(6) $\sum_{n=1}^{\infty} \left(\dfrac{1}{\sqrt{n}} - \dfrac{1}{\sqrt{n+1}}\right)$.

§11.2 数项级数收敛性的判定

根据级数敛散性定义,前面我们将级数敛散性的判断转化为部分和数列敛散性的判断. 但是求级数部分和的表达式及其极限经常是一件很困难的事情. 而我们更关心的是级数的敛散性这个根本性的问题,希望能够不求部分和的极限便能判断级数的敛散性.另外,能求出和的级数只是很少一部分,很多收敛级数的和至今还没有求出来.但只要知道某个级数收敛,就可以用其部分和作为其和的近似值,这对实际应用来讲已经足够了.

一、正项级数及其审敛法

若 $u_n \geqslant 0 (n=1,2,\cdots)$,则称级数 $\sum_{n=1}^{\infty} u_n = u_1 + u_2 + \cdots + u_n + \cdots$ 为**正项级数**.

由于很多级数的敛散性问题都可以归结为正项级数的敛散性问题,所以正项级数是一类很重要的级数.设正项级数的部分和为 s_n,则 $s_{n+1} = s_n + u_n \geqslant s_n (n=1,2,\cdots)$.所以,正项级数的部分和所构成的数列$\{s_n\}$是一个单调增加数列:

$$s_1 \leqslant s_2 \leqslant \cdots \leqslant s_n \leqslant \cdots.$$

定理 1 正项级数 $\sum_{n=1}^{\infty} u_n$ 收敛的充分必要条件是它的部分和数列$\{s_n\}$有上界.

证 必要性 若正项级数 $\sum_{n=1}^{\infty} u_n$ 收敛,则部分和的极限 $\lim_{n\to\infty} s_n$ 存在,从而数列$\{s_n\}$有界.

充分性 若部分和数列$\{s_n\}$有上界,则存在一个正数 $M>0$,使得对一切自然数 n,都有 $0 \leqslant s_n \leqslant M$.根据数列收敛的单调有界原理,则极限 $\lim_{n\to\infty} s_n$ 必存在,从而级数 $\sum_{n=1}^{\infty} u_n$ 收敛.

注 此定理说明,若正项级数发散,则其部分和数列$\{s_n\}$必无界.此时部分和非负单调增加,故有 $\lim_{n\to\infty} s_n = +\infty$,记为 $\sum_{n=1}^{\infty} u_n = +\infty$.这表明:若正项级数发散,则必发散到 $+\infty$.

根据定理 1 可得关于正项级数的一个基本的审敛法.

定理 2(比较审敛法) 设 $\sum_{n=1}^{\infty} u_n$ 和 $\sum_{n=1}^{\infty} v_n$ 都是正项级数,且 $u_n \leqslant v_n (n=1,2,\cdots)$,则下列结论成立:

(1) 若级数 $\sum_{n=1}^{\infty} v_n$ 收敛,则级数 $\sum_{n=1}^{\infty} u_n$ 也收敛;

(2) 若级数 $\sum_{n=1}^{\infty} u_n$ 发散,则级数 $\sum_{n=1}^{\infty} v_n$ 也发散.

证 (1) 因为级数 $\sum_{n=1}^{\infty} v_n$ 收敛,所以 $\sum_{n=1}^{\infty} v_n$ 的部分和有上界,即存在 $M>0$,使得对一切自然数 n,都有 $v_1 + v_2 + \cdots + v_n \leqslant M$.又因为 $u_n \leqslant v_n (n=1,2,\cdots)$,所以

$$u_1 + u_2 + \cdots + u_n \leqslant v_1 + v_2 + \cdots + v_n \leqslant M.$$

这表明级数 $\sum_{n=1}^{\infty} u_n$ 的部分和有上界,据定理 1,级数 $\sum_{n=1}^{\infty} u_n$ 收敛.

(2) 用反证法. 假定级数 $\sum_{n=1}^{\infty} v_n$ 收敛,则由(1)中的结论就有级数 $\sum_{n=1}^{\infty} u_n$ 收敛,这与已知矛盾. 于是必有级数 $\sum_{n=1}^{\infty} v_n$ 发散.

注意到改变级数的有限项不影响级数的敛散性,且级数的每项都乘一个非零常数得到的新级数与原级数的敛散性相同,于是有下面的推论.

推论 设 $\sum_{n=1}^{\infty} u_n$ 和 $\sum_{n=1}^{\infty} v_n$ 都是正项级数,且存在 $k>0$ 和自然数 N,使得当 $n>N$ 时,总有 $u_n \leqslant k v_n$ 成立,则下列结论成立:

(1) 若级数 $\sum_{n=1}^{\infty} v_n$ 收敛,则级数 $\sum_{n=1}^{\infty} u_n$ 也收敛;

(2) 若级数 $\sum_{n=1}^{\infty} u_n$ 发散,则级数 $\sum_{n=1}^{\infty} v_n$ 也发散.

例1 讨论级数 $\sum_{n=1}^{\infty} \frac{1}{n^p} (p>0)$ 的敛散性(这种级数称为 p 级数).

解 当 $0<p\leqslant 1$ 时,因为对一切自然数 n,有 $\frac{1}{n^p} \geqslant \frac{1}{n} > 0$,而调和级数 $\sum_{n=1}^{\infty} \frac{1}{n}$ 发散,所以级数 $\sum_{n=1}^{\infty} \frac{1}{n^p}$ 必发散.

当 $p>1$ 时,因为对 $n-1 \leqslant x < n$,总有 $\frac{1}{n^p} \leqslant \frac{1}{x^p}$,所以 $\int_{n-1}^{n} \frac{1}{n^p} \mathrm{d}x \leqslant \int_{n-1}^{n} \frac{1}{x^p} \mathrm{d}x$,即

$$\frac{1}{n^p} \leqslant \frac{1}{p-1}\left[\frac{1}{(n-1)^{p-1}} - \frac{1}{n^{p-1}}\right] \quad (n \geqslant 2).$$

因为级数 $\sum_{n=2}^{\infty}\left[\frac{1}{(n-1)^{p-1}} - \frac{1}{n^{p-1}}\right]$ 为正项级数,其部分和为

$$s_n = \left[1 - \frac{1}{2^{p-1}}\right] + \left[\frac{1}{2^{p-1}} - \frac{1}{3^{p-1}}\right] + \cdots + \left[\frac{1}{n^{p-1}} - \frac{1}{(n+1)^{p-1}}\right] = 1 - \frac{1}{(n+1)^{p-1}}.$$

而 $\lim_{n \to \infty}\left[1 - \frac{1}{(n+1)^{p-1}}\right] = 1$,所以级数 $\sum_{n=2}^{\infty}\left[\frac{1}{(n-1)^{p-1}} - \frac{1}{n^{p-1}}\right]$ 收敛. 因此由正项级数的比较审敛法知,当 $p>1$ 时,级数 $\sum_{n=2}^{\infty} \frac{1}{n^p}$ 收敛,从而级数 $\sum_{n=1}^{\infty} \frac{1}{n^p}$ 收敛.

综上所述可得结论: p 级数 $\sum_{n=1}^{\infty} \frac{1}{n^p}$ 当 $p>1$ 时收敛,当 $0 < p \leqslant 1$ 时发散.

根据比较审敛法判断正项级数的敛散性必须要找一个比较标准. 在实际应用中,经常选择 p 级数作为比较标准,故 p 级数的敛散性十分重要.

读者可自行判断下列常用的 p 级数的敛散性:

$$\sum_{n=1}^{\infty} \frac{1}{\sqrt{n}}, \quad \sum_{n=1}^{\infty} \frac{1}{n\sqrt{n}}, \quad \sum_{n=1}^{\infty} \frac{1}{n^2}.$$

例 2 判断级数 $\frac{1}{5} + \left(\frac{2}{7}\right)^2 + \cdots + \left(\frac{n}{2n+3}\right)^n + \cdots$ 的敛散性.

解 因为 $0 < u_n = \left(\frac{n}{2n+3}\right)^n \leqslant \left(\frac{1}{2}\right)^n (n=1,2,\cdots)$,而级数 $\sum_{n=1}^{\infty} \left(\frac{1}{2}\right)^n$ 是公比 $q = \frac{1}{2}$ 的等比级数,从而是收敛的,所以由比较审敛法知,级数 $\sum_{n=1}^{\infty} \left(\frac{n}{2n+3}\right)^n$ 也收敛.

例 3 判断级数 $\sum_{n=2}^{\infty} \frac{1}{\sqrt{n(n-1)}}$ 的敛散性.

解 对 $n \geqslant 2$ 总有 $\frac{1}{\sqrt{n(n-1)}} \geqslant \frac{1}{\sqrt{n^2}} = \frac{1}{n}$,而级数 $\sum_{n=2}^{\infty} \frac{1}{n}$ 发散,故根据比较审敛法知,级数 $\sum_{n=2}^{\infty} \frac{1}{\sqrt{n(n-1)}}$ 也发散.

下面给出比较审敛法的极限形式,它更能反映比较审敛法的本质.

定理 3(比较审敛法的极限形式) 设 $\sum_{n=1}^{\infty} u_n$ 和 $\sum_{n=1}^{\infty} v_n$ 都是正项级数. 如果

$$\lim_{n \to \infty} \frac{u_n}{v_n} = l \quad (0 < l < +\infty),$$

则级数 $\sum_{n=1}^{\infty} u_n$ 与 $\sum_{n=1}^{\infty} v_n$ 的敛散性相同.

证 由极限的定义可知,对 $\varepsilon = \frac{l}{2} > 0$,存在自然数 N,当 $n > N$ 时,有不等式 $\left|\frac{u_n}{v_n} - l\right| < \frac{l}{2}$ 成立. 于是有

$$l - \frac{l}{2} < \frac{u_n}{v_n} < l + \frac{l}{2}, \quad 从而 \quad \frac{l}{2} v_n < u_n < \frac{3l}{2} v_n.$$

当 $\sum_{n=1}^{\infty} u_n$ 收敛时,由上式的左半部分 $\frac{l}{2} v_n < u_n$,根据定理 2 的推论可知 $\sum_{n=1}^{\infty} v_n$ 也收敛;

当 $\sum_{n=1}^{\infty} u_n$ 发散时,由上式的右半部分 $u_n < \frac{3l}{2} v_n$,根据定理 2 的推论可知 $\sum_{n=1}^{\infty} v_n$ 也发散.

综上所述,这两个级数的敛散性相同.

此外,比较审敛法的极限形式还有下面两个结论:

(1) 如果 $\lim_{n \to \infty} \frac{u_n}{v_n} = 0$,则由 $\sum_{n=1}^{\infty} v_n$ 收敛可推知 $\sum_{n=1}^{\infty} u_n$ 收敛;由 $\sum_{n=1}^{\infty} u_n$ 发散可推知 $\sum_{n=1}^{\infty} v_n$ 发散;

(2) 如果 $\lim_{n\to\infty}\dfrac{u_n}{v_n}=\infty$,则由 $\sum_{n=1}^{\infty}v_n$ 发散可推知 $\sum_{n=1}^{\infty}u_n$ 发散;由 $\sum_{n=1}^{\infty}u_n$ 收敛可推知 $\sum_{n=1}^{\infty}v_n$ 收敛.

请读者自行证明这两个结论.

从直观上讲,级数的敛散性取决于级数一般项趋于零的速度.一般项趋于零的速度越快,级数收敛的可能性越大.比较审敛法的极限形式正是体现了级数收敛的这一实质.如果级数 $\sum_{n=1}^{\infty}u_n$ 与 $\sum_{n=1}^{\infty}v_n$ 的一般项都趋于零,比较审敛法中的极限 $\lim_{n\to\infty}\dfrac{u_n}{v_n}$ 则是对两个无穷小趋于零的速度的比较.若 $\lim_{n\to\infty}\dfrac{u_n}{v_n}=0$,这表明 u_n 是 v_n 的高阶无穷小,其意义是 u_n 趋于零的速度快于 v_n.此时,如果一般项趋于零速度"慢"的级数 $\sum_{n=1}^{\infty}v_n$ 收敛,那么一般项趋于零速度"快"的级数 $\sum_{n=1}^{\infty}u_n$ 更应该收敛,而如果一般项趋于零速度"快"的级数 $\sum_{n=1}^{\infty}u_n$ 发散,那么一般项趋于零速度"慢"的级数 $\sum_{n=1}^{\infty}v_n$ 更应该发散.在定理 3 中,极限 $\lim_{n\to\infty}\dfrac{u_n}{v_n}=l(0<l<+\infty)$,表明了 u_n 是 v_n 的同阶无穷小,其意义是 u_n 与 v_n 趋于零的速度是一样的,因此它们的敛散性相同.

例 4 讨论级数 $\sum_{n=1}^{\infty}\sin\dfrac{1}{n^p}(p>0)$ 的敛散性.

解 注意 $\sum_{n=1}^{\infty}\sin\dfrac{1}{n^p}(p>0)$ 是一个正项级数.因为 $\lim_{n\to\infty}\dfrac{\sin(1/n^p)}{1/n^p}=1$,据定理 3,级数 $\sum_{n=1}^{\infty}\sin\dfrac{1}{n^p}$ 与 $\sum_{n=1}^{\infty}\dfrac{1}{n^p}$ 的敛散性相同,所以当 $0<p\leqslant 1$ 时,级数 $\sum_{n=1}^{\infty}\sin\dfrac{1}{n^p}$ 发散;当 $p>1$ 时,级数 $\sum_{n=1}^{\infty}\sin\dfrac{1}{n^p}$ 收敛.

p 级数是在比较审敛法中经常使用的级数.我们经常是在 p 级数中选择适当的 p,使得正项级数的一般项 u_n 与 $\dfrac{1}{n^p}$ 是同阶无穷小,则正项级数 $\sum_{n=1}^{\infty}u_n$ 与 $\sum_{n=1}^{\infty}\dfrac{1}{n^p}$ 的敛散性相同.

例 5 判断下列级数的敛散性:

(1) $\sum_{n=1}^{\infty}\ln\left(1+\dfrac{1}{n^2}\right)$;

(2) $\sum_{n=1}^{\infty}\dfrac{2n^2+n+3}{n^3+2n-1}$.

解 (1) 原级数为正项级数.因 $\lim_{n\to\infty}\dfrac{\ln\left(1+\dfrac{1}{n^2}\right)}{\dfrac{1}{n^2}}=1$,故原级数与级数 $\sum_{n=1}^{\infty}\dfrac{1}{n^2}$ 的敛散性

相同. 而级数 $\sum_{n=1}^{\infty} \frac{1}{n^2}$ 收敛, 于是原级数收敛.

(2) 原级数为正项级数. 因 $\lim_{n\to\infty} \dfrac{\dfrac{2n^2+n+3}{n^3+2n-1}}{\dfrac{1}{n}} = \lim_{n\to\infty} \dfrac{2n^3+n^2+3n}{n^3+2n-1} = 2$, 故原级数与调和级数 $\sum_{n=1}^{\infty} \frac{1}{n}$ 的敛散性相同. 而级数 $\sum_{n=1}^{\infty} \frac{1}{n}$ 发散, 于是原级数发散.

用比较审敛法判断一个正项级数 $\sum_{n=1}^{\infty} u_n$ 的敛散性时, 必须要适当选择一个已知敛散性的正项级数 $\sum_{n=1}^{\infty} v_n$ 作为比较的标准, 而这种选择往往也是很困难的. 下面给出的比值审敛法就可以直接根据一般项 u_n 来判断正项级数 $\sum_{n=1}^{\infty} u_n$ 的敛散性.

定理 4(比值审敛法, 达朗贝尔(D'Alembert)审敛法) 若正项级数 $\sum_{n=1}^{\infty} u_n$ 的后项与前项之比的极限等于 ρ, 即 $\lim_{n\to\infty} \dfrac{u_{n+1}}{u_n} = \rho$, 则

(1) 当 $\rho < 1$ 时, 该级数收敛;

(2) 当 $\rho > 1$ (包括 $\rho = \infty$) 时, 该级数发散;

(3) 当 $\rho = 1$ 时, 此审敛法失效, 即该级数可能收敛, 也可能发散.

证 (1) 当 $\rho < 1$ 时, 取一个正数 r, 满足 $\rho < r < 1$, 则存在自然数 N, 当 $n \geq N$ 时, 有不等式 $\dfrac{u_{n+1}}{u_n} < r$ 成立. 因此, 当 $n \geq N$ 时, 有下列不等式成立:

$$u_{N+1} < ru_N, \quad u_{N+2} < ru_{N+1} < r^2 u_N, \quad u_{N+3} < ru_{N+2} < r^3 u_N, \quad \cdots.$$

这样, 级数

$$u_{N+1} + u_{N+2} + u_{N+3} + \cdots = \sum_{n=1}^{\infty} u_{N+n}$$

的各项不超过收敛的等比级数

$$ru_N + r^2 u_N + r^3 u_N + \cdots = \sum_{n=1}^{\infty} r^n u_N$$

的对应项. 由等比级数 $\sum_{n=1}^{\infty} r^n u_N$ 收敛, 根据比较审敛法的推论, 级数 $\sum_{n=1}^{\infty} u_n$ 也收敛.

(2) 当 $\rho > 1$ 时, 则存在自然数 N, 使得当 $n \geq N$ 时, 有不等式 $\dfrac{u_{n+1}}{u_n} > 1$ 成立, 从而 $u_{n+1} > u_n$. 所以当 $n \geq N$ 时, 由级数的项构成的数列 $\{u_n\}$ 是正项数列且单调增加的, 从而

$\lim\limits_{n\to\infty} u_n \neq 0$. 根据级数收敛的必要条件可知级数 $\sum\limits_{n=1}^{\infty} u_n$ 发散.

(3) 当 $\rho=1$ 时,级数 $\sum\limits_{n=1}^{\infty} u_n$ 可能收敛,也可能发散. 以 p 级数 $\sum\limits_{n=1}^{\infty} \dfrac{1}{n^p}$ 为例,对一切 $p>0$,都有

$$\lim_{n\to\infty} \frac{u_{n+1}}{u_n} = \lim_{n\to\infty} \frac{\dfrac{1}{(n+1)^p}}{\dfrac{1}{n^p}} = \lim_{n\to\infty} \left(\frac{n}{n+1}\right)^p = 1,$$

但当 $p>1$ 时,该级数收敛;而当 $p\leqslant 1$ 时,该级数发散. 因此只根据 $\rho=1$ 不能判断级数的敛散性.

例 6 判断级数 $\sum\limits_{n=1}^{\infty} \dfrac{1}{n!}$ 的敛散性.

解 该级数为正项级数. 因为

$$\lim_{n\to\infty} \frac{u_{n+1}}{u_n} = \lim_{n\to\infty} \frac{\dfrac{1}{(n+1)!}}{\dfrac{1}{n!}} = \lim_{n\to\infty} \frac{1}{n+1} = 0,$$

所以根据比值审敛法知,级数 $\sum\limits_{n=1}^{\infty} \dfrac{1}{n!}$ 收敛.

例 7 判断级数 $\sum\limits_{n=1}^{\infty} \dfrac{n-1}{5^n}$ 的敛散性.

解 该级数为正项级数. 因为

$$\lim_{n\to\infty} \frac{u_{n+1}}{u_n} = \lim_{n\to\infty} \frac{\dfrac{n}{5^{n+1}}}{\dfrac{n-1}{5^n}} = \lim_{n\to\infty} \frac{1}{5} \cdot \frac{n}{n-1} = \frac{1}{5},$$

所以根据比值审敛法知,级数 $\sum\limits_{n=1}^{\infty} \dfrac{n-1}{5^n}$ 收敛.

例 8 判断级数 $\sum\limits_{n=1}^{\infty} \dfrac{n!}{10^n}$ 的敛散性.

解 该级数为正项级数. 因为

$$\lim_{n\to\infty} \frac{u_{n+1}}{u_n} = \lim_{n\to\infty} \frac{(n+1)!}{10^{n+1}} \cdot \frac{10^n}{n!} = \lim_{n\to\infty} \frac{n+1}{10} = \infty,$$

所以根据比值审敛法知,级数 $\sum\limits_{n=1}^{\infty} \dfrac{n!}{10^n}$ 发散.

这里不加证明地给出下面的定理,它的证明与比值审敛法类似.

定理 5(根值审敛法,柯西(Cauchy)审敛法) 对于正项级数 $\sum_{n=1}^{\infty} u_n$,若一般项 u_n 的 n 次方根的极限等于 ρ,即 $\lim_{n\to\infty} \sqrt[n]{u_n} = \rho$,则

(1) 当 $\rho < 1$ 时,该级数收敛;

(2) 当 $\rho > 1$(包括 $\rho = \infty$)时,该级数发散;

(3) 当 $\rho = 1$ 时,该级数可能收敛,也可能发散.

例 9 证明级数 $\sum_{n=1}^{\infty} \left(\dfrac{2n+1}{3n-5}\right)^n$ 收敛.

证 该级数从第二项起,各项均为正数,所以可当成正项级数讨论其敛散性. 又因为

$$\lim_{n\to\infty} \sqrt[n]{u_n} = \lim_{n\to\infty} \sqrt[n]{\left(\dfrac{2n+1}{3n-5}\right)^n} = \lim_{n\to\infty} \dfrac{2n+1}{3n-5} = \dfrac{2}{3} < 1,$$

所以根据根值审敛法知,该级数收敛.

二、交错级数及其审敛法

设对一切自然数 n,都有 $u_n > 0$,则级数

$$\sum_{n=1}^{\infty} (-1)^{n-1} u_n = u_1 - u_2 + u_3 - u_4 + \cdots$$

或

$$\sum_{n=1}^{\infty} (-1)^n u_n = -u_1 + u_2 - u_3 + u_4 - \cdots$$

称为**交错级数**. 显然交错级数的各个项是正负交错的,它含有无穷多个正项及无穷多个负项. 下面介绍交错级数的审敛法.

定理 6(莱布尼茨审敛法) 如果交错级数 $\sum_{n=1}^{\infty} (-1)^{n-1} u_n$ 满足:

(1) 数列 $\{u_n\}$ 单调递减,即对一切自然数 n,都有 $u_n \geq u_{n+1}$;

(2) $\lim_{n\to\infty} u_n = 0$,

则该交错级数收敛,且其和小于等于 u_1.

证 先看级数 $\sum_{n=1}^{\infty} (-1)^{n-1} u_n$ 的前 $2n$ 项部分和

$$s_{2n} = u_1 - u_2 + u_3 - u_4 + \cdots + u_{2n-1} - u_{2n}.$$

将 s_{2n} 表达成两种形式:

$$s_{2n} = (u_1 - u_2) + (u_3 - u_4) + \cdots + (u_{2n-1} - u_{2n})$$

及

$$s_{2n} = u_1 - (u_2 - u_3) - (u_4 - u_5) - \cdots - (u_{2n-2} - u_{2n-1}) - u_{2n}.$$

根据条件(1)知,这两个表达式中的每个括号内的差都是非负数. 由第一个表达式知数列 $\{s_{2n}\}$ 单调增加;由第二个表达式知,对一切自然数 n,都有 $s_{2n} \leq u_1$,即数列 $\{s_{2n}\}$ 有上界. 根据

数列的单调有界原理,数列$\{s_{2n}\}$必有极限,设$\lim\limits_{n\to\infty}s_{2n}=s$,则$s\leqslant u_1$.

再看级数$\sum\limits_{n=1}^{\infty}(-1)^{n-1}u_n$的前$2n+1$项部分和

$$s_{2n+1}=u_1-u_2+u_3-u_4+\cdots+u_{2n-1}-u_{2n}+u_{2n+1}$$
$$=s_{2n}+u_{2n+1}.$$

根据定理的条件(2)知$\lim\limits_{n\to\infty}u_{2n+1}=0$,故

$$\lim\limits_{n\to\infty}s_{2n+1}=\lim\limits_{n\to\infty}(s_{2n}+u_{2n+1})=\lim\limits_{n\to\infty}s_{2n}=s.$$

由于级数$\sum\limits_{n=1}^{\infty}(-1)^{n-1}u_n$的部分和数列$\{s_n\}$的奇数项和偶数项所构成的子数列都趋向于同一个极限$s$,所以部分和数列$\{s_n\}$的极限存在,从而级数$\sum\limits_{n=1}^{\infty}(-1)^{n-1}u_n$收敛,且其和$s\leqslant u_1$.

例 10 证明级数$\sum\limits_{n=1}^{\infty}(-1)^{n-1}\dfrac{1}{n}=1-\dfrac{1}{2}+\dfrac{1}{3}-\dfrac{1}{4}+\cdots+(-1)^{n-1}\dfrac{1}{n}+\cdots$收敛.

证 显然该级数是交错级数.因对任意自然数n,有$u_n=\dfrac{1}{n}\geqslant\dfrac{1}{n+1}=u_{n+1}$,又$\lim\limits_{n\to\infty}u_n=\lim\limits_{n\to\infty}\dfrac{1}{n}=0$,故根据莱布尼茨审敛法知,该级数收敛.

三、绝对收敛和条件收敛

对于一般的级数,即一般项可以取正值,也可以取负值的级数,我们称它们为任意项级数.

定义 (1) 如果级数$\sum\limits_{n=1}^{\infty}|u_n|$收敛,则称级数$\sum\limits_{n=1}^{\infty}u_n$**绝对收敛**;

(2) 如果级数$\sum\limits_{n=1}^{\infty}u_n$收敛,而级数$\sum\limits_{n=1}^{\infty}|u_n|$发散,则称级数$\sum\limits_{n=1}^{\infty}u_n$**条件收敛**.

根据以上定义,容易知道级数$\sum\limits_{n=1}^{\infty}(-1)^{n-1}\dfrac{1}{n^2}$是绝对收敛的;而级数$\sum\limits_{n=1}^{\infty}(-1)^{n-1}\dfrac{1}{n}$是条件收敛的.级数绝对收敛与收敛有如下的关系:

定理 7 如果级数$\sum\limits_{n=1}^{\infty}u_n$绝对收敛,则该级数必收敛.

证 因为级数$\sum\limits_{n=1}^{\infty}u_n$绝对收敛,所以正项级数$\sum\limits_{n=1}^{\infty}|u_n|$收敛.令$v_n=|u_n|+u_n$($n=1,2,\cdots$),显然,$v_n\geqslant 0$,且$v_n\leqslant 2|u_n|$($n=1,2,\cdots$).根据比较审敛法的推论知,正项级数$\sum\limits_{n=1}^{\infty}v_n$收敛.再由$u_n=v_n-|u_n|$知$\sum\limits_{n=1}^{\infty}u_n=\sum\limits_{n=1}^{\infty}v_n-\sum\limits_{n=1}^{\infty}|u_n|$是两个收敛级数的差,根据收敛级数的

基本性质得级数 $\sum_{n=1}^{\infty} u_n$ 必收敛.

例 11 判断级数 $\sum_{n=1}^{\infty} \dfrac{\sin n\alpha}{n^3}$ 的敛散性.

解 注意该级数不是正项级数,也不是交错级数. 先判断它是否绝对收敛. 因为 $\left|\dfrac{\sin n\alpha}{n^3}\right| \leqslant \dfrac{1}{n^3}$, 而级数 $\sum_{n=1}^{\infty} \dfrac{1}{n^3}$ 收敛,所以 $\sum_{n=1}^{\infty} \left|\dfrac{\sin n\alpha}{n^3}\right|$ 收敛,即级数 $\sum_{n=1}^{\infty} \dfrac{\sin n\alpha}{n^3}$ 绝对收敛,从而该级数收敛.

注 此例说明,通过绝对收敛,我们可以判断出某些任意项级数收敛.

另外,绝对收敛的级数与条件收敛的级数在一些重要的性质中有着很大的差别. 这里不加证明地给出下列结论:

(1) 若级数 $\sum_{n=1}^{\infty} u_n$ 绝对收敛,则任意改变该级数各个项的次序构成的新级数也收敛,并且与原级数有相同的和;

(2) 若级数 $\sum_{n=1}^{\infty} u_n$ 条件收敛,则适当改变该级数各个项的次序,可使构成的新级数收敛于事先指定的任何实数,或使之发散.

注 这两个性质说明:加法交换律只对绝对收敛的级数成立,而对条件收敛的级数来说就不再成立了. 例如,后续内容将会讲到条件收敛的级数

$$1 - \frac{1}{2} + \frac{1}{3} - \frac{1}{4} + \cdots + (-1)^{n-1} \frac{1}{n} + \cdots$$

的和是 ln2. 但是将这个级数的各个项适当调换后得到的新级数

$$1 - \frac{1}{2} - \frac{1}{4} + \frac{1}{3} - \frac{1}{6} - \frac{1}{8} + \cdots + \frac{1}{2n-1} - \frac{1}{4n-2} - \frac{1}{4n} + \cdots$$

的和却是 $\dfrac{1}{2}\ln 2$. 有兴趣的读者可用级数和的定义证明这个结论.

习 题 11.2

1. 用比较审敛法判断下列级数的敛散性:

(1) $\sum_{n=1}^{\infty} \dfrac{1}{2n-1}$;

(2) $\sum_{n=1}^{\infty} \dfrac{1}{n(n+2)}$;

(3) $\sum_{n=1}^{\infty} \dfrac{n^2+1}{n^4+2}$;

(4) $\sum_{n=1}^{\infty} \dfrac{1}{\sqrt{n(n+1)}}$.

2. 用比较审敛法的极限形式判断下列级数的敛散性:

(1) $\sum_{n=2}^{\infty} \dfrac{1}{\ln n}$;

(2) $\sum_{n=1}^{\infty} \left(1 - \cos\dfrac{1}{n}\right)$;

(3) $\sum_{n=1}^{\infty} \tan \dfrac{1}{n\sqrt{n}}$; (4) $\sum_{n=1}^{\infty} (e^{\frac{1}{\sqrt{n}}} - 1)$.

3. 用比值审敛法或根值审敛法判别下列级数的敛散性:

(1) $\sum_{n=1}^{\infty} \dfrac{3^n}{n \cdot 2^n}$; (2) $\sum_{n=1}^{\infty} \dfrac{n}{3^n}$; (3) $\sum_{n=1}^{\infty} \left(\dfrac{n}{2n+1}\right)^n$;

(4) $\sum_{n=1}^{\infty} \left(\dfrac{n}{3n-1}\right)^{2n}$; (5) $\sum_{n=1}^{\infty} \dfrac{1}{[\ln(n+1)]^n}$; (6) $\sum_{n=1}^{\infty} \dfrac{3^n \cdot n!}{n^n}$.

4. 判断下列级数的敛散性:

(1) $\sum_{n=1}^{\infty} \dfrac{n!}{10^n}$; (2) $\sum_{n=1}^{\infty} \dfrac{1}{1+a^n} \ (a>0)$;

(3) $\sum_{n=1}^{\infty} \dfrac{1}{n^2-n+1} \sin^2 \dfrac{n\pi}{6}$; (4) $\sum_{n=1}^{\infty} \ln\left(1+\dfrac{1}{n}\right)$.

5. 判别下列级数是否收敛,如果收敛,请指出是绝对收敛,还是条件收敛:

(1) $1 - \dfrac{1}{\sqrt{2}} + \dfrac{1}{\sqrt{3}} - \dfrac{1}{\sqrt{4}} + \cdots$; (2) $\sum_{n=1}^{\infty} (-1)^{n-1} \dfrac{n}{3^{n-1}}$;

(3) $\dfrac{1}{5} - \dfrac{1}{5} \cdot \dfrac{1}{2} + \dfrac{1}{5} \cdot \dfrac{1}{2^2} - \dfrac{1}{5} \cdot \dfrac{1}{2^3} + \cdots$; (4) $\dfrac{1}{\ln 2} - \dfrac{1}{\ln 3} + \dfrac{1}{\ln 4} - \dfrac{1}{\ln 5} + \cdots$.

§11.3 幂 级 数

一、函数项级数

定义 给定定义在区间 I 上的函数列
$$u_1(x), u_2(x), \cdots, u_n(x), \cdots,$$
则由这个函数列构成的表达式
$$u_1(x) + u_2(x) + \cdots + u_n(x) + \cdots$$
称为定义在区间 I 上的**函数项级数**(也简称为级数),记之为 $\sum_{n=1}^{\infty} u_n(x)$,其中 $u_n(x)$ 称为**一般项**或**通项**.

与数项级数一样,函数项级数是将有限个函数相加推广到无穷多个函数相加. 这种推广是否还保持着有限个函数相加的一些性质? 这是要研究的新问题.

对每一个确定的值 $x_0 \in I$,上述的函数项级数就成为常数项级数
$$u_1(x_0) + u_2(x_0) + \cdots + u_n(x_0) + \cdots = \sum_{n=1}^{\infty} u_n(x_0).$$
这个级数可能收敛,也可能发散. 当它收敛时,我们称点 x_0 为该函数项级数的**收敛点**;当它

发散时,称点 x_0 为它的**发散点**.所有收敛点构成的集合称为它的**收敛域**,而所有发散点构成的集合称为它的**发散域**.

由于对收敛域中的任意一点 x,都存在唯一的和 $s = \sum_{n=1}^{\infty} u_n(x)$,因而在收敛域上,函数项级数的和是 x 的函数,记为 $s(x)$,称为这个函数项级数的**和函数**.和函数 $s(x)$ 的定义域就是该函数项级数的收敛域.在收敛域上每一点 x,都有

$$s(x) = \sum_{n=1}^{\infty} u_n(x) = u_1(x) + u_2(x) + \cdots + u_n(x) + \cdots.$$

设函数项级数的前 n 项部分和为 $s_n(x) = u_1(x) + u_2(x) + \cdots + u_n(x)$,于是在收敛域上有

$$\lim_{n \to \infty} s_n(x) = s(x).$$

我们把 $r_n(x) = s(x) - s_n(x)$ 称为函数项级数的余项,则在收敛域上有

$$\lim_{n \to \infty} r_n(x) = 0.$$

例如,等比级数 $\sum_{n=0}^{\infty} x^n$ 就是一个函数项级数,它的一般项为 $x^n (n = 0, 1, 2, \cdots)$.一般项的定义域都为 $(-\infty, +\infty)$,但这个级数的收敛域是 $(-1, 1)$,其和函数为

$$s(x) = \frac{1}{1-x} \quad (-1 < x < 1).$$

二、幂级数

(一) 幂级数及其收敛性

我们把形如

$$\sum_{n=0}^{\infty} a_n(x-x_0)^n = a_0 + a_1(x-x_0) + a_2(x-x_0)^2 + \cdots + a_n(x-x_0)^n + \cdots \qquad ①$$

的函数项级数,称为 $(x-x_0)$ 的**幂级数**,其中常数 $a_0, a_1, a_2, \cdots, a_n, \cdots$ 称为幂级数的**系数**.

特别地,当 $x_0 = 0$ 时,幂级数①的形式变为

$$\sum_{n=0}^{\infty} a_n x^n = a_0 + a_1 x + a_2 x^2 + \cdots + a_n x^n + \cdots, \qquad ②$$

称之为 x 的幂级数.若令 $t = x - x_0$,则表达式①转换成表达式②的形式:$\sum_{n=0}^{\infty} a_n t^n$.于是我们只需讨论较简单形式的幂级数②的收敛性即可.从幂级数②可以看到,它很像我们所熟悉的多项式.它们的区别在于多项式的次数是有限的,而幂级数的次数是无限的.我们可以把多项式看做是有限项之后系数都为零的幂级数,如

$$1 + x + x^2 = 1 + x + x^2 + 0x^3 + 0x^4 + \cdots,$$

所以幂级数是多项式的推广. 以后我们还会发现幂级数的一些性质与多项式也是相同的.

显然,幂级数②的收敛域是非空的,如点 $x=0$ 就是收敛点,此时的和为

$$s(0)=a_0+a_1\cdot 0+a_2\cdot 0^2+\cdots+a_n\cdot 0^n+\cdots=a_0.$$

例如,等比级数 $\sum\limits_{n=0}^{\infty}x^n$ 就是一个幂级数,其中 $a_n=1(n=0,1,2,\cdots)$.

(二) 幂级数的收敛半径和收敛域

定理 1（阿贝尔(Abel)定理） 如果点 $x_0(x_0\neq 0)$ 是幂级数 $\sum\limits_{n=0}^{\infty}a_nx^n$ 的收敛点,则对于适合不等式 $|x|<|x_0|$ 的一切 x,该幂级数都绝对收敛. 而如果点 $x_0(x_0\neq 0)$ 是幂级数 $\sum\limits_{n=0}^{\infty}a_nx^n$ 的发散点,则对于适合不等式 $|x|>|x_0|$ 的一切 x,该幂级数都发散.

证 先设 x_0 是幂级数 $\sum\limits_{n=0}^{\infty}a_nx^n$ 的收敛点,则数项级数

$$a_0+a_1x_0+a_2x_0^2+\cdots a_nx_0^n+\cdots$$

收敛. 根据数项级数收敛的必要条件知 $\lim\limits_{n\to\infty}a_nx_0^n=0$, 故数列 $\{a_nx_0^n\}$ 有界,即存在常数 $M>0$,使得

$$|a_nx_0^n|\leqslant M \quad (n=0,1,2,\cdots).$$

于是对于适合不等式 $|x|<|x_0|$ 的一切 x,级数 $\sum\limits_{n=0}^{\infty}|a_nx^n|$ 的一般项

$$|a_nx^n|=\left|a_nx_0^n\right|\cdot\left|\frac{x}{x_0}\right|^n\leqslant M\cdot\left|\frac{x}{x_0}\right|^n.$$

因为 $|x|<|x_0|$,从而 $\left|\dfrac{x}{x_0}\right|^n<1$,所以等比级数 $\sum\limits_{n=0}^{\infty}M\left|\dfrac{x}{x_0}\right|^n$ 收敛. 根据正项级数的比较审敛法知,级数 $\sum\limits_{n=0}^{\infty}a_nx^n$ 绝对收敛.

用反证法证明本定理的第二部分. 假设存在点 x_1 适合不等式 $|x_1|>|x_0|$,而幂级数 $\sum\limits_{n=0}^{\infty}a_nx^n$ 在点 x_1 收敛,则根据本定理的第一部分可知该幂级数在 x_0 点必收敛,与已知条件矛盾.

定理 1 表明,如果存在 $x_0\neq 0$,使幂级数 $\sum\limits_{n=0}^{\infty}a_nx^n$ 在点 x_0 处收敛,则该幂级数在开区间 $(-|x_0|,|x_0|)$ 内处处绝对收敛;如果存在 x_1 使幂级数在点 x_1 处发散,则该幂级数在 $(-\infty,-|x_1|)\cup(|x_1|,+\infty)$ 内处处发散. 容易看出,对这样的幂级数,必然存在一个正数 $R>0$,使得对于满足 $|x|<R$ 的一切 x,该幂级数都绝对收敛;而对于满足 $|x|>R$ 的一切 x,该幂级数发散. 但对于 $x=\pm R$ 这两点,其收敛情况不能确定,要根据具体情况作具体分

析. 此时我们称 R 为该幂级数的**收敛半径**,称开区间 $(-R,R)$ 为该幂级数的**收敛区间**. 如果幂级数 $\sum_{n=0}^{\infty} a_n x^n$ 除在点 $x=0$ 外没有其他的收敛点,则定义该幂级数的收敛半径为 $R=0$. 如果幂级数 $\sum_{n=0}^{\infty} a_n x^n$ 没有发散点,即处处收敛,则定义该幂级数的收敛半径为 $R=+\infty$,这时其收敛区间为 $(-\infty,+\infty)$.

可见任何幂级数都有它自身的收敛半径 $R(0 \leqslant R \leqslant +\infty)$. 为求幂级数的收敛域,关键是求出其收敛半径. 关于收敛半径的求法有下面的定理.

定理 2 对于幂级数 $\sum_{n=0}^{\infty} a_n x^n$,如果

$$\lim_{n \to \infty} \left| \frac{a_{n+1}}{a_n} \right| = \rho \quad (0 \leqslant \rho \leqslant +\infty),$$

则可求得该幂级数的收敛半径如下:

(1) 当 $0 < \rho < +\infty$ 时,该幂级数的收敛半径 $R = \dfrac{1}{\rho}$;

(2) 当 $\rho = 0$ 时,该幂级数的收敛半径 $R = +\infty$;

(3) 当 $\rho = +\infty$ 时,该幂级数的收敛半径 $R = 0$.

证 幂级数 $\sum_{n=0}^{\infty} a_n x^n$ 的各项取绝对值,得到正项级数

$$\sum_{n=0}^{\infty} |a_n x^n| = |a_0| + |a_1 x| + |a_2 x^2| + \cdots + |a_n x^n| + \cdots.$$

由定理的条件可得极限

$$\lim_{n \to \infty} \frac{|a_{n+1} x^{n+1}|}{|a_n x^n|} = \lim_{n \to \infty} \left| \frac{a_{n+1}}{a_n} \right| |x| = \rho |x|.$$

由正项级数的比值审敛法可得到下列结论:

(1) 当 $0 < \rho < +\infty$ 时,若 $|x| < \dfrac{1}{\rho}$,则 $\lim_{n \to \infty} \dfrac{|a_{n+1} x^{n+1}|}{|a_n x^n|} = \rho |x| < 1$,从而该幂级数绝对收敛;若 $|x| > \dfrac{1}{\rho}$,则 $\lim_{n \to \infty} \dfrac{|a_{n+1} x^{n+1}|}{|a_n x^n|} = \rho |x| > 1$,从而该幂级数发散(见§11.1 中的例 6). 于是该幂级数的收敛半径为 $R = \dfrac{1}{\rho}$.

(2) 当 $\rho = 0$ 时,对于任意 $x \neq 0$,都有 $\lim_{n \to \infty} \dfrac{|a_{n+1} x^{n+1}|}{|a_n x^n|} = 0 < 1$,所以对任何 x 该幂级数都绝对收敛. 故它的收敛半径为 $R = +\infty$.

(3) 当 $\rho = +\infty$ 时,对于除 $x=0$ 外的一切 x 都有 $\lim_{n \to \infty} \dfrac{|a_{n+1} x^{n+1}|}{|a_n x^n|} = +\infty$,从而对任何 $x \neq$

0 该幂级数发散，于是它的收敛半径 $R=0$.

同理可证，若 $\lim\limits_{n\to\infty}\sqrt[n]{|a_n|}=\rho$，则幂级数 $\sum\limits_{n=1}^{\infty}a_nx^n$ 的收敛半径

$$R=\begin{cases}1/\rho, & 0<\rho<+\infty,\\ 0, & \rho=+\infty,\\ +\infty, & \rho=0.\end{cases}$$

例 1 求幂级数 $x-\dfrac{x^2}{2}+\dfrac{x^3}{3}-\dfrac{x^4}{4}+\cdots+(-1)^{n-1}\dfrac{x^n}{n}+\cdots$ 的收敛域.

解 因为 $\rho=\lim\limits_{n\to\infty}\left|\dfrac{a_{n+1}}{a_n}\right|=\lim\limits_{n\to\infty}\dfrac{\frac{1}{n+1}}{\frac{1}{n}}=\lim\limits_{n\to\infty}\dfrac{n}{n+1}=1$，所以收敛半径 $R=\dfrac{1}{\rho}=1$，从而收敛区间为 $(-1,1)$. 下面讨论收敛区间端点上幂级数的敛散性.

当 $x=1$ 时，则得到交错级数

$$1-\dfrac{1}{2}+\dfrac{1}{3}-\dfrac{1}{4}+\cdots+(-1)^{n-1}\dfrac{1}{n}+\cdots.$$

根据莱布尼茨判别法知该级数收敛.

当 $x=-1$ 时，原级数成为

$$-1-\dfrac{1}{2}-\dfrac{1}{3}-\dfrac{1}{4}-\cdots-\dfrac{1}{n}-\cdots=\sum_{n=1}^{\infty}(-1)\dfrac{1}{n}.$$

它是调和级数乘以常数 (-1) 得到的级数，从而发散.

因此原幂级数的收敛域为 $(-1,1]$.

例 2 求幂级数 $1+x+2!x^2+\cdots+n!x^n+\cdots$ 的收敛半径和收敛域.

解 因为 $\rho=\lim\limits_{n\to\infty}\left|\dfrac{a_{n+1}}{a_n}\right|=\lim\limits_{n\to\infty}\dfrac{(n+1)!}{n!}=\lim\limits_{n\to\infty}(n+1)=+\infty$，所以收敛半径 $R=0$，即该幂级数只在点 $x=0$ 处收敛.

例 3 求幂级数 $1+x+\dfrac{x^2}{2!}+\dfrac{x^3}{3!}+\cdots+\dfrac{x^n}{n!}+\cdots$ 的收敛半径、收敛区间和收敛域.

解 因为 $\rho=\lim\limits_{n\to\infty}\left|\dfrac{a_{n+1}}{a_n}\right|=\lim\limits_{n\to\infty}\dfrac{\frac{1}{(n+1)!}}{\frac{1}{n!}}=\lim\limits_{n\to\infty}\dfrac{1}{n+1}=0$，所以收敛半径 $R=+\infty$，从而收敛区间为 $(-\infty,+\infty)$，即对任意的 $x\in(-\infty,+\infty)$，该幂级数都绝对收敛，于是收敛域为 $(-\infty,+\infty)$.

一般说来，求幂级数 $\sum\limits_{n=0}^{\infty}a_nx^n$ 的收敛域分为以下几个步骤：先求出幂级数的收敛半径 R. 如果 $R=0$，则收敛域只有 $x=0$；如果 $R=+\infty$，则收敛域为 $(-\infty,+\infty)$；如果 $0<R<$

$+\infty$,则它的收敛区间为$(-R,R)$. 然后讨论在收敛区间端点$x=\pm R$处幂级数的敛散性. 最后将收敛的端点并入到收敛区间即可得到收敛域. 此时收敛域只可能是下列四个区间之一:

$$(-R,R),\quad (-R,R],\quad [-R,R],\quad [-R,R).$$

例4 求幂级数$\sum_{n=0}^{\infty}\frac{2n+1}{2^n}x^{2n}$的收敛域.

解 此幂级数只有偶数次项,没有奇数次项,称为缺项级数. 如果将此幂级数写为标准形式$\sum_{n=0}^{\infty}a_nx^n$,此时它的各项的系数为

$$a_n=\begin{cases}\dfrac{2k+1}{2^k}, & n=2k,\\ 0, & n=2k+1\end{cases}\quad (k=0,1,2,\cdots).$$

当n为奇数时比值$\left|\dfrac{a_{n+1}}{a_n}\right|$无意义,因此不能直接用定理2中的公式求收敛半径.

令$y=x^2$,则原幂级数转化为新的幂级数$\sum_{n=0}^{\infty}\frac{2n+1}{2^n}y^n$. 先讨论这个幂级数的收敛半径. 因为

$$\rho_1=\lim_{n\to\infty}\left|\frac{a_{n+1}}{a_n}\right|=\lim_{n\to\infty}\frac{\dfrac{2(n+1)+1}{2^{n+1}}}{\dfrac{2n+1}{2^n}}=\lim_{n\to\infty}\frac{2(n+1)+1}{2n+1}\cdot\frac{2^n}{2^{n+1}}=\frac{1}{2},$$

所以新幂级数的收敛半径$R_1=\dfrac{1}{\rho_1}=2$. 故当$|y|<2$时,新幂级数绝对收敛;当$|y|>2$时,新幂级数发散. 由此可知,当$|x|<\sqrt{2}$时,原幂级数绝对收敛;当$|x|>\sqrt{2}$时,原幂级数发散. 于是原幂级数的收敛半径$R=\sqrt{2}$,其收敛区间为$(-\sqrt{2},\sqrt{2})$.

在收敛区间的端点$x=\pm\sqrt{2}$处,原幂级数成为$\sum_{n=0}^{\infty}\frac{2n+1}{2^n}(\pm\sqrt{2})^{2n}=\sum_{n=0}^{\infty}(2n+1)$,显然发散,故原幂级数的收敛域为$(-\sqrt{2},\sqrt{2})$.

例5 求幂级数$\sum_{n=1}^{\infty}\frac{(x-1)^n}{3^n n}$的收敛域.

解 该级数不是$\sum_{n=0}^{\infty}a_n x^n$形式的幂级数,而是$\sum_{n=0}^{\infty}a_n(x-x_0)^n$形式的幂级数. 令$t=x-1$,则原幂级数转化为新的幂级数$\sum_{n=1}^{\infty}\frac{t^n}{3^n n}$. 因为

$$\rho_1=\lim_{n\to\infty}\left|\frac{a_{n+1}}{a_n}\right|=\lim_{n\to\infty}\frac{\dfrac{1}{3^{n+1}(n+1)}}{\dfrac{1}{3^n n}}=\lim_{n\to\infty}\frac{n}{n+1}\cdot\frac{3^n}{3^{n+1}}=\lim_{n\to\infty}\frac{n}{n+1}\cdot\frac{1}{3}=\frac{1}{3},$$

所以新幂级数的收敛半径 $R_1=3$，从而新幂级数当 $|t|<3$ 时绝对收敛，当 $|t|>3$ 时发散. 故原幂级数当 $|x-1|<3$ 时绝对收敛，当 $|x-1|>3$ 时发散. 解不等式 $|x-1|<3$ 得 $-2<x<4$，则区间 $(-2,4)$ 是原幂级数的收敛区间.

现在考虑在收敛区间端点 $x=-2,4$ 处原幂级数的敛散性. 当 $x=-2$ 时，原幂级数成为交错级数 $\sum_{n=1}^{\infty}(-1)^n\frac{1}{n}$，由莱布尼茨审敛法可知它是收敛的. 当 $x=4$ 时，原幂级数成为调和级数 $\sum_{n=1}^{\infty}\frac{1}{n}$，从而发散. 于是原幂级数的收敛域为 $[-2,4)$.

由此例可以归纳出求幂级数 $\sum_{n=0}^{\infty}a_n(x-x_0)^n$ 收敛域的一般过程：先计算 $\lim\limits_{n\to\infty}\left|\frac{a_{n+1}}{a_n}\right|=\rho$. 如果 $\rho=+\infty$，则收敛半径为 $R=0$，从而该幂级数只在点 $x=x_0$ 处收敛；如果 $\rho=0$，则收敛半径为 $R=+\infty$，从而该幂级数的收敛域为 $(-\infty,+\infty)$；如果 $0<\rho<+\infty$，则收敛半径为 $R=\frac{1}{\rho}$，从而写出收敛区间 (x_0-R,x_0+R). 然后讨论在收敛区间的端点处幂级数的敛散性，并将收敛的端点并入到收敛区间得到收敛域. 此时该幂级数的收敛域是以 x_0 为中心区间长度为 $2R$ 的区间 (开、闭或半开半闭区间).

三、幂级数的性质

由一元函数微积分可知，如果 $u_1(x),u_2(x),\cdots,u_n(x)$ 的每一项都在区间 I 上连续，则它们的和函数 $u_1(x)+u_2(x)+\cdots+u_n(x)$ 也是区间 I 上的连续函数，即有限个连续函数的和也是连续函数. 此时它们的和函数在 $[a,b]$ 可积，并且有

$$\int_a^b [u_1(x)+u_2(x)+\cdots+u_n(x)]dx$$
$$=\int_a^b u_1(x)dx+\int_a^b u_2(x)dx+\cdots+\int_a^b u_n(x)dx.$$

我们将这个公式称为**逐项积分公式**，即先求和后积分等于先积分后求和.

如果它们中的每一项都在 I 内可导，则它们的和 $u_1(x)+u_2(x)+\cdots+u_n(x)$ 在 I 内也可导，且

$$[u_1(x)+u_2(x)+\cdots+u_n(x)]'=u_1'(x)+u_2'(x)+\cdots+u_n'(x).$$

相应地，我们把这个公式称为**逐项求导公式**，即先求和后求导等于先求导后求和.

一个很自然的问题是上述有限个函数之和的性质能否推广到无穷多个函数的和上，即推广到函数项级数上. 幂级数的每一项 $a_n x^n$ 都是可导的，从而是连续的，也是可积的，那么它们的和函数的性质又如何呢？我们不加证明地介绍有关结论.

性质 1（和函数的连续性） 设幂级数 $\sum_{n=0}^{\infty}a_n x^n$ 的收敛半径 $R>0$，则其和函数在收敛域

上连续.

性质 2（逐项积分） 设幂级数 $\sum\limits_{n=0}^{\infty} a_n x^n$ 的收敛半径 $R>0$，则其和函数 $s(x)$ 在收敛区间 $(-R,R)$ 内部是可积的，并对一切的 $x\in(-R,R)$，有如下逐项积分公式成立：

$$\int_0^x s(t)\mathrm{d}t = \int_0^x \sum_{n=0}^{\infty} a_n t^n \mathrm{d}t = \sum_{n=0}^{\infty}\int_0^x a_n t^n \mathrm{d}t = \sum_{n=0}^{\infty} \frac{a_n}{n+1}x^{n+1},$$

且逐项积分后所得的新幂级数 $\sum\limits_{n=0}^{\infty}\dfrac{a_n}{n+1}x^{n+1}$ 与原幂级数 $\sum\limits_{n=0}^{\infty} a_n x^n$ 有相同的收敛半径.

性质 3（逐项求导） 设幂级数 $\sum\limits_{n=0}^{\infty} a_n x^n$ 的收敛半径 $R>0$，则其和函数 $s(x)$ 在收敛区间 $(-R,R)$ 上是可导的，并对任意 $x\in(-R,R)$，有如下逐项求导公式成立：

$$s'(x) = \Big(\sum_{n=0}^{\infty} a_n x^n\Big)' = \sum_{n=0}^{\infty}(a_n x^n)' = \sum_{n=1}^{\infty} n a_n x^{n-1},$$

且逐项求导后所得的新幂级数 $\sum\limits_{n=1}^{\infty} n a_n x^{n-1}$ 与原幂级数 $\sum\limits_{n=0}^{\infty} a_n x^n$ 有相同的收敛半径.

注 由性质 3 可知，和函数 $s(x)$ 在收敛区间上具有任意阶导数.

例 6 设幂级数 $\sum\limits_{n=1}^{\infty}\dfrac{(-1)^{n-1}}{n}x^n$ 的和函数是 $s(x)$.

(1) 求出该幂级数的收敛域；

(2) 求出 $s'(x)$ 的幂级数形式，并求其收敛域；

(3) 求出积分上限函数 $\int_0^x s(t)\mathrm{d}t$ 的幂级数形式，并求其收敛域.

解 (1) 易知该级数的收敛半径为 1，收敛区间为 $(-1,1)$. 该级数在 $x=1$ 处收敛，在 $x=-1$ 处发散，从而该级数的收敛域为 $(-1,1]$.

(2) 在收敛区间 $(-1,1)$ 上，有

$$s'(x) = \Big(\sum_{n=1}^{\infty}\frac{(-1)^{n-1}}{n}x^n\Big)' = \sum_{n=1}^{\infty}\Big(\frac{(-1)^{n-1}}{n}x^n\Big)' = \sum_{n=1}^{\infty}(-1)^{n-1}x^{n-1}.$$

新幂级数 $\sum\limits_{n=1}^{\infty}(-1)^{n-1}x^{n-1}$ 的收敛区间仍为 $(-1,1)$. 在 $x=\pm 1$ 处新幂级数发散，则新幂级数的收敛域为 $(-1,1)$.

(3) 在收敛区间 $(-1,1)$ 上，有

$$\int_0^x s(t)\mathrm{d}t = \int_0^x \Big(\sum_{n=1}^{\infty}\frac{(-1)^{n-1}}{n}t^n\Big)\mathrm{d}t = \sum_{n=1}^{\infty}\int_0^x \frac{(-1)^{n-1}}{n}t^n \mathrm{d}t$$

$$= \sum_{n=1}^{\infty}\Big(\frac{(-1)^{n-1}}{n(n+1)}t^{n+1}\Big)\Big|_0^x = \sum_{n=1}^{\infty}\frac{(-1)^{n-1}}{n(n+1)}x^{n+1}.$$

新幂级数 $\sum_{n=1}^{\infty} \frac{(-1)^{n-1}}{n(n+1)} x^{n+1}$ 的收敛区间仍为 $(-1,1)$. 在 $x=\pm 1$ 处新幂级数绝对收敛,则新幂级数的收敛域为 $[-1,1]$.

四、幂级数的加法、减法和乘法运算

给定两个幂级数

$$a_0 + a_1 x + a_2 x^2 + \cdots + a_n x^n + \cdots = \sum_{n=0}^{\infty} a_n x^n$$

及

$$b_0 + b_1 x + b_2 x^2 + \cdots + b_n x^n + \cdots = \sum_{n=0}^{\infty} b_n x^n,$$

则称幂级数

$$(a_0 \pm b_0) + (a_1 \pm b_1)x + (a_2 \pm b_2)x^2 + \cdots + (a_n \pm b_n)x^n + \cdots$$
$$= \sum_{n=0}^{\infty} (a_n \pm b_n) x^n$$

为两个幂级数 $\sum_{n=0}^{\infty} a_n x^n$ 与 $\sum_{n=0}^{\infty} b_n x^n$ 的**和**或**差**,记为 $\sum_{n=0}^{\infty} a_n x^n \pm \sum_{n=0}^{\infty} b_n x^n$,这样的运算称为幂级数的**加法**或**减法**;称幂级数

$$\sum_{n=0}^{\infty} (a_0 b_n + a_1 b_{n-1} + \cdots + a_n b_0) x^n$$
$$= a_0 b_0 + (a_0 b_1 + a_1 b_0) x + (a_0 b_2 + a_1 b_1 + a_2 b_0) x^2 + \cdots$$
$$+ (a_0 b_n + a_1 b_{n-1} + \cdots + a_n b_0) x^n + \cdots$$

为两个幂级数 $\sum_{n=0}^{\infty} a_n x^n$ 与 $\sum_{n=0}^{\infty} b_n x^n$ 的**积**,记为 $\left(\sum_{n=0}^{\infty} a_n x^n\right) \cdot \left(\sum_{n=0}^{\infty} b_n x^n\right)$,这样的运算称为幂级数的**乘法**.

可以看到,幂级数的加、减法类似于多项式的加、减法,只需合并同类项即可,幂级数的乘法也类似于多项式的乘法,两个幂级数的各个项互乘后合并同类项.

关于幂级数的加法有如下的结论:

性质 4 设幂级数 $\sum_{n=0}^{\infty} a_n x^n$ 与 $\sum_{n=0}^{\infty} b_n x^n$ 的收敛半径分别为 R_a, R_b,其收敛域为 I_a, I_b. 如果 $R_a \neq R_b$,则幂级数 $\sum_{n=0}^{\infty} (a_n \pm b_n) x^n$ 的收敛半径为 $\min\{R_a, R_b\}$,收敛域为 $I_a \cap I_b$,且在这个收敛域上恒有

$$\sum_{n=0}^{\infty} a_n x^n \pm \sum_{n=0}^{\infty} b_n x^n = \sum_{n=0}^{\infty} (a_n \pm b_n) x^n.$$

证 不妨设 $R_a < R_b$,则当 $|x| < R_a$ 时,两幂级数 $\sum_{n=0}^{\infty} a_n x^n$ 与 $\sum_{n=0}^{\infty} b_n x^n$ 都收敛,从而

$\sum\limits_{n=0}^{\infty}(a_n \pm b_n)x^n$ 收敛. 当 $R_a < |x| < R_b$ 时, $\sum\limits_{n=0}^{\infty}a_n x^n$ 发散, 而 $\sum\limits_{n=0}^{\infty}b_n x^n$ 收敛, 则 $\sum\limits_{n=0}^{\infty}(a_n \pm b_n)x^n$ 发散. 由阿贝尔定理可知, 当 $|x| > R_a$ 时, $\sum\limits_{n=0}^{\infty}(a_n \pm b_n)x^n$ 发散. 所以 $\sum\limits_{n=0}^{\infty}(a_n \pm b_n)x^n$ 的收敛半径为 R_a, 从而它的收敛区间为 $(-R_a, R_a)$.

在收敛区间的端点 $x = \pm R_a$ 处, 幂级数 $\sum\limits_{n=0}^{\infty}b_n(\pm R_a)^n$ 总是收敛的, 从而 $\sum\limits_{n=0}^{\infty}(a_n \pm b_n)(\pm R_a)^n$ 的敛散性取决于 $\sum\limits_{n=0}^{\infty}a_n(\pm R_a)^n$ 的敛散性, 于是 $\sum\limits_{n=0}^{\infty}(a_n \pm b_n)x^n$ 的收敛域为 $I_a = I_a \cap I_b$.

注 就一般情况来讲 $\sum\limits_{n=0}^{\infty}(a_n \pm b_n)x^n$ 的收敛半径 $R \geqslant \min\{R_a, R_b\}$. 读者可以自行举例说明.

关于幂级数的乘法我们不加证明地给出下列结果:

性质 5 设幂级数 $\sum\limits_{n=0}^{\infty}a_n x^n$ 与 $\sum\limits_{n=0}^{\infty}b_n x^n$ 的收敛半径分别为 $R_a, R_b, r = \min\{R_a, R_b\}$, 则这两个幂级数乘积的收敛半径 $R \geqslant r$, 且在 $(-r, r)$ 上恒有

$$\left(\sum_{n=0}^{\infty}a_n x^n\right) \cdot \left(\sum_{n=0}^{\infty}b_n x^n\right) = \sum_{n=0}^{\infty}(a_0 b_n + a_1 b_{n-1} + \cdots + a_n b_0)x^n.$$

例 7 求幂级数 $\sum\limits_{n=1}^{\infty}\left(\dfrac{1}{n} + \dfrac{1}{2^n}\right)x^n$ 的收敛域.

解 原幂级数是幂级数 $\sum\limits_{n=1}^{\infty}\dfrac{1}{n}x^n$ 与 $\sum\limits_{n=1}^{\infty}\dfrac{1}{2^n}x^n$ 的和, 而 $\sum\limits_{n=1}^{\infty}\dfrac{1}{n}x^n$ 的收敛域是 $[-1, 1)$, $\sum\limits_{n=1}^{\infty}\dfrac{1}{2^n}x^n$ 的收敛域是 $(-2, 2)$, 故原幂级数的收敛域是这两个幂级数收敛域的交集 $[-1, 1)$.

习 题 11.3

1. 求下列幂级数的收敛域:

(1) $x + 2x^2 + \cdots + nx^n + \cdots$;

(2) $-x + \dfrac{x^2}{2^2} + \cdots + (-1)^n \dfrac{x^n}{n^2} + \cdots$;

(3) $\sum\limits_{n=0}^{\infty}\dfrac{n!}{2n+1}x^n$;

(4) $\sum\limits_{n=1}^{\infty}\dfrac{2^n}{2n+1}x^n$;

(5) $\sum\limits_{n=1}^{\infty}\dfrac{2n-1}{2^n}x^{2n}$;

(6) $\sum\limits_{n=1}^{\infty}(-1)^n \dfrac{x^{2n+1}}{2n+1}$;

(7) $\sum\limits_{n=1}^{\infty}\dfrac{(x-3)^n}{n^2}$;

(8) $\sum\limits_{n=1}^{\infty}n(3x-5)^n$.

2. 下列幂级数在其收敛区间上的和函数设为 $s(x)$,求出 $s'(x)$ 及 $\int_0^x s(t)\,dt$ 的幂级数形式,并求它们的收敛域:

(1) $\sum_{n=1}^{\infty} \frac{1}{n} x^n$;

(2) $\sum_{n=2}^{\infty} \frac{1}{n^2-1} x^n$.

3. 求下列幂级数的收敛域:

(1) $\sum_{n=0}^{\infty} \left(2^n - \frac{1}{2^n}\right) x^n$;

(2) $\sum_{n=1}^{\infty} \left(\frac{1}{n^2} + \frac{1}{3^n}\right) x^n$.

§11.4　函数的幂级数展开式

从§11.3我们知道幂级数在其收敛域内确定了一个和函数 $s(x)$,它有很多良好的性质,如可积、有任意阶导数等.幂级数可以看做是多项式函数的推广,它的和函数可以用部分和(多项式)来任意逼近,这对于数值计算来说是很有用的.所以我们自然会反过来问:事先给定一个函数 $f(x)$,能否在某个区间上将它用幂级数表示出来呢?即能否找到一个幂级数,使得它的和函数是事先给定的函数 $f(x)$?这就是本节所要讨论的主要内容.

一、函数的幂级数展开式及其唯一性

定理1(幂级数的唯一性)　设幂级数

$$\sum_{n=0}^{\infty} a_n x^n = a_0 + a_1 x + a_2 x^2 + \cdots + a_n x^n + \cdots$$

在区间 $(-\delta, \delta)$ 上的和函数为 $f(x)$,即

$$f(x) = a_0 + a_1 x + a_2 x^2 + \cdots + a_n x^n + \cdots, \qquad ①$$

则

$$a_n = \frac{f^{(n)}(0)}{n!} \quad (n = 0, 1, 2, \cdots). \qquad ②$$

证　将 $x=0$ 代入①式得 $a_0 = f(0)$.

根据幂级数在收敛区间内的逐项求导公式,对①式两边求导数得

$$f'(x) = a_1 + 2a_2 x + 3a_3 x^2 + \cdots + n a_n x^{n-1} + \cdots,$$

$$f''(x) = 2a_2 + 3 \cdot 2 a_3 x + \cdots + n \cdot (n-1) a_n x^{n-2} + \cdots,$$

$$f'''(x) = 3 \cdot 2 a_3 + 4 \cdot 3 \cdot 2 a_4 x + \cdots + n \cdot (n-1) \cdot (n-2) a_n x^{n-3} + \cdots,$$

$$\cdots\cdots\cdots\cdots\cdots$$

$$f^{(n)}(x) = n \cdot (n-1) \cdots 3 \cdot 2 \cdot a_n + (n+1) \cdot n \cdots 2 x + \cdots,$$

$$\cdots\cdots\cdots\cdots\cdots$$

将 $x=0$ 代入,于是有

$$f^{(n)}(0) = n! a_n, \quad 即 \quad a_n = \frac{f^{(n)}(0)}{n!} \ (n=1,2,\cdots).$$

故
$$a_n = \frac{f^{(n)}(0)}{n!} \quad (n=0,1,2,\cdots).$$

这个定理表明,如果两个幂级数 $\sum_{n=0}^{\infty} a_n x^n$ 与 $\sum_{n=0}^{\infty} b_n x^n$ 在区间 $(-\delta, \delta)$ 上相等,即它们有相同的和函数 $f(x) = \sum_{n=0}^{\infty} a_n x^n = \sum_{n=0}^{\infty} b_n x^n$,则必有 $a_n = b_n = \frac{f^{(n)}(0)}{n!} (n=0,1,2,\cdots)$. 这就是唯一性的意义.

我们都知道两个多项式恒等的充要条件是同次项的系数相等,幂级数的唯一性正是多项式的这个性质的推广.

根据上述定理不难得出,如果在 $x = x_0$ 的某个邻域内幂级数 $\sum_{n=0}^{\infty} a_n (x - x_0)^n$ 的和函数为 $f(x)$,即

$$f(x) = \sum_{n=0}^{\infty} a_n (x - x_0)^n,$$

则必有

$$a_n = \frac{f^{(n)}(x_0)}{n!} \quad (n=0,1,2,\cdots). \tag{③}$$

由幂级数的唯一性,如果事先给定的函数 $f(x)$ 可以表示为幂级数,我们可推测 $f(x)$ 所具有的某些必要性质,如 $f(x)$ 必定有任意阶导数,它的幂级数的系数必定由公式③确定. 但这些都是 $f(x)$ 能够展开为幂级数的必要条件.

二、泰勒级数及泰勒展开式

设 $f(x)$ 在点 $x = x_0$ 的某个邻域 $(x_0 - \delta, x_0 + \delta)$ 内有任意阶导数,则称幂级数

$$f(x_0) + f'(x_0)(x - x_0) + \frac{f''(x_0)}{2!}(x - x_0)^2 + \cdots + \frac{f^{(n)}(x_0)}{n!}(x - x_0)^n + \cdots \tag{④}$$

为 $f(x)$ 在点 x_0 的**泰勒级数**,称 $a_n = \frac{f^{(n)}(x_0)}{n!} (n=0,1,2,\cdots)$ 为 $f(x)$ 在点 x_0 的**泰勒系数**.

特别地,当 $x_0 = 0$ 时,幂级数④成为

$$f(0) + f'(0) x + \frac{f'(0)}{2!} x^2 + \cdots + \frac{f^{(n)}(0)}{n!} x^n + \cdots,$$

称之为 $f(x)$ 的**麦克劳林(Maclaurin)级数**,其中 $a_n = \frac{f^{(n)}(0)}{n!} (n=0,1,2,\cdots)$ 称为 $f(x)$ 的**麦克劳林系数**.

那么在点 x_0 的某个邻域内 $f(x)$ 的泰勒级数是否收敛于 $f(x)$ 呢? 为了回答这个问题,

§11.4 函数的幂级数展开式

我们先看§3.3中的泰勒公式,此时$f(x)$在某个邻域$(x_0-\delta,x_0+\delta)$内可以表示为任意阶的泰勒公式

$$f(x)=f(x_0)+f'(x_0)(x-x_0)+\frac{f''(x_0)}{2!}(x-x_0)^2+\cdots$$
$$+\frac{f^{(n)}(x_0)}{n!}(x-x_0)^n+R_n(x), \qquad ⑤$$

其中余项$R_n(x)=\frac{f^{(n+1)}(\xi)}{(n+1)!}(x-x_0)^{n+1}$是泰勒公式的拉格朗日余项,$\xi$介于$x$与$x_0$之间. 于是

$$f(x)=s_{n+1}(x)+R_n(x), \qquad ⑥$$

其中$s_{n+1}(x)$恰是$f(x)$的泰勒级数④的部分和. 于是我们有如下的定理:

定理 2 设函数$f(x)$在点$x=x_0$的某个邻域$(x_0-\delta,x_0+\delta)$内具有任意阶导数,则$f(x)$在该邻域内可以展开成泰勒级数(即$f(x)$在点x_0的泰勒级数在邻域$(x_0-\delta,x_0+\delta)$内收敛到$f(x)$)的充分必要条件是对于任何$x\in(x_0-\delta,x_0+\delta)$,都有$\lim\limits_{n\to\infty}R_n(x)=0$.

证 必要性 设$f(x)$在$U(x_0)=(x_0-\delta,x_0+\delta)$内可以展开为泰勒级数,即

$$f(x)=f(x_0)+f'(x_0)(x-x_0)+\frac{f''(x_0)}{2!}(x-x_0)^2+\cdots$$
$$+\frac{f^{(n)}(x_0)}{n!}(x-x_0)^n+\cdots$$

对一切$x\in(x_0-\delta,x_0+\delta)$都成立. 由⑥式及$\lim\limits_{n\to\infty}s_{n+1}(x)=f(x)$,有

$$\lim_{n\to\infty}R_n(x)=\lim_{n\to\infty}[f(x)-s_{n+1}(x)]=0.$$

充分性 设$\lim\limits_{n\to\infty}R_n(x)=0$对一切$x\in(x_0-\delta,x_0+\delta)$成立,由⑥式知

$$\lim_{n\to\infty}R_n(x)=\lim_{n\to\infty}[f(x)-s_{n+1}(x)]=0,$$

即$\lim\limits_{n\to\infty}s_{n+1}(x)=f(x)$. 这表明$f(x)$在点$x_0$的泰勒级数在$(x_0-\delta,x_0+\delta)$的每一点都收敛到$f(x)$,即$f(x)$在$(x_0-\delta,x_0+\delta)$内可以展开成泰勒级数.

三、将函数展开成幂级数

下面我们来讨论几个初等函数的幂级数展开式.

例1 将$f(x)=e^x$展开成x的幂级数,即麦克劳林级数.

解 $f(x)$的各阶导数为$f^{(n)}(x)=e^x$,因此

$$f^{(n)}(0)=1 \quad (n=0,1,2,\cdots).$$

于是得$f(x)=e^x$的麦克劳林系数为

$$a_n=\frac{f^{(n)}(0)}{n!}=\frac{1}{n!} \quad (n=0,1,2,\cdots;规定\ 0!=1).$$

所以，$f(x)=e^x$ 的麦克劳林级数为

$$\sum_{n=0}^{\infty}\frac{x^n}{n!}=1+x+\frac{1}{2!}x^2+\cdots+\frac{1}{n!}x^n+\cdots,$$

其收敛半径为 $R=+\infty$.

对于任意给定的 $x\in(-\infty,+\infty)$，在泰勒公式⑤中的余项为

$$R_n(x)=\frac{f^{(n+1)}(\xi)}{(n+1)!}x^{n+1}=\frac{e^\xi}{(n+1)!}x^{n+1},$$

其中 ξ 介于 0 与 x 之间，所以

$$|R_n(x)|=\left|\frac{e^\xi}{(n+1)!}x^{n+1}\right|<e^{|x|}\frac{|x|^{n+1}}{(n+1)!}.$$

根据正项级数的比值审敛法知级数 $\sum_{n=0}^{\infty}\frac{|x|^{n+1}}{(n+1)!}$ 收敛，因此 $\lim_{n\to\infty}\frac{|x|^{n+1}}{(n+1)!}=0$，从而 $\lim_{n\to\infty}R_n(x)=0$. 由定理 2 可知 e^x 的麦克劳林级数收敛于 e^x，即

$$e^x=\sum_{n=0}^{\infty}\frac{x^n}{n!}=1+x+\frac{1}{2!}x^2+\cdots+\frac{1}{n!}x^n+\cdots\quad(-\infty<x<+\infty).$$

例 2 将 $f(x)=\sin x$ 展开成 x 的幂级数.

解 $f(x)$ 的各阶导数为

$$f^{(n)}(x)=\sin\left(x+\frac{n\pi}{2}\right)\quad(n=0,1,2,\cdots).$$

将 $x=0$ 代入上式得

$$f^{(n)}(0)=\begin{cases}(-1)^k, & n=2k+1,\\ 0, & n=2k\end{cases}\quad(k=0,1,2,\cdots).$$

于是得 $\sin x$ 的麦克劳林级数

$$x-\frac{1}{3!}x^3+\frac{1}{5!}x^5+\cdots+\frac{(-1)^n}{(2n+1)!}x^{2n+1}+\cdots.$$

容易验证该幂级数的收敛半径 $R=+\infty$.

事实上，对于任意给定的 $x\in(-\infty,+\infty)$，在泰勒公式⑤中的余项为

$$R_n(x)=\frac{\sin\left(\xi+\frac{n+1}{2}\pi\right)}{(n+1)!}x^{n+1},$$

所以

$$|R_n(x)|=\left|\frac{\sin\left(\xi+\frac{n+1}{2}\pi\right)}{(n+1)!}x^{n+1}\right|\leqslant\frac{|x|^{n+1}}{(n+1)!}.$$

由例 1 中的讨论知 $\lim_{n\to\infty}\frac{|x|^{n+1}}{(n+1)!}=0$，从而有 $\lim_{n\to\infty}R_n(x)=0$. 根据定理 2 知，对一切的 $x\in(-\infty,+\infty)$，都有

§11.4 函数的幂级数展开式

$$\sin x = \sum_{n=0}^{\infty} \frac{(-1)^n}{(2n+1)!} x^{2n+1}$$
$$= x - \frac{1}{3!}x^3 + \frac{1}{5!}x^5 + \cdots + \frac{(-1)^n}{(2n+1)!}x^{2n+1} + \cdots \quad (-\infty < x < +\infty).$$

由例 1，例 2 我们不难总结出求函数 $f(x)$ 的幂级数展开式的一般步骤：
(1) 求出 $f(x)$ 的各阶导数；
(2) 求出泰勒系数 a_n；
(3) 写出 $f(x)$ 的泰勒级数及收敛区间；
(4) 证明泰勒公式的余项 $R_n(x)$ 在收敛区间上当 $n\to\infty$ 时以 0 为极限.
这种求给定函数的幂级数展开式的方法称为**直接法**.

但对于一般的函数，求高阶导数，并证明余项的极限 $\lim_{n\to\infty} R_n(x) = 0$ 等步骤都十分困难，因此直接法不是有效的方法.根据函数幂级数展开式的唯一性定理，我们可以通过一些基本的泰勒级数展开式，利用各种方法（幂级数的逐项积分、逐项求导，加、减、乘法运算以及代换法等）将给定函数展开为幂级数.这种求函数幂级数展开式的方法称为**间接法**.

例 3 将 $f(x)=\cos x$ 展开成 x 的幂级数.

解 因为

$$\sin x = \sum_{n=0}^{\infty} \frac{(-1)^n}{(2n+1)!} x^{2n+1}$$
$$= x - \frac{1}{3!}x^3 + \frac{1}{5!}x^5 + \cdots + \frac{(-1)^n}{(2n+1)!}x^{2n+1} + \cdots \quad (-\infty < x < +\infty),$$

且 $(\sin x)' = \cos x$，应用幂级数在收敛区间内可以逐项求导，我们可得

$$\cos x = \sum_{n=0}^{\infty} (-1)^n \frac{x^{2n}}{(2n)!} = 1 - \frac{1}{2!}x^2 + \frac{1}{4!}x^4 + \cdots + (-1)^n \frac{x^{2n}}{(2n)!} + \cdots.$$

由于逐项求导后所得幂级数的收敛半径不变，则上述展开式的收敛域为 $(-\infty, +\infty)$.

例 4 将 $\frac{1}{1+x^2}$ 展开成 x 的幂级数.

解 因为

$$\frac{1}{1-x} = \sum_{n=0}^{\infty} x^n = 1 + x + x^2 + \cdots + x^n + \cdots \quad (-1 < x < 1),$$

所以将 x 用 $-x^2$ 代换得

$$\frac{1}{1+x^2} = \sum_{n=0}^{\infty} (-1)^n x^{2n}$$
$$= 1 - x^2 + x^4 + \cdots + (-1)^n x^{2n} + \cdots \quad (-1 < x < 1).$$

例 5 将 $f(x) = \ln(1+x)$ 展开成 x 的幂级数.

解 因为 $f'(x) = \dfrac{1}{1+x}$，又知

$$\frac{1}{1+x} = 1 - x + x^2 + \cdots + (-1)^n x^n + \cdots \quad (-1 < x < 1),$$

所以 $\quad f'(x) = \displaystyle\sum_{n=0}^{\infty} (-1)^n x^n = 1 - x + x^2 + \cdots + (-1)^n x^n + \cdots \quad (-1 < x < 1).$

再逐项积分，得

$$\ln(1+x) = \int_0^x \frac{\mathrm{d}t}{1+t} = \sum_{n=0}^{\infty} \frac{(-1)^n}{n+1} x^{n+1}$$

$$= x - \frac{x^2}{2} + \frac{x^3}{3} + \cdots + \frac{(-1)^{n-1}}{n} x^n + \cdots$$

$$= \sum_{n=1}^{\infty} \frac{(-1)^{n-1}}{n} x^n \quad (-1 < x < 1).$$

这个展开式的收敛域为 $(-1, 1]$.

由和函数在收敛域上的连续性，令 $x = 1$ 得到如下数项级数的和：

$$\sum_{n=1}^{\infty} \frac{(-1)^{n-1}}{n} = 1 - \frac{1}{2} + \frac{1}{3} - \frac{1}{4} + \cdots + \frac{(-1)^{n-1}}{n} + \cdots = \ln 2.$$

我们不加证明地给出函数 $f(x) = (1+x)^\alpha$ 的幂级数展开式：

$$(1+x)^\alpha = \sum_{n=0}^{\infty} \frac{\alpha(\alpha-1) \cdot \cdots \cdot (\alpha-n+1)}{n!} x^n$$

$$= 1 + \alpha x + \frac{\alpha(\alpha-1)}{2!} x^2 + \cdots + \frac{\alpha(\alpha-1) \cdot \cdots \cdot (\alpha-n+1)}{n!} x^n + \cdots,$$

其中对任意的 α，上式在 $-1 < x < 1$ 内都成立. 按照组合公式的记号，各系数简记为

$$C_\alpha^n = \frac{\alpha(\alpha-1)(\alpha-2) \cdot \cdots \cdot (\alpha-n+1)}{n!},$$

则

$$(1+x)^\alpha = \sum_{n=0}^{\infty} C_\alpha^n x^n.$$

需要指出的是，在 $(-1, 1)$ 内等式成立并不意味着该展开式的收敛半径为 1. 容易看出对于 α 为正整数的情况，这就是二项式定理. 例如，当 $\alpha = 2$ 时，有

$$C_2^0 = 1, \quad C_2^1 = \frac{2}{1} = 2, \quad C_2^2 = \frac{2(2-1)}{2!} = 1,$$

$$C_2^3 = \frac{2(2-1)(2-2)}{3!} = 0, \quad C_2^4 = \frac{2(2-1)(2-2)(2-3)}{4!} = 0, \cdots,$$

可以看到，当 $n > 2$ 时，$C_2^n = 0$. 于是有

$$(1+x)^2 = 1 + 2x + x^2 + 0 \cdot x^3 + 0 \cdot x^4 + \cdots = 1 + 2x + x^2.$$

这就是我们熟知的完全平方公式. 故当 α 是正整数时，这个展开式可以看成是二项式定理的

推广. 此时的展开式是只有有限项的多项式, 显然它的收敛半径为 $+\infty$. 可以证明, 当 α 不是正整数时, 这个展开式是一个无穷级数, 它的收敛半径是 1, 对于收敛区间的端点 $x=\pm 1$ 的敛散性要根据 α 的不同取值而定, 需具体问题具体分析. 例如: 当 $\alpha=-1$ 时, 有

$$(1+x)^{-1} = \frac{1}{1+x} = 1-x+x^2-x^3+x^4-x^5+\cdots \quad (-1<x<1);$$

当 $\alpha=-\frac{1}{2}$ 时, 有

$$\frac{1}{\sqrt{1+x}} = 1-\frac{1}{2}x+\frac{1\cdot 3}{2\cdot 4}x^2-\frac{1\cdot 3\cdot 5}{2\cdot 4\cdot 6}x^3+\frac{1\cdot 3\cdot 5\cdot 7}{2\cdot 4\cdot 6\cdot 8}x^4+\cdots \quad (-1<x\leqslant 1).$$

今后我们可以直接引用上述各展开式的结果, 用间接方法求出一些函数的幂级数展开式.

例 6 求 $f(x)=\sin^2 x$ 的麦克劳林级数展开式.

解 $f(x)=\sin^2 x=\frac{1}{2}(1-\cos 2x)=\frac{1}{2}\left[1-\sum_{n=0}^{\infty}(-1)^n\frac{(2x)^{2n}}{(2n)!}\right]$

$$=\sum_{n=1}^{\infty}(-1)^{n+1}\frac{4^n}{2\cdot(2n)!}x^{2n} \quad (-\infty<x<+\infty).$$

例 7 求 $\ln\left(\frac{1+x}{1-x}\right)$ 的麦克劳林级数展开式.

解 因为

$$\ln(1+x)=\sum_{n=1}^{\infty}\frac{(-1)^{n-1}}{n}x^n$$

$$=x-\frac{x^2}{2}+\frac{x^3}{3}+\cdots+\frac{(-1)^{n-1}}{n}x^n+\cdots \quad (-1<x\leqslant 1),$$

故

$$\ln(1-x)=\sum_{n=1}^{\infty}\frac{(-1)^{n-1}}{n}(-x)^n=\sum_{n=1}^{\infty}\frac{-1}{n}x^n$$

$$=(-x)-\frac{x^2}{2}-\frac{x^3}{3}-\cdots-\frac{x^n}{n}+\cdots \quad (-1\leqslant x<1).$$

而 $\ln\left(\frac{1+x}{1-x}\right)=\ln(1+x)-\ln(1-x)$, 因此

$$\ln\left(\frac{1+x}{1-x}\right)=2x+\frac{2}{3}x^3+\cdots+\frac{2}{2n+1}x^{2n+1}+\cdots$$

$$=\sum_{n=1}^{\infty}\frac{2}{2n+1}x^{2n+1} \quad (-1<x<1).$$

例 8 求 $x\arctan x$ 的麦克劳林级数展开式.

解 因为

$$(\arctan x)' = \frac{1}{1+x^2} = 1 - x^2 + x^4 + \cdots + (-1)^n x^{2n} + \cdots \quad (-1 < x < 1),$$

逐项积分得

$$\arctan x = \int_0^x \frac{dt}{1+t^2}$$

$$= x - \frac{1}{3}x^3 + \frac{1}{5}x^5 + \cdots + \frac{(-1)^n}{(2n+1)}x^{2n+1} + \cdots \quad (-1 \leqslant x \leqslant 1),$$

从而

$$x \arctan x = x^2 - \frac{1}{3}x^4 + \frac{1}{5}x^6 + \cdots + \frac{(-1)^n}{(2n+1)}x^{2n+2} + \cdots$$

$$= \sum_{n=0}^{\infty} \frac{(-1)^n}{2n+1} x^{2n+2} \quad (-1 \leqslant x \leqslant 1).$$

例 9 将 $\dfrac{1}{3+x}$ 展成 $(x-2)$ 的幂级数.

解 因 $\dfrac{1}{3+x} = \dfrac{1}{5+(x-2)} = \dfrac{1}{5}\left(\dfrac{1}{1+\dfrac{x-2}{5}}\right)$, 故令 $y = \dfrac{x-2}{5}$, 则

$$\frac{1}{1+\dfrac{x-2}{5}} = \frac{1}{1+y} = \sum_{n=0}^{\infty}(-1)^n y^n$$

$$= 1 - y + y^2 + \cdots + (-1)^n y^n + \cdots \quad (-1 < y < 1).$$

于是

$$\frac{1}{3+x} = \frac{1}{5}\left[1 - \frac{x-2}{5} + \left(\frac{x-2}{5}\right)^2 + \cdots + (-1)^n \left(\frac{x-2}{5}\right)^n + \cdots\right]$$

$$= \frac{1}{5} - \frac{(x-2)}{5^2} + \frac{(x-2)^2}{5^3} + \cdots + (-1)^n \frac{(x-2)^n}{5^{n+1}} + \cdots$$

$$\left(-1 < \frac{x-2}{5} < 1\right),$$

即

$$\frac{1}{3+x} = \sum_{n=0}^{\infty} \frac{(-1)^n}{5^{n+1}}(x-2)^n \quad (-3 < x < 7).$$

习 题 11.4

1. 将下列函数展开成 x 的幂级数，并求展开式成立的区间：

(1) $\dfrac{x}{1-x^2}$;

(2) e^{-x^2};

(3) $\cos^2 x$;

(4) $\ln(3+x)$.

2. 将 $f(x) = \dfrac{1}{x^2+3x+2}$ 展开成 $(x+4)$ 的幂级数.

§11.5 幂级数的应用及欧拉公式

一、幂级数的和函数

在 §11.4 中我们讲到了如何将一个给定的函数展开为幂级数. 现在我们再把问题反过来：给定一个幂级数，如何求它的和函数？对此，我们需先掌握已经推导过的六个函数的幂级数展开式，以它们为基础可以求出其他幂级数的和. 它们如下：

(1) $\dfrac{1}{1-x} = \sum\limits_{n=0}^{\infty} x^n = 1 + x + x^2 + \cdots + x^n + \cdots \quad (-1 < x < 1)$;

(2) $e^x = \sum\limits_{n=0}^{\infty} \dfrac{x^n}{n!} = 1 + x + \dfrac{1}{2!}x^2 + \cdots + \dfrac{1}{n!}x^n + \cdots \quad (-\infty < x < +\infty)$;

(3) $\sin x = \sum\limits_{n=0}^{\infty} \dfrac{(-1)^n}{(2n+1)!} x^{2n+1}$

$= x - \dfrac{1}{3!}x^3 + \cdots + \dfrac{(-1)^n}{(2n+1)!}x^{2n+1} + \cdots \quad (-\infty < x < +\infty)$;

(4) $\cos x = \sum\limits_{n=0}^{\infty} (-1)^n \dfrac{x^{2n}}{(2n)!}$

$= 1 - \dfrac{1}{2!}x^2 + \dfrac{1}{4!}x^4 + \cdots + (-1)^n \dfrac{x^{2n}}{(2n)!} + \cdots \quad (-\infty < x < +\infty)$;

(5) $\ln(1+x) = \sum\limits_{n=1}^{\infty} \dfrac{(-1)^{n-1}}{n} x^n$

$= x - \dfrac{x^2}{2} + \dfrac{x^3}{3} + \cdots + \dfrac{(-1)^{n-1}}{n}x^n + \cdots \quad (-1 < x \leqslant 1)$;

(6) $(1+x)^\alpha = \sum\limits_{n=0}^{\infty} \dfrac{\alpha(\alpha-1)\cdots(\alpha-n+1)}{n!} x^n$

$= 1 + \alpha x + \dfrac{\alpha(\alpha-1)}{2!}x^2 + \cdots + \dfrac{\alpha(\alpha-1)\cdots(\alpha-n+1)}{n!}x^n + \cdots$,

对任意的 α，此式在 $-1 < x < 1$ 内都成立.

例1 求幂级数 $\sum\limits_{n=1}^{\infty} \dfrac{1}{n} x^n = x + \dfrac{x^2}{2} + \dfrac{x^3}{3} + \cdots + \dfrac{x^n}{n} + \cdots$ 的和函数 $s(x)$.

解 该幂级数的收敛域为 $[-1,1)$. 对幂级数在收敛区间 $(-1,1)$ 内逐项求导可得

$$s'(x) = \sum\limits_{n=1}^{\infty} x^{n-1} = \dfrac{1}{1-x},$$

则在收敛区间 $(-1,1)$ 内有

$$s(x) = \int s'(x) \, dx = \int \dfrac{dx}{1-x} = -\ln(1-x) + C,$$

其中 C 是某个常数. 由于 $s(0)=0$, 则 $C=0$, 于是 $s(x)=-\ln(1-x)$. 由和函数 $s(x)$ 在收敛域上的连续性可知 $s(x)=-\ln(1-x)$ 在 $[-1,1)$ 上也成立.

例2 求幂级数 $\sum\limits_{n=1}^{\infty} \dfrac{n}{n+1} x^n$ 的和函数 $s(x)$.

解 将给定的幂级数分解为两个幂级数的和：
$$\sum_{n=1}^{\infty} \frac{n}{n+1} x^n = \sum_{n=1}^{\infty} \frac{(n+1)-1}{n+1} x^n = \sum_{n=1}^{\infty}\left(1-\frac{1}{n+1}\right) x^n$$
$$= \sum_{n=1}^{\infty} x^n - \sum_{n=1}^{\infty} \frac{1}{n+1} x^n = s_1(x) - s_2(x),$$

其中 $s_1(x)=\sum\limits_{n=1}^{\infty} x^n$, $s_2(x)=\sum\limits_{n=1}^{\infty} \dfrac{1}{n+1} x^n$. 下面分别求出这两个幂级数的和函数.

由 $\dfrac{1}{1-x}=\sum\limits_{n=0}^{\infty} x^n \ (-1<x<1)$ 有
$$s_1(x) = \sum_{n=1}^{\infty} x^n = \sum_{n=0}^{\infty} x^n - 1 = \frac{1}{1-x} - 1 = \frac{x}{1-x} \quad (-1<x<1).$$

考虑 $xs_2(x)=\sum\limits_{n=1}^{\infty} \dfrac{1}{n+1} x^{n+1}$, 在它的收敛区间 $(-1,1)$ 内逐项求导可得
$$[xs_2(x)]' = \sum_{n=1}^{\infty}\left(\frac{1}{n+1} x^{n+1}\right)' = \sum_{n=1}^{\infty} x^n = \frac{x}{1-x}.$$

于是
$$xs_2(x) = \int \frac{x}{1-x} \mathrm{d}x = \int\left(\frac{1}{1-x}-1\right) \mathrm{d}x = -\ln(1-x) - x + C,$$

其中 C 是某个常数. 在上式中令 $x=0$, 则得到 $C=0$. 注意到 $s_2(0)=0$, 于是可得
$$s_2(x) = \begin{cases} -\dfrac{\ln(1-x)}{x}-1, & -1 \leqslant x<0 \text{ 或 } 0<x<1, \\ 0, & x=0. \end{cases}$$

综上，所求的和函数为
$$s(x) = s_1(x) - s_2(x) = \begin{cases} \dfrac{x}{1-x}+\dfrac{\ln(1-x)}{x}+1, & -1<x<0 \text{ 或 } 0<x<1, \\ 0, & x=0, \end{cases}$$

化简为
$$s(x) = \begin{cases} \dfrac{1}{1-x}+\dfrac{\ln(1-x)}{x}, & -1<x<0 \text{ 或 } 0<x<1, \\ 0, & x=0. \end{cases}$$

利用幂级数的和函数，我们还可以求出某些数项级数的和. 例如，由

§ 11.5 幂级数的应用及欧拉公式

$$e^x = \sum_{n=0}^{\infty} \frac{x^n}{n!} = 1 + x + \frac{1}{2!}x^2 + \cdots + \frac{1}{n!}x^n + \cdots \quad (-\infty < x < +\infty),$$

令 $x=1$，就可得到如下数项级数的和：

$$1 + 1 + \frac{1}{2!} + \cdots + \frac{1}{n!} + \cdots = e.$$

例 3 求数项级数 $\sum_{n=1}^{\infty} \frac{n}{2^n}$ 的和.

解 该数项级数的和可以看做是幂级数 $\sum_{n=1}^{\infty} nx^n$ 的和函数在 $x=\frac{1}{2}$ 处的值. 因此先求这个幂级数的和函数 $s(x)$. 该幂级数的收敛区间是 $(-1,1)$，而 $\frac{1}{2}$ 正好在收敛区间内. 利用逐项求导可得

$$s(x) = x \sum_{n=1}^{\infty} nx^{n-1} = x \left(\sum_{n=1}^{\infty} x^n\right)' = x \left(\frac{1}{1-x} - 1\right)' = \frac{x}{(1-x)^2},$$

于是所求级数的和为 $s\left(\frac{1}{2}\right) = 2$.

二、利用幂级数作近似计算

例 4 求 e 的近似值，要求误差不超过 10^{-3}.

解 在函数 e^x 的展开式中，令 $x=1$ 可得

$$e = 1 + 1 + \frac{1}{2!} + \cdots + \frac{1}{n!} + \cdots.$$

它的前 $n+1$ 项部分和 $s_{n+1} \to e$，于是可用 s_{n+1} 作为 e 的近似值，即

$$e \approx s_{n+1} = 1 + 1 + \frac{1}{2} + \cdots + \frac{1}{n!},$$

其余项的绝对值 $|r_{n+1}| = |e - s_{n+1}|$ 就是近似误差. 由

$$|r_{n+1}| = \frac{1}{(n+1)!} + \frac{1}{(n+2)!} + \frac{1}{(n+3)!} + \cdots$$

$$= \frac{1}{(n+1)!} \left[1 + \frac{1}{(n+2)} + \frac{1}{(n+2)(n+3)} + \cdots\right]$$

$$\leq \frac{1}{(n+1)!} \left[1 + \frac{1}{n+1} + \left(\frac{1}{n+1}\right)^2 + \cdots + \left(\frac{1}{n+1}\right)^k + \cdots\right]$$

$$= \frac{1}{(n+1)!} \left(\frac{1}{1 - \frac{1}{n+1}}\right) = \frac{1}{(n+1)!} \cdot \frac{n+1}{n} = \frac{1}{n \cdot n!},$$

取 $n=6$，则 $|r_7| \leq \frac{1}{6 \cdot 6!} = \frac{1}{4320} < \frac{1}{1000}$. 故

$$e \approx 2 + \frac{1}{2!} + \frac{1}{3!} + \frac{1}{4!} + \frac{1}{5!} + \frac{1}{6!} \approx 2.718.$$

例 5 计算 $\int_0^1 \frac{\sin x}{x} dx$,要求误差不超过 10^{-4}.

解 设 $\int_0^1 \frac{\sin x}{x} dx = A$. 由于函数 $\frac{\sin x}{x}$ 的原函数不是初等函数,故不能用我们所学过的积分法求出其原函数,进而用牛顿-莱布尼茨公式求此定积分的值,但我们可以利用幂级数,求其近似值. 因为

$$\sin x = x - \frac{1}{3!} x^3 + \frac{1}{5!} x^5 + \cdots + \frac{(-1)^n}{(2n+1)!} x^{2n+1} + \cdots \quad (-\infty < x < +\infty),$$

故 $\frac{\sin x}{x} = 1 - \frac{1}{3!} x^2 + \frac{1}{5!} x^4 + \cdots + \frac{(-1)^n}{(2n+1)!} x^{2n} + \cdots (-\infty < x < +\infty,$ 且 $x \neq 0)$.

上式当 $x \neq 0$ 时成立,$x = 0$ 是函数 $\frac{\sin x}{x}$ 的可去间断点,只要补充其函数值为 1,则新函数在 $(-\infty, +\infty)$ 上连续. 此新函数仍记为 $\frac{\sin x}{x}$. 根据逐项积分公式,得

$$\int_0^1 \frac{\sin x}{x} dx = \left(x - \frac{1}{3 \cdot 3!} x^3 + \frac{1}{5 \cdot 5!} x^5 - \frac{1}{7 \cdot 7!} x^7 + \cdots \right) \Big|_0^1$$

$$= 1 - \frac{1}{3 \cdot 3!} + \frac{1}{5 \cdot 5!} - \frac{1}{7 \cdot 7!} + \cdots + \frac{(-1)^{n-1}}{(2n-1)(2n-1)!} + \cdots.$$

设它的前 n 项部分和为 s_n,考虑误差

$$|r_n| = |A - s_n|$$

$$= \left| \frac{(-1)^n}{(2n+1)(2n+1)!} + \frac{(-1)^{n+1}}{(2n+3)(2n+3)!} + \frac{(-1)^{n+2}}{(2n+5)(2n+5)!} + \cdots \right|$$

$$= \frac{1}{(2n+1)(2n+1)!} - \frac{1}{(2n+3)(2n+3)!} + \frac{1}{(2n+5)(2n+5)!} - \cdots.$$

显然这是一个满足莱布尼茨审敛法的交错级数,由 §11.2 中的定理 6 可知

$$|r_n| \leqslant \frac{1}{(2n+1)(2n+1)!}.$$

取 $n = 3$,则有

$$|r_3| \leqslant \frac{1}{7 \cdot 7!} < 0.0000284 < 10^{-4}.$$

因此 $$\int_0^1 \frac{\sin x}{x} dx \approx 1 - \frac{1}{3 \cdot 3!} + \frac{1}{5 \cdot 5!} \approx 0.9461.$$

三、欧拉公式的形式推导

在指数函数的展开式

§11.5 幂级数的应用及欧拉公式

$$e^x = 1 + x + \frac{x^2}{2!} + \frac{x^3}{3!} + \cdots + \frac{x^n}{n!} + \cdots$$

中,x 可取任何实数. 如果将 x 换为 iy,其中 y 是实数,$i=\sqrt{-1}$ 是虚数单位,则有形式上的表达式

$$e^{iy} = 1 + iy + \frac{(iy)^2}{2!} + \frac{(iy)^3}{3!} + \cdots + \frac{(iy)^n}{n!} + \cdots.$$

注意到 $i^1=i, i^2=-1, i^3=-i, i^4=1, \cdots$,将上式右端的实部和虚部分开,则有

$$e^{iy} = \left(1 - \frac{y^2}{2!} + \frac{y^4}{4!} - \cdots + \frac{(-1)^n}{(2n)!}y^{2n} + \cdots\right)$$
$$+ i\left(y - \frac{y^3}{3!} + \frac{y^5}{5!} - \cdots + \frac{(-1)^n}{(2n+1)!}y^{2n+1} + \cdots\right).$$

根据 $\cos y$ 和 $\sin y$ 的幂级数展开式可得

$$e^{iy} = \cos y + i\sin y.$$

这个公式称为**欧拉公式**. 它表明我们可以将指数函数推广到复数范围. 由此可得

$$e^{-iy} = \cos y - i\sin y.$$

这两个式子相加、减可推出

$$\cos y = \frac{e^{iy} + e^{-iy}}{2}, \quad \sin y = \frac{e^{iy} - e^{-iy}}{2i}.$$

这两个公式也称为**欧拉公式**.

设 x, y 是实数,根据指数函数的演算规则可得

$$e^{x+iy} = e^x e^{iy} = e^x(\cos y + i\sin y).$$

我们将 e^{x+iy} 所表达的复数形式称为**复指数形式**. 由于模 $|e^{iy}|=1$,则

$$|e^{x+iy}| = |e^x| \cdot |e^{iy}| = e^x.$$

对于正整数 n,根据指数函数的演算规则,由 $(e^{iy})^n = e^{iny}$ 可推出

$$(\cos y + i\sin y)^n = \cos ny + i\sin ny.$$

这就是著名的**棣莫弗**(De Moivre)**公式**.

设复数 z 的辐角为 θ,模为 r,则 $z=r(\cos\theta+i\sin\theta)=re^{i\theta}$. 于是对于任何正整数 n,就有

$$z^n = r^n e^{in\theta} = r^n(\cos n\theta + i\sin n\theta).$$

习 题 11.5

1. 求下列幂级数的和函数:

(1) $\sum_{n=1}^{\infty} nx^{n-1}$;

(2) $\sum_{n=0}^{\infty}(2n+1)x^n$;

(3) $\sum_{n=0}^{\infty} \frac{x^{2n+1}}{2n+1}$;

(4) $\sum_{n=0}^{\infty} \frac{x^{2n}}{(2n)!}$.

2. 求下列数项级数的和：

(1) $\sum_{n=1}^{\infty} \frac{(-1)^{n-1}}{(2n-1)}$； (2) $\sum_{n=1}^{\infty} \frac{n(n+1)}{3^n}$.

3. 利用函数的幂级数展开式求下列各数的近似值：

(1) $\sqrt{e}$（误差不超过 0.001）； (2) $\cos 2°$（误差不超过 0.0001）.

4. 求定积分 $\int_0^{0.5} \frac{\arctan x}{x} dx$ 的近似值，要求误差不超过 0.001.

5. 将下列复指数表达为一般复数形式：

(1) $e^{i\frac{\pi}{4}}$； (2) $e^{i\frac{\pi}{6}}$； (3) $e^{-i\frac{3\pi}{4}}$； (4) $2e^i$.

6. 设 z 是复数，证明对于共轭复数，总有 $\overline{e^z} = e^{\bar{z}}$.

总练习题十一

一、单项选择题：

1. 若级数 $\sum_{n=1}^{\infty} a_n$ 和 $\sum_{n=1}^{\infty} b_n$ 均发散，则（   ）.

(A) $\sum_{n=1}^{\infty} (a_n + b_n)$ 发散； (B) $\sum_{n=1}^{\infty} (|a_n| + |b_n|)$ 发散；

(C) $\sum_{n=1}^{\infty} (a_n^2 + b_n^2)$ 发散； (D) $\sum_{n=1}^{\infty} a_n b_n$ 发散.

2. 若级数 $\sum_{n=1}^{\infty} u_n$ 收敛，则下列结论不成立的是（   ）.

(A) $\lim_{n \to \infty} u_n = 0$； (B) $\sum_{n=1}^{\infty} |u_n|$ 收敛；

(C) $\sum_{n=1}^{\infty} Cu_n$（C 为常数）收敛； (D) $\sum_{n=1}^{\infty} (u_{2n-1} + u_{2n})$ 收敛.

3. 关于级数 $\sum_{n=1}^{\infty} \frac{(-1)^{n-1}}{n^p}$ 收敛性的正确答案是（   ）.

(A) 当 $p > 1$ 时条件收敛； (B) 当 $0 < p \leqslant 1$ 时绝对收敛；

(C) 当 $0 < p \leqslant 1$ 时条件收敛； (D) 当 $0 < p \leqslant 1$ 时发散.

4. 设幂级数 $\sum_{n=1}^{\infty} a_n x^n$ 在 $x = 2$ 处收敛，则在 $x = -1$ 处（   ）.

(A) 绝对收敛； (B) 条件收敛；

(C) 发散； (D) 敛散性无法确定.

5. 设幂级数 $\sum\limits_{n=1}^{\infty} a_n x^n$ 的收敛半径为 $R(0<R<+\infty)$，则幂级数 $\sum\limits_{n=0}^{\infty} a_n \left(\dfrac{x}{2}\right)^n$ 的收敛半径为（　　）．

(A) $\dfrac{R}{2}$;　　　　(B) $2R$;　　　　(C) R;　　　　(D) $\dfrac{2}{R}$.

二、计算题：

1. 判断下列级数的敛散性，若收敛，请指出是条件收敛还是绝对收敛：

(1) $\sum\limits_{n=1}^{\infty} \left(\dfrac{-n}{n+1}\right)^n$;　　　　(2) $\sum\limits_{n=1}^{\infty} \dfrac{1}{(n^2+2n+1)}$;　　　　(3) $\sum\limits_{n=1}^{\infty} \sin\dfrac{(-1)^n}{\sqrt{n}}$;

(4) $\sum\limits_{n=1}^{\infty} \left[\dfrac{(-1)^n}{n} + \dfrac{n}{3^n}\right]$;　　(5) $\sum\limits_{n=1}^{\infty} \dfrac{3^n}{n2^n}$;　　(6) $\sum\limits_{n=1}^{\infty} \left(\dfrac{-n}{2n+1}\right)^n$;

(7) $\sum\limits_{n=1}^{\infty} \ln\left(\dfrac{n+1}{n}\right)^{(-1)^n}$;　　(8) $\sum\limits_{n=1}^{\infty} (\sqrt{n+1}-\sqrt{n})$.

2. 求下列级数的收敛域：

(1) $\sum\limits_{n=1}^{\infty} n4^{n-1} x^n$;　　　　(2) $\sum\limits_{n=1}^{\infty} \dfrac{x^n}{a^n+b^n}\ (a>b>0)$;

(3) $\sum\limits_{n=1}^{\infty} a^{n^2} x^n\ (a>0)$;　　(4) $\sum\limits_{n=1}^{\infty} (\lg x)^n$.

3. 确定下列级数的收敛域并求其和函数：

(1) $\sum\limits_{n=0}^{\infty} (-1)^n (n+1) x^n$;　　(2) $\sum\limits_{n=1}^{\infty} (-1)^{n-1} \dfrac{x^{2n-1}}{2n-1}$;　　(3) $\sum\limits_{n=0}^{\infty} (1-x) x^n$.

4. 将 $f(x) = e^{\frac{x}{a}}$ 展开为 $(x-a)$ 的幂级数．

5. 将 $f(x) = \dfrac{x}{1+x-2x^2}$ 展开为 x 的幂级数．

三、综合题：

1. 设 $a_n \leqslant c_n \leqslant b_n (n=1,2,\cdots)$，且级数 $\sum\limits_{n=1}^{\infty} a_n$ 和 $\sum\limits_{n=1}^{\infty} b_n$ 均收敛，证明级数 $\sum\limits_{n=1}^{\infty} c_n$ 收敛．

2. 设 $a_n \geqslant 0 (n=1,2,3\cdots)$，且级数 $\sum\limits_{n=1}^{\infty} a_n$ 收敛，证明级数 $\sum\limits_{n=1}^{\infty} a_n^2$ 也收敛．

3. 证明级数 $\sum\limits_{n=2}^{\infty} \dfrac{(-1)^n}{\sqrt{n}+(-1)^n}$ 是发散的．

4. 设有幂级数

$$1 + \dfrac{x^2}{2!} + \dfrac{x^4}{4!} + \dfrac{x^6}{6!} + \cdots.$$

(1) 证明该幂级数的和函数 $s(x)$ 满足微分方程 $s''(x) = s(x)$;

(2) 求出该幂级数的和函数 $s(x)$．

第十二章 傅里叶级数

> 除了幂级数,还有一类重要的函数项级数,就是傅里叶(Fourier)级数.傅里叶级数又称为三角级数,它是研究周期函数的一个重要工具.本章将简单地讨论傅里叶级数的收敛性以及如何把一个函数展开成傅里叶级数的问题.最后介绍傅里叶级数的推广——傅里叶变换.

§12.1 周期函数的傅里叶级数

虽然幂级数保留了多项式函数的许多性质,函数的幂级数表达式在微分、积分运算及数值计算等方面都带来了一些方便,但是也有它应用的局限性.因为在一些实际应用中,函数 $f(x)$ 往往无法满足"在点 x_0 的某个邻域内具有任意阶导数"的条件.比如,周期性的方形脉冲函数(图 1(a))、锯齿波形函数(图 1(b)),它们就无法用幂级数来表示.而这些函数又具有周期性,所以我们自然想到这样的问题:能否用一些简单周期函数——正弦函数或余弦函数构成的函数项级数来表示这些周期函数?

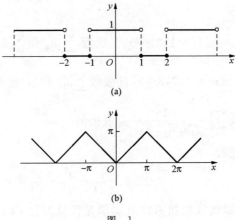

图 1

§12.1 周期函数的傅里叶级数

一、三角级数

形如

$$\frac{a_0}{2} + \sum_{n=1}^{\infty}(a_n\cos nx + b_n\sin nx) \quad \text{①}$$

的函数项级数称为**三角级数**,它的每一项都是正弦函数和余弦函数,其中 $a_0, a_n, b_n (n=1, 2, \cdots)$ 都是常数,称为**系数**. 特别地,当 $a_n = 0 (n=0,1,2,\cdots)$ 时,三角级数①成为 $\sum_{n=1}^{\infty} b_n \sin nx$,称为**正弦级数**;当 $b_n = 0 (n=1,2,\cdots)$ 时,三角级数①成为 $\frac{a_0}{2} + \sum_{n=1}^{\infty} a_n \cos nx$,称为**余弦级数**.

二、三角函数系的正交性

我们将函数列

$$1, \cos x, \sin x, \cos 2x, \sin 2x, \cdots, \cos nx, \sin nx, \cdots$$

所构成的集合称为**三角函数系**.

定理 1(三角函数系的正交性) 对于任何自然数 k, n 都有下列公式成立:

$$\int_{-\pi}^{\pi} \cos nx \, dx = 0 \quad (n=1,2,\cdots),$$

$$\int_{-\pi}^{\pi} \sin nx \, dx = 0 \quad (n=1,2,\cdots),$$

$$\int_{-\pi}^{\pi} \sin kx \cos nx \, dx = 0 \quad (k,n=1,2,\cdots),$$

$$\int_{-\pi}^{\pi} \cos kx \cos nx \, dx = 0 \quad (k,n=1,2,\cdots; k \neq n),$$

$$\int_{-\pi}^{\pi} \sin kx \sin nx \, dx = 0 \quad (k,n=1,2,\cdots; k \neq n),$$

$$\int_{-\pi}^{\pi} \cos^2 nx \, dx = \pi \quad (n=1,2,\cdots),$$

$$\int_{-\pi}^{\pi} \sin^2 nx \, dx = \pi \quad (n=1,2,\cdots),$$

$$\int_{-\pi}^{\pi} 1 \, dx = 2\pi,$$

即三角函数系中任意两个不同函数的乘积在区间 $[-\pi, \pi]$ 上的积分为零,而每个函数的平方在 $[-\pi, \pi]$ 上的积分都大于零.

请读者自行验证定理 1 中的公式.

三、周期函数的傅里叶级数及其收敛性

设以 2π 为周期的函数 $f(x)$ 在 $[-\pi,\pi]$ 可积,且可以表达为三角级数的形式,即

$$f(x) = \frac{a_0}{2} + \sum_{n=1}^{\infty}(a_n \cos nx + b_n \sin nx), \qquad ②$$

并且假定上式右端是逐项可积的,则

$$\int_{-\pi}^{\pi} f(x)\mathrm{d}x = \int_{-\pi}^{\pi} \frac{a_0}{2}\mathrm{d}x + \sum_{n=1}^{\infty}\left(\int_{-\pi}^{\pi} a_n \cos nx\, \mathrm{d}x + \int_{-\pi}^{\pi} b_n \sin nx\, \mathrm{d}x\right).$$

由三角函数系的正交性可得

$$\int_{-\pi}^{\pi} a_n \cos nx\, \mathrm{d}x = 0, \quad \int_{-\pi}^{\pi} b_n \sin nx\, \mathrm{d}x = 0 \quad (n=1,2,\cdots),$$

从而

$$\int_{-\pi}^{\pi} f(x)\mathrm{d}x = \int_{-\pi}^{\pi} \frac{a_0}{2}\mathrm{d}x = \pi a_0,$$

故

$$a_0 = \frac{1}{\pi}\int_{-\pi}^{\pi} f(x)\mathrm{d}x.$$

再用 $\cos kx\,(k=1,2,\cdots)$ 乘②式的两端后,在区间 $[-\pi,\pi]$ 上逐项积分,得

$$\int_{-\pi}^{\pi} f(x)\cos kx\, \mathrm{d}x = \int_{-\pi}^{\pi} \frac{a_0}{2}\cos kx\, \mathrm{d}x + \sum_{n=1}^{\infty}\left(\int_{-\pi}^{\pi} a_n \cos nx \cos kx\, \mathrm{d}x + \int_{-\pi}^{\pi} b_n \sin nx \cos kx\, \mathrm{d}x\right).$$

由三角函数系的正交性可得,上式右端括号中除 $n=k$ 这一项外,其余均为零,所以

$$\int_{-\pi}^{\pi} f(x)\cos kx\, \mathrm{d}x = a_k \int_{-\pi}^{\pi} \cos^2 kx\, \mathrm{d}x = a_k \pi \quad (k=1,2,\cdots),$$

于是得

$$a_k = \frac{1}{\pi}\int_{-\pi}^{\pi} f(x)\cos kx\, \mathrm{d}x \quad (k=1,2,\cdots).$$

类似地用 $\sin kx\,(k=1,2,\cdots)$ 乘②式的两端后,在区间 $[-\pi,\pi]$ 上逐项积分,同理可得

$$b_k = \frac{1}{\pi}\int_{-\pi}^{\pi} f(x)\sin kx\, \mathrm{d}x \quad (k=1,2,\cdots).$$

以上是在周期函数可以表达为三角级数的前提下,求出了函数与三角级数的关系. 如果降低对函数 $f(x)$ 的要求,如只假定 $f(x)$ 以 2π 为周期,在 $[-\pi,\pi]$ 上可积,我们仍然可以按照公式

$$a_0 = \frac{1}{\pi}\int_{-\pi}^{\pi} f(x)\mathrm{d}x,\ a_n = \frac{1}{\pi}\int_{-\pi}^{\pi} f(x)\cos nx\, \mathrm{d}x,\ b_n = \frac{1}{\pi}\int_{-\pi}^{\pi} f(x)\sin nx\, \mathrm{d}x \quad (n=1,2,\cdots)$$

构造三角级数

$$\frac{a_0}{2} + \sum_{n=1}^{\infty}(a_n \cos nx + b_n \sin nx).$$

将这个三角级数称为 $f(x)$ 的**傅里叶级数**,其中 $\frac{a_0}{2}, a_n, b_n\,(n=1,2,\cdots)$ 称为**傅里叶系数**.

一个定义在 $(-\infty,+\infty)$ 上以 2π 为周期的函数 $f(x)$,如果它在一个周期上可积,那么

一定可以写出它的傅里叶级数. 但是这个傅里叶级数不一定收敛, 即使收敛也不一定收敛于函数 $f(x)$. 如何保证 $f(x)$ 的傅里叶级数收敛呢? 这里不加证明地给出下面的结论.

定理 2(狄利克雷(Dirichlet)收敛定理) 设 $f(x)$ 是以 2π 为周期的函数, 如果它满足条件:

(1) 在一个周期内连续或只有有限个第一类间断点;

(2) 在一个周期内至多只有有限个极值点,

则函数 $f(x)$ 的傅里叶级数收敛, 且当 x 是函数 $f(x)$ 的连续点时, 级数收敛于 $f(x)$; 当 x 是函数 $f(x)$ 的间断点时, 级数收敛于该点左、右极限的平均值 $\dfrac{f(x-0)+f(x+0)}{2}$.

定理 2 中的条件(1),(2)称为**狄利克雷条件**.

例 1 设 $f(x)$ 是以 2π 为周期的函数, 它在 $[-\pi,\pi)$ 上的表达式为

$$f(x)=\begin{cases}0, & -\pi\leqslant x<0,\\ 1, & 0\leqslant x<\pi.\end{cases}$$

将 $f(x)$ 展开成傅里叶级数.

解 先计算傅里叶系数:

$$a_0=\frac{1}{\pi}\int_{-\pi}^{\pi}f(x)\mathrm{d}x=\frac{1}{\pi}\int_{0}^{\pi}\mathrm{d}x=1,$$

$$a_n=\frac{1}{\pi}\int_{-\pi}^{\pi}f(x)\cos nx\,\mathrm{d}x=\frac{1}{\pi}\int_{0}^{\pi}\cos nx\,\mathrm{d}x=\frac{1}{n\pi}\sin nx\Big|_{0}^{\pi}=0 \quad (n=1,2,\cdots),$$

$$b_n=\frac{1}{\pi}\int_{-\pi}^{\pi}f(x)\sin nx\,\mathrm{d}x=\frac{1}{\pi}\int_{0}^{\pi}\sin nx\,\mathrm{d}x$$

$$=-\frac{1}{n\pi}\cos nx\Big|_{0}^{\pi}=-\frac{1}{n\pi}[\cos n\pi-1]$$

$$=-\frac{1}{n\pi}[(-1)^n-1]=\begin{cases}0, & n=2,4,6,\cdots,\\ \dfrac{2}{n\pi}, & n=1,3,5,\cdots.\end{cases}$$

再讨论 $f(x)$ 的傅里叶级数的收敛性. $f(x)$ 满足狄利克雷条件, 其图形见图 2. 它的间断点是 $x=k\pi(k=0,\pm 1,\pm 2,\pm 3,\cdots)$, 在间断点处左、右极限的平均值为 $\dfrac{1}{2}$. 由狄利克雷收敛定理可知, 此函数的傅里叶级数为

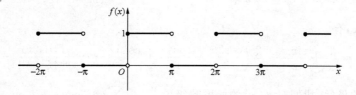

图 2

$$\frac{1}{2} + \frac{2}{\pi}\sin x + \frac{2}{3\pi}\sin 3x + \cdots \frac{2}{(2n-1)\pi}\sin(2n-1)x + \cdots$$

$$= \frac{1}{2} + \sum_{n=1}^{\infty}\frac{2}{(2n-1)\pi}\sin(2n-1)x = \begin{cases}\frac{1}{2}, & x = k\pi, k = 0, \pm 1, \pm 2, \cdots, \\ f(x), & \text{其他}.\end{cases}$$

注 当函数 $f(x)$ 满足狄利克雷条件时,函数的间断点只是一些个别的"孤立点",而函数在"绝大部分"的点上是连续的.此时称 $f(x)$ 是"几乎处处"连续的,所以其傅里叶级数也"几乎处处"收敛于该函数.其意义是在"绝大部分"的点上,函数的傅里叶级数收敛于该函数.因此,在"几乎处处"意义下记为

$$f(x) = \frac{a_0}{2} + \sum_{n=1}^{\infty}(a_n\cos nx + b_n\sin nx).$$

例 2 正弦交流电 $I(x) = \sin x$ 经二极管整流后仍以 2π 为周期,但在一个周期上的表达式为变为 $f(x) = \begin{cases} 0, & -\pi \leqslant x < 0, \\ \sin x, & 0 \leqslant x < \pi \end{cases}$(图 3). 将 $f(x)$ 展开为傅里叶级数,并讨论它的收敛性.

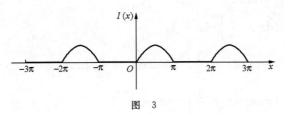

图 3

解 该函数处处连续,由狄利克雷收敛定理可知,它的傅里叶级数处处收敛于 $f(x)$.
先计算傅里叶系数:

$$a_0 = \frac{1}{\pi}\int_{-\pi}^{\pi}f(x)\mathrm{d}x = \frac{1}{\pi}\int_0^{\pi}\sin x\,\mathrm{d}x = \frac{2}{\pi},$$

$$a_n = \frac{1}{\pi}\int_{-\pi}^{\pi}f(x)\cos nx\,\mathrm{d}x = \frac{1}{\pi}\int_0^{\pi}\sin x\cos nx\,\mathrm{d}x = \begin{cases} 0, & n = 1,3,5,\cdots, \\ -\dfrac{2}{(n^2-1)\pi}, & n = 2,4,6,\cdots, \end{cases}$$

$$b_n = \frac{1}{\pi}\int_{-\pi}^{\pi}f(x)\sin nx\,\mathrm{d}x = \frac{1}{\pi}\int_0^{\pi}\sin x\sin nx\,\mathrm{d}x = \begin{cases} 0, & n = 2,3,4,\cdots, \\ \dfrac{1}{2}, & n = 1, \end{cases}$$

从而对于任何 x,有

$$f(x) = \frac{1}{\pi} + \frac{\sin x}{2} - \frac{2}{\pi}\left(\frac{\cos 2x}{3} + \frac{\cos 4x}{15} + \frac{\cos 6x}{35} + \cdots + \frac{\cos 2kx}{4k^2 - 1} + \cdots\right).$$

作为本节的最后,我们对 $f(x)$ 的傅里叶级数 $\dfrac{a_0}{2} + \sum_{n=1}^{\infty}(a_n\cos nx + b_n\sin nx)$ 的意义作一

简单的分析,将它的每一项作变形:
$$a_n\cos nx + b_n\sin nx = \sqrt{a_n^2+b_n^2}\left(\frac{a_n}{\sqrt{a_n^2+b_n^2}}\cos nx + \frac{b_n}{\sqrt{a_n^2+b_n^2}}\sin nx\right).$$

当 a_n,b_n 不同时为零时,令 $A_n=\sqrt{a_n^2+b_n^2}$, $\sin\phi_n=\frac{a_n}{\sqrt{a_n^2+b_n^2}}$,则 $\cos\phi_n=\frac{b_n}{\sqrt{a_n^2+b_n^2}}$. 于是
$$a_n\cos nx + b_n\sin nx = A_n(\sin\phi_n\cos nx + \cos\phi_n\sin nx) = A_n\sin(nx+\phi_n).$$

这样,$f(x)$ 的傅里叶级数可以表示为
$$A_0 + \sum_{n=1}^{\infty} A_n\sin(nx+\phi_n), \quad \text{其中} \quad A_0 = \frac{a_0}{2}.$$

每一项 $A_n\sin(nx+\phi_n)$ 的图形都是正弦曲线,也称为**正弦波**,其中 n 标示了正弦波频率的大小,n 越大表示正弦波的频率越高;A_n 的意义是在这个频率下正弦波的振幅;ϕ_n 称为这个频率的初相.因此,函数的傅里叶级数的意义是将函数分解为不同频率的正弦波的叠加.在信号处理中,常把函数称为信号.于是,信号的傅里叶级数就为观察信号提供了一个新的视角,即从频率的角度去观察信号.

习 题 12.1

下列函数都以 2π 为周期,并给出了在 $[-\pi,\pi)$ 上的表达式,求它们的傅里叶级数,并讨论收敛性:

1. $f(x)=\begin{cases}-1, & -\pi<x\leqslant 0,\\ 0, & 0<x\leqslant\pi.\end{cases}$

2. $f(x)=\begin{cases}x, & -\pi\leqslant x<0,\\ 0, & 0\leqslant x<\pi.\end{cases}$

3. $f(x)=\begin{cases}0, & -\pi<x\leqslant 0,\\ x, & 0<x\leqslant\pi.\end{cases}$

4. $f(x)=e^{2x}\ (-\pi\leqslant x<\pi)$.

5. $f(x)=3x^2+1\ (-\pi\leqslant x<\pi)$.

§12.2 正弦级数与余弦级数

设以 2π 为周期的函数 $f(x)$ 的傅里叶级数为
$$f(x) = \frac{a_0}{2} + \sum_{n=1}^{\infty}(a_n\cos nx + b_n\sin nx).$$

将它分为两个部分:
$$f(x) = \left(\frac{a_0}{2} + \sum_{n=1}^{\infty}a_n\cos nx\right) + \left(\sum_{n=1}^{\infty}b_n\sin nx\right).$$

如果上式两个括弧中的级数都收敛,则前一个括弧中级数的和函数是偶函数,而后一个则是奇函数.这表明 $f(x)$ 可以分解为一个偶函数与一个奇函数的和.如果函数 $f(x)$ 本身就是偶函数或者是奇函数,那么它的傅里叶级数的形式如何?这就是本节所要研究的内容.

第十二章 傅里叶级数

定理 设函数 $f(x)$ 的周期为 2π,且满足狄利克雷条件.

(1) 如果 $f(x)$ 是奇函数,则它的傅里叶级数为正弦级数,且在"几乎处处"意义下
$$f(x) = \sum_{n=1}^{\infty} b_n \sin nx,$$
其中
$$b_n = \frac{2}{\pi}\int_0^\pi f(x)\sin nx\,\mathrm{d}x \quad (n=1,2,\cdots);$$

(2) 如果 $f(x)$ 是偶函数,则它的傅里叶级数为余弦级数,且在"几乎处处"意义下
$$f(x) = \frac{a_0}{2} + \sum_{n=1}^{\infty} a_n \cos nx,$$
其中
$$a_n = \frac{2}{\pi}\int_0^\pi f(x)\cos nx\,\mathrm{d}x \quad (n=0,1,2,\cdots).$$

证 当 $f(x)$ 为奇函数时,由于 $f(x)\cos nx$ 是奇函数,而 $f(x)\sin nx$ 是偶函数,根据奇偶函数的积分性质可得 $f(x)$ 的傅里叶系数为
$$a_n = \frac{1}{\pi}\int_{-\pi}^\pi f(x)\cos nx\,\mathrm{d}x = 0 \quad (n=0,1,2,\cdots),$$
$$b_n = \frac{1}{\pi}\int_{-\pi}^\pi f(x)\sin nx\,\mathrm{d}x = \frac{2}{\pi}\int_0^\pi f(x)\sin nx\,\mathrm{d}x \quad (n=1,2,\cdots),$$
于是 $f(x) = \sum_{n=1}^\infty b_n \sin nx$.

类似可证明当 $f(x)$ 为偶函数时的结论.

例1 设 $f(x)$ 以 2π 为周期,它在 $[-\pi,\pi]$ 上的表达式为 $f(x)=|x|$. 将 $f(x)$ 展开为傅里叶级数.

解 $f(x)$ 是以 2π 为周期的偶函数(图1).

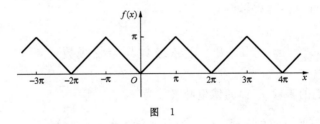

图 1

计算 $f(x)$ 的傅里叶系数:
$$a_0 = \frac{2}{\pi}\int_0^\pi f(x)\,\mathrm{d}x = \frac{2}{\pi}\int_0^\pi x\,\mathrm{d}x = \pi,$$
$$a_n = \frac{2}{\pi}\int_0^\pi f(x)\cos nx\,\mathrm{d}x = \frac{2}{\pi}\int_0^\pi x\cos nx\,\mathrm{d}x$$
$$= \frac{2}{n\pi}\int_0^\pi x\,\mathrm{d}(\sin nx) = \frac{2}{n\pi}\left(x\sin nx\,\Big|_0^\pi - \int_0^\pi \sin nx\,\mathrm{d}x\right)$$

$$= \frac{2}{n^2\pi}\cos nx\Big|_0^\pi = \frac{2}{n^2\pi}[(-1)^n - 1] = \begin{cases} 0, & n=2,4,6,\cdots, \\ -\dfrac{4}{n^2\pi}, & n=1,3,5,\cdots, \end{cases}$$

$$b_n = 0 \quad (n=1,2,\cdots).$$

由于 $f(x)$ 在 $(-\infty, +\infty)$ 上处处连续，则 $f(x)$ 的傅里叶级数展开式为

$$f(x) = \frac{\pi}{2} - \frac{4}{\pi}\left[\cos x + \frac{1}{9}\cos 3x + \cdots + \frac{1}{(2k-1)^2}\cos(2k-1)x + \cdots\right].$$

利用这个展开式可以求出几个特殊的级数和. 当 $x=0$ 时，$f(0)=0$，于是由这个展开式得出

$$\frac{\pi}{2} - \frac{4}{\pi}\left(1 + \frac{1}{3^2} + \frac{1}{5^2} + \cdots\right) = 0,$$

故

$$1 + \frac{1}{3^2} + \frac{1}{5^2} + \cdots = \frac{\pi^2}{8}.$$

设

$$\sigma = 1 + \frac{1}{2^2} + \frac{1}{3^2} + \frac{1}{4^2} + \cdots,$$

$$\sigma_1 = 1 + \frac{1}{3^2} + \frac{1}{5^2} + \cdots = \frac{\pi^2}{8},$$

$$\sigma_2 = \frac{1}{2^2} + \frac{1}{4^2} + \frac{1}{6^2} + \cdots,$$

则

$$\sigma_2 = \frac{1}{4}\left(1 + \frac{1}{2^2} + \frac{1}{3^2} + \cdots\right) = \frac{1}{4}\sigma.$$

因为 $\sigma = \sigma_1 + \sigma_2$，从而 $\sigma = \dfrac{\pi^2}{8} + \dfrac{1}{4}\sigma$，故有

$$\sigma = 1 + \frac{1}{2^2} + \frac{1}{3^2} + \frac{1}{4^2} + \cdots = \frac{\pi^2}{6},$$

$$\sigma_2 = \frac{1}{2^2} + \frac{1}{4^2} + \frac{1}{6^2} + \cdots = \frac{\pi^2}{24}.$$

若令 $\sigma_3 = 1 - \dfrac{1}{2^2} + \dfrac{1}{3^2} - \dfrac{1}{4^2} + \cdots$，则

$$\sigma_3 = \sigma_1 - \sigma_2 = \frac{\pi^2}{8} - \frac{\pi^2}{24} = \frac{\pi^2}{12}.$$

在实际应用中，有时还需要把定义在 $[0,\pi]$ 上的函数展开成正弦级数或余弦级数. 我们的做法是：先对 $[0,\pi]$ 上的函数 $f(x)$ 作奇延拓（或偶延拓），即补充它在 $[-\pi,0]$ 上的定义，从而得到定义在 $[-\pi,\pi]$ 上的函数 $F(x)$，使其成为奇函数（或偶函数），而在 $[0,\pi]$ 上 $F(x) = f(x)$；再将 $F(x)$ 延拓为以 2π 为周期的函数，并将其展开成正弦级数（或余弦级数），进而得到了 $f(x)$ 在 $[0,\pi]$ 上的正弦级数（或余弦级数）.

例 2 将函数 $f(x)=x+1(0\leqslant x\leqslant\pi)$ 展开成正弦级数和余弦级数.

解 先展开成正弦级数.为此先对 $f(x)$ 作奇延拓,令

$$F(x)=\begin{cases} f(x), & 0<x\leqslant\pi, \\ 0, & x=0, \\ -f(-x), & -\pi<x<0. \end{cases}$$

再将 $F(x)$ 延拓为以 2π 为周期的函数.延拓后的函数当 $x\neq k\pi(k=0,\pm 1,\pm 2,\cdots)$ 时连续(图 2),当 $x=k\pi(k=0,\pm 1,\pm 2,\cdots)$ 时有第一类间断点,所以其傅里叶级数在 $(0,\pi)$ 上收敛到 $f(x)$;在 $x=0$ 处收敛到

$$\frac{1}{2}\{f(0+0)+[-f(0+0)]\}=\frac{1}{2}[1+(-1)]=0;$$

在 $x=\pi$ 处收敛到

$$\frac{1}{2}\{f(\pi-0)+[-f(\pi-0)]\}=\frac{1}{2}[(1+\pi)+(-1-\pi)]=0.$$

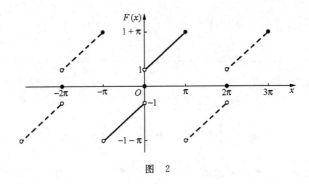

图 2

下面计算 $f(x)$ 的正弦级数的系数:

$$b_n=\frac{2}{\pi}\int_0^\pi f(x)\sin nx\,dx=\frac{2}{\pi}\int_0^\pi(x+1)\sin nx\,dx$$

$$=-\frac{2}{n\pi}\int_0^\pi(x+1)d\cos nx=-\frac{2}{n\pi}\left[(x+1)\cos nx\Big|_0^\pi-\int_0^\pi\cos nx\,dx\right]$$

$$=-\frac{2}{n\pi}\left[(\pi+1)\cos n\pi-1-\frac{1}{n}\sin nx\Big|_0^\pi\right]$$

$$=\frac{2}{n\pi}[1-(-1)^n(\pi+1)]=\begin{cases}\dfrac{2}{\pi}\cdot\dfrac{\pi+2}{n}, & n=1,3,5,\cdots, \\ -\dfrac{2}{n}, & n=2,4,6,\cdots.\end{cases}$$

于是得到 $f(x)$ 的正弦级数展开式

§12.2 正弦级数与余弦级数

$$f(x)=x+1=\frac{2}{\pi}\left[(\pi+2)\sin x-\frac{\pi}{2}\sin 2x+\frac{\pi+2}{3}\sin 3x-\frac{\pi}{4}\sin 4x+\cdots\right] \quad (0<x<\pi).$$

再求 $f(x)$ 的余弦级数. 为此, 先对 $f(x)$ 进行偶延拓

$$F(x)=\begin{cases} f(x), & 0\leqslant x\leqslant \pi, \\ f(-x), & -\pi<x<0, \end{cases}$$

再对 $F(x)$ 进行周期延拓(图3). 延拓后的函数 $F(x)$ 在 $(-\infty,+\infty)$ 上连续, 故 $f(x)$ 的余弦级数在 $[0,\pi]$ 上收敛到 $f(x)$.

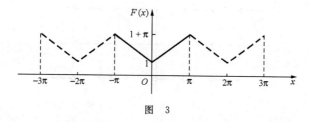

图 3

下面计算 $f(x)$ 的余弦级数的系数:

$$a_0=\frac{2}{\pi}\int_0^\pi f(x)\mathrm{d}x=\frac{2}{\pi}\int_0^\pi (x+1)\mathrm{d}x=\frac{2}{\pi}\left(\frac{1}{2}x^2+x\right)\Big|_0^\pi=\frac{2}{\pi}\left(\frac{1}{2}\pi^2+\pi\right)=\pi+2,$$

$$a_n=\frac{2}{\pi}\int_0^\pi f(x)\cos nx\,\mathrm{d}x=\frac{2}{\pi}\int_0^\pi (x+1)\cos nx\,\mathrm{d}x=\frac{2}{n\pi}\int_0^\pi (x+1)\mathrm{d}\sin nx$$

$$=\frac{2}{n\pi}\left[(x+1)\sin nx\Big|_0^\pi-\int_0^\pi \sin nx\,\mathrm{d}x\right]=\frac{2}{n^2\pi}\cos nx\Big|_0^\pi$$

$$=\frac{2}{n^2\pi}[(-1)^n-1]=\begin{cases} -\dfrac{4}{n^2\pi}, & n=1,3,5,\cdots, \\ 0, & n=2,4,6,\cdots. \end{cases}$$

于是得到 $f(x)$ 的余弦级数展开式

$$f(x)=x+1=\left(\frac{\pi}{2}+1\right)-\frac{4}{\pi}\left[\cos x+\frac{1}{3^2}\cos 3x+\frac{1}{5^2}\cos 5x+\cdots\right] \quad (0\leqslant x\leqslant \pi).$$

习 题 12.2

1. 将函数 $f(x)=x(0\leqslant x\leqslant \pi)$ 分别展开成正弦级数和余弦级数.

2. 设 $f(x)=\begin{cases} x, & 0\leqslant x\leqslant \dfrac{\pi}{2}, \\ \pi-x, & \dfrac{\pi}{2}<x<\pi, \end{cases}$ 将它在 $[0,\pi)$ 上展开为正弦级数和余弦级数.

§12.3 一般周期函数的傅里叶级数展开

前面我们讨论了以 2π 为周期函数的傅里叶级数展开方法. 但是实际问题中所遇到的周期函数, 它的周期不一定是 2π. 例如电子技术中常用的周期为 T 的矩形波函数(图 1). 因此, 下面我们讨论以 $2l$ 为周期的函数的傅里叶级数.

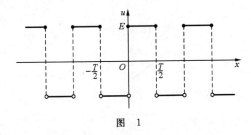

图 1

根据前面讨论的结果, 经过自变量的变量代换, 就可以得到以 $2l$ 为周期函数的傅里叶级数展开方法, 即有以下定理.

定理 设 $f(x)$ 是以 $2l$ 为周期的函数, 且在 $[-l, l]$ 上满足狄利克雷条件, 则在"几乎处处"意义下, 它的傅里叶级数展开式为

$$f(x) = \frac{a_0}{2} + \sum_{n=1}^{\infty}\left(a_n \cos \frac{n\pi x}{l} + b_n \sin \frac{n\pi x}{l}\right),$$

其中系数

$$a_n = \frac{1}{l}\int_{-l}^{l} f(x)\cos\frac{n\pi x}{l}\mathrm{d}x \quad (n=0,1,2,\cdots),$$

$$b_n = \frac{1}{l}\int_{-l}^{l} f(x)\sin\frac{n\pi x}{l}\mathrm{d}x \quad (n=1,2,\cdots),$$

且当函数在点 x 处连续时, 级数收敛于 $f(x)$, 当函数在点 x 处间断时, 级数收敛于 $\dfrac{f(x+0)+f(x-0)}{2}$.

如果 $f(x)$ 为奇函数, 则在"几乎处处"意义下

$$f(x) = \sum_{n=1}^{\infty} b_n \sin\frac{n\pi x}{l},$$

其中

$$b_n = \frac{2}{l}\int_0^l f(x)\sin\frac{n\pi x}{l}\mathrm{d}x \quad (n=1,2,\cdots);$$

如果 $f(x)$ 为偶函数, 则在"几乎处处"意义下

$$f(x) = \frac{a_0}{2} + \sum_{n=1}^{\infty} a_n \cos\frac{n\pi x}{l},$$

§ 12.3 一般周期函数的傅里叶级数展开

其中
$$a_n = \frac{2}{l}\int_0^l f(x)\cos\frac{n\pi x}{l}dx \quad (n=0,1,2,\cdots).$$

证 作变量代换 $x = \frac{l}{\pi}t$,即 $t = \frac{\pi}{l}x$,于是区间 $-l \leqslant x \leqslant l$ 就变换成区间 $-\pi \leqslant t \leqslant \pi$,且 $f(x) = f\left(\frac{l}{\pi}t\right) = F(t)$. 则 $F(t)$ 是以 2π 为周期的函数,且在 $[-\pi,\pi]$ 上满足狄利克雷条件,从而在"几乎处处"意义下 $F(t)$ 可以展开成傅里叶级数:
$$F(t) = \frac{a_0}{2} + \sum_{n=1}^{\infty}(a_n\cos nt + b_n\sin nt),$$

其中
$$a_n = \frac{1}{\pi}\int_{-\pi}^{\pi}F(t)\cos nt\,dt \quad (n=0,1,2,\cdots),$$
$$b_n = \frac{1}{\pi}\int_{-\pi}^{\pi}F(t)\sin nt\,dt \quad (n=1,2,\cdots).$$

在以上式子中把 t 换回 x,并注意到 $F(t) = f(x)$,于是在"几乎处处"意义下有
$$f(x) = \frac{a_0}{2} + \sum_{n=1}^{\infty}\left(a_n\cos\frac{n\pi x}{l} + b_n\sin\frac{n\pi x}{l}\right),$$

而且系数
$$a_n = \frac{1}{l}\int_{-l}^{l}f(x)\cos\frac{n\pi x}{l}dx \quad (n=0,1,2,\cdots),$$
$$b_n = \frac{1}{l}\int_{-l}^{l}f(x)\sin\frac{n\pi x}{l}dx \quad (n=1,2,\cdots).$$

定理其余部分的证明此处从略.

例 1 设 $f(x)$ 是周期为 4 的函数,且在区间 $[-2,2)$ 上的表达式为 $f(x) = \begin{cases} 0, & -2 \leqslant x < 0, \\ k, & 0 \leqslant x < 2 \end{cases}$ (常数 $k \neq 0$),将 $f(x)$ 展开成傅里叶级数.

解 这里 $l = 2$,由本节的定理有
$$a_0 = \frac{1}{l}\int_{-l}^{l}f(x)dx = \frac{1}{2}\int_{-2}^{0}0\,dx + \frac{1}{2}\int_0^2 k\,dx = k;$$
$$a_n = \frac{1}{l}\int_{-l}^{l}f(x)\cos\frac{n\pi x}{l}dx = \frac{1}{2}\int_0^2 k\cos\frac{n\pi x}{2}dx$$
$$= \left(\frac{k}{n\pi}\sin\frac{n\pi x}{2}\right)\bigg|_0^2 = 0 \quad (n=1,2,\cdots);$$
$$b_n = \frac{1}{l}\int_{-l}^{l}f(x)\sin\frac{n\pi x}{l}dx = \frac{1}{2}\int_0^2 k\sin\frac{n\pi x}{2}dx = \left(-\frac{k}{n\pi}\cos\frac{n\pi x}{2}\right)\bigg|_0^2$$
$$= \frac{k}{n\pi}(1-\cos n\pi) = \begin{cases} \frac{2k}{n\pi}, & n=1,3,5,\cdots, \\ 0, & n=2,4,6,\cdots. \end{cases}$$

由于 $f(x)$ 在 $x=0,\pm2,\pm4,\cdots$ 处间断,在其他各点处连续(图 2),因此根据狄利克雷收敛定理可得

$$f(x) = \frac{k}{2} + \frac{2k}{\pi}\left(\sin\frac{\pi x}{2} + \frac{1}{3}\sin\frac{3\pi x}{2} + \frac{1}{5}\sin\frac{5\pi x}{2} + \cdots\right) \quad (x \neq 0, \pm2, \pm4, \cdots),$$

在间断点处,$f(x)$ 的傅里叶级数收敛于 $\frac{k}{2}$.

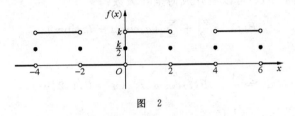

图 2

例 2 如图 3 所示的锯齿波形函数是以 2 为周期的函数 $f(x)$,它在区间 $[-1,1]$ 上的表达式为 $f(x)=|x|,|x|\leqslant 1$,求它的傅里叶级数.

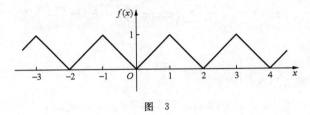

图 3

解 因为 $f(x)$ 是偶函数,所以傅里叶系数 $b_n=0(n=1,2,\cdots)$.于是它的傅里叶级数展开式为余弦级数.因

$$a_0 = \frac{2}{1}\int_0^1 f(x)\mathrm{d}x = 2\int_0^1 x\mathrm{d}x = 1,$$

$$a_n = \frac{2}{1}\int_0^1 x\cos n\pi x\mathrm{d}x = \begin{cases} \dfrac{-4}{n^2\pi^2}, & n=1,3,5,\cdots, \\ 0, & n=2,4,6,\cdots, \end{cases}$$

又因 $f(x)$ 处处连续,故得

$$f(x) = \frac{1}{2} - \frac{4}{\pi^2}\left(\cos\pi x + \frac{\cos 3\pi x}{3^2} + \frac{\cos 5\pi x}{5^2} + \cdots\right) \quad (-\infty < x < +\infty).$$

习 题 12.3

1. 设 $f(x)$ 是周期为 2 的函数,且在区间 $(-1,1]$ 上的表达式为

$$f(x) = \begin{cases} 0, & -1 < x \leqslant 0, \\ x, & 0 < x \leqslant 1, \end{cases}$$

求 $f(x)$ 的傅里叶级数.

2. 设 $f(x)$ 是周期为 6 的函数,且在区间 $[-3,3)$ 上的表达式为
$$f(x)=\begin{cases} 2x+1, & -3\leqslant x<0, \\ 1, & 0\leqslant x<3, \end{cases}$$
求 $f(x)$ 的傅里叶级数.

3. 将下列函数分别展开为正弦级数和余弦级数,并讨论它们的收敛性:

(1) $f(x)=\begin{cases} x, & 0\leqslant x<\dfrac{1}{2}, \\ 1-x, & \dfrac{1}{2}\leqslant x\leqslant 1; \end{cases}$ (2) $f(x)=x^2$ $(0\leqslant x\leqslant 2)$.

§12.4 傅里叶级数的复数形式

在第十一章§11.5 中,我们曾推导了欧拉公式
$$e^{ix}=\cos x+i\sin x$$
以及
$$\cos x=\frac{e^{ix}+e^{-ix}}{2}, \quad \sin x=\frac{e^{ix}-e^{-ix}}{2i}.$$

利用欧拉公式,我们可以将傅里叶级数表示为复级数的形式.

设函数 $f(x)$ 以 $2l$ 为周期且满足狄利克雷条件,其傅里叶级数为
$$f(x)=\frac{a_0}{2}+\sum_{n=1}^{\infty}\left(a_n\cos\frac{n\pi x}{l}+b_n\sin\frac{n\pi x}{l}\right).$$

由欧拉公式可得
$$\cos\frac{n\pi}{l}x=\frac{1}{2}(e^{i\frac{n\pi x}{l}}+e^{-i\frac{n\pi x}{l}}), \quad \sin\frac{n\pi}{l}x=\frac{1}{2i}(e^{i\frac{n\pi x}{l}}-e^{-i\frac{n\pi x}{l}}).$$

将这两个表达式代入傅里叶级数可得
$$f(x)=\frac{a_0}{2}+\sum_{n=1}^{\infty}\left[\frac{a_n}{2}(e^{i\frac{n\pi x}{l}}+e^{-i\frac{n\pi x}{l}})-i\frac{b_n}{2}(e^{i\frac{n\pi x}{l}}-e^{-i\frac{n\pi x}{l}})\right]$$
$$=\frac{a_0}{2}+\sum_{n=1}^{\infty}\left(\frac{a_n-ib_n}{2}e^{i\frac{n\pi x}{l}}+\frac{a_n+ib_n}{2}e^{-i\frac{n\pi x}{l}}\right).$$

如果记
$$c_0=\frac{a_0}{2}, \quad c_n=\frac{a_n-ib_n}{2}, \quad c_{-n}=\frac{a_n+ib_n}{2} \quad (n=1,2,\cdots),$$

则有傅里叶级数的复级数形式
$$f(x)=c_0+\sum_{n=1}^{\infty}(c_n e^{i\frac{n\pi x}{l}}+c_{-n}e^{-i\frac{n\pi x}{l}})=\sum_{n=-\infty}^{+\infty}c_n e^{i\frac{n\pi x}{l}}. \qquad ①$$

这时，系数 $c_0, c_n, c_{-n}(n=1,2,\cdots)$ 也可表达为复数的积分形式：

$$c_0 = \frac{a_0}{2} = \frac{1}{2l}\int_{-l}^{l} f(x)\mathrm{d}x,$$

$$c_n = \frac{a_n - \mathrm{i}b_n}{2} = \frac{1}{2}\left[\frac{1}{l}\int_{-l}^{l} f(x)\cos\frac{n\pi x}{l}\mathrm{d}x - \frac{\mathrm{i}}{l}\int_{-l}^{l} f(x)\sin\frac{n\pi x}{l}\mathrm{d}x\right]$$

$$= \frac{1}{2l}\int_{-l}^{l} f(x)\left(\cos\frac{n\pi x}{l} - \mathrm{i}\sin\frac{n\pi x}{l}\right)\mathrm{d}x$$

$$= \frac{1}{2l}\int_{-l}^{l} f(x)\mathrm{e}^{-\mathrm{i}\frac{n\pi x}{l}}\mathrm{d}x \quad (n=1,2,\cdots).$$

同理可得

$$c_{-n} = \frac{1}{2l}\int_{-l}^{l} f(x)\mathrm{e}^{\mathrm{i}\frac{n\pi x}{l}}\mathrm{d}x \quad (n=1,2,\cdots).$$

可将以上公式合并为一个公式：

$$c_n = \frac{1}{2l}\int_{-l}^{l} f(x)\mathrm{e}^{-\mathrm{i}\frac{n\pi x}{l}}\mathrm{d}x \quad (n=0,\pm 1,\pm 2,\cdots), \qquad ②$$

它们也称为**傅里叶系数**.

可以看到傅里叶级数的复数形式比较简单，其中 n 仍然是频率大小的标示，但"n"与"$-n$"标示的是同一个频率. 而 $|c_n| = \frac{\sqrt{a_n^2 + b_n^2}}{2} = |c_{-n}|$，则 $|c_n| + |c_{-n}| = \sqrt{a_n^2 + b_n^2}$ 就是该频率下的振幅. 因此 $|c_n|$ 也可作为频率振幅大小的标度.

例 设矩形波函数 $u(t)$ 以 T 为周期，它在 $\left[-\frac{T}{2}, \frac{T}{2}\right]$ 上的表达式为

$$u(t) = \begin{cases} 0, & -\frac{T}{2} \leqslant t < -\frac{\tau}{2}, \\ h, & -\frac{\tau}{2} \leqslant t < \frac{\tau}{2}, \\ 0, & \frac{\tau}{2} \leqslant t < \frac{T}{2}. \end{cases}$$

求它的复数形式的傅里叶级数.

解 此时，$l = \frac{T}{2}$，由公式②可得

$$c_0 = \frac{1}{T}\int_{-T/2}^{T/2} u(t)\mathrm{d}t = \frac{1}{T}\int_{-\tau/2}^{\tau/2} h\mathrm{d}t = \frac{h\tau}{T},$$

$$c_n = \frac{1}{T}\int_{-T/2}^{T/2} u(t)\mathrm{e}^{-\mathrm{i}\frac{2n\pi t}{T}}\mathrm{d}t = \frac{1}{T}\int_{-\tau/2}^{\tau/2} h\mathrm{e}^{-\mathrm{i}\frac{2n\pi t}{T}}\mathrm{d}t$$

$$= \frac{h}{T}\left(\frac{-T}{2n\pi\mathrm{i}}\mathrm{e}^{-\mathrm{i}\frac{2n\pi t}{T}}\right)\bigg|_{-\tau/2}^{\tau/2} = \frac{h}{n\pi} \cdot \frac{1}{2\mathrm{i}}(\mathrm{e}^{\mathrm{i}\frac{n\pi\tau}{T}} - \mathrm{e}^{-\mathrm{i}\frac{n\pi\tau}{T}})$$

$$= \frac{h}{n\pi}\sin\frac{n\pi\tau}{T} \quad (n=\pm 1, \pm 2, \cdots),$$

于是 $u(t)$ 的复数形式的傅里叶级数为

$$u(t) = \frac{h\tau}{T} + \frac{h}{\pi}\sum_{\substack{n=-\infty\\n\neq 0}}^{+\infty}\frac{1}{n}\sin\frac{n\pi\tau}{T}e^{i\frac{2n\pi t}{T}} \quad \left(t\neq kT\pm\frac{\tau}{2}, k=0, \pm 1, \pm 2, \cdots\right),$$

其和函数的图形见图 1.

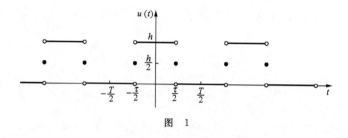

图 1

习 题 12.4

1. 设函数 $f(x)$ 以 2π 为周期，它在 $[0, 2\pi)$ 上的表达式为 $f(x)=1-\dfrac{x}{\pi}$，求 $f(x)$ 复数形式的傅里叶级数.

2. 设函数 $f(x)$ 以 2 为周期，它在 $[-1,1]$ 上的表达式为 $f(x)=e^{-x}$，求 $f(x)$ 复数形式的傅里叶级数.

*§12.5 傅里叶变换

傅里叶变换是傅里叶级数的进一步延伸，它在物理学和信号处理上有着重要的应用. 对它在数学理论上的研究产生了数学的一个重要分支——傅里叶分析. 由于本节是对傅里叶变换的简单介绍，所以其中的一些推导都作了简化处理，这样可使得读者更直观地了解傅里叶变换的意义并掌握它的一些性质.

一、傅里叶变换的引入

设函数 $f(x)$ 以 T 为周期并满足狄利克雷条件. 在 §12.4 中，我们已经讨论了如何将 $f(x)$ 展开为复数形式的傅里叶级数：

$$f(x) = \sum_{n=-\infty}^{+\infty} c_n e^{i\frac{n\pi x}{T}},$$

其中 $T=2l$，l 称为半周期. 再令 $\omega=\dfrac{2\pi}{T}$，于是

$$f(x) = \sum_{n=-\infty}^{+\infty} c_n e^{i\frac{2n\pi x}{T}} = \sum_{n=-\infty}^{+\infty} c_n e^{in\omega x}, \qquad ①$$

其中傅里叶系数为

$$c_n = \frac{1}{2l}\int_{-l}^{l} f(x) e^{-i\frac{n\pi x}{l}} dx = \frac{1}{T}\int_{-T/2}^{T/2} f(x) e^{-in\omega x} dx \quad (n = 0, \pm 1, \pm 2, \cdots). \qquad ②$$

如果 $f(x)$ 是定义在 $(-\infty, +\infty)$ 上的非周期函数(图 1),如何来研究它的频率性质呢? 我们可以将 $f(x)$ 看做是由以 T 为周期的函数 $f_T(x)$ (图 2)转化而来的,其中在 $\left[-\dfrac{T}{2}, \dfrac{T}{2}\right]$ 内 $f_T(x) = f(x)$,则

$$\lim_{T \to +\infty} f_T(x) = f(x).$$

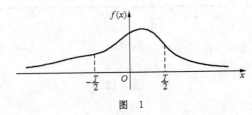

图 1

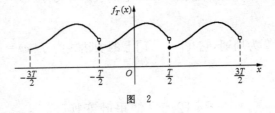

图 2

将 $f_T(x)$ 展开为傅里叶级数,由公式①和②得

$$f_T(x) = \sum_{n=-\infty}^{+\infty} c_n e^{in\omega x} = \frac{1}{T}\sum_{n=-\infty}^{+\infty} \left(\int_{-T/2}^{T/2} f_T(t) e^{-in\omega t} dt\right) e^{in\omega x}$$

$$= \frac{1}{T}\sum_{n=-\infty}^{+\infty} \left(\int_{-T/2}^{T/2} f_T(t) e^{-i\omega_n t} dt\right) e^{i\omega_n x},$$

其中 $\omega_n = n\omega = \dfrac{2n\pi}{T}$. 记 $\Delta\omega = \omega_n - \omega_{n-1}$,则对于任何 n 都有 $\Delta\omega = \dfrac{2\pi}{T}$. 当 $T \to +\infty$ 时,$\Delta\omega \to 0$, 于是

$$f(x) = \lim_{T \to +\infty} f_T(x) = \lim_{T \to +\infty} \frac{1}{T}\sum_{n=-\infty}^{+\infty} \left(\int_{-T/2}^{T/2} f_T(t) e^{-i\omega_n t} dt\right) e^{i\omega_n x}$$

$$= \lim_{\Delta\omega \to 0} \frac{1}{2\pi}\sum_{n=-\infty}^{+\infty} \left(\int_{-T/2}^{T/2} f_T(t) e^{-i\omega_n t} dt\right) e^{i\omega_n x} \Delta\omega. \qquad ③$$

当 $T\to+\infty$ 时，在 $\int_{-T/2}^{T/2} f_T(t)\mathrm{e}^{-\mathrm{i}\omega_n t}\mathrm{d}t$ 中，积分的上、下限分别趋于 $+\infty$ 和 $-\infty$，而 $f_T(t)\to f(t)$．如果令

$$F(\omega)=\int_{-\infty}^{+\infty}f(t)\mathrm{e}^{-\mathrm{i}\omega t}\mathrm{d}t, \qquad ④$$

则当 $T\to+\infty$ 时，

$$\int_{-T/2}^{T/2}f_T(t)\mathrm{e}^{-\mathrm{i}\omega_n t}\mathrm{d}t\to\int_{-\infty}^{+\infty}f(t)\mathrm{e}^{-\mathrm{i}\omega_n t}\mathrm{d}t=F(\omega_n).$$

因此，由积分的定义，③式可变为

$$f(x)=\lim_{T\to+\infty}f_T(x)=\lim_{\Delta\omega\to 0}\frac{1}{2\pi}\sum_{n=-\infty}^{+\infty}F(\omega_n)\mathrm{e}^{\mathrm{i}\omega_n x}\Delta\omega=\frac{1}{2\pi}\int_{-\infty}^{+\infty}F(\omega)\mathrm{e}^{\mathrm{i}\omega x}\mathrm{d}\omega.$$

于是得到

$$f(x)=\frac{1}{2\pi}\int_{-\infty}^{+\infty}\left(\int_{-\infty}^{+\infty}f(t)\mathrm{e}^{-\mathrm{i}\omega t}\mathrm{d}t\right)\mathrm{e}^{\mathrm{i}\omega x}\mathrm{d}\omega. \qquad ⑤$$

此式称为**傅里叶积分公式**．

上面很粗糙地推出了傅里叶积分公式，这里我们不加证明地给出更严谨的数学结果．

定理 1（傅里叶积分定理） 若定义在 $(-\infty,+\infty)$ 上的函数 $f(x)$ 满足：

(1) $f(x)$ 在任何有限区间上满足狄利克雷条件；

(2) $\int_{-\infty}^{+\infty}|f(x)|\mathrm{d}x$ 收敛，

则积分 $\frac{1}{2\pi}\int_{-\infty}^{+\infty}\left(\int_{-\infty}^{+\infty}f(t)\mathrm{e}^{-\mathrm{i}\omega t}\mathrm{d}t\right)\mathrm{e}^{\mathrm{i}\omega x}\mathrm{d}\omega$ 在函数 $f(x)$ 的连续点 x 处收敛于 $f(x)$，在函数 $f(x)$ 的间断点 x 处收敛于 $\dfrac{f(x+0)+f(x-0)}{2}$．

由于⑤式右端的积分不收敛于 $f(x)$ 的点只是个别的孤立点，而在绝大部分的点上都收敛于 $f(x)$，从而我们也称这种收敛为"几乎处处"收敛．因此等式⑤也是在"几乎处处"意义下成立的．

对于满足傅里叶积分定理的函数 $f(x)$，我们称函数

$$F(\omega)=\int_{-\infty}^{+\infty}f(x)\mathrm{e}^{-\mathrm{i}\omega x}\mathrm{d}x, \qquad ⑥$$

为 $f(x)$ 的**傅里叶变换**（简称**傅氏变换**），记为 $F(\omega)=\mathscr{F}[f(x)]$．

对于傅里叶变换的记号"$\mathscr{F}$"应该理解为一个映射的记号，它表示函数集合 $\{f(x)\}$ 到另一个函数集合 $\{F(\omega)\}$ 的映射，即把一个函数 $f(x)$ 映射为另一个函数 $F(\omega)$．因此也将 $F(\omega)$ 称为 $f(x)$ 的**傅氏像函数**（简称**像函数**），将 $f(x)$ 称为 $F(\omega)$ 的**傅氏像原函数**（简称**像原函数**）．可以证明这个映射"$\mathscr{F}$"是像函数和像原函数之间的一一对应，从而存在逆映射"$\mathscr{F}^{-1}$"，称为**傅氏逆变换**．从公式⑤可知

$$f(x) = \frac{1}{2\pi} \int_{-\infty}^{+\infty} F(\omega) e^{i\omega x} d\omega. \qquad ⑦$$

因此,这个逆映射就由⑦确定,即 $f(x) = \mathscr{F}^{-1}[F(\omega)]$.

此外,由于傅氏变换是函数集合与函数集合之间的映射,因此函数的自变量可以选择任何记号. 例如 $\mathscr{F}[f(x)] = F(u)$. 但是,习惯上将像原函数的自变量选为"t",它表示时间,而像函数的自变量选为"ω",它表示频率,如 $\mathscr{F}[f(t)] = F(\omega)$.

函数 $f(t)$ 表示跟随时间 t 而强度不断变化的信号. 像函数 $F(\omega)$ 是由傅里叶系数 $\{c_n\}$ 演变而来的,因此 ω 表示频率的意义,而 $|F(\omega)|$ 的意义是频率为 ω 处的振幅,称为**振幅频谱**(简称**频谱**). 所以傅氏变换能够使我们从频率的角度去观察非周期的信号.

例1 给定矩形脉冲函数 $f(t) = \begin{cases} 1, & |t| \leqslant \delta, \\ 0, & |t| > \delta, \end{cases}$ 求它的傅氏变换 $F(\omega)$ 以及 $F(\omega)$ 的傅氏逆变换.

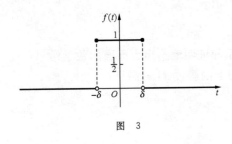

图 3

解 图 3 是 $f(t)$ 的图形. 可见 $t = \pm \delta$ 是 $f(t)$ 的间断点,该函数满足傅氏积分定理的条件. 由公式⑥可得

$$F(\omega) = \mathscr{F}[f(t)] = \int_{-\infty}^{+\infty} f(t) e^{-i\omega t} dt = \int_{-\delta}^{\delta} e^{-i\omega t} dt$$
$$= \frac{1}{-i\omega} e^{-i\omega t} \Big|_{-\delta}^{\delta} = \frac{1}{-i\omega} (e^{-i\omega\delta} - e^{i\omega\delta})$$
$$= \frac{2}{\omega} \cdot \frac{1}{2i} (e^{i\omega\delta} - e^{-i\omega\delta}) = \frac{2\sin\omega\delta}{\omega}.$$

再由公式⑦和傅里叶积分定理可知,在"几乎处处"意义下有

$$f(t) = \mathscr{F}^{-1}[F(\omega)] = \frac{1}{2\pi} \int_{-\infty}^{+\infty} F(\omega) e^{i\omega t} d\omega = \frac{1}{2\pi} \int_{-\infty}^{+\infty} \frac{2\sin\omega\delta}{\omega} e^{i\omega t} d\omega.$$

利用欧拉公式将上式积分的实部和虚部分开,并利用被积函数的奇偶性得到

$$f(t) = \frac{1}{2\pi} \int_{-\infty}^{+\infty} \frac{2\sin\omega\delta}{\omega} \cos\omega t\, d\omega + \frac{i}{2\pi} \int_{-\infty}^{+\infty} \frac{2\sin\omega\delta}{\omega} \sin\omega t\, d\omega$$
$$= \frac{2}{\pi} \int_{0}^{+\infty} \frac{\sin\omega\delta}{\omega} \cos\omega t\, d\omega = \begin{cases} 1, & |t| < \delta, \\ 1/2, & |t| = \delta, \\ 0, & |t| > \delta. \end{cases}$$

在上式中令 $t = 0$,顺便得到

$$\int_{0}^{+\infty} \frac{\sin\omega\delta}{\omega} d\omega = \frac{\pi}{2} \quad (\delta > 0).$$

此积分称为**狄利克雷积分**.

由于像函数与像原函数之间一一对应的关系,人们将一些常用函数的傅氏变换列成表格以便查找(见附录),它们称为**傅氏变换对**.

二、δ 函数与卷积

（一）δ 函数

在许多物理现象中,除了连续分布的物理量以外,还时常会遇到具有冲击性质的物理量,如瞬间作用的冲击力、电脉冲等,这些量作用的持续时间很短（简直可以看做持续时间为零）,但是值却很大.

例如,只在时刻 $t=0$ 电路中输入了一个单位电量,此时刻的电流强度为 ∞,其他时刻的电流强度为零. 如果用数学公式表达电流与时刻 t 的关系则有表达式

$$I(t) = \begin{cases} \infty, & t=0, \\ 0, & t \neq 0. \end{cases}$$

由实际的物理意义可知,输入到电路中的全部电量为

$$\int_{-\infty}^{+\infty} I(t) \mathrm{d}t = 1.$$

但是通常意义下的函数都无法满足对于 $I(t)$ 这个函数的要求. 也就是说通常意义下的函数无法描述这种"冲击"现象. 为此必须引入一个新的函数,称为**单位脉冲函数**（或**冲击函数**）,又称为 δ **函数**.

δ 函数可以用不同的方式来定义,最简单的方式是把它看做矩形脉冲的极限. 设矩形脉冲电流为 $\delta_\tau(t) = \begin{cases} \dfrac{1}{\tau}, & 0 \leqslant t \leqslant \tau, \\ 0, & \text{其他}, \end{cases}$ 其图形见图 4. 考虑 $\tau \to 0$,定义 δ 函数 $\delta(t) = \lim\limits_{\tau \to 0} \delta_\tau(t)$,则

$$\delta(t) = \begin{cases} \infty, & t=0, \\ 0, & t \neq 0, \end{cases}$$

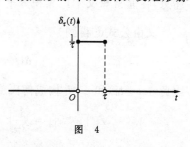

图 4

并有积分

$$\int_{-\infty}^{+\infty} \delta(t) \mathrm{d}t = \lim_{\tau \to 0} \int_{-\infty}^{+\infty} \delta_\tau(t) \mathrm{d}t = \lim_{\tau \to 0} \int_0^\tau \frac{1}{\tau} \mathrm{d}t = 1.$$

人们通常认为满足以下两个条件的函数就是 δ 函数：

(1) $\delta(t) = 0 \ (t \neq 0)$；

(2) $\int_{-\infty}^{+\infty} \delta(t) \mathrm{d}t = 1.$

但是经过数学理论上的研究发现,δ 函数不是通常意义下的函数,而是一个广义函数,它没有通常意义下的"函数值",不能用通常意义下"自变量与因变量的对应关系"来定义. 它的主要性质表现在积分上,它可以像普通函数一样按照积分的演算规则去演算.

定理 2 设 $f(t)$ 是 $(-\infty, +\infty)$ 上的连续函数,则

$$\int_{-\infty}^{+\infty}\delta(t)f(t)\mathrm{d}t = f(0). \qquad ⑧$$

事实上，
$$\int_{-\infty}^{+\infty}\delta(t)f(t)\mathrm{d}t = \lim_{\tau\to 0}\int_{-\infty}^{+\infty}\delta_\tau(t)f(t)\mathrm{d}t = \lim_{\tau\to 0}\frac{1}{\tau}\int_0^\tau f(t)\mathrm{d}t = f(0).$$

由定理 2 可以推出
$$\int_{-\infty}^{+\infty}\delta(t-t_0)f(t)\mathrm{d}t = f(t_0). \qquad ⑨$$

事实上，取变量代换 $u = t - t_0$，由公式⑧可得
$$\int_{-\infty}^{+\infty}\delta(t-t_0)f(t)\mathrm{d}t = \int_{-\infty}^{+\infty}\delta(u)f(u+t_0)\mathrm{d}u = f(0+t_0) = f(t_0).$$

下面考虑 δ 函数的傅氏变换。由公式⑧可得
$$\mathscr{F}[\delta(t)] = \int_{-\infty}^{+\infty}\delta(t)\mathrm{e}^{-\mathrm{i}\omega t}\mathrm{d}t = \mathrm{e}^{-\mathrm{i}\omega 0} = 1,$$

因此 $\delta(t)$ 和 1 构成傅氏变换对，从而有
$$\mathscr{F}^{-1}[1] = \frac{1}{2\pi}\int_{-\infty}^{+\infty}1\cdot \mathrm{e}^{\mathrm{i}\omega t}\mathrm{d}\omega = \delta(t).$$

注意，在通常意义下广义积分 $\int_{-\infty}^{+\infty}\mathrm{e}^{\mathrm{i}\omega t}\mathrm{d}\omega$ 是发散的。

又由公式⑨得到
$$\mathscr{F}[\delta(t-t_0)] = \int_{-\infty}^{+\infty}\delta(t-t_0)\mathrm{e}^{-\mathrm{i}\omega t}\mathrm{d}t = \mathrm{e}^{-\mathrm{i}\omega t_0},$$

因此 $\delta(t-t_0)$ 和 $\mathrm{e}^{-\mathrm{i}\omega t_0}$ 构成傅氏变换对，从而有
$$\mathscr{F}^{-1}[\mathrm{e}^{-\mathrm{i}\omega t_0}] = \frac{1}{2\pi}\int_{-\infty}^{+\infty}\mathrm{e}^{-\mathrm{i}\omega t_0}\cdot \mathrm{e}^{\mathrm{i}\omega t}\mathrm{d}\omega = \frac{1}{2\pi}\int_{-\infty}^{+\infty}\mathrm{e}^{\mathrm{i}\omega(t-t_0)}\mathrm{d}\omega = \delta(t-t_0).$$

例 2 证明函数 $u(t) = \begin{cases} 0, & t\leqslant 0, \\ 1, & t>0 \end{cases}$（称为**单位阶跃函数**）的傅氏变换为 $\pi\delta(\omega) + \dfrac{1}{\mathrm{i}\omega}$。

证 令 $F(\omega) = \pi\delta(\omega) + \dfrac{1}{\mathrm{i}\omega}$，只需证明它的傅氏逆变换为 $u(t)$ 即可。由公式⑦有
$$\begin{aligned}
\mathscr{F}^{-1}[F(\omega)] &= \frac{1}{2\pi}\int_{-\infty}^{+\infty}\left(\pi\delta(\omega) + \frac{1}{\mathrm{i}\omega}\right)\mathrm{e}^{\mathrm{i}\omega t}\mathrm{d}\omega \\
&= \frac{1}{2\pi}\int_{-\infty}^{+\infty}\pi\delta(\omega)\mathrm{e}^{\mathrm{i}\omega t}\mathrm{d}\omega + \frac{1}{2\pi}\int_{-\infty}^{+\infty}\frac{\cos\omega t + \mathrm{i}\sin\omega t}{\mathrm{i}\omega}\mathrm{d}\omega \\
&= \frac{1}{2} + \frac{1}{2\pi}\int_{-\infty}^{+\infty}\frac{\sin\omega t}{\omega}\mathrm{d}\omega = \frac{1}{2} + \frac{1}{\pi}\int_0^{+\infty}\frac{\sin\omega t}{\omega}\mathrm{d}\omega.
\end{aligned}$$

在上面的推导中用到了奇函数的积分 $\int_{-\infty}^{+\infty}\dfrac{\cos\omega t}{\omega}\mathrm{d}\omega = 0$。注意狄利克雷积分

*§12.5 傅里叶变换

$$\int_0^{+\infty} \frac{\sin\omega t}{\omega} d\omega = \begin{cases} -\frac{\pi}{2}, & t<0, \\ 0, & t=0, \\ \frac{\pi}{2}, & t>0, \end{cases}$$

因此在"几乎处处"意义下就有

$$u(t) = \mathscr{F}^{-1}[F(\omega)] = \begin{cases} 0, & t<0, \\ \frac{1}{2}, & t=0, \\ 1, & t>0, \end{cases}$$

即 $u(t)$ 的傅氏变换为 $F(\omega) = \pi\delta(\omega) + \frac{1}{i\omega}$.

(二) 卷积

给定两个函数 $f_1(t)$ 和 $f_2(t)$，按照下面的积分确定一个新的函数

$$g(t) = \int_{-\infty}^{+\infty} f_1(\tau) f_2(t-\tau) d\tau,$$

称之为 $f_1(t)$ 与 $f_2(t)$ 的**卷积**，记为 $f_1(t) * f_2(t)$.

我们不加证明地给出下列结论：

(1) **交换律**：$f_1(t) * f_2(t) = f_2(t) * f_1(t)$；

(2) **结合律**：$[f_1(t) * f_2(t)] * f_3(t) = f_1(t) * [f_2(t) * f_3(t)]$；

(3) **分配律**：$[f_1(t) + f_2(t)] * f_3(t) = f_1(t) * f_3(t) + f_2(t) * f_3(t)$.

例 3 设 $f_1(t) = \begin{cases} 0, & t<0, \\ 1, & t\geq 0, \end{cases}$ $f_2(t) = \begin{cases} 0, & t<0, \\ e^{-t}, & t\geq 0, \end{cases}$ 求 $f_1(t) * f_2(t)$.

解 由卷积的定义

$$f_1(t) * f_2(t) = \int_{-\infty}^{+\infty} f_1(\tau) f_2(t-\tau) d\tau.$$

这里被积函数是二元函数，使得二元函数 $G(t,\tau) = f_1(\tau) f_2(t-\tau) \neq 0$ 的点的集合称为它的**支集**. 我们先在 $Ot\tau$ 平面上画出它的支集(图 5 的阴影部分). 在做积分时，将 t 看做常数. 这样当积分变量 τ 在 $(-\infty, +\infty)$ 内变化时，可以将积分看做是在 t 为常数的直线上进行.

当 $t<0$ 时，t 为常数的直线在支集之外，从而 $f_1(\tau) f_2(t-\tau) \equiv 0$，于是

$$f_1(t) * f_2(t) = \int_{-\infty}^{+\infty} 0 d\tau = 0.$$

当 $t \geq 0$ 时，t 为常数的直线可分为在支集之内、在支集之上和在支集之下三个部分，于是

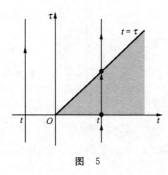

图 5

$$f_1(t) * f_2(t) = \int_{-\infty}^{+\infty} f_1(\tau) f_2(t-\tau) d\tau$$
$$= \int_t^{+\infty} f_1(\tau) f_2(t-\tau) d\tau + \int_0^t f_1(\tau) f_2(t-\tau) d\tau + \int_{-\infty}^0 f_1(\tau) f_2(t-\tau) d\tau$$
$$= \int_t^{+\infty} 0 d\tau + \int_0^t 1 \cdot e^{-(t-\tau)} d\tau + \int_{-\infty}^0 0 d\tau = 1 - e^{-t}.$$

综上所述,得

$$f_1(t) * f_2(t) = \begin{cases} 0, & t < 0, \\ 1 - e^{-t}, & t \geqslant 0. \end{cases}$$

例 4 设函数 $f(t)$ 连续,证明 $\delta(t) * f(t) = f(t)$.

证 由公式⑧可得

$$\delta(t) * f(t) = \int_{-\infty}^{+\infty} \delta(\tau) f(t-\tau) d\tau = f(t-0) = f(t).$$

定理 3(卷积定理) 设 $\mathscr{F}[f_1(t)] = F_1(\omega), \mathscr{F}[f_2(t)] = F_2(\omega)$,则

$$\mathscr{F}[f_1(t) * f_2(t)] = F_1(\omega) \cdot F_2(\omega), \quad \mathscr{F}^{-1}[F_1(\omega) \cdot F_2(\omega)] = f_1(t) * t_2(t).$$

证 由公式⑥及卷积的定义得

$$\mathscr{F}[f_1(t) * f_2(t)] = \int_{-\infty}^{+\infty} [f_1(t) * f_2(t)] e^{-i\omega t} dt$$
$$= \int_{-\infty}^{+\infty} \left[\int_{-\infty}^{+\infty} f_1(\tau) f_2(t-\tau) d\tau \right] e^{-i\omega t} dt$$
$$= \int_{-\infty}^{+\infty} f_1(\tau) d\tau \int_{-\infty}^{+\infty} f_2(t-\tau) e^{-i\omega t} dt$$
$$\xlongequal{\diamondsuit u = t - \tau} \int_{-\infty}^{+\infty} f_1(\tau) e^{-i\omega \tau} d\tau \int_{-\infty}^{+\infty} f_2(u) e^{-i\omega u} du$$
$$= F_1(\omega) \cdot F_2(\omega).$$

因此 $f_1(t) * f_2(t)$ 和 $F_1(\omega) \cdot F_2(\omega)$ 构成傅氏变换对,于是

$$\mathscr{F}^{-1}[F_1(\omega) \cdot F_2(\omega)] = f_1(t) * f_2(t).$$

同理还可以证明下面的公式成立:

$$\mathscr{F}[f_1(t) \cdot f_2(t)] = \frac{1}{2\pi} F_1(\omega) * F_2(\omega), \quad \mathscr{F}^{-1}[F_1(\omega) * F_2(\omega)] = 2\pi f_1(t) \cdot f_2(t).$$

三、傅里叶变换的性质

性质 1(线性) 设 $\mathscr{F}[f_1(t)] = F_1(\omega), \mathscr{F}[f_2(t)] = F_2(\omega), \alpha, \beta$ 是常数，则

$$\mathscr{F}[\alpha f_1(t) + \beta f_2(t)] = \alpha F_1(\omega) + \beta F_2(\omega), \quad \mathscr{F}^{-1}[\alpha F_1(\omega) + \beta F_2(\omega)] = \alpha f_1(t) + \beta f_2(t).$$

这个性质的证明可以由傅氏变换的定义直接得到，此处省略。

性质 2(对称性) 设 $\mathscr{F}[f(t)] = F(\omega)$，则

$$\mathscr{F}[F(t)] = 2\pi f(-\omega), \quad 即 \quad \mathscr{F}\{\mathscr{F}[f(t)]\} = 2\pi f(-\omega).$$

事实上，

$$\mathscr{F}[F(t)] = \int_{-\infty}^{+\infty} F(t) e^{-i\omega t} dt = 2\pi \left[\frac{1}{2\pi} \int_{-\infty}^{+\infty} F(t) e^{i(-\omega)t} dt\right] = 2\pi f(-\omega).$$

例 5 求 $\mathscr{F}\left[\dfrac{2\sin t}{t}\right]$.

解 由例 1 可知 $\mathscr{F}[f(t)] = \dfrac{2\sin\omega}{\omega}$，其中 $f(t) = \begin{cases} 1, & |t| \leqslant 1, \\ 0, & |t| > 1, \end{cases}$ 再由对称性可得

$$\mathscr{F}\left[\frac{2\sin t}{t}\right] = 2\pi f(-\omega) = \begin{cases} 2\pi, & |\omega| \leqslant 1, \\ 0, & |\omega| > 1. \end{cases}$$

性质 3(相似性) 设 $\mathscr{F}[f(t)] = F(\omega), a \neq 0$ 为常数，则 $\mathscr{F}[f(at)] = \dfrac{1}{|a|} F\left(\dfrac{\omega}{a}\right)$.

证 当 $a > 0$ 时，

$$\mathscr{F}[f(at)] = \int_{-\infty}^{+\infty} f(at) e^{-i\omega t} dt \xrightarrow{\diamondsuit u = at} \frac{1}{a} \int_{-\infty}^{+\infty} f(u) e^{-i\left(\frac{\omega}{a}\right)u} du = \frac{1}{a} F\left(\frac{\omega}{a}\right);$$

当 $a < 0$ 时，

$$\mathscr{F}[f(at)] = \int_{-\infty}^{+\infty} f(at) e^{-i\omega t} dt \xrightarrow{\diamondsuit u = at} \frac{1}{a} \int_{+\infty}^{-\infty} f(u) e^{-i\left(\frac{\omega}{a}\right)u} du = -\frac{1}{a} F\left(\frac{\omega}{a}\right).$$

总之，当 $a \neq 0$ 时，就有 $\mathscr{F}[f(at)] = \dfrac{1}{|a|} F\left(\dfrac{\omega}{a}\right)$ 成立。

同理可证傅氏逆变换也具有相似性，即

$$\mathscr{F}^{-1}[F(a\omega)] = \frac{1}{|a|} f\left(\frac{t}{a}\right) \quad (a \neq 0).$$

性质 4(位移性或时移性) 设 $\mathscr{F}[f(t)] = F(\omega)$，则 $\mathscr{F}[f(t - t_0)] = e^{-i\omega t_0} F(\omega)$，其中 t_0 是常数。

证
$$\mathscr{F}[f(t - t_0)] = \int_{-\infty}^{+\infty} f(t - t_0) e^{-i\omega t} dt \xrightarrow{\diamondsuit u = t - t_0} e^{-i\omega t_0} \int_{-\infty}^{+\infty} f(u) e^{-i\omega u} du$$
$$= e^{-i\omega t_0} F(\omega).$$

同理傅氏逆变换也具有位移性，即对于常数 ω_0，有
$$\mathscr{F}^{-1}[F(\omega-\omega_0)] = e^{i\omega_0 t} f(t).$$

例 6 求矩形脉冲函数 $g(t)=\begin{cases} 1, & 0 \leqslant t \leqslant \tau, \\ 0, & \text{其他} \end{cases}$（图 6）的傅氏变换.

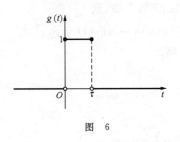

图 6

解 利用例 1 中的函数 $f(t)=\begin{cases} 1, & |t| \leqslant \tau/2, \\ 0, & |t| > \tau/2 \end{cases}$ 的傅氏变换

$$F(\omega) = \mathscr{F}[f(t)] = \frac{2\sin\dfrac{\omega\tau}{2}}{\omega}.$$

由于 $g(t)=f\left(t-\dfrac{\tau}{2}\right)$，故由傅氏变换的位移性质可得

$$\mathscr{F}[g(t)] = \mathscr{F}\left[f\left(t-\dfrac{\tau}{2}\right)\right] = e^{-i\frac{\omega\tau}{2}} F(\omega) = 2e^{-i\frac{\omega\tau}{2}} \frac{\sin\dfrac{\omega\tau}{2}}{\omega}.$$

例 7 设 $F(\omega)=\mathscr{F}[f(t)]$，求 $\mathscr{F}[f(t)\cos\omega_0 t]$ 和 $\mathscr{F}[f(t)\sin\omega_0 t]$.

解 由欧拉公式有
$$\cos\omega_0 t = \frac{1}{2}(e^{i\omega_0 t} + e^{-i\omega_0 t}), \quad \sin\omega_0 t = \frac{1}{2i}(e^{i\omega_0 t} - e^{-i\omega_0 t}),$$

再根据傅氏变换的线性性质及位移性质可得
$$\mathscr{F}[f(t)\cos\omega_0 t] = \frac{1}{2}\mathscr{F}[f(t)e^{i\omega_0 t}] + \frac{1}{2}\mathscr{F}[f(t)e^{-i\omega_0 t}] = \frac{1}{2}[F(\omega-\omega_0) + F(\omega+\omega_0)];$$
$$\mathscr{F}[f(t)\sin\omega_0 t] = \frac{1}{2i}\mathscr{F}[f(t)e^{i\omega_0 t}] - \frac{1}{2i}\mathscr{F}[f(t)e^{-i\omega_0 t}] = \frac{1}{2i}[F(\omega-\omega_0) - F(\omega+\omega_0)].$$

性质 5（微分性质） 设 $F(\omega)=\mathscr{F}[f(t)]$，且 $\lim\limits_{t\to\pm\infty} f(t)=0$，则 $\mathscr{F}[f'(t)]=i\omega F(\omega)$.

证 由分部积分公式可得
$$\mathscr{F}[f'(t)] = \int_{-\infty}^{+\infty} f'(t)e^{-i\omega t} dt = [f(t)e^{-i\omega t}]\Big|_{-\infty}^{+\infty} + i\omega\int_{-\infty}^{+\infty} f(t)e^{-i\omega t} dt = i\omega F(\omega).$$

推论 设 $F(\omega)=\mathscr{F}[f(t)]$，且 $\lim\limits_{t\to\pm\infty} f^{(k)}(t)=0$（$k=0,1,2,\cdots,n-1$），则
$$\mathscr{F}[f^{(n)}(t)] = (i\omega)^n F(\omega).$$

对于傅氏逆变换也有类似的微分性质：
$$\mathscr{F}^{-1}[F'(\omega)] = -it f(t), \quad \mathscr{F}^{-1}[F^{(n)}(\omega)] = (-it)^n f(t).$$

例 8 已知 $F(\omega)=\mathscr{F}[f(t)]$，求 $\mathscr{F}[tf(t)]$.

解 由于 $\mathscr{F}^{-1}[F'(\omega)] = -it f(t)$，则 $tf(t) = i\mathscr{F}^{-1}[F'(\omega)]$. 在这个等式的两端作傅氏变换，由傅氏变换的线性性质可得
$$\mathscr{F}[tf(t)] = i\mathscr{F}\{\mathscr{F}^{-1}[F'(\omega)]\} = iF'(\omega).$$

*§12.5 傅里叶变换

性质 6（积分性质） 设 $F(\omega)=\mathscr{F}[f(t)]$, $g(t)=\int_{-\infty}^{t}f(\tau)\mathrm{d}\tau$，且 $\lim_{t\to+\infty}g(t)=0$，则

$$\mathscr{F}[g(t)]=\frac{1}{\mathrm{i}\omega}F(\omega).$$

证 由于 $f(t)=g'(t)$，则 $F(\omega)=\mathscr{F}[g'(t)]=\mathrm{i}\omega\mathscr{F}[g(t)]$，从而 $\mathscr{F}[g(t)]=\frac{1}{\mathrm{i}\omega}F(\omega)$ 成立.

同理傅氏逆变换也有类似的积分性质

$$\mathscr{F}^{-1}\left[\int_{-\infty}^{\omega}F(u)\mathrm{d}u\right]=-\frac{f(t)}{\mathrm{i}t}.$$

例 9 求解微分积分方程 $x'(t)+x(t)+\int_{-\infty}^{t}x(t)\mathrm{d}t=h(t)$，其中 $-\infty<t<+\infty$.

解 设 $\mathscr{F}[x(t)]=X(\omega)$, $\mathscr{F}[h(t)]=H(\omega)$，则由傅氏变换的微分性质和积分性质可得

$$\mathscr{F}[x'(t)]=\mathrm{i}\omega X(\omega), \quad \mathscr{F}\left[\int_{-\infty}^{t}x(t)\mathrm{d}t\right]=\frac{1}{\mathrm{i}\omega}X(\omega).$$

在方程的两端求傅氏变换，则原方程变为

$$\mathrm{i}\omega X(\omega)+X(\omega)+\frac{1}{\mathrm{i}\omega}X(\omega)=H(\omega),$$

可解出

$$X(\omega)=\frac{H(\omega)}{1+\mathrm{i}\left(\omega-\frac{1}{\omega}\right)}.$$

求它的傅氏逆变换可得

$$x(t)=\frac{1}{2\pi}\int_{-\infty}^{+\infty}\frac{H(\omega)}{1+\mathrm{i}\left(\omega-\frac{1}{\omega}\right)}\mathrm{e}^{\mathrm{i}\omega t}\mathrm{d}\omega.$$

习 题 12.5

1. 求下列函数的傅氏变换：

   (1) $f(t)=\mathrm{e}^{-a|t|}$ $(a>0)$；

   (2) $f(t)=\begin{cases}\sin t, & |t|\leqslant\pi,\\ 0, & |t|>\pi;\end{cases}$

   (3) $f(t)=\frac{1}{2}\left[\delta(t+a)+\delta(t-a)+\delta\left(t+\frac{a}{2}\right)+\delta\left(t-\frac{a}{2}\right)\right].$

2. 利用傅氏变换的性质求下列傅氏变换（可查附录中的表）：

   (1) $f(t)=\cos t\sin t$；　　(2) $f(t)=\sin^3 t$；　　(3) $f(t)=\sin\left(5t+\frac{\pi}{3}\right).$

3. 设 $f(t)=t^2 u(t)$, $g(t)=\begin{cases}1, & |t|\leqslant 1,\\ 0, & |t|>1,\end{cases}$ 其中 $u(t)=\begin{cases}0, & t\leqslant 0,\\ 1, & t>0,\end{cases}$ 求卷积 $f(t)*g(t).$

4. 设 $f(t)=\dfrac{\sin\alpha t}{\pi t}$, $g(t)=\dfrac{\sin\beta t}{\pi t}$, 其中 $\alpha>0$, $\beta>0$, 利用卷积定理求卷积 $f(t)*g(t)$.

总练习题十二

一、单项选择题：

1. 设 $f(x)=\sin x\cos x$, 其复数形式的傅里叶级数为 $f(x)=\sum\limits_{n=-\infty}^{+\infty}c_n e^{inx}$, 则( ).

(A) $c_2=-\dfrac{i}{2}$, $c_n=0$ $(n\neq 2)$;　　　(B) $c_{-2}=\dfrac{i}{2}$, $c_n=0$ $(n\neq -2)$;

(C) $c_{\pm 2}=\pm\dfrac{i}{4}$, $c_n=0$ $(n\neq \pm 2)$;　　(D) $c_{\pm 2}=\mp\dfrac{i}{4}$, $c_n=0$ $(n\neq \pm 2)$.

2. 设 $f(x)=\sin^2 x$, 则 $f(x)$ 的傅里叶级数为( ).

(A) $1+\cos x+2\cos 2x+3\cos 3x+\cdots$;　　(B) $1+\sin x+\sin 3x+\sin 5x+\cdots$;

(C) $\dfrac{1}{2}-\dfrac{1}{2}\cos 2x$;　　(D) $\dfrac{1}{2}+\dfrac{1}{2}\cos 2x$.

3. 设 $f(x)=x+1$ $(0\leqslant x\leqslant \pi)$, 则( ).

(A) $f(x)$ 的正弦级数在 $x=\pi$ 处收敛于 $\pi+1$, 而在 $x=2\pi$ 处收敛于 0;

(B) $f(x)$ 的正弦级数在 $x=\pi$ 处收敛于 0, 而在 $x=2\pi$ 处收敛于 $\pi+1$;

(C) $f(x)$ 的余弦级数在 $x=\pi$ 处收敛于 $\pi+1$, 在 $x=2\pi$ 处也收敛于 $\pi+1$;

(D) $f(x)$ 的余弦级数在 $x=\pi$ 处收敛于 $\pi+1$, 而在 $x=2\pi$ 处收敛于 1.

4. 设 $\sin t$ 的傅里叶变换为 $F(\omega)$, 则 $\mathscr{F}[F(t)]=($).

(A) $-2\pi\sin\omega$;　(B) $2\pi\sin\omega$;　(C) $-2\pi\cos\omega$;　(D) $2\pi\cos\omega$.

5. 下列傅里叶变换正确的是( ).

(A) $\mathscr{F}[\delta(t)]=1$;　　(B) $\mathscr{F}[1]=\delta(\omega)$;

(C) $\mathscr{F}^{-1}[\delta(\omega)]=1$;　　(D) $\mathscr{F}^{-1}[1]=u(t)$, 其中 $u(t)$ 是单位阶跃函数.

二、计算题：

1. 求函数 $f(t)=\sin\left(5t+\dfrac{\pi}{3}\right)$ 的傅里叶变换.

2. 设 $\mathscr{F}[f(t)]=F(\omega)$, 利用傅里叶变换的性质求下列函数的傅里叶变换：

(1) $tf(2t)$;　　(2) $(t-2)f(-2t)$.

三、综合题：

证明函数 $f(t)=\dfrac{1}{\sqrt{2\pi}\sigma}e^{-\frac{t^2}{2\sigma^2}}$ (称为高斯函数)的傅里叶变换为 $e^{-\frac{\sigma^2\omega^2}{2}}$.

附录

傅氏变换简表

$f(t)$	$F(\omega)$	$f(t)$	$F(\omega)$
$\cos\omega_0 t$	$\pi[\delta(\omega+\omega_0)+\delta(\omega-\omega_0)]$	e^{iat}	$2\pi\delta(\omega-a)$
$\sin\omega_0 t$	$i\pi[\delta(\omega+\omega_0)-\delta(\omega-\omega_0)]$	$t^n e^{iat}$	$2\pi i^n\delta^{(n)}(\omega-a)$
$\dfrac{\sin\omega_0 t}{\pi t}$	$\begin{cases}1, & |\omega|\leqslant\omega_0 \\ 0, & |\omega|>\omega_0\end{cases}$	$\dfrac{1}{a^2+t^2}\,(\mathrm{Re}(a)<0)$	$-\dfrac{\pi}{a}e^{a|\omega|}$
$u(t)$	$\dfrac{1}{i\omega}+\pi\delta(\omega)$	$\dfrac{1}{(a^2+t^2)^2}\,(\mathrm{Re}(a)<0)$	$\dfrac{i\omega\pi}{2a}e^{a|\omega|}$
$u(t-c)$	$\dfrac{1}{i\omega}e^{-i\omega c}+\pi\delta(\omega)$	$\dfrac{e^{ibt}}{a^2+t^2}\,(\mathrm{Re}(a)<0, b\text{为实数})$	$-\dfrac{\pi}{a}e^{a|\omega-b|}$
$u(t)\cdot t$	$-\dfrac{1}{\omega^2}+\pi i\delta'(\omega)$	$\dfrac{\cos bt}{a^2+t^2}\,(\mathrm{Re}(a)<0, b\text{为实数})$	$-\dfrac{\pi}{2a}[e^{a|\omega-b|}+e^{a|\omega+b|}]$
$u(t)\cdot t^n$	$\dfrac{n!}{(i\omega)^{n+1}}+\pi i^n\delta^{(n)}(\omega)$	$\dfrac{\sin bt}{a^2+t^2}\,(\mathrm{Re}(a)<0, b\text{为实数})$	$-\dfrac{\pi}{2ai}[e^{a|\omega-b|}+e^{a|\omega+b|}]$
$u(t)\sin at$	$\dfrac{a}{a^2-\omega^2}+\dfrac{\pi}{2i}[\delta(\omega-\omega_0)-\delta(\omega+\omega_0)]$	$\dfrac{\mathrm{sh}\,at}{\mathrm{sh}\,\pi t}(-\pi<a<\pi)$	$\dfrac{\sin a}{\mathrm{ch}\,\omega+\cos a}$
$u(t)\cos at$	$\dfrac{i\omega}{a^2-\omega^2}+\dfrac{\pi}{2}[\delta(\omega-\omega_0)+\delta(\omega+\omega_0)]$	$\dfrac{\mathrm{sh}\,at}{\mathrm{ch}\,\pi t}(-\pi<a<\pi)$	$-2i\,\dfrac{\sin\dfrac{a}{2}\mathrm{sh}\,\dfrac{\omega}{2}}{\mathrm{ch}\,\omega+\cos a}$
$u(t)e^{-\beta t}\,(\beta>0)$	$\dfrac{1}{\beta+i\omega}$	$\dfrac{\mathrm{ch}\,at}{\mathrm{ch}\,\pi t}(-\pi<a<\pi)$	$2\,\dfrac{\cos\dfrac{a}{2}\mathrm{ch}\,\dfrac{\omega}{2}}{\mathrm{ch}\,\omega+\cos a}$
$u(t)e^{iat}$	$\dfrac{1}{i(\omega-a)}+\pi\delta(\omega-a)$	$\dfrac{1}{\mathrm{ch}\,at}$	$\dfrac{\pi}{a}\dfrac{1}{\mathrm{ch}\,\dfrac{\pi\omega}{2a}}$
$u(t-c)^{iat}$	$\dfrac{1}{i(\omega-a)}e^{-i(\omega-a)c}+\pi\delta(\omega-a)$	$\sin at^2\,(a>0)$	$\sqrt{\dfrac{\pi}{a}}\cos\left(\dfrac{\omega^2}{4a}+\dfrac{\pi}{4}\right)$
$u(t)e^{iat}t^n$	$\dfrac{n!}{[i(\omega-a)]^{n+1}}+\pi i^n\delta^{(n)}(\omega-a)$	$\cos at^2\,(a>0)$	$\sqrt{\dfrac{\pi}{a}}\cos\left(\dfrac{\omega^2}{4a}-\dfrac{\pi}{4}\right)$
$e^{a|t|}\,(\mathrm{Re}(a)<0)$	$\dfrac{-2a}{\omega^2+a^2}$	$\dfrac{1}{t}\sin at\,(a>0)$	$\begin{cases}\pi, & |\omega|\leqslant a \\ 0, & |\omega|>a\end{cases}$
$\delta(t)$	1	$\dfrac{1}{t^2}\sin^2 at\,(a>0)$	$\begin{cases}\pi(a-|\omega|/2), & |\omega|\leqslant 2a \\ 0, & |\omega|>2a\end{cases}$
$\delta(t-c)$	$e^{-i\omega c}$	$\dfrac{\sin at}{\sqrt{|t|}}$	$i\sqrt{\dfrac{\pi}{2}}\left(\dfrac{1}{\sqrt{|\omega+a|}}-\dfrac{1}{\sqrt{|\omega-a|}}\right)$
$\delta'(t)$	$i\omega$	$\dfrac{\cos at}{\sqrt{|t|}}$	$\sqrt{\dfrac{\pi}{2}}\left(\dfrac{1}{\sqrt{|\omega+a|}}+\dfrac{1}{\sqrt{|\omega-a|}}\right)$
$\delta^{(n)}(t)$	$(i\omega)^n$	$\dfrac{1}{\sqrt{|t|}}$	$\sqrt{\dfrac{2\pi}{\omega}}$
$\delta^{(n)}(t-c)$	$(i\omega)^n e^{-i\omega c}$	$\mathrm{sgn}\,t$	$\dfrac{2}{i\omega}$
1	$2\pi\delta(\omega)$	$e^{-at^2}\,(\mathrm{Re}(a)>0)$	$\sqrt{\pi/a}\,e^{-\dfrac{\omega^2}{4a}}$
t	$2\pi i\delta'(\omega)$	$|t|$	$-2/\omega^2$
t^n	$2\pi i^n\delta^{(n)}(\omega)$	$1/|t|$	$\sqrt{2\pi}/|\omega|$

习题答案与提示

习题 7.1

1. A 在 x 轴上;B 在 y 轴上;C 在 z 轴上;D 在 Oxy 平面上;E 在 Ozx 平面上;D 在 Oyz 平面上.

2. 关于 Oxy 平面:$(x,y,-z)$;关于 Ozx 平面:$(x,-y,z)$;
   关于 Oyz 平面:$(-x,y,z)$.
   关于 x 轴:$(x,-y,-z)$;关于 y 轴:$(-x,y,-z)$;关于 z 轴$(-x,-y,z)$.
   关于原点:$(-x,-y,-z)$.

3. $\left(0,0,\dfrac{13}{4}\right)$. 4. $A(-1,2,4)$;$B(8,-4,-2)$.

5. $2;-\dfrac{1}{2},-\dfrac{1}{2},-\dfrac{\sqrt{2}}{2};\dfrac{2\pi}{3},\dfrac{2\pi}{3},\dfrac{3\pi}{4}$.

6. $\sqrt{10},\sqrt{14},\dfrac{\pi}{2}$. 7. 提示 按照向量相加的三角形法则.

8. $(-6,-5,-5)$. 9. $-34,33,\dfrac{-4}{\sqrt{11}}$. 10. $\sqrt{14}$. 11. 40.

12. $3\sqrt{21}$. 13. $\pm\left(\dfrac{-1}{\sqrt{35}},\dfrac{3}{\sqrt{35}},\dfrac{5}{\sqrt{35}}\right)$.

14. 提示 $\overrightarrow{AC}=2\overrightarrow{AB}$.

15. (1) 18; (2) $(9,12,5)$; (3) $(36,12,-4)$; (4) $(-12,6,4)$.

习题 7.2

1. $4x-6y+8z-27=0$. 2. $(x-4)^2+y^2=0$.

3. (1) $(x-2)^2+(y+1)^2+(z-3)^2=36$;
   (2) $x^2+y^2+z^2=49$; (3) $(x-3)^2+(y+1)^2+(z-1)^2=21$.

4. (1) $4x^2-9y^2-9z^2=36$; (2) $y^2=k^2(x^2+z^2)$;
   (3) $x^2+y^2+2z^2=1$;   (4) $z^2=4(x^2+y^2)$.

5. (1) 是,由 Ozx 平面上的曲线 $z=\dfrac{1}{x^2}$ 绕 z 轴旋转一周生成; (2) 不是;

   (3) 不是; (4) 是,由 Oxy 平面上 $\dfrac{x^2}{2}-\dfrac{y^2}{3}=1$ 绕 x 轴旋转一周生成.

6. (1) 在平面和空间中分别表示圆和圆柱;(2) 在平面和空间中分别表示抛物线和抛物柱面;(3) 在平面和空间中分别表示直线和平面;(4) 在平面和空间中分别表示双曲线和双曲柱面.

习 题 7.3

3. $x^2+y^2-x-1=0$, $y^2+z^2-3z+1=0$, $x-z+1=0$.

4. $\begin{cases} x^2+2y^2-2y=0, \\ z=0. \end{cases}$

5. (1) $\begin{cases} x=2\cos t, \\ y=\pm 2\sqrt{2\sin t}, \\ z=2\sin t \end{cases} (0\leqslant t\leqslant \pi);$ (2) $\begin{cases} x=3\sin t, \\ y=5\sin t, \\ z=4\cos t \end{cases} (0<t\leqslant 2\pi).$

6. $\begin{cases} x-3z-1=0, \\ (z+2)^2=4y. \end{cases}$

习 题 7.4

1. $2x-3y+3z+7=0$. 　　2. $14x+9y-z-15=0$. 　　3. $2x-y+3z+4=0$.

4. $3x-y+7z-59=0$. 　　5. $12x+8y+19z+24=0$. 　　6. $k=-18$.

7. 提示　在平面上任取一点 $M_0(x_0,y_0,z_0)$，可以把方程看做是过点 M_0 且以 $\boldsymbol{n}=(A,B,C)$ 为法向量的平面方程.

8. (1) 过原点; 　　(2) 平行于 z 轴; 　　(3) 通过 x 轴; 　　(4) 平行于 Oxy 平面.

9. $x+y-1=0$. 　　10. (1) $\dfrac{\pi}{4}$; 　　(2) $\arccos \dfrac{8}{21}$.

11. (1) $l=18, m=-\dfrac{2}{3}$; 　　(2) $l=6$. 　　12. $6x-2y-3z\pm 42=0$.

习 题 7.5

1. $x-1=\dfrac{y-2}{-2}=z+4$. 　　2. (1) $\dfrac{x-1}{2}=\dfrac{y+2}{3}=\dfrac{z-1}{-2}$; 　　(2) $\dfrac{x-1}{-2}=\dfrac{y}{1}=\dfrac{z+3}{3}$.

3. (1) $\dfrac{x}{4}=\dfrac{y-4}{1}=\dfrac{z+1}{-3}$, $\begin{cases} x=4t, \\ y=4+t, \\ z=-1-3t; \end{cases}$ (2) $\dfrac{x+5}{3}=\dfrac{y+8}{2}=\dfrac{z}{1}$, $\begin{cases} x=-5+3t, \\ y=-8+2t, \\ z=t. \end{cases}$

4. (1) $(9,12,20)$ 与 $\left(-\dfrac{117}{7},-\dfrac{6}{7},-\dfrac{130}{7}\right)$; 　　(2) $(0,2,7)$.

5. $\arcsin \dfrac{1}{14}$; $(-1,3,-6)$. 　　6. $\dfrac{x}{-2}=\dfrac{y-2}{5}=z-4$.

7. (1) 平行, $5x-22y+19z+9=0$; 　　(2) 异面; 　　(3) 相交, $3x-y+z+3=0$.

8. $\dfrac{\pi}{2}$. 　　9. $x+5y+z-1=0$. 　　10. $\dfrac{x-1}{2}=\dfrac{y-5}{-4}=\dfrac{z+1}{-3}$.

11. $\begin{cases} 9x+5y-11z-3=0, \\ 2x+3y+3z-8=0. \end{cases}$ 　　12. $\dfrac{x+1}{16}=\dfrac{y}{19}=\dfrac{z-4}{28}$.

13. $x-8y-13z+9=0$. 　　14. $x-z+4=0$ 或 $x+20y+7z-12=0$.

15. 提示　距离等于以 $\overrightarrow{M_0M}$ 和 $\boldsymbol{s}$ 为边的平行四边形的高.

16. (1) $\sqrt{\dfrac{22}{5}}$; 　　(2) 15.

总练习题七

1. 到原点的距离为 $\sqrt{26}$；到 x 轴的距离为 5；到 y 轴的距离为 $\sqrt{17}$；到 z 轴的距离为 $\sqrt{10}$.

2. 都不正确. 3. $\left(\dfrac{x_1+x_2+x_3}{3},\dfrac{y_1+y_2+y_3}{3},\dfrac{z_1+z_2+z_3}{3}\right)$. 4. $\dfrac{\pi}{3}$.

5. (1) $(11,-3,-1)$； (2) -219； (3) $-\dfrac{21}{\sqrt{5}}$； (4) $14(-1,11,-2)$；

   (5) 21； (6) $\arccos\left(-\dfrac{\sqrt{21}}{6}\right)$.

6. $c=5a+b$. 7. $\lambda=2, \mu=3, \nu=5$. 8. (1) $(-1,2,0), 3$； (2) $(-3,4,-1), 6$.

9. $3x-2y+6z=0, 3x-2y+6z-28=0$. 10. $2x+2y-3z=0$.

11. $x+4y+23z+23=0$ 和 $13x-32y+5z+47=0$.

12. $(x-2)^2+(y-3)^2+(z+1)^2=9, x^2+(y+1)^2+(z+5)^2=9$.

13. $(1,4,4)$. 14. 异面. 15. $L: x+3=\dfrac{y-5}{22}=\dfrac{z+9}{2}$.

16. 在 Oxy 平面上为 $\begin{cases} x^2+y^2=1, \\ z=0; \end{cases}$ 在 Oyz 平面上为 $\begin{cases} z=1, \\ x=0 \end{cases}(|y|\leqslant 1)$；在 Ozx 平面上为 $\begin{cases} z=1, \\ y=0 \end{cases}(|x|\leqslant 1)$.

习 题 8.1

1. (1) 有界集，$\partial D=\{(x,y)\mid x^2+y^2=1\}\bigcup\{(0,0)\}$，$\text{int}D=\{(x,y)\mid 0<x^2+y^2<1\}$；

   (2) 无界集，$\partial D=\{(x,y)\mid x^2+y^2=1\}\bigcup\{(x,y)\mid x+y=1\}$，$\text{int}D=\{(x,y)\mid x^2+y^2<1\}$；

   (3) 有界集，$\partial D=\{(x,y)\mid x^2+y^2\leqslant 1\}$，$\text{int}D=\varnothing$；

   (4) 无界集，$\partial D=\{(x,y)\mid y=x^2\}$，$\text{int}D=D$.

2. $f(y,2x,z)=y^2+4x^2+\arcsin\dfrac{y}{(2x)^z}$.

3. (1) $\begin{cases} y-x>0, \\ x\geqslant 0, \\ x^2+y^2<1; \end{cases}$ (2) $\{z^2\leqslant x^2+y^2\}\setminus\{(0,0,0)\}$； (3) $\begin{cases} xy>4, \\ x\neq 0, \\ y\neq 0; \end{cases}$ (4) $\begin{cases} y^2>2x, \\ y^2-2x\neq 1. \end{cases}$

4. (1) 1； (2) 2； (3) 0. 6. 在 x 轴和 $y^2=2x$ 上不连续.

习 题 8.2

1. (1) $z_x=4x-3y^3, z_y=-9y^2x$； (2) $s_u=\dfrac{2u^2\cos u^2-\sin u^2}{u^2 v}, s_v=-\dfrac{\sin u^2}{uv^2}$；

   (3) $z_x=\dfrac{1}{3x(\ln xy)^{\frac{2}{3}}}, z_y=\dfrac{1}{3y(\ln xy)^{\frac{2}{3}}}$；

   (4) $z_x=y(\sin x)^{y-1}-y\sin(2xy), z_y=(\sin x)^y\ln\sin x-x\sin(2xy)$；

   (5) $z_x=-\dfrac{2}{y}\csc\dfrac{2x}{y}, z_y=\dfrac{2x}{y^2}\csc\dfrac{2x}{y}$；

(6) $z_x=(1+xy)^{y+x}\left(\ln(1+xy)+\dfrac{y(x+y)}{1+xy}\right)$, $z_y=(1+xy)^{y+x}\left(\ln(1+xy)+\dfrac{x(x+y)}{1+xy}\right)$;

(7) $u_x=\dfrac{y^2}{z}(xy)^{\frac{y}{z}-1}$, $u_y=(xy)^{\frac{y}{z}}\dfrac{1}{z}(\ln(xy)+1)$;

(8) $u_x=\dfrac{(y+z)x^{y+z-1}}{1+x^{2(y+z)}}$, $u_y=\dfrac{x^{y+z}\ln x}{1+x^{2(y+z)}}$, $u_z=\dfrac{x^{y+z}\ln x}{1+x^{2(y+z)}}$.

3. 1.   4. arctan 4.

5. (1) $\dfrac{\partial^2 z}{\partial x^2}=6x-2y^2$, $\dfrac{\partial^2 z}{\partial y^2}=12y^2-2x^2$, $\dfrac{\partial^2 z}{\partial x\partial y}=-4xy$;

(2) $\dfrac{\partial^2 z}{\partial x^2}=\dfrac{2xy}{(x^2+y^2)^2}$, $\dfrac{\partial^2 z}{\partial y^2}=-\dfrac{2xy}{(x^2+y^2)^2}$, $\dfrac{\partial^2 z}{\partial x\partial y}=-\dfrac{x^2-y^2}{(x^2+y^2)^2}$;

(3) $\dfrac{\partial^2 z}{\partial y^2}=x^y\ln^2 x$, $\dfrac{\partial^2 z}{\partial x^2}=y(y-1)x^{y-2}$, $\dfrac{\partial^2 z}{\partial x\partial y}=y^{x-1}(1+x\ln y)$.

6. $f_{xx}(0,0,1)=2$, $f_{xz}(1,0,2)=2$, $f_{yz}(0,-1,0)=0$, $f_{zzx}(2,0,1)=0$.

9. $f_x(0,0)=f_y(0,0)=0$.

习题 8.3

1. (1) $dz=y(1+\cos(xy))dx+x(1+\cos(xy))dy$;   (2) $dz=-\dfrac{y^2}{x^2}e^{\frac{y^2}{x}}dx+\dfrac{2y}{x}e^{\frac{y^2}{x}}dy$;

(3) $dz=\dfrac{y^2}{(x^2+y^2)^{3/2}}dx-\dfrac{xy}{(x^2+y^2)^{\frac{3}{2}}}dy$;

(4) $du=yzx^{yz-1}dx+zx^{yz}\ln x\,dy+yx^{yz}\ln x\,dz$.

2. $dz|_{(1,2)}=\dfrac{1}{3}dx+\dfrac{2}{3}dy$.   3. 0.5023.

习题 8.4

1. $\dfrac{\partial z}{\partial x}=\dfrac{2x}{y^2}-\dfrac{1}{x-y}$, $\dfrac{\partial z}{\partial y}=-\dfrac{2x^2}{y^3}-\dfrac{1}{x-y}$.   2. $(2\sin t+t^2)\cos t+2t(2t^2+\sin t)$.

3. $\dfrac{e^x+1}{1+(x+e^x)^2}$.   4. $e^{ax}\sin x$.

7. (1) $u_x=f_1\cos x+f_2 y e^x$, $u_y=f_2 x e^{xy}$;   (2) $u_x=\dfrac{1}{y}f_1$, $u_y=-\dfrac{x}{y^2}f_1+\dfrac{1}{z}f_2$, $u_z=-\dfrac{y}{z^2}f_2$;

(3) $u_x=f_1+yf_2$, $u_y=xf_2+\dfrac{1}{z}f_3$, $u_z=-\dfrac{y}{z^2}f_3$.

8. $\dfrac{\partial^2 z}{\partial x^2}=f''e^{2y}$, $\dfrac{\partial^2 z}{\partial x\partial y}=e^y f'+xe^{2y}f''$, $\dfrac{\partial^2 z}{\partial y^2}=xe^y f'+(xe^y)^2 f''$.

9. $\dfrac{\partial^2 z}{\partial x^2}=f_{11}+\dfrac{2}{y}f_{12}+\dfrac{1}{y^2}f_{22}$, $\dfrac{\partial^2 z}{\partial x\partial y}=-\dfrac{x}{y^2}\left(f_{12}+\dfrac{1}{y}f_{22}\right)-\dfrac{1}{y^2}f_2$, $\dfrac{\partial^2 z}{\partial y^2}=\dfrac{2x}{y^3}f_2+\dfrac{x^2}{y^4}f_{23}$.

习题 8.5

1. $y'=\dfrac{1}{1-\dfrac{1}{2}\cos y}$.   2. $y'=\dfrac{y}{x}$, $y''=0$.   3. $z_x=\dfrac{ye^{-xy}}{e^z-2}$, $z_y=\dfrac{xe^{-xy}}{e^z-2}$.

习题答案与提示

4. $z_x = -\dfrac{F_1' + F_2' + F_3'}{F_3'}$, $z_y = -\dfrac{F_2' + F_3'}{F_3'}$.

8. $z_{xx} = \dfrac{2y^2 z e^z - 2xy^3 z - y^2 z^2 e^z}{(e^z - xy)^3}$, $z_{xy} = \dfrac{z}{e^z - xy} + \dfrac{2xyz}{(e^z - xy)^2} - \dfrac{xyz^2 e^z}{(e^z - xy)^3}$.

9. (1) $\dfrac{dy}{dx} = -\dfrac{x(6z+1)}{2y(3z+1)}$, $\dfrac{dz}{dx} = \dfrac{x}{3z+1}$; (2) $\dfrac{dx}{dz} = \dfrac{y-z}{x-y}$, $\dfrac{dy}{dz} = \dfrac{z-x}{x-y}$;

(3) $\dfrac{\partial u}{\partial x} = \dfrac{-uf_1'(2yvg_2'-1) - f_2'g_1'}{(xf_1'-1)(2yvg_2'-1) - f_2'g_1'}$, $\dfrac{\partial v}{\partial x} = \dfrac{g_1'(xf_1' + uf_1' - 1)}{(xf_1'-1)(2yvg_2'-1) - f_2'g_1'}$;

(4) $\dfrac{\partial u}{\partial x} = \dfrac{\sin v}{e^u(\sin v - \cos v) + 1}$, $\dfrac{\partial u}{\partial y} = \dfrac{-\cos v}{e^u(\sin v - \cos v) + 1}$,

$\dfrac{\partial v}{\partial x} = \dfrac{\cos v - e^u}{u(e^u(\sin v - \cos v) + 1)}$, $\dfrac{\partial v}{\partial y} = \dfrac{\sin v + e^u}{u(e^u(\sin v - \cos v) + 1)}$.

习 题 8.6

1. 切线方程为 $\dfrac{x}{a} + \dfrac{y}{b} = 1, y = \dfrac{b}{2}$, 法平面方程为 $ax - cz = \dfrac{1}{2}(a^2 - c^2)$.

2. 切线方程为 $\dfrac{x - \frac{1}{2}}{1} = \dfrac{y-2}{-4} = \dfrac{z-1}{8}$, 法平面方程为 $2x - 8y + 16z = 1$.

4. 切线方程为 $\dfrac{x-1}{3} = \dfrac{y-1}{3} = \dfrac{z-3}{-1}$, 法平面方程为 $3x + 3y - z - 3 = 0$.

5. $(-1, 1, -1)$ 和 $\left(-\dfrac{1}{3}, \dfrac{1}{9}, -\dfrac{1}{27}\right)$.

6. 切平面方程为 $z = \dfrac{\pi}{4} - \dfrac{1}{2}(x - y)$, 法线方程为 $x - 1 = -(y-1) = \dfrac{z}{2} - \dfrac{\pi}{8}$.

7. 切平面方程为 $ax_0 x + by_0 y + cz_0 z = 1$, 法线方程为 $\dfrac{x - x_0}{ax_0} = \dfrac{y - y_0}{by_0} = \dfrac{z - z_0}{cz_0}$.

8. $x + 4y + 6z = \pm 21$.

习 题 8.7

1. 1.   2. $\dfrac{2\sqrt{5}}{5}$.   3. $\dfrac{\sqrt{2(a^2+b^2)}}{ab}$.   4. $\dfrac{1}{2}(5 + 3\sqrt{2})$.

5. $\sqrt{5}$.   6. $\dfrac{13}{\sqrt{14}}$.   7. $\dfrac{x_0 + 2y_0 + 3z_0}{\sqrt{x_0^2 + 4y_0^2 + 9z_0^2}}$.   8. $3\boldsymbol{i} - 2\boldsymbol{j} + 6\boldsymbol{k}$.

10. $\operatorname{grad} u = \boldsymbol{i} - 2\boldsymbol{j} + \boldsymbol{k}$ 的方向为方向导数取最大值方向, 其值为 $\sqrt{3}$. 在其反方向上方向导数取最小值 $-\sqrt{3}$. 在与 $\boldsymbol{i} - 2\boldsymbol{j} + \boldsymbol{k}$ 垂直的任一方向上方向导数为零.

习 题 8.8

1. 极小值 $f(0,0) = 0$.   2. 在点 $\left(\dfrac{1}{2}, \dfrac{1}{2}\right)$ 处取得极小值 $\dfrac{1}{4}$.

3. 极小值 $f\left(\dfrac{1}{\sqrt{6}}, \dfrac{1}{\sqrt{6}}, -\dfrac{2}{\sqrt{6}}\right) = f\left(\dfrac{1}{\sqrt{6}}, -\dfrac{2}{\sqrt{6}}, \dfrac{1}{\sqrt{6}}\right) = f\left(-\dfrac{2}{\sqrt{6}}, \dfrac{1}{\sqrt{6}}, \dfrac{1}{\sqrt{6}}\right) = -\dfrac{1}{3\sqrt{6}}$;

极大值 $f\left(-\frac{1}{\sqrt{6}},-\frac{1}{\sqrt{6}},\frac{2}{\sqrt{6}}\right)=f\left(-\frac{1}{\sqrt{6}},\frac{2}{\sqrt{6}},-\frac{1}{\sqrt{6}}\right)=f\left(\frac{2}{\sqrt{6}},-\frac{1}{\sqrt{6}},-\frac{1}{\sqrt{6}}\right)=\frac{1}{3\sqrt{6}}.$

5. 当两边都是 $\frac{l}{\sqrt{2}}$ 时,可得最大周长.   6. 底面半径为 $\sqrt{\frac{k}{3\pi}}$,高为 $2\sqrt{\frac{k}{3\pi}}$.

7. 三角形边长为 $\frac{p}{2},\frac{3p}{4},\frac{3p}{4}$.   8. 当长、宽、高都是 $\frac{2a}{\sqrt{3}}$ 时得到最大体积.

习 题 8.9

1. $y=2.234x+95.33$.

2. $\begin{cases} a\sum_{i=1}^{n}x_i^4+b\sum_{i=1}^{n}x_i^3+c\sum_{i=1}^{n}x_i^2 = \sum_{i=1}^{n}x_i^2 y_i, \\ a\sum_{i=1}^{n}x_i^3+b\sum_{i=1}^{n}x_i^2+c\sum_{i=1}^{n}x_i = \sum_{i=1}^{n}x_i y_i, \\ a\sum_{i=1}^{n}x_i^2+b\sum_{i=1}^{n}x_i+cn = \sum_{i=1}^{n}y_i. \end{cases}$

总练习题八

1. (1) $2\ln(\sqrt{x}-\sqrt{y})$;   (2) $\begin{cases} y^2 \leqslant 4x, \\ 0<x^2+y^2<1, \\ x\leqslant 1/2; \end{cases}$ (3) 必要;

   (5) $z^2=xy$;   (6) 驻点.

2. (1) 0;   (2) 不存在;   (3) 0;   (4) 不存在.

3. 不连续,从而不可微,但可导.

4. $\frac{\pi}{6}$.   5. $e^x(2xe^{y^2}-1)dx+2ye^{x+y^2}dy$.

6. (1) $\frac{1}{2}f_{11}e^{2x}\sin 2y+2f_{12}e^x(y\sin y+x\cos y)+4xyf_{22}+f_1 e^x\cos y$;

   (2) $yf''(xy)+\varphi'(x+y)+y\varphi''(x+y)$.

7. $z_{xx}=f_{11}\cos^2 x+2f_{13}e^{x+y}\cos x+f_{33}e^{2(x+y)}-f_1\sin x+f_3 e^{x+y}$,

   $z_{xy}=\cos x(-f_{12}\sin y+f_{13}e^{x+y})+e^{x+y}(-f_{32}\sin y+f_{33}e^{x+y})+f_3 e^{x+y}$,

   $z_{yy}=-\sin y(-f_{22}\sin y+f_{23}e^{x+y})+e^{x+y}(-f_{32}\sin y+f_{33}e^{x+y})+f_3 e^{x+y}-f_2\cos y$.

8. $z_x=\frac{F_3-F_1}{F_3-F_2}, z_y=\frac{F_1-F_2}{F_3-F_2}$.   9. $\frac{du}{dx}=f_1-f_2\frac{y}{x}+f_3\left(1-\frac{x-z}{\sin(x-z)}e^x\right)$.

11. $z-\frac{\pi}{4}=\frac{1}{2}x-\frac{1}{2}y$.   13. $b=\pm 4$.   14. $\frac{\sqrt{6}}{3}$.

15. $\frac{\sqrt{3}}{2}abc$.   16. $\frac{\pi ab}{|C|}\sqrt{A^2+B^2+C^2}$.

习 题 9.1

1. **提示** 性质1,性质3直接用定义证;

习题答案与提示

证性质 2 区域分块要包括已有小块；

证性质 4 除了要利用二重积分定义外，还要利用极限的单调性；

证性质 5 要利用性质 4 和闭区间上连续函数的最值定理；

证性质 6 要利用性质 5 和闭区域上连续函数的介值定理.

2. $I_2 < I_1 < I_3$.   **3.** 小于 0. **提示** 利用单调性.

4. (1) $\iint\limits_D \ln(x+y)\,d\sigma \geq \iint\limits_D [\ln(x+y)]^2\,d\sigma$;

(2) $\iint\limits_D (x+y)^2\,d\sigma \geq \iint\limits_D (x+y)^3\,d\sigma$;   (3) $I_3 \geq I_2 \geq I_1$.

5. $0.4 \leq I \leq 0.5$.   **6.** $ab\pi \leq I \leq ab\pi e^{a^2}$.

习 题 9.2

1. (1) $\int_{-2}^{-1} dx \int_{-\sqrt{4-x^2}}^{\sqrt{4-x^2}} f(x,y)\,dy + \int_{-1}^{1} dx \int_{\sqrt{1-x^2}}^{\sqrt{4-x^2}} f(x,y)\,dy$

$+ \int_{-1}^{1} dx \int_{-\sqrt{4-x^2}}^{-\sqrt{1-x^2}} f(x,y)\,dy + \int_{1}^{2} dx \int_{-\sqrt{4-x^2}}^{\sqrt{4-x^2}} f(x,y)\,dy$;

(2) $\int_{-1}^{2} dy \int_{y^2}^{y+2} f(x,y)\,dx$.

2. (1) $\int_{-r}^{r} dx \int_{0}^{\sqrt{r^2-x^2}} f(x,y)\,dy, \int_{0}^{r} dy \int_{-\sqrt{r^2-y^2}}^{\sqrt{r^2-y^2}} f(x,y)\,dx$;

(2) $\int_{1}^{2} dx \int_{\frac{1}{x}}^{x} f(x,y)\,dy, \int_{\frac{1}{2}}^{1} dy \int_{\frac{1}{y}}^{2} f(x,y)\,dx + \int_{1}^{2} dy \int_{y}^{2} f(x,y)\,dx$.

3. (1) $\int_{0}^{1} dy \int_{0}^{1-y} f(x,y)\,dx$;

(2) $\int_{0}^{a} dy \int_{\frac{y^2}{2a}}^{a-\sqrt{a^2-y^2}} f(x,y)\,dx + \int_{0}^{a} dy \int_{a+\sqrt{a^2-y^2}}^{2a} f(x,y)\,dx + \int_{0}^{2a} dy \int_{\frac{y^2}{2a}}^{2a} f(x,y)\,dx$;

(3) $\int_{0}^{1} dy \int_{1-\sqrt{1-y^2}}^{2-y} f(x,y)\,dx$;   (4) $\int_{0}^{2} dx \int_{e^{-x}}^{1+x^{\frac{1}{2}}} f(x,y)\,dy$;

(5) $\int_{0}^{1} dx \int_{0}^{x^2} f(x,y)\,dy + \int_{1}^{\sqrt{2}} dx \int_{0}^{2-x^2} f(x,y)\,dy$.

4. 提示 在直角坐标系下化为二次积分，再由二重积分的线性性质得证.

5. (1) $\int_{0}^{2\pi} d\theta \int_{1}^{2} f(r\cos\theta, r\sin\theta) r\,dr$;   (2) $\int_{\frac{\pi}{4}}^{\frac{\pi}{3}} d\theta \int_{0}^{2\sec\theta} f(r\cos\theta, r\sin\theta) r\,dr$;

(3) $\int_{0}^{\frac{\pi}{4}} d\theta \int_{\sec\theta\tan\theta}^{\sec\theta} f(r\cos\theta, r\sin\theta) r\,dr$;   (4) $\int_{0}^{\pi} d\theta \int_{0}^{2\sin\theta} f(r\cos\theta, r\sin\theta) r\,dr$.

6. (1) $\dfrac{20}{3}$.   (2) $\dfrac{\pi}{4}(2\ln 2 - 1)$.   (3) $\dfrac{15}{8}(2\pi - \sqrt{3})$.   (4) $\dfrac{33}{140}$.

(5) $\dfrac{1}{6}\left(1 - \dfrac{2}{e}\right)$.   **提示** 积分时考虑积分次序，选 Y 型区域进行计算较好.

(6) $\dfrac{\pi}{2}$. (7) $\dfrac{5}{6}-\dfrac{\pi}{4}$. (8) **提示** 此题用极坐标计算较好，$\int_0^{\frac{\pi}{4}}\mathrm{d}\theta\int_{\cos^2\theta}^{\sin\theta}\dfrac{1}{r}r\mathrm{d}r=\sqrt{2}-1$.

(9) $\dfrac{5}{3}+\dfrac{\pi}{2}$. (10) $\dfrac{5\pi}{2}$. (11) $-\dfrac{2}{5}$. (12) $\dfrac{16\pi}{3}-\dfrac{32}{9}$. **提示** 利用对称性及极坐标计算.

7. 6π. **8.** $\dfrac{3\pi}{32}a^4$. ***9.** $S=\dfrac{(b-a)(d^2-c^2)}{2(1+a)(1+b)}$. **提示** 令 $u=x+y, v=\dfrac{y}{x}$.

*10. (1) 3; (2) $2\mathrm{e}^{4u}$; (3) -4; (4) $144vw^2$.

*11. (1) $78\pi^5$; (2) $\dfrac{\pi}{24}(1-\cos 1)$.

习 题 9.3

1. (1) $\int_{-\frac{\sqrt{3}}{2}a}^{\frac{\sqrt{3}}{2}a}\mathrm{d}x\int_{-\sqrt{\frac{3}{4}a^2-x^2}}^{\sqrt{\frac{3}{4}a^2-x^2}}\mathrm{d}y\int_{a-\sqrt{a^2-x^2-y^2}}^{\sqrt{a^2-x^2-y^2}}f(x,y,z)\mathrm{d}z$;

(2) $\int_0^1\mathrm{d}z\int_{-z}^{z}\mathrm{d}x\int_{-\sqrt{z^2-x^2}}^{\sqrt{z^2-x^2}}f(x,y,z)\mathrm{d}y$; (3) $\int_{-R}^{R}\mathrm{d}x\int_{-\sqrt{R^2-x^2}}^{\sqrt{R^2-x^2}}\mathrm{d}y\int_0^H f(x,y,z)\mathrm{d}z$.

2. 提示 由三重积分线性可得.

3. $\dfrac{31}{60}$. **4.** $\dfrac{5}{28}$. **5.** $\dfrac{16\pi}{3}$. **6.** $\pi^3-4\pi$. **7.** $\dfrac{13}{4}\pi$.

8. (1) $\Omega: 0\leqslant\theta\leqslant\dfrac{\pi}{2}, 0\leqslant r\leqslant 1, r^2\leqslant z\leqslant r$; (2) $\Omega: 0\leqslant\theta\leqslant\dfrac{\pi}{2}, 0\leqslant\varphi\leqslant\dfrac{\pi}{4}, 0\leqslant r\leqslant 3\sqrt{2}$.

9. $\dfrac{\mathrm{e}^{16}-\mathrm{e}}{16}\pi$. **10.** $\dfrac{2-\sqrt{2}}{5}\pi R^5$. **11.** $\dfrac{4}{3}\pi$. **12.** 0. **13.** 0.

习 题 9.4

1. (1) $\dfrac{4}{3}\pi(\sqrt{2}-1)a^3$; (2) 81π; (3) $\dfrac{76}{3}\pi\left(1-\dfrac{\sqrt{2}}{2}\right)$; (4) $\dfrac{8}{15}$.

2. $\sqrt{2}\pi$. **3.** $8R^2$. **4.** $\dfrac{\pi a^2}{6}(6\sqrt{2}+5\sqrt{5}-1)$. **5.** $\left(0,\dfrac{4a}{3\pi}\right)$.

6. $\dfrac{1}{6}, \left(\dfrac{4}{7},\dfrac{3}{4}\right)$. **7.** $3\pi, \left(0,-\dfrac{5}{6}\right)$. **8.** $\left(0,0,\dfrac{3}{8}a\right)$. **9.** $\dfrac{\pi ab}{3}, \left(0,0,\dfrac{3}{4}\right)$.

10. $\left(0,0,h\dfrac{60-30h+4h^2}{90-40h+5h^2}\right)$. **11.** $\dfrac{a^3h}{48}$. **12.** $\dfrac{3MR^2}{2}$. **13.** $\dfrac{4K\pi a^5}{15}$.

14. $\left(2G\mu\left(\ln\dfrac{R_2+\sqrt{R_2^2+a^2}}{R_1+\sqrt{R_1^2+a^2}}-\dfrac{R_2}{\sqrt{R_2^2+a^2}}+\dfrac{R_1}{\sqrt{R_1^2+a^2}}\right), 0, \pi Ga\mu\left(\dfrac{1}{\sqrt{R_2^2+a^2}}-\dfrac{1}{\sqrt{R_1^2+a^2}}\right)\right)$.

15. (1) $\left(0,0,\dfrac{3}{4}H\right)$; (2) $\dfrac{3}{10}MR^2$; (3) $\left(0,0,\dfrac{6Gm_0 M}{R^2}\left(1-\dfrac{h}{\sqrt{R^2+H^2}}\right)\right)$.

总练习题九

1. a^2. **提示** 不为零的积分区域为 $0\leqslant x\leqslant 1, x\leqslant y\leqslant 1+x$, 此时被积函数为 a^2.

2. (1) e^{-1}. **提示** 按 X 型区域进行计算.

(2) $\frac{1}{2}(a+b)\pi R^2$. 提示 利用轮换对称性，所求积分为积分区域的 $\frac{1}{2}(a+b)$ 倍.

(3) $\frac{8}{3}$. 提示 利用奇偶对称性和轮换对称性.

(4) $-\frac{2}{7}$. 提示 利用奇偶对称性分割区域.

(5) $2-\frac{\pi}{2}$. 提示 极坐标展开.

(6) $e-1$. 提示 分割区域 D，在不同区域分别将最大值确定，然后化为二次积分.

3. $\frac{A^2}{2}$. 提示 交换积分次序.

4. $e^{-\frac{1}{2}}$. 提示 交换积分次序方可计算.

5. $f(2)$. 提示 交换积分次序后，对变上限积分求导数，最后代值.

6. $I=\int_0^a dr \int_{-\arccos\frac{r}{a}}^{\arccos\frac{r}{a}} f(r,\theta)d\theta$.

7. 提示 先将 $F(t)=\iint\limits_D f(x,y)dxdy$ 在极坐标下化为二次积分，再交换积分次序，求导，然后使用积分中值定理，最后取极限.

8. $\bar{x}=\frac{b}{2}$, $\bar{y}=\frac{h}{2}$; $\frac{bh^3\rho}{12}$, $\frac{b^3h\rho}{12}$.

9. (1) $\frac{\pi}{60}(96\sqrt{2}-89)$.   (2) $\frac{4}{3}\pi abc(l\bar{x}+m\bar{y}+n\bar{z})$. 提示 利用质心公式.

(3) 2π. 提示 先在不同积分区域去掉绝对值，再用球面坐标进行计算.

10. $\pi f'(0)$. 提示 将三重积分化为变上限积分，代入极限表达式，再用洛必达法则求极限.

11. (1) 单调增加. 提示 $F'(t)>0$.

(2) 提示 将 $F(t),G(t)$ 中的二重积分和三重积分分别在极坐标和球面坐标下化为累次积分，再代入不等式知，只要证

$$\int_0^t r^2 f(r^2)dr \int_0^t f(r^2)dr > \left[\int_0^t rf(r^2)dr\right]^2$$

即可. 令

$$g(t)=\int_0^t r^2 f(r^2)dr \int_0^t f(r^2)dr - \left[\int_0^t rf(r^2)dr\right]^2,$$

则 $g'(x)>0(t>0)$. 所以 $g(t)>g(0)$，得证.

习 题 10.1

1. 提示 利用极限的不严格保号性.

2. (1) $1+\sqrt{2}$;   (2) 0;   (3) $-\frac{16}{5}a^2$;   (4) $a^{\frac{7}{3}}$;   (5) $12a$;

(6) $\frac{\sqrt{3}}{2}(1-e^{-2})$;   (7) $\frac{1}{3}[(t_0^2+2)^{\frac{3}{2}}-2^{\frac{3}{2}}]$.

3. $\dfrac{\sqrt{13}}{4}\pi$.

4. (1) $I_x = \int_\Gamma (y^2+z^2)\rho(x,y,z)\mathrm{d}s$, $I_y = \int_\Gamma (x^2+z^2)\rho(x,y,z)\mathrm{d}s$, $I_z = \int_\Gamma (y^2+x^2)\rho(x,y,z)\mathrm{d}s$;

(2) $\bar{x} = \dfrac{\int_\Gamma x\rho(x,y,z)\mathrm{d}s}{\int_\Gamma \rho(x,y,z)\mathrm{d}s}$, $\bar{y} = \dfrac{\int_\Gamma y\rho(x,y,z)\mathrm{d}s}{\int_\Gamma \rho(x,y,z)\mathrm{d}s}$, $\bar{z} = \dfrac{\int_\Gamma z\rho(x,y,z)\mathrm{d}s}{\int_\Gamma \rho(x,y,z)\mathrm{d}s}$.

习 题 10.2

2. (1) $-\dfrac{14}{15}$;　(2) 3;　(3) 32;　(4) -2π;　(5) $\dfrac{1}{2}$;　(6) -2π.

3. (1) -2;　(2) -2;　(3) -2.

4. $\dfrac{\pi}{2}abk$.　*5. $\int_\Gamma \dfrac{P+2xQ+3yR}{\sqrt{1+4x^2+9y^2}}\mathrm{d}s$.

习 题 10.3

1. (1) 开集,连通区域,单连通区域;　(2) 开集;　(3) 开集,连通区域;
   (4) 全不是.

2. (1) $-\dfrac{1}{2}$;　(2) 8;　(3) $\dfrac{1}{4}\sin 2 - \dfrac{7}{6}$;　(4) $\left(\dfrac{\pi}{2}+2\right)a^2 b - \dfrac{\pi}{2}a^3$;　(5) π.

3. (1) πa^2;　(2) πab;　(3) $\dfrac{1+3\ln 2}{24}$.

4. (1) 3;　(2) $3\cos e^3 - \cos e$;　(3) e.　5. $\dfrac{1}{2}$.

6. (1) $\dfrac{1}{3}x^3 + x^2 y - xy^2 - \dfrac{1}{3}y^3 + C$;　(2) $(x+y)(e^x - e^y) + C$;
   (3) $-\cos 2x \sin 3y + C$;　(4) $y^2 \sin x + x^2 \cos y + C$.

7. (1) 否;　(2) 否;　(3) 是, $x^5 + \dfrac{3}{2}x^2 y^2 - xy^3 + \dfrac{1}{3}y^3 = C$;　(4) 是, $x^4 y^2 - xe^{2y} = C$.

习 题 10.4

1. $\iint\limits_\Sigma f(x,y,z)\mathrm{d}S = \iint\limits_{D_{xy}} f(x,y,0)\mathrm{d}x\mathrm{d}y$, 其中 $\Sigma = D_{xy}$, $\mathrm{d}S = \mathrm{d}x\mathrm{d}y$.

3. $2\sqrt{2}\pi e(e-1)$.　4. $\sqrt{3}/120$.　5. $2\pi RH\left(R^2 + \dfrac{1}{3}H^2\right)$.

6. $2\pi \arctan\dfrac{H}{R}$.　7. $\dfrac{4}{3}\pi R^4$.　8. $\dfrac{64}{15}\sqrt{2}a^4$.

习 题 10.5

1. 当 $\Sigma = D_{xy}$, 且取上侧时, $\iint\limits_\Sigma R(x,y,z)\mathrm{d}x\mathrm{d}y = \iint\limits_{D_{xy}} R(x,y,0)\mathrm{d}x\mathrm{d}y$;

习题答案与提示

当 $\Sigma = D_{xy}$, 且取下侧时, $\iint\limits_{\Sigma} R(x,y,z) \mathrm{d}x\mathrm{d}y = -\iint\limits_{D_{xy}} R(x,y,0) \mathrm{d}x\mathrm{d}y.$

2. $\dfrac{abc}{2}.$　　3. $4\pi R^4.$　　4. $\dfrac{\pi}{3}h^3.$　　5. $\dfrac{\pi^2 R}{2}.$

6. $-\dfrac{\pi}{8}.$　　7. $\dfrac{1}{5}\iint\limits_{\Sigma}[3P(x,y,z)+2Q(x,y,z)+2\sqrt{3}R(x,y,z)]\mathrm{d}S.$

习 题 10.6

1. (1) $-\dfrac{\pi}{8}$;　　(2) $-\dfrac{1}{2}\pi h^4$;　　(3) $\dfrac{\pi}{4}.$

2. (1) 提示　从 $\oiint\limits_{\Sigma} u\dfrac{\partial v}{\partial n}\mathrm{d}S$ 出发, 使用高斯公式, 再移项可得第一格林公式.

　(2) 提示　将第一格林公式中的 u,v 互换, 再相减可得第二格林公式.

3. (1) $\dfrac{\pi}{2}$;　　(2) $12\pi.$

4. (1) $-\sqrt{3}\pi a^2$;　　(2) -2π;　　(3) $\dfrac{\pi}{2}$;　　(4) $-\dfrac{\pi}{4}a^3.$

5. $-2\pi a(a+b).$　　6. $\mathrm{div}\,\boldsymbol{u}=2.$

7. (1) $\mathbf{grad}\,u = \left(\dfrac{2x}{x^2+y^2+z^2}, \dfrac{2y}{x^2+y^2+z^2}, \dfrac{2z}{x^2+y^2+z^2}\right);$

　(2) $\mathrm{div}(\mathbf{grad}\,u) = \dfrac{2}{x^2+y^2+z^2};$　　(3) $\mathbf{rot}(\mathbf{grad}\,u) = \boldsymbol{0}.$

8. 0.　　9. (1) 0;　　(2) $-24.$

总练习题十

1. $2\pi a\left(\dfrac{1}{3}a^2+1\right).$　　提示　作变换 $\begin{cases} X=x-1, \\ Y=y+1, \\ Z=z, \end{cases}$ 再由对称性、质心公式可以计算.

2. 提示　利用两类曲线积分关系, 先将对坐标的曲线积分化为对弧长的曲线积分, 再用最大值放大, 对弧长的曲线积分对 1 积分时就是曲线全长.

3. (1) $\Gamma: x=\dfrac{a}{2}+\dfrac{a}{2}\cos t, y=\dfrac{a}{2}\sin t, z=a\sin\dfrac{t}{2},$ 其中 t 从 0 变到 $2\pi.$　提示　先由圆柱面方程写出两个参数方程, 再代入另一个曲面方程得第三个参数方程.

　(2) $-\dfrac{\pi}{4}a^3.$

4. $-3k\ln 2.$　　提示　$\boldsymbol{F} = \dfrac{k}{|z|}\boldsymbol{r}^0 = -\dfrac{k}{|z|}\cdot\dfrac{x\boldsymbol{i}+y\boldsymbol{j}+z\boldsymbol{k}}{\sqrt{x^2+y^2+z^2}}, W=\int_L \boldsymbol{F}\cdot\mathrm{d}\boldsymbol{s}.$

5. $-\dfrac{\pi a^2}{2}.$　提示　利用格林公式, 并将曲线方程代入.

6. $\lambda = -1, u(x,y) = -\arctan\dfrac{y}{x^2}+C.$　提示　由梯度的定义及二阶偏导的连续性, 建立方程, 得 λ, 再由

$P\mathrm{d}x+Q\mathrm{d}y$ 得函数 $u(x,y)$.

7. (1) 提示 在 C 上取任两点 A,B,作 $ADBA$ 围绕原点且与 C 仅交于 A,B,则 $C=L_1-L_2$,其中 L_1,L_2 为两条围绕原点的分段光滑闭曲线.则结论成立.

(2) $\varphi(y)=-y^2$. 提示 由(1)结论,$\dfrac{\partial P}{\partial y}=\dfrac{\partial Q}{\partial x}$,再解微分方程可得.

8. 100 小时. 提示 利用已知体积减少的速率与侧面积成正比(比例系数 0.9)列方程,再解带初值的微分方程.

9. 48π. 提示 利用对称性和形心公式,并将球面方程代入.

10. (1) 2π. 提示 利用高斯公式,并将曲面方程代入.

(2) 4π. 提示 利用高斯公式.

(3) 2π. 提示 利用高斯公式及(1)的结论.

(4) $(2+\sqrt{2})\pi$. 提示 利用高斯公式及(2)的结论.

11. $\dfrac{\sqrt{3}}{4(6-\sqrt{3})}$. 提示 设 $\iint\limits_{\Sigma}f(x,y,z)\mathrm{d}S=a$,则由 $a=\iint\limits_{\Sigma}(xy+za)\mathrm{d}S$ 得关于 a 的方程,再解出 a.

习 题 11.1

1. (1) $1+\dfrac{3}{5}+\dfrac{4}{10}+\dfrac{5}{17}+\cdots$; (2) $1+\dfrac{2}{4}+\dfrac{3}{27}+\dfrac{4}{256}+\cdots$;

(3) $\dfrac{1}{2}-\dfrac{1}{4}+\dfrac{1}{8}-\dfrac{1}{16}+\cdots$; (4) $\dfrac{1}{2}+\dfrac{1\cdot 3}{2\cdot 4}+\dfrac{1\cdot 3\cdot 5}{2\cdot 4\cdot 6}+\dfrac{1\cdot 3\cdot 5\cdot 7}{2\cdot 4\cdot 6\cdot 8}+\cdots$.

2. (1) $u_n=(-1)^{n-1}\dfrac{n+1}{n}$ $(n=1,2,\cdots)$; (2) $u_n=\dfrac{n}{1+n^2}$ $(n=1,2,\cdots)$;

(3) $u_n=\dfrac{x^{\frac{n}{2}}}{2^n n!}$ $(n=1,2,\cdots)$; (4) $u_n=(-1)^{n-1}\dfrac{a^{n+1}}{2n+1}$ $(n=1,2,\cdots)$.

3. (1) 相同; (2) 相同; (3) 不同; (4) 相同.

4. (1) 发散; (2) 发散; (3) 发散; (4) 收敛于 $\dfrac{1}{3}$.

5. (1) 收敛; (2) 收敛; (3) 发散; (4) 发散; (5) 发散; (6) 收敛.

习 题 11.2

1. (1) 发散; (2) 收敛; (3) 收敛; (4) 发散.

2. (1) 发散; (2) 收敛; (3) 收敛; (4) 发散.

3. (1) 发散; (2) 收敛; (3) 收敛; (4) 收敛; (5) 收敛; (6) 发散.

4. (1) 发散; (2) 当 $a>1$ 时收敛,当 $0<a\leqslant 1$ 时发散; (3) 收敛; (4) 发散.

5. (1) 条件收敛; (2) 绝对收敛; (3) 绝对收敛; (4) 条件收敛.

习 题 11.3

1. (1) $(-1,1)$; (2) $[-1,1]$; (3) $x=0$; (4) $\left[-\dfrac{1}{2},\dfrac{1}{2}\right)$; (5) $(-\sqrt{2},\sqrt{2})$;

(6) $[-1,1]$;   (7) $[2,4]$;   (8) $\left(\dfrac{4}{3}, 2\right)$.

2. (1) 原级数的收敛域为 $[-1,1)$；$s'(x) = \sum\limits_{n=1}^{\infty} x^{n-1}$ 的收敛域为 $(-1,1)$；$\int_0^x s(t)\,dt = \sum\limits_{n=1}^{\infty} \dfrac{1}{(n+1)n} x^{n+1}$ 的收敛域为 $[-1,1]$.

(2) 原级数的收敛域为 $[-1,1]$；$s'(x) = \sum\limits_{n=2}^{\infty} \dfrac{n}{n^2-1} x^{n-1}$ 的收敛域为 $[-1,1)$；$\int_0^x s(t)\,dt = \sum\limits_{n=2}^{\infty} \dfrac{1}{(n+1)^2(n-1)} x^{n+1}$ 的收敛域为 $[-1,1]$.

3. (1) $\left(-\dfrac{1}{2}, \dfrac{1}{2}\right)$；   (2) $[-1,1]$.

习题 11.4

1. (1) $\sum\limits_{n=0}^{\infty} x^{2n+1}$ $(-1<x<1)$;   (2) $\sum\limits_{n=0}^{\infty} \dfrac{(-1)^n x^{2n}}{n!}$ $(-\infty<x<+\infty)$;

(3) $1 + \sum\limits_{n=1}^{\infty} \dfrac{(-4)^n}{2 \cdot (2n)!} x^{2n}$ $(-\infty<x<+\infty)$;   (4) $\ln 3 + \sum\limits_{n=1}^{\infty} \dfrac{(-1)^{n-1}}{n \cdot 3^n} x^n$ $(-3<x\leq 3)$.

2. $\dfrac{1}{2} \sum\limits_{n=0}^{\infty} \dfrac{(x+4)^n}{2^n} - \dfrac{1}{3} \sum\limits_{n=0}^{\infty} \dfrac{(x+4)^n}{3^n} = \sum\limits_{n=0}^{\infty} \left(\dfrac{1}{2^{n+1}} - \dfrac{1}{3^{n+1}}\right)(x+4)^n$ $(-6<x<-2)$.

习题 11.5

1. (1) $\dfrac{1}{(1-x)^2}$ $(-1<x<1)$;   (2) $\dfrac{1+x}{(1-x)^2}$ $(-1<x<1)$;

(3) $\dfrac{1}{2} \ln \dfrac{1+x}{1-x}$ $(-1<x<1)$;   (4) $\dfrac{e^x + e^{-x}}{2}$ $(-\infty<x<+\infty)$.

2. (1) $\dfrac{\pi}{4}$;   (2) $\dfrac{9}{4}$.   **3.** (1) 1.648；(2) 0.9994.   **4.** 0.487.

5. (1) $\dfrac{\sqrt{2}}{2} + \dfrac{\sqrt{2}}{2} i$;   (2) $\dfrac{\sqrt{3}}{2} + \dfrac{1}{2} i$;   (3) $-\dfrac{\sqrt{2}}{2} - \dfrac{\sqrt{2}}{2} i$;   (4) $2\cos 1 + 2\sin 1 i$.

6. 略.

总练习题十一

一、单项选择题：

1. B.   **2.** B.   **3.** C.   **4.** A.   **5.** B.

二、计算题：

1. (1) 发散；   (2) 绝对收敛；   (3) 条件收敛；   (4) 条件收敛；   (5) 发散；

(6) 绝对收敛；   (7) 条件收敛；   (8) 发散.

2. (1) $\left(-\dfrac{1}{4}, \dfrac{1}{4}\right)$.   (2) $(-a, a)$.

(3) 当 $0<a<1$ 时，收敛域为 $(-\infty, +\infty)$；当 $a>1$ 时，只在 $x=0$ 点收敛；当 $a=1$ 时，收敛域

为 $(-1,1)$.

(4) $\left(\dfrac{1}{10}, 10\right)$.

3. (1) $(-1,1)$, $\dfrac{1}{(1+x)^2}$; (2) $[-1,1]$, $\arctan x$; (3) $[-1,1]$, 和函数 $s(x)=\begin{cases} 0, & x=1, \\ 1, & -1<x<1. \end{cases}$

4. $\displaystyle\sum_{n=0}^{\infty} \dfrac{e}{n!a^n}(x-a)^n$ $(-\infty<x<+\infty)$. **5.** $\dfrac{1}{3}\displaystyle\sum_{n=0}^{\infty}[1-(-2)^n]x^n$ $\left(-\dfrac{1}{2},\dfrac{1}{2}\right)$.

三、综合题：

1. 略. **2.** 略. **3.** 略.

4. (1) 略; (2) 和函数为 $s(x)=\dfrac{e^x+e^{-x}}{2}$ $(-\infty<x<+\infty)$.

习　题　12.1

1. $-\dfrac{1}{2}+\dfrac{2}{\pi}\sin x+\dfrac{2}{3\pi}\sin 3x+\cdots+\dfrac{2}{(2n-1)\pi}\sin(2n-1)x+\cdots$

$=\begin{cases} -\dfrac{1}{2}, & x=k\pi, k=0,\pm 1,\pm 2,\cdots, \\ f(x), & 其他. \end{cases}$

2. $-\dfrac{\pi}{4}+\displaystyle\sum_{n=1}^{\infty}\left[\dfrac{2}{(2n-1)^2\pi}\cos(2n-1)x+\dfrac{(-1)^{n-1}}{n}\sin nx\right]$

$=\begin{cases} -\dfrac{\pi}{2}, & x=(2n-1)\pi, n=0,\pm 1,\pm 2,\cdots, \\ f(x), & 其他. \end{cases}$

3. $\dfrac{\pi}{4}-\dfrac{2}{\pi}\left(\cos x+\dfrac{\cos 3x}{3^2}+\dfrac{\cos 5x}{5^2}+\cdots\right)-\left(\sin x-\dfrac{\sin 2x}{2}+\dfrac{\sin 3x}{3}-\cdots\right)$

$=\begin{cases} -\dfrac{\pi}{2}, & x=(2n-1)\pi, n=0,\pm 1\pm 2,\cdots, \\ f(x), & 其他. \end{cases}$

4. $\dfrac{e^{2\pi}-e^{-2\pi}}{\pi}\left[\dfrac{1}{4}+\displaystyle\sum_{n=1}^{\infty}\dfrac{(-1)^n}{n^2+4}(2\cos nx-n\sin nx)\right]$

$=\begin{cases} \dfrac{e^{2\pi}+e^{-2\pi}}{2}, & x=(2n-1)\pi, n=0,\pm 1\pm 2,\cdots, \\ f(x), & 其他. \end{cases}$

5. $f(x)=\pi^2+1+12\displaystyle\sum_{n=1}^{\infty}\dfrac{(-1)^n}{n^2}\cos nx$ $(-\infty<x<+\infty)$.

习　题　12.2

1. 正弦级数展开式：$f(x)=\displaystyle\sum_{n=1}^{\infty}\dfrac{(-1)^{n+1}2}{n}\sin nx$ $(0\leqslant x<\pi)$;

余弦级数展开式：$f(x)=\dfrac{\pi}{2}-\displaystyle\sum_{n=0}^{\infty}\dfrac{4}{(2n+1)^2\pi}\cos(2n+1)x$ $(0\leqslant x\leqslant\pi)$.

习题答案与提示

2. 正弦级数展开式：$f(x) = \dfrac{4}{\pi}\displaystyle\sum_{m=1}^{\infty}\dfrac{(-1)^{m-1}}{(2m-1)^2}\cdot\sin(2m-1)x\ (0\leqslant x<\pi)$；

余弦级数展开式：$f(x) = \dfrac{\pi}{4}-\dfrac{2}{\pi}\displaystyle\sum_{k=1}^{\infty}\dfrac{1}{(2k-1)^2}\cdot\cos 2(2k-1)x\ (0\leqslant x<\pi)$.

习 题 12.3

1. $f(x) = \dfrac{1}{4} + \displaystyle\sum_{n=1}^{\infty}\left\{\dfrac{1}{(n\pi)^2}[(-1)^n-1]\cos n\pi x + \dfrac{(-1)^{n+1}}{n\pi}\sin n\pi x\right\}$
$(x\neq 2k+1, k=0,\pm 1,\pm 2,\cdots)$.

2. $f(x) = -\dfrac{1}{2} + \displaystyle\sum_{n=1}^{\infty}\left\{\dfrac{6}{(n\pi)^2}[1-(-1)^n]\cos\dfrac{n\pi x}{3} + \dfrac{6}{n\pi}(-1)^{n+1}\sin\dfrac{n\pi x}{3}\right\}$
$(x\neq 3(2k+1), k=0,\pm 1,\pm 2,\cdots)$.

3. (1) 正弦级数展开式：$f(x) = \dfrac{4}{\pi^2}\displaystyle\sum_{k=1}^{\infty}\dfrac{(-1)^{k-1}}{(2k-1)^2}\sin(2k-1)\pi x,\ x\in[0,1]$；

余弦级数展开式：$f(x) = \dfrac{1}{4}-\dfrac{2}{\pi^2}\displaystyle\sum_{k=1}^{\infty}\dfrac{1}{(2k-1)^2}\cos 2(2k-1)\pi x,\ x\in[0,1]$.

(2) 正弦级数展开式：$f(x) = \dfrac{8}{\pi}\displaystyle\sum_{k=1}^{\infty}\left\{\dfrac{(-1)^{k+1}}{k} + \dfrac{2}{k^3\pi^2}[(-1)^k-1]\right\}\sin\dfrac{k\pi x}{2},\ x\in[0,2]$；

余弦级数展开式：$f(x) = \dfrac{4}{3} + \dfrac{16}{\pi^2}\displaystyle\sum_{k=1}^{\infty}\dfrac{(-1)^k}{k^2}\cos\dfrac{k\pi x}{2},\ x\in[0,2]$.

习 题 12.4

1. $f(x) = -\dfrac{\mathrm{i}}{\pi}\displaystyle\sum_{\substack{n=-\infty\\n\neq 0}}^{\infty}\dfrac{\mathrm{e}^{\mathrm{i}nx}}{n}$.

2. $f(x) = \operatorname{sh}1\displaystyle\sum_{n=-\infty}^{\infty}\dfrac{(-1)^n(1-\mathrm{i}n\pi)}{1+(n\pi)^2}\mathrm{e}^{\mathrm{i}n\pi x}$.

习 题 12.5

1. (1) $F(\omega) = \dfrac{2a}{a^2+\omega^2}$；　(2) $F(\omega) = \dfrac{-2\mathrm{i}\sin\omega\pi}{1-\omega^2}$；　(3) $F(\omega) = \cos\omega a + \cos\dfrac{\omega a}{2}$.

2. (1) $F(\omega) = \dfrac{\pi\mathrm{i}}{2}[\delta(\omega+2)-\delta(\omega-2)]$；

(2) $F(\omega) = \dfrac{\pi\mathrm{i}}{4}[\delta(\omega-3)-3\delta(\omega-1)+3\delta(\omega+1)-\delta(\omega+3)]$；

(3) $F(\omega) = \dfrac{\pi}{2}[(\sqrt{3}+\mathrm{i})\delta(\omega+5)+(\sqrt{3}-\mathrm{i})\delta(\omega-5)]$.

3. $f(t)*g(t) = \begin{cases} 0, & t<-1, \\ \dfrac{1}{3}(t+1)^3, & -1\leqslant t\leqslant 1, \\ \dfrac{1}{3}(6t^2+2), & t>1. \end{cases}$

4. $f(t) * g(t) = \dfrac{\sin\gamma t}{\pi t}$，其中 $\gamma = \min\{\alpha, \beta\}$.

总练习题十二

一、单项选择题：

1. D.   **2.** C.   **3.** D.   **4.** A.   **5.** A.

二、计算题：

1. $\dfrac{\pi}{2}[(\sqrt{3}+i)\delta(\omega+5) + (\sqrt{3}-i)\delta(\omega-5)]$.

2. (1) $\dfrac{i}{2}\dfrac{d}{d\omega}F\left(\dfrac{\omega}{2}\right)$；   (2) $\dfrac{i}{2}\dfrac{d}{d\omega}F\left(-\dfrac{\omega}{2}\right) - F\left(-\dfrac{\omega}{2}\right)$.

三、综合题：略.